Qt 从入门到实战
（视频·彩色版）

刘兵　编著

中国水利水电出版社
www.waterpub.com.cn
·北京·

内容提要

本书以 Qt 6.x 版本为开发平台，基于编者 20 多年教学实践和软件开发经验，从 Qt 开发初学者容易上手的角度，用通俗易懂的语言、丰富实用的案例，循序渐进地讲解 Qt 应用程序开发的基本技术。本书共13章，主要涵盖初识 Qt、Qt 程序设计基础、Qt 基本组件、Qt 样式表、数据验证、窗口与对话框、Qt 布局、绘图系统、文件与数据库访问、串口编程、网络访问、多线程和多媒体等内容。

本书根据学习 Qt 所需知识的主脉络搭建内容，采用"案例驱动+视频讲解+代码调试"相配套的方式，为读者提供 Qt 从入门到项目实战的解决方案。扫描书中的二维码可以观看每个实例和相关知识点的视频讲解，而且每个实例中使用的重要语句所起的作用都有详细的说明，有助于读者从入门到快速学会基于Qt 应用程序的项目开发。

本书配有 102 集同步视频讲解、109 个实用案例、13 个实验，并提供了丰富的教学资源，包括 PPT 课件、程序源码、课后习题答案、在线交流服务 QQ 群和不定期网络直播等。

本书适合有 C++ 程序设计基础，准备进行 Qt 应用开发的读者自学，也可以作为高等学校、高职高专、职业技术学院和民办高校计算机及相关专业的教材，还可以作为相关培训机构开设的 Qt 应用开发课程的教材。

图书在版编目（CIP）数据

Qt 从入门到实战：视频·彩色版 / 刘兵编著.
北京：中国水利水电出版社，2024.11. -- ISBN 978-7
-5226-2687-1

Ⅰ．TP311.561

中国国家版本馆 CIP 数据核字第 2024HQ7484 号

书　　名	Qt 从入门到实战（视频·彩色版） Qt CONG RUMEN DAO SHIZHAN（SHIPIN·CAISEBAN）
作　　者	刘　兵　编著
出版发行	中国水利水电出版社 （北京市海淀区玉渊潭南路 1 号 D 座 100038） 网址：www.waterpub.com.cn E-mail：zhiboshangshu@163.com 电话：（010）62572966-2205/2266/2201（营销中心）
经　　售	北京科水图书销售有限公司 电话：（010）63202643、68545874 全国各地新华书店和相关出版物销售网点
排　　版	北京智博尚书文化传媒有限公司
印　　刷	河北文福旺印刷有限公司
规　　格	185mm×260mm　16 开本　25 印张　685 千字
版　　次	2024 年 11 月第 1 版　2024 年 11 月第 1 次印刷
印　　数	0001—3000 册
定　　价	88.00 元

前　言

编写背景

Qt 是一个基于C++语言的跨平台应用程序开发框架，既可以用于开发图形用户界面，还可以用于开发数据库、网络、多媒体、嵌入式等方面的应用程序，其实Qt最侧重的、应用历史最悠久的仍然是GUI 图形界面开发。Qt 开发的程序可以运行于 Windows、Linux、UNIX等主流操作系统，只要没有调用专属于某个操作系统的功能，Qt开发的源程序一般不用修改，只需将它的源码在不同的操作系统下编译后即可执行，真正达到了"一次编写，处处编译"的境界。

本书面向有C++程序设计基础、准备进行Qt应用软件开发的初学者，先提升读者在Qt框架下的C++语言编程技术以达到能读懂本书后续章节的能力，然后用大量实例讲解Qt的各种开发技术。编者结合自己20多年的教学与软件开发经验，本着"**让读者容易上手、轻松学习，实现手把手教读者从基础入门到快速学会Qt框架程序开发**"的总体思路编写本书，希望能帮助读者全面系统地学习Qt的主要技术，快速提升Qt应用开发的能力。

内容结构

本书共13章，分为4个部分，具体结构及内容简述如下。

第1部分　设置开发环境，掌握前置技能

第1部分包括第1、2章，介绍Qt应用开发前的技能储备，包括 Qt的下载与安装、开发工具 Qt Creator的使用、Qt程序的运行机制、C++语言基础（类和对象、类的继承与多态）、常用数据类型（QByteArray、QString）、容器类（QList、QMap、QHash）、常用设置（字体设置、颜色设置和定时设置）、信号与槽的工作机制等。

第2部分　学习Qt应用开发基础，掌握初步能力

第2部分包括第3~8章，介绍Qt应用开发所必备的基础知识，包括Qt的基本组件（QLabel标签组件、QPushButton按钮组件、表单组件、进度条组件、选项卡组件、QTreeWidget组件）、Qt样式表（QSS基础、QSS选择器、QSS的属性、盒子模型）、数据验证（正则表达式的基本概念、Qt正则表达式的对象）、主窗口区域划分（菜单栏、工具栏、状态栏）、对话框基础（模态与非模态对话框、对话框之间数据的传递方法）、标准对话框（消息对话框、输入对话框、颜色对话框、文件对话框、字体对话框、进度条对话框）、Qt布局（水平布局、垂直布局、网格布局、表单布局）、绘图系统（绘图常用类、画笔和画刷、渐变填充、绘制路径与图片）。

第3部分　学习Qt应用开发进阶，掌握实际项目应用基础

第3部分包括第9~11章，主要介绍Qt应用程序中数据的持久化和网络应用程序开发基础知识，包括Qt的文件系统、文件与目录的操作、Qt对于 SQLite数据库的基本操作、串口编程（串行通信方式、串行接口数据的发送与接收）、网络访问（获取本地主机网络信息、TCP/UDP数据通信、Qt对于Web服务器的访问、网络文件的下载）。

第4部分　掌握Qt高级技术，提升软件开发技能

第4部分包括第12、13章，主要介绍Qt框架对于多线程和多媒体技术的支持，包括线程的基本概念、线程的创建方式、多线程的实现方式、线程的同步和互斥、多媒体技术的基本概念、音频/视频播放器的制作方法、照片的捕获方法以及音频/视频的录制。

主要特色

1. 由浅入深，循序渐进，方便初学者系统学习

本书基于编者20多年的教学经验和软件开发实践，从初学者容易上手的角度，从基础知识入手，逐层深入、条理清晰、循序渐进地讲解Qt应用开发的基础知识。

2. 采用"案例驱动+视频讲解+代码调试"相配套的方式，提高学习效率

书中109个实用案例都是从Qt应用开发中的基本结构开始，通过不断加深难度来完成最终的实际任务，让读者在学习过程中有一种"一切尽在掌握中"的成就感，从而激发浓厚的学习兴趣。全书重点放在解决问题上，以此提高读者的学习效率。书中大多数案例都配有视频讲解和代码调试，真正实现手把手教读者从"零"基础入门到快速掌握Qt应用开发技术。

3. 考虑读者认知规律，化解知识难点，实例程序简短，实现轻松阅读

本书根据Qt应用开发所需知识和技术的主脉络搭建内容，不拘泥于语言语法的细节，注重讲述开发过程中必须知道的一些核心知识，内容结构科学，并充分考虑读者的认知规律，注重化解知识难点，实例程序简短、实用、易于读者轻松阅读。本书案例中的语句和变量都有详细说明，让程序代码真正能起到阐述与诠释理论内容的作用。

4. 强调动手实践，每章配有习题和实验，方便读者练习与自测

每章最后都配有难易程度不同的习题（选择题、简答题等）和实验，并提供参考答案和实验程序源码，方便读者自测相关知识点的学习效果，并通过动手完成实验，提升运用所学知识和技术的综合实践能力。

5. 提供丰富优质的教学资源和及时的在线服务，方便读者自学与教师教学

（1）提供102集视频讲解，提供所有案例程序源码和教学PPT课件等，方便读者自学与教师教学。

（2）创建学习交流服务群，编者会在群中与读者互动，并不断增加其他服务（答疑和不定期的直播辅导等），分享教学设计、教学大纲、应用案例和学习文档等各种时时更新的资源。

资源获取方式

扫描下方二维码即可获取。

本书资源总码

PPT、教学大纲、习题答案、程序源码

在线交流方式

（1）为方便读者学习交流，本书特创建QQ群817248263（若群成员人数满，会建新群，请注意加群时的提示，并根据提示加入对应的群），供广大Qt应用开发爱好者与编者在线交流学习。

（2）如果读者在阅读中发现问题或对图书内容有任何意见或建议，也欢迎来信指教，来信请发邮箱lb@whpu.edu.cn。

读者对象

- 具有一定C++面向对象程序设计基础的程序开发者。
- 想在跨操作系统环境中实现C++应用程序开发的专业应用读者。
- 热衷于追求新技术、探索新工具的读者。
- 高等学校、高职高专、职业技术学院和民办高校相关专业的学生。
- 相关培训机构开展Qt应用开发课程的培训人员。

阅读提示

（1）没有任何Qt应用开发经验的或者对C++知识掌握不是很牢固的读者，在阅读本书时一定要按照章节顺序阅读，尤其在开始阶段反复研读第1章和第2章的内容，对于后续章节的学习非常重要；同时要重点关注书中讲解的理论知识，然后观看每个知识点相对应的案例视频讲解，在掌握其主要功能后再多次演练代码，以学会程序开发的调试能力。课后的习题和实验可以检测读者的学习效果，如果不能顺利完成，则要返回继续学习相关章节的内容。

（2）对于有一定Qt应用开发基础的读者，可以根据自身的情况，有选择地学习本书的相关章节和案例，书中的案例和课后习题要重点掌握，以此来巩固相关知识的运用。特别是学习本书中的实例，会使Qt应用开发的能力得到提升并能够适应相关岗位的要求。

（3）如果高校教师和相关培训机构选择本书作为教材，可以不用每个知识点都进行讲解，这些知识点通过观看书中的视频即可理解。也就是说，选用本书作为教材特别适合线上学习相关知识点，从而留出大量时间在线下进行相关知识的综合讨论，以实现讨论式教学或目标式教学，提高课堂效率。

写作本书的最终目标是让任何层次的读者，都能通过努力学习本书的内容达到满足Qt应用开发岗位的基本要求。本书所有的案例程序都已运行通过，读者可以直接采用。

作者团队

本书由武汉轻工大学刘兵教授负责撰写，谢兆鸿教授认真地审阅了全书并提出了许多宝贵意见。参与本书案例制作、视频讲解及大量复杂视频编辑工作的老师还有刘艺丹、李言龙、汪济祥等。另外，全书的文字资料输入及校对、排版工作得到了汪琼女士的大力帮助，本书的顺利出版得到了策划编辑宋杨老师的大力支持与细心指导，责任编辑为提高本书的版式设计及编校质量等付出了辛勤劳动，在此一并表示衷心的感谢。

在本书的编写过程中，参考了网络上很多有关Qt应用开发技术方面的资料，在此向这些作者一并表示感谢。限于编者的时间和水平，书中难免存在一些疏漏及不妥之处，恳请各位同行和读者批评、指正。

刘 兵
2024年8月

目 录

第 1 章

初识 Qt

本章学习目标：

本章主要讲解 Qt 框架的基本概念、Qt 开发的特点、项目创建的基本方法以及开发工具的使用，同时也说明了本书主要用到的 C++ 语法。通过本章的学习，读者应该掌握以下主要内容。

- Qt Creator 的安装与使用。
- Qt 助手的使用方法。
- Qt 项目的创建方法。
- Qt 的第一个程序。
- C++ 语言基础。

1.1 Qt简介

1.1.1　认识 Qt

1. 什么是Qt

Qt是Qt Company开发的、一个基于C++语言的图形用户界面（graphical user interface，GUI）开发框架。Qt不仅可以进行GUI开发，也可以开发不带界面的命令行（command user interface，CUI）程序。除此之外，Qt还能开发很多其他功能，包括但不限于多线程、数据库、图像处理、音频/视频处理、网络通信与文件I/O等。

Qt支持的操作系统有很多，像一些通用操作系统Windows、Linux、UNIX，智能手机系统Android、iOS、WinPhone，嵌入式系统QNX、VxWorks等都支持。

2008年，Qt Company被诺基亚公司收购，Qt也因此成为诺基亚旗下的编程语言工具；2012年，Qt被Digia（总部位于芬兰的IT业务供应商）收购；2014年4月，跨平台集成开发环境Qt Creator 3.1.0正式发布，实现了对iOS的完全支持，新增了WinRT、Beautifier等插件，废弃了无Python接口的GDB调试支持，集成了基于Clang的C/C++代码模块，并对Android支持做出了调整，至此实现了全面支持iOS、Android、WinPhone，并为应用程序开发者建立图形用户界面提供所需的所有功能。

2. Qt的作用

Qt虽然经常被当作一个图形用户界面库来开发图形界面应用程序，但这并不是Qt的全部。也就是说，Qt除了可以绘制漂亮的界面（包括控件、布局、交互）外，还内置包括多线程、访问数据库、图像处理、音频/视频处理、网络通信、文件操作等功能，同时还允许第三方模块加入其项目工程中。

绝大多数应用程序都可以用Qt实现，但与计算机底层结合特别紧密的（例如驱动开发），也就是直接使用硬件提供的编程接口来进行程序设计，而不使用操作系统自带的函数库进行程序设计的就不太适合使用Qt来开发。

1997年，Qt被成功用来开发Linux桌面环境 KDE（Kool desktop environment，K桌面环境），使Qt成为Linux环境下开发C++图形用户界面程序的事实标准。

Qt开发的应用程序非常多，比较著名的有WPS、YY语音、Skype、豆瓣电台、虾米音乐、淘宝助理、暴雪战网客户端、VirtualBox、Opera、咪咕音乐、Google地图、Adobe Photoshop Album等。

Linux 也是嵌入式的主力军，广泛应用于消费类电子、工业控制、军工电子、电信/网络/通信、航空航天、汽车电子、医疗设备、仪器仪表等相关行业。

Qt虽然也支持手机操作系统，但是因为 Android 本身已经有 Java 和 Kotlin，iOS 本身已经有Objective-C和Swift，所以Qt在移动端的市场份额几乎可以忽略。

总之，Qt 主要用于桌面程序开发和嵌入式开发。

1.1.2　Qt 开发的优点

1. 跨平台支持

Qt使用"一次编写，随处编译"的方式为程序开发者提供使用C++语言单一源码来构建可以运行在不同平台下的应用程序，也就是说程序开发者可以在 Windows、Linux、Mac OS等多个操作系统中进行应用程序开发，而且可以保持相同的用户界面风格和操作习惯，因此使用Qt进行界面开发可以提高开发效率，减少开发时间和成本。

2. 丰富的界面控件

Qt提供很多界面控件，包括标签、按钮、文本框、表格、树形列表等，可以满足开发者在不同场景下的需求。与此同时，Qt还提供了强大的自定义控件机制，开发者可以方便地根据自己的需求进行自定义控件的开发。

3. 高效的布局管理

Qt提供灵活、高效的布局管理机制，使得开发者可以方便地管理和调整控件的布局。Qt 的布局管理器可以自动适应不同的分辨率和屏幕大小，确保应用程序在不同设备上的显示效果一致。此外，Qt还提供了对布局的实时预览和调整，开发者可以在设计时即时预览控件的排版效果。

4. 强大的信号/槽机制

Qt的信号/槽机制是一种高效的事件处理机制，可以方便地实现控件之间的通信和交互。开发者只需要在控件之间建立信号槽连接，就可以实现控件之间的数据传递和事件触发，而不需要编写冗长的回调函数。

5. 可视化设计器

Qt 提供了可视化设计器Qt Designer，该可视化设计器可以通过拖曳控件和设置属性来进行应用程序的界面设计。Qt Designer还支持预览功能，可以在设计时实时查看界面效果，减少开发者的开发和调试时间。

综上所述，使用Qt进行界面开发有许多优点，这些优点使得开发者可以更方便、更高效地开发图形界面应用程序，从而减少开发时间和成本，提高开发效率。

1.1.3　Qt 与 MFC 的比较

MFC（Microsoft foundation classes，微软基础类）与Qt相似，也是一种应用程序框架，是随着微软Visual C++开发工具发布的，对于开发深层次的Windows应用，MFC当然远超Qt，是Windows上较为适合用于程序开发的C++库之一。

Qt是一种跨平台的C++应用程序开发框架，在桌面应用程序、移动应用程序、嵌入式开发、Web应用程序等方面都有广泛应用。Qt具有很多优点，例如丰富的库、跨平台支持、高效的GUI设计、良好的风格支持、易于扩展等。随着用户对移动应用和物联网等领域需求的增长，Qt在市场上的应用前景非常广阔。特别是Qt 5以后，增加了对QML和JavaScript等现代Web技术的支持，大大提高了应用程序的开发效率和用户体验度，因此也有助于Qt的推广。Qt的应用前景非常乐观，因为它已经被广泛应用于很多领域的应用程序开发，而且随着科技的不断发展，Qt在移动、嵌入式等领域的应用范围还将进一步扩大。

如果需要在多个平台上开发桌面应用程序，那么Qt会更适合。Qt具有众多的跨平台工具和定制能力，也拥有更好的移植性和不同平台间的UI统一性。此外，Qt还包含许多先进而全面的模块，能够很好地支持各种高级功能和要求。

Qt的封装方式比较清晰并且和系统隔离得比较好，所以学习的门槛不是很高；而MFC则较难精通，因为深入开发之后还需要了解SDK（software development kit，软件开发工具包），否则开发出的程序比较初级。

MFC是事件驱动的架构，必须对操作对应的特定消息做出响应。Windows中应用程序发送的信息数以千计，要理清这些纷繁的消息相当困难，通过参考这方面的文档资料并不能很好地解决这些问题；Qt的消息机制建立在使用SIGNAL()函数发送、使用SLOT()函数接收的基础上，这个机制是对象间建立联系的核心机制。另外，利用SIGNAL()函数可以传递任何参数，它的功能非常强大，可以直接传递信号给SLOT()函数，因此可以清楚地理解要发生的事件。一个类所发送的信号数量通常非常少，相关的帮助文档资料非常齐全。这让程序开发者会有一种一切尽在掌握之中的感觉，而信号/槽（signal/slot）机制类似于Java中的Listener机制，不过这种机制更加轻量级，功能更齐全。

1.2 Qt Creator的安装与使用

 ### 1.2.1 Qt Creator 的安装

Qt Creator的下载地址为https://www.qt.io/download-open-source，打开该网址显示的页面效果如图1-1（a）所示，在该页面上单击Download the Qt Online Installer按钮，将打开图1-1（b）所示的Qt下载页面，读者可根据自己的主机操作系统下载不同的Qt安装程序。

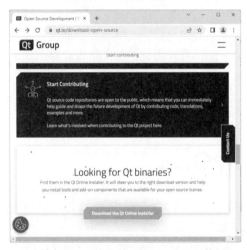
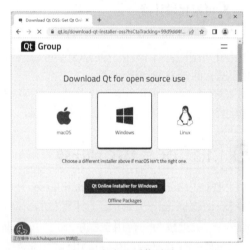

（a）单击Download the Qt Online Installer按钮　　　　　　　（b）Qt下载页面

图1-1　下载Qt程序

下载成功后，双击下载的安装程序，就可以进行安装了。其安装的步骤如下：

（1）登录Qt账户。如果没有Qt账户，可以单击"注册"超级链接进行注册；如果已有Qt账户，可以输入用户名和密码，然后单击对话框右下角的"下一步"按钮继续进行安装，如图1-2所示。

（2）接下来的几步没有需要特别说明的地方，直接单击"下一步"按钮即可。

（3）在图1-3中选择安装Qt的目录。需要说明的是，不建议安装在C盘，因为该软件比较大，会影响后续的软件运行，此处选择安装在D盘。对于下边的选项建议选择第一个，该选项可以根据个人需求选择安装需要的组件，而其他的选项是官方配置的组件，会安装很多不需要的内容，所以还是建议读者根据个人需求进行选择性的安装。设置完成之后单击"下一步"按钮，打开图1-4所示的界面。

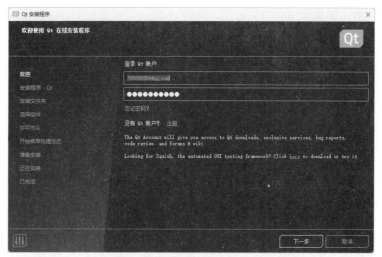

图1-2　Qt安装程序的欢迎界面

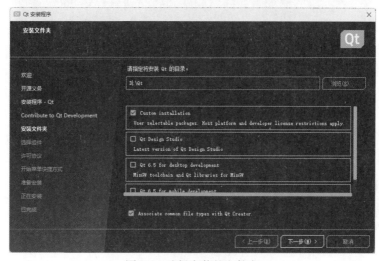

图1-3　选择安装的文件夹

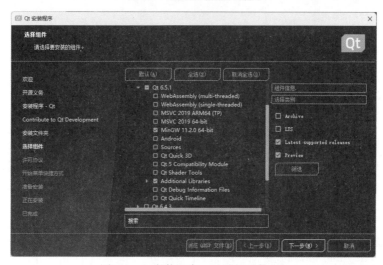

图1-4　Qt安装程序——选择组件（1）

（4）在图1-4所示的选择组件对话框中，MinGW编译器是必选的；Additional Libraries根据需要添加，为了避免以后麻烦，建议Additional Libraries内的组件全部添加；另外，Developer and Designer Tools中的几个选项也需要选中，如图1-5所示。

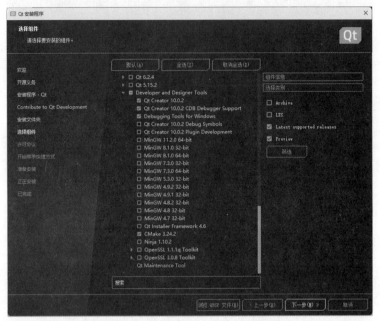

图1-5　Qt安装程序——选择组件（2）

（5）后面几步无须特别说明，直接单击"下一步"按钮即可。

1.2.2　Qt Creator的使用方法

1. Qt Creator的工作界面

从开始菜单或者使用快捷方式打开Qt Creator集成开发环境，会看到图1-6所示的工作界面。

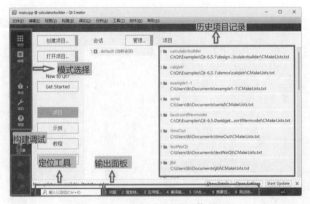

图1-6　Qt Creator的工作界面

Qt Creator的工作界面最左边是一列功能按钮：上半部分按钮用于选择Qt Creator的工作模式，共有六种工作模式，分别是欢迎、编辑（编写代码）、设计（GUI可视化编辑）、调试（调试程序）、项目（项目参数配置）、帮助；下半部分按钮用于构建调试，由上到下依次是运行、调试和构建（也称为编译）。其中的设计按钮、项目按钮和构建调试区只有在打开或新建项目之后才会变得可用。

Qt Creator界面的下方是定位工具和输出面板，在编写项目代码、运行和调试程序时会使用到；输出面板包括问题（项目构建时的问题）、搜索结果（搜索项目文件内容）、应用程序输出（运行和调试信息显示）、编译输出（编译、链接命令及其输出信息）、QML/JS Console（QML命令窗口）、概要信息（项目信息摘要）、测试结果和版本控制。

Qt Creator 中间的区域是所选择的工作模式界面，默认是欢迎模式。在欢迎模式中，"项目"列表框用于显示项目，包括之前的会话和项目记录，其中项目记录比较好理解，而会话涵盖的内容比较广，一个会话可以是多个项目的列表，并含有它们的配置以及编辑位置记录、调试断点等，会话记录的左边是创建项目和打开项目的快捷按钮。欢迎模式的另外两个子功能是浏览Qt库自带的示例和教程，感兴趣的读者可以自行打开查看。

2. 代码编辑界面

在图1-7所示的Qt Creator编辑界面左边竖排的区域称为"边栏"，其内容默认是项目文件管理区，在Qt Creator编辑界面中可以使用快捷键Alt+0来控制边栏的显示和隐藏。

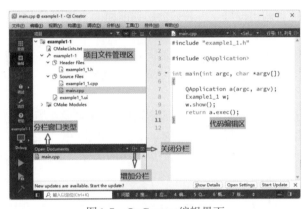

图1-7　Qt Creator编辑界面

边栏里的子窗口数目可以增加，边栏子窗口标题栏有一排小按钮，最右边的是关闭分栏按钮，倒数第二个是增加分栏按钮，可以添加多个边栏子窗口。

边栏子窗口标题栏中的第一个控件是下拉列表框，在该下拉列表中可以选择该子窗口的功能视图类型，目前可以选择 11 个视图类型（图1-8），常用的有 8 个，分别介绍如下。

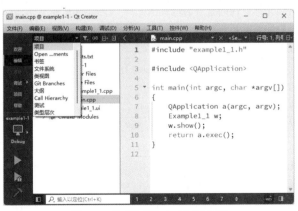

图1-8　边栏子窗口下拉列表框

（1）项目：项目文件管理视图，可以选择项目里的文件进行编辑，包括项目工程文件CMakeLists.txt。

（2）打开文档（Open Documents）：当前已经打开的文件列表，文件名右边如果有*号，表示该文件被修改了但尚未保存。

（3）书签：右击代码编辑器的行号，在弹出的快捷菜单中选择"切换书签"命令，可以给代码行添加书签，方便今后的程序设计中能快速跳转到该位置。

（4）文件系统：相当于系统里的文件资源管理器，可以查看项目文件夹在磁盘里的实际文件列表。

（5）类视图：可以查看项目里包含的类及相应源代码文件里的成员函数、成员变量。

（6）大纲：编辑器所显示的当前文件的大纲列表，如名字空间、类名、成员函数、成员变量等。

（7）类型层次：当前项目包含的类及其基类、派生类列表。

（8）Call Hierarchy：包含视图，显示当前项目里 *.h 、*.cpp 以及 Qt 类库头文件之间的包含关系。

Qt Creator提供的功能视图很丰富，这些视图不需要死记硬背，只要知道大概有哪些东西，以后需要的时候能够把其调出即可。一般只会用到前面两个视图，当然也可以建立多个分栏，启用其他功能视图。

代码编辑区左侧浅色背景的部分主要用来显示代码行号、设置调试断点标志和代码书签标志。右击该部分可以弹出快捷菜单，在菜单里可以选择切换书签、编辑书签以及设置或取消断点。

单击行号前面的浅灰色空白区可以直接给当前行的代码设置断点，再次单击可以取消断点，另外，也可以使用快捷键F9设置或取消断点；代码书签一般用右键菜单设置，也可以用快捷键Ctrl+M设置或取消书签。编辑区是程序员最常用的部分，也就是写代码用的。

3. Qt Creator的使用技巧

通过Qt Creator进行界面设计或编辑代码时有一些快捷键和使用技巧，熟悉这些快捷键和使用技巧可以大大提高工作效率。Qt Creator的一些快捷键及其功能见表1-1。

表 1-1 Qt Creator 的一些快捷键及其功能

快捷键	功　　能
F1	为光标所在的符号显示帮助文件的内容
F2	跳转到光标所在的符号的定义位置，若符号定义的是变量，就跳转到变量声明的地方；若是函数体或函数声明，可以在两者之间切换
F3	查找下一个
F4	在同名的头文件和源程序文件之间切换
F5	开始调试
F9	设置或取消当前行的断点设置
F10	调试状态下的单步略过，即执行当前行程序语句
F11	调试状态下跟踪进入，即如果当前行里有函数，就跟踪进入函数体
Ctrl+Shift+R	为光标所在的符号更改名称，所有用到这个符号的地方随之改动
Ctrl+I	将选择的文字自动进行缩进
Ctrl+/	为选择的文字进行注释符号切换，既可以注释所选的代码，也可以取消注释

快捷键	功 能
Ctrl+Shift+S	文件全部保存
Ctrl+F	调出查找 / 替换对话框
Ctrl+B	编译当前项目
Shift+F2	在函数的声明（函数原型）和定义（函数实现）之间切换
Alt+Enter	将光标所在的函数原型生成函数体

1.2.3 添加其他组件

通常安装Qt Creator时不会将所有的组件都安装，如果Qt Creator安装完成之后想要添加新的组件，可以通过Maintenance Tool工具进行添加。添加方法如下：

（1）从Qt Creator菜单中依次选择"工具"→Qt Maintenance Tool →Start Maintenance Tool命令（图1-9），打开图1-10所示的界面。

图1-9 添加其他组件

（2）在图1-10中先使用用户名和密码进行登录，然后单击"下一步"按钮，进入维护Qt的欢迎界面，如图1-11所示。

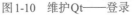

图1-10 维护Qt——登录

图1-11 维护Qt——欢迎

（3）在图1-11中选择"添加或移除组件"单选按钮后单击"下一步"按钮，打开图1-12所示的选择组件界面。

（4）在图1-12中选择需要添加或者移除的组件后单击"下一步"按钮，后面的步骤无须特别说明，直接单击"下一步"按钮，直到组件安装完成。

图1-12　维护Qt——选择组件

1.2.4　Qt 助手

在学习Qt时，遇到不懂的地方除了可以在互联网查询和查看一些书籍和视频之外，还可以直接使用Qt的帮助文档Assistant，并且这个帮助文档通常与用户的Qt安装版本相同。Qt自带的帮助文档是Assistant软件，该软件可以从Qt的安装路径中找到。例如在编者的计算机里，Qt的assistant.exe软件安装路径是C:\Qt\6.5.1\mingw_64\bin，双击assistant.exe软件就可以执行Qt助手，如图1-13所示。

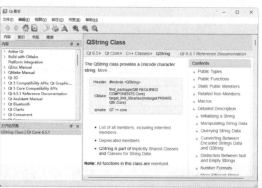

图1-13　Qt助手

例如，要想查找QPushButton类的使用方法，可以在Qt助手左边的导航中选择"索引"选项卡，再在查找文本框中输入QPushButton，就可以搜索出QPushButton的所有内容，如图1-14所示。

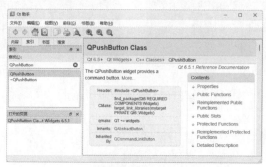

图1-14　Qt助手查找QPushButton组件

图1-14所示的查询结果首先说明QPushButton类的作用是提供一个按钮，再说明使用该类需要包含的头文件是#include <QPushButton>，如果使用CMake编译软件的项目中需要使用QPushButton类，必须在工程文件CMakeLists.txt中加入以下两条语句。

```
find_package(Qt6 REQUIRED COMPONENTS Widgets)
target_link_libraries(mytarget PRIVATE Qt6::Widgets)
```

如果使用qmake编译软件的项目中需要使用QPushButton，必须在工程文件pro中加入以下语句。

```
QT += widgets
```

然后说明QPushButton类的继承类是QAbstractButton，而QCommandLinkButton类又继承了QPushButton，并且列出QPushButton类的属性、函数、信号和槽等，最后就是对QPushButton类的各种属性和函数进行详细说明。

1.3 第一个Qt程序

【例1-1】HelloWorld程序

本例将在窗口中显示一个字符串"Hello World"和一个按钮，当用户单击按钮后该窗口将会关闭。

扫一扫，看视频

1.3.1 创建项目

本项目的名称是example1-1，其创建步骤如下：

（1）在打开的Qt Creator工作界面中依次选择菜单栏中的"文件"→New Project命令或者在图1-15所示的"欢迎"界面中先选择Qt的版本（本例选择6.5.1），然后单击"创建项目"按钮，打开图1-16所示的对话框。

图1-15　Qt Creator的欢迎界面

（2）在图1-16左边的列表框中为新创建的项目选择一个模板，常用的项目类型说明如下。

- Application（Qt）：Qt 快速应用程序。创建一个可以包含QML（Qt Meta-Object Language，Qt元对象语言）和C++代码的Qt Quick应用程序项目，可以构建应用程序并将其部署到桌面、嵌入式和移动目标平台。
- Application（Qt for Python）：Qt 快速应用程序，创建一个包含空的 Qt Quick Application 的 Python 项目。

● 其他项目:Qt Quick UI原型。使用包含主视图的单个QML文件创建Qt Quick UI项目。

例1-1选择的项目类型是Application（Qt）。选中Application（Qt）项目类型之后，会在中间列表框中依次列出可以创建应用程序的模板，部分应用程序模板说明如下。

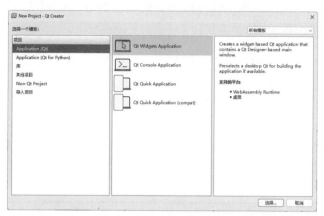

图1-16　选择新建项目的模板

● Qt Widgets Application：支持桌面平台的有图形用户界面的应用程序，设计完全基于C++语言，采用Qt提供的一套C++类库。

● Qt Console Application：控制台应用程序，没有图形用户接口界面，一般用于学习 C/C++ 语言，只需要简单的输入/输出操作时可创建此类项目。

● Qt Quick Application：创建可部署的Qt Quick 2应用程序。Qt Quick是Qt支持的一套图形用户接口开发架构，其界面设计采用QML语言，程序架构采用C++语言。利用Qt Quick可以设计非常出色的用户界面，一般用于移动设备或嵌入式设备上无边框的应用程序设计。

此处选择Qt Widgets Application，并单击右下角的"选择"按钮，打开图1-17所示的对话框。

（3）在图1-17中输入项目的名称。本例输入的项目名称是example1-1，然后定义本项目的存储路径，完成之后单击"下一步"按钮，打开图1-18所示的对话框。

图1-17　设置项目的名称和创建路径　　　　图1-18　选择项目的编译系统

（4）在图1-18中选择项目所使用的编译软件。Qt Creator中提供了三种编译软件，分别是qmake、CMake和Qbs。其中，Qbs的效率比较低，目前已经被废弃;qmake是当前使用最广泛的构建系统;Qt Creator对CMake的支持将会得到进一步改善，从长远来看用CMake构建Qt项目是非常有利的。本书的所有程序都使用CMake编译程序，然后单击"下一步"按钮，打开图1-19所示的对话框。

图 1-19　类的相关信息

（5）在图 1-19 中定义类的基本信息，包括类名、基类、头文件、源文件、用户窗口文件。在基类中提供以下三个选项。

- QMainWindow：在窗口内部包含菜单栏，还包含一些工具以及状态栏等。
- QWidget：QMainWindow 和 QDialog 的父类，是一个最简单的窗口，这个窗口被创建出来后，窗口内部什么都没有。
- QDialog：一个对话框，是在一个窗口中弹出来的对话框，一般会拥有两个选择按钮，例如"确定"和"取消"。

例 1-1 中类名设置为"Widget"，相对应的头文件和源文件会自动随之改变，在基类的下拉列表框中选择 QWidget，也就是一个最简单的窗口。另外，选中 Generate form 复选框，其含义是创建的项目中包含 UI（user interface，用户接口）文件。以上操作完成之后，单击"下一步"按钮，打开图 1-20 所示的翻译文件对话框，在该对话框中无须修改直接单击"下一步"按钮，打开图 1-21 所示的对话框。

（6）在图 1-21 中选择项目需要使用的构建套件，选择完成之后单击"下一步"按钮，打开图 1-22 所示的项目管理对话框，在该对话框中直接单击"完成"按钮，即可完成一个开发图形用户界面的 C++ 项目程序。

图 1-20　选择翻译文件

图 1-21　选择构建套件

图 1-22　项目管理

1.3.2　Qt 项目工程目录及文件说明

当Qt项目工程创建完成之后，在Qt Creator的左侧工具栏中单击"编辑"按钮可显示图1-23所示的窗口。

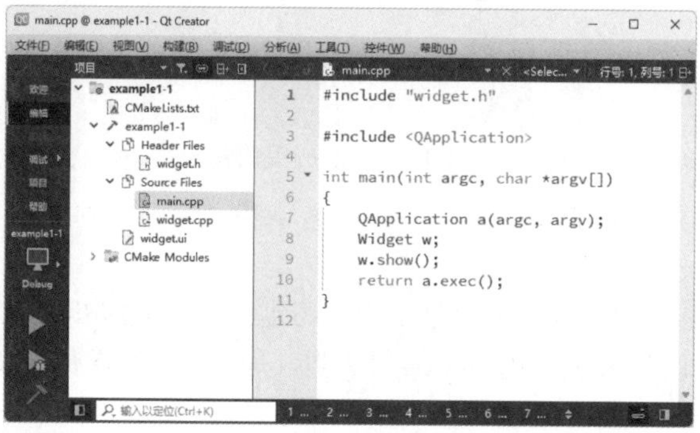

图1-23　编辑Qt程序

图1-23所示窗口的左侧目录树用于展示项目内文件的组织结构，本例中所显示的当前项目名为example1-1。项目的名称构成目录树的一个根节点，Qt Creator可以同时打开多个项目，但是仅能有一个活动项目，也就是当用户单击运行按钮后只有活动的项目被执行。活动项目的项目名称节点用粗体字体表示，非活动项目的项目名称用一般字体表示，如果需要更改活动项目，右击需要设置为活动项目的项目名称，在弹出的菜单栏中选择"将×××设置为活动项目"命令。

在项目名称节点下面管理着项目内的各种分组和文件，具体说明如下。

（1）CMakeLists.txt：项目管理文件，包括一些对项目的设置。

（2）Header Files分组：该节点内存储项目内的所有头文件（.h），图中所示项目有一个头文件widget.h，是主窗口类的头文件。

（3）Source Files分组：该节点下是项目内的所有C++源文件（.cpp），图中所示项目有两个C++源文件。widget.cpp是主窗口类的实现文件，与widget.h文件对应；main.cpp 是主函数文件，是应用程序的入口。

（4）widget.ui文件：主窗口类的界面文件（.ui）。图中所示的项目有一个主窗口的界面文件widget.ui，界面文件是文本文件，且使用XML语言描述界面的组成。

1. 项目管理文件

CMakeLists.txt文件是项目的管理文件，是用于描述CMake构建过程和项目配置的文件，其包含一系列CMake命令、变量设置和流程控制结构，用于告诉CMake如何生成适合平台和编译器的构建系统文件。文件内容及相关说明如下：

```
#声明使用的最低版本
cmake_minimum_required(VERSION 3.5)
#设置项目名称、版本、编程语言
project(example1-1 VERSION 0.1 LANGUAGES CXX)
#自动处理编译、UI编译、元对象编译、资源编译
set(CMAKE_AUTOUIC ON)
set(CMAKE_AUTOMOC ON)
set(CMAKE_AUTORCC ON)
#设置C++标准，并要求编译器支持
```

```cmake
set(CMAKE_CXX_STANDARD 17)
set(CMAKE_CXX_STANDARD_REQUIRED ON)
#在第一个find_package函数中，CMake尝试查找并加载Qt6，如果找不到再尝试Qt5
#同时CMake将要求同时加载Widgets模块，REQUIRED关键字确保这些模块是必需的
#如果找不到Widgets模块将会导致CMake错误并停止构建过程
find_package(QT NAMES Qt6 Qt5 REQUIRED COMPONENTS Widgets)
#根据第一个find_package函数中找到的QT版本引用具体的模块
find_package(Qt${QT_VERSION_MAJOR} REQUIRED COMPONENTS Widgets)
#设置项目所使用的源代码，如果项目添加新建文件，则需要在此处手动添加新建的文件名
#添加文件名之后就可以在Qt Creator的导航中看到相关文件
set(PROJECT_SOURCES
  main.cpp
  widget.cpp
  widget.h
  widget.ui
)
#Qt的版本是否大于6
if(${QT_VERSION_MAJOR} GREATER_EQUAL 6)
  #qt_add_executable是创建并最终确定指定平台类型的应用程序项目
  qt_add_executable(example1-1
    MANUAL_FINALIZATION
    ${PROJECT_SOURCES}
  )
else()
  if(ANDROID)
    add_library(example1-1 SHARED
      ${PROJECT_SOURCES}
    )
  else()
    add_executable(example1-1
      ${PROJECT_SOURCES}
    )
  endif()
endif()
#Qt模块链接到目标可执行文件或动态库
target_link_libraries(example1-1 PRIVATE Qt${QT_VERSION_MAJOR}::Widgets)
#设置目标可执行文件的属性，如MacOSX的Bundle标识符、版本号和短版本字符串
#以及在Windows下作为可执行文件运行
set_target_properties(example1-1 PROPERTIES
  MACOSX_BUNDLE_GUI_IDENTIFIER my.example.com
  MACOSX_BUNDLE_BUNDLE_VERSION ${PROJECT_VERSION}
  MACOSX_BUNDLE_SHORT_VERSION_STRING
${PROJECT_VERSION_MAJOR}.${PROJECT_VERSION_MINOR}
  MACOSX_BUNDLE TRUE
  WIN32_EXECUTABLE TRUE
)
# 安装配置
install(TARGETS example1-1
  BUNDLE DESTINATION .
  LIBRARY DESTINATION ${CMAKE_INSTALL_LIBDIR}
  RUNTIME DESTINATION ${CMAKE_INSTALL_BINDIR}
)
# 如果使用的是Qt6，则使用qt_finalize_executable进行最后的可执行文件处理
if(QT_VERSION_MAJOR EQUAL 6)
  qt_finalize_executable(example1-1)
endif()
```

2. UI项目界面文件

后缀为".ui"的文件是可视化设计的窗体定义文件，如例1-1中的文件widget.ui。双击项目目录树中的文件widget.ui，会打开一个集成在Qt Creator中的Qt设计器，通过这个Qt设计器可对窗体进行可视化设计，如图1-24所示。

图1-24　UI设计器

UI设计器有以下一些功能区域。

- 组件模板：在窗口的左侧，是界面设计组件面板，该面板分为多个组，包括Layouts（布局）、Buttons（按钮）等，界面设计的常见组件都可以在组件面板里找到。
- 待设计的窗体：是中间主要区域。如果要将某个组件放置到窗体中，从组件面板上拖曳该组件到窗体的适当位置即可。
- Signals and Slots Editor与Action编辑器：位于待设计的窗体下方。Signals and Slots（信号槽）Editor用于可视化地进行信号与槽的关联，Action编辑器用于可视化设计操作。
- 布局和界面设计工具栏：窗口上方的一个工具栏，工具栏中的按钮主要用于实现布局和界面设计。
- 对象检查器：位于窗口的右上方，用树状视图显示窗体中各组件之间的布局包含关系。这个树状视图分为两列，分别显示每个组件的对象名称和类名称。
- 属性编辑器：位于窗口的右下方，是设计界面时最常用的编辑器。属性编辑器显示某个选中的组件或窗体的各种属性及其取值，可以在属性编辑器中修改这些属性的值。属性编辑器的内容分为两列，分别显示属性的名称和属性的值。

例1-1要求在待设计窗体中拖曳两个组件，分别是Label和Push Button，然后分别单击这两个组件修改其text属性。其中，Label组件的text属性设置为Hello World，Push Button组件的text属性设置为"关闭窗口"。

若要实现单击Push Button关闭窗口的功能，可以使用Signals（信号）和Slots（槽）编辑器。在信号和槽编辑器的工具栏中单击"+"按钮会出现一个新增的条目，如图1-25所示。

图1-25　增加信号与槽

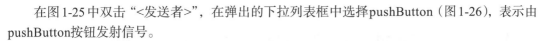

在图1-25中双击"<发送者>",在弹出的下拉列表框中选择pushButton(图1-26),表示由pushButton按钮发射信号。

图1-26　选择信号的发送者

双击图1-26中的"<信号>"选项,在弹出的下拉列表框中选择clicked()事件,表示pushButton按钮发射了用户单击信号,然后再来确定这个信号是发射给谁的。因为例1-1要实现单击按钮关闭窗口这样一个功能,所以双击图1-26中的"<接收者>"并在弹出的下拉列表框中选择部件Widget,表示由部件Widget来接收按钮的单击信号。接收这个信号做什么是由槽来确定的,双击图1-26中的"<槽>"并在弹出的下拉列表框中选择close(),实现关闭窗口的功能。完成上面这些设置之后的结果如图1-27所示。

图1-27　选择槽的功能

完整的含义就是,当用户单击按钮之后,按钮会发出clicked()单击信号,然后由当前部件Widget来接收该信号,再执行该信号所对应的close()槽函数来关闭当前部件。

3. 入口文件main.cpp

main.cpp是实现main()函数的文件,即应用程序入口文件。其主要功能是创建应用程序、创建窗口、显示窗口并运行应用程序,开始应用程序的消息循环和事件处理。其源码及说明如下:

```cpp
// 导入widget.h头文件,因为在该头文件中定义了Widget类
#include "widget.h"
// 导入QApplication类,该类是Qt的标准应用程序类
// 目的是定义QApplication 类的实例 a,即应用程序对象
#include <QApplication>
// 程序入口函数
int main(int argc, char *argv[])
{
  // 创建应用程序实例a
  QApplication a(argc, argv);
  // 创建Widge窗口实例w
  Widget w;
  // 显示窗口w
  w.show();
  // 启动应用程序,开始应用程序的消息循环和事件处理
  return a.exec();
}
```

4. 头文件widget.h

widget.h文件是主窗口的头文件，其源码及说明如下：

```
#ifndef WIDGET_H
#define WIDGET_H
// 导入QWidget类
#include <QWidget>
// namespace声明一个名称为 Ui 的命名空间，包含一个类Widget
QT_BEGIN_NAMESPACE
namespace Ui { class Widget; }
QT_END_NAMESPACE
// 定义派生类Widge的构造函数，继承QWidget基类
class Widget : public QWidget
{
  // Q_OBJECT是使用Qt的信号与槽机制的类都必须加入的一个宏
  Q_OBJECT
//在 public 部分中定义了Widget类的构造函数和析构函数
public:
  Widget(QWidget *parent = nullptr);    // 构造函数
  ~Widget();                            // 析构函数
  // 在private部分定义指针ui，用前面声明的namespace Ui里的Widget类定义
  // 指针ui是指向可视化设计的界面
private:
  Ui:: *ui;
};
#endif
```

5. 源文件widget.cpp

widget.cpp文件是类Widget的实现代码，其源码及说明如下：

```
// 导入widget.h头文件，Qt编译生成的与UI文件widget.ui对应的类定义文件
#include "widget.h"
#include "./ui_widget.h"
// 定义构造函数，执行父类QWidget 的构造函数，创建一个Ui::QWidget类的对象 ui
// ui是Widget的private部分定义的指针变量
Widget::Widget(QWidget *parent)
  : QWidget(parent)
  , ui(new Ui::Widget)
{
  ui->setupUi(this);                     // 设置UI的当前窗口
}
// Widget类的析构函数

Widget::~Widget()
{
  delete ui;
}
```

以上操作完成之后，单击图1-6左下方构建调试中的"运行"按钮可以开始运行程序，程序运行结果如图1-28所示，当用户单击"关闭窗口"按钮时会把整个窗口关闭。

图1-28　example1-1的运行结果

1.4 C++语言基础

1.4.1 类和对象

1. 类的定义

在C++中，对象的类型称为类（class），用来表示一类具有共同属性和行为的类型，例如，人类、动物类、哺乳动物类等。在C++中一般是先声明一个类的类型，然后用这个类去定义多个对象，所以对象就是类的一个实例，或者说是类的一个实例化的变量。

类是抽象出来的，所以类跟C++中的其他类型一样不占用内存空间，而对象就是类的实例化，是真正的变量，是占用存储空间的。类的定义格式如下：

```
class 类名{
public:
  // 公有数据成员和成员函数
protected:
  // 保护数据成员和成员函数
private:
  // 私有数据成员和成员函数
};
```

【例1-2】类的定义和使用

例如写一个程序，根据输入矩形的长和宽可以输出面积和周长，其代码如下：

```
class CRectangle{
public:
  int w,h;                    // 声明矩形长和宽的属性
  int Area() {                // 计算矩形面积的方法
    return w * h;
  }
  int Perimeter()    {        // 计算周长的方法
    return 2 * ( w + h);
  }
  CRectangle( int w_,int h_ ) {  // 构造函数
    w = w_;   h = h_;
  }
};
```

定义和使用类时有以下几个方面需要特别注意。

（1）在类的定义中不能对数据成员进行初始化。

（2）类的任何成员都必须指定访问属性，一般将数据成员定义为私有成员或保护成员，将成员函数定义为公有成员。

（3）类中的数据成员可以是C++语法规定的任意数据类型。

（4）类的成员可以是其他类的对象，称为类的组合。但不能以类自身的对象作为本类的成员。

（5）类定义必须以分号";"结束。

扫一扫，看视频

2. 对象

对象是类的实例或实体。类与对象的关系如同C++中基本数据类型和该类型的变量之间的关

系。定义对象时应注意：必须在定义类之后，才可以定义类的对象。访问类成员的方法有两种。

（1）圆点访问形式：

对象名.公有成员

（2）指针访问形式：

对象指针变量名->公有成员

例如，定义一个矩形指针对象的指令如下：

```
CRectangle *cr;
```

实例化指针对象的指令如下：

```
cr=new CRectangle(5,10);      // 实例化矩形的宽度W=5,高度H=10
```

在Qt Creator中显示矩形指针对象的面积和周长的方法如下：

```
qDebug() << cr->Area();       // 输出矩形指针对象的面积
qDebug() << cr->Perimeter(); // 输出矩形指针对象的周长
```

3. 构造函数

在类中，函数名和类名相同的函数称为构造函数，其作用是在建立一个对象时进行某些初始化的工作（例如为数据赋初值）。C++可以定义同名函数，这样就可以在同一个类中有多个构造函数。如果一个都没有，编译器将为该类产生一个默认的构造函数。在创建对象时系统自动调用匹配的构造函数。构造函数的作用包括：为对象分配空间、为数据成员赋初值、请求其他资源。构造函数的定义说明如下：

（1）不带参数的构造函数只能以固定不变的值初始化对象。不带参数的构造函数的定义形式如下：

构造函数名(){函数体}

（2）带参数的构造函数在初始化时，通过传递给构造函数不同的参数赋予对象不同的初始值，其定义的一般形式如下：

构造函数名(形参表){函数体}

构造函数的参数可以有默认值。当定义对象时，如果不给出参数，就自动把相应的默认参数值赋给对象。其代码的一般形式如下：

构造函数名（参数=默认值,参数=默认值,...）;

4. 析构函数

当一个类的对象离开作用域时，析构函数将被调用（系统自动调用）。析构函数的名字和类名一样，不过要在其前面加上符号"~"。对一个类来说，只能有一个析构函数，析构函数不能有参数，并且也没有返回值。析构函数的作用是完成一个清理工作，如释放从堆中分配的内存。析构函数的定义方法如下：

~ 类名

对象被析构的顺序与其建立时的顺序相反，即后构造的对象先析构。

5. 静态成员

在声明类成员时前面带有关键字static的成员称为静态成员，该类成员是同类对象共享。

（1）静态成员的定义。

静态成员不属于某一个对象，而是由类的所有对象所共有。对于类的普通数据成员，每一个对象都拥有一个副本，也就是每个对象的成员分配不同的存储空间；而对于静态数据成员，每个类只能有一个存储空间，也就是在静态存储区分配一个存储空间，对所有对象都是可见的。定义静态成员的格式如下：

```
static 返回类型 静态成员名;
```

公有访问权限的静态成员可以通过下面的形式进行访问。

```
类名::静态成员名字
对象名.静态成员名字
对象指针->静态成员名字
```

（2）静态成员函数。

除静态数据成员以外，类还可以有静态成员函数。静态成员函数的作用不是为了对象之间的沟通，而是为了能处理静态数据成员，即保证在不依赖于某个对象的情况下访问静态数据成员。静态成员函数和静态数据成员一样都属于类的静态成员，它们都不是对象成员。因此，对静态成员函数的引用也可以不使用对象名。定义静态成员函数的格式如下：

```
static 返回类型 静态成员函数名（参数表）;
```

与静态数据成员类似，调用公有静态成员函数的一般格式有以下几种。

```
类名::静态成员函数名(实参表)
对象名.静态成员函数名(实参表)
对象指针->静态成员函数名(实参表)
```

1.4.2 类的继承与多态

1. 继承的基本概念

继承是面向对象编程中的一个重要特性，它允许创建一个新的类（称为派生类）从一个已有的类（称为基类或父类）中继承属性和方法（也可以称为函数）。在继承中，派生类可以继承基类的公共成员以及这些成员的所有属性和方法，也就是说，通过继承可以让派生类获得基类中的一些特性，并且还可以在这些特性的基础上进行扩展和定制。

【例1-3】类的继承

例如要定义一个汽车类，其属性包括汽车的品牌、颜色、价格等，方法包括汽车的加油、起动、停止和驾驶等。该汽车类的定义如下：

扫一扫，看视频

```cpp
class Car {
public:
  QString br_;                                     // 汽车品牌属性
  QString co_;                                     // 汽车颜色属性
  double pr_;                                      // 汽车价格属性
  // 构造函数
  Car(QString br, QString co, double pr) : br_(br), co_(co), pr_(pr) {}
  void refuel() { qDebug() << "加油" ; }  // 加油
  void start() { qDebug() << "起动" ; }   // 起动
  void stop() { qDebug() << "停止" ; }    // 停止
  void drive() { qDebug() << "驾驶" ; }   // 驾驶
};
```

然后定义一种新的汽车类，新类是从Car类继承而来的，并定义一些新的属性和方法。这个新的汽车类称为SUV类，其定义如下：

```
class SUV : public Car{        // 定义新类SUV（派生类），该类继承Car类（基类）
public:
  // 构造函数，调用基类构造函数初始化
  SUV(QString br,QString co,double pr,bool off) : Car(br,co,pr),off_(off) {}
  // 汽车在越野场地上驾驶
  void offroad_drive() { qDebug() << "越野驾驶" ; }
private:
  bool off_;
};
```

在这个例子中定义了一个新的SUV类，它从Car类中继承了汽车的基本属性和方法，包括品牌、颜色、价格属性，还包括加油、起动、停止和驾驶等方法，然后在SUV类中定义了一个新增属性off_来表示越野能力，并且还新增了一个方法offroad_drive() 用于在越野场地上驾驶。

在派生类中使用关键字public来指出继承基类的方式是公有继承（也是最常见的继承方式），这意味着基类中的公有成员在派生类中保持不变，并且可以通过派生类的对象来访问这些成员。

在派生类的构造函数中还调用了基类的构造函数来初始化基类的成员变量。这是因为基类的成员变量在派生类中并不会被自动初始化。因此，在派生类的构造函数中可以调用基类的构造函数进行初始化。在这里使用初始值列表的方式来调用基类的构造函数，以初始化基类的属性。

2. 继承方式

在C++中有三种继承方式，分别是公有继承、私有继承和保护继承，下面分别详细说明。

（1）公有继承。

公有继承是指派生类继承基类的属性和方法时，基类中公有的成员和受保护的成员在派生类中仍然是公有的和受保护的，而基类中的私有成员在派生类中不能被访问。公有继承是最常用的继承方式，因为这种方式能够最大限度地利用基类的资源，并对派生类的扩展提供了最大的灵活性。例1-3的SUV类就是用公有继承方式继承Car类。

（2）私有继承。

私有继承是指派生类继承基类的属性和方法时，基类中公有的成员和受保护的成员在派生类中转换为私有的，而基类中的私有成员在派生类中无法访问。通过私有继承，派生类只能在类内部访问基类中的公有成员和受保护成员，而在外部只能通过派生类内部的公有成员函数来进行访问。

（3）保护继承。

保护继承是指派生类继承基类的属性和方法时，基类中公有的成员和受保护的成员都会变成派生类中的受保护成员，而基类中的私有成员在派生类中无法访问，无法被派生类或派生类的外部对象访问。

3. 多态

面向对象的三大特征是封装、继承和多态。这三种机制能够有效提高程序的可读性、可扩展性和可重用性。多态是指同一个名字的函数或方法可以完成不同的功能，多态可以分为编译时的多态和运行时的多态。前者主要是指函数的重载（包括运算符的重载）、对重载函数的调用，在编译时就能根据实参确定调用哪个函数，因此叫编译时的多态；而后者则和继承、虚继承等概念有关。构成多态的主要条件如下：

（1）必须存在继承关系。

（2）继承关系中必须有同名的虚函数，并且它们是覆盖关系（函数原型相同）。

（3）存在基类的指针，通过该指针调用虚函数。

提供多态是为了使基类指针可以访问所有子类（包括直接派生和间接派生）的成员变量和函数，尤其是成员函数，如果没有多态，则只能访问成员变量。

【例1-4】多态实例

本例定义一个Person类和一个Student类，其中Student类继承Person类，是Person的子类。在这两个类中定义info()函数，前面加virtual关键字表示该函数是虚函数，其程序代码如下：

扫一扫，看视频

```cpp
class Person{
public:
  Person(QString name,int age):name(name),age(age){}
  virtual void info()
  {
    qDebug()<<"Person.info";
    qDebug()<<"name "<<this->name;
    qDebug()<<"age "<<this->age;
  }
protected:
  QString name;
  int age;
};

class Student:public Person{
public:
  Student(QString name,int age,float score):Person(name,age),score(score)
  {
  }
  virtual void info()
  {
    qDebug()<<"Student info";
    qDebug()<<"name "<<this->name;
    qDebug()<<"age "<<this->age;
    qDebug()<<"score "<<this->score;
  };
protected:
  float score;
};
```

然后在主程序中分别实例一个Person和Student对象，并调用这两个对象的info()方法，所使用的语句如下：

```cpp
Person* person=new Person("zs",20);
person->info();
person=new Student("ww",21,90);
person->info();
```

其运行结果如下：

```
Person.info
name  "zs"
age  20
Student info
name  "ww"
age  21
score  90
```

1.5 本章小结

本章围绕使用Qt Creator工具编写图形用户界面程序这一中心来介绍Qt程序的创建、项目工程的目录和文件、界面设计、程序运行主文件、创建程序窗口的头文件和源文件等内容，同时也讲解了所用到的C++语言的最基本语法，以及使用Qt编写图形用户界面应用程序所需要的基本概念、设计思路和设计方法。通过对本章内容的学习，可以为本书后续章节的学习打下良好的基础，也能够对编写实用图形用户界面应用程序有非常大的帮助。在本章学习中应该重点关注如何创建Qt程序、Qt Creator图形设计界面的使用方法，同时也要读懂本章给出的实例中每一条语句的含义及其在整个项目中所起的作用。

1.6 习题1

一、选择题

1. 构造函数在（　　　）时执行。

   A. 创建类　　　　　　　　　　　　　　B. 创建对象

   C. 程序编译　　　　　　　　　　　　　D. 程序装入内存

2. 对类的构造函数和析构函数描述正确的是（　　　）。

   A. 构造函数可以重载，析构函数也可以重载

   B. 构造函数可以重载，析构函数不能重载

   C. 构造函数不能重载，析构函数可以重载

   D. 构造函数不能重载，析构函数也不能重载

3. 建立一个有成员对象的派生类对象时，各构造函数体的执行次序是（　　　）。

   A. 派生类、成员对象类、基类　　　　　B. 成员对象类、派生类、基类

   C. 基类、成员对象类、派生类　　　　　D. 基类、派生类、成员对象类

4. 下面代码中，继承类是（　　　），派生类是（　　　）。

```
class Peo {
    ...
};
class Stu : public Peo {
    ...
};
```

   A. Peo,Stu　　　　　B. Stu,Peo　　　　　C. Peo,Peo　　　　　D. Stu ,Stu

5. 面向对象的三大特征是: 封装、继承和(　　　)。

A. 构造　　　　　　　B. 派生　　　　　　　C. 创建　　　　　　　D. 多态

6. Qt应用程序的入口文件是(　　　)。

A. main.js　　　　B. main.c　　　　C. main.cpp　　　　D. default.cpp

7. Qt生成项目时使用CMake编译软件, 其项目工程文件是(　　　)。

A. CMakeLists.pro　　　　　　　　B. CMakeLists.txt

C. CMakeLists.cpp　　　　　　　　D. CMakeLists.exe

8. 声明的指针对象变量在使用之前必须要进行(　　　)。

A. 赋初值　　　　B. 修改地址　　　　C. 实例化　　　　D. 赋地址

9. 关于Qt应用程序的说法正确的是(　　　)。

A. Qt应用程序可以是控制台应用程序, 也可以是窗口应用程序

B. Qt应用程序只能是窗口应用程序, 不能是控制台应用程序

C. Qt应用程序中所说的窗口只能是操作系统的原生窗口

D. Qt只能开发应用程序的界面, 不能开发网络通信等功能

10. 当一个派生类私有继承一个基类时, 基类中的所有公有成员成为派生类的(　　　)。

A. public成员　　　B. private成员　　　C. protected成员　　　D. 友元

11. 在创建派生类对象时, 构造函数的执行顺序是(　　　)。

A. 对象成员构造函数—基类构造函数—派生类本身的构造函数

B. 派生类本身的构造函数—基类构造函数—对象成员构造函数

C. 基类构造函数—派生类本身的构造函数—对象成员构造函数

D. 基类构造函数—对象成员构造函数—派生类本身的构造函数

二、简答题

1. 用Qt进行程序开发有什么优点?

2. 请说明习题图1-1中的信号是什么信号? setText(QString)槽函数的含义是什么?

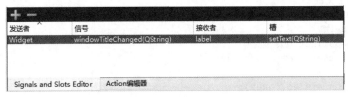

习题图1-1　信号与槽

3. 什么是Qt信号与槽机制? 如何在Qt中使用?

4. 如何理解下面程序代码段中的第二行QWidget(parent)的含义?

```
Widget::Widget(QWidget *parent) :
  QWidget(parent),              // 此句的含义是什么
  ui(new Ui::Widget)
{
  ui->setupUi(this);
}
```

5. 阅读分析程序, 并给出其运行结果。

```
// dog.h头文件
#ifndef DOG_H
#define DOG_H
```

```
#include <QObject>
class Animal {
public:
  Animal();
  Animal(int val);
private:
  int m_num;
};
class Dog :public Animal{
public:
  Dog();
  Dog(int val);
private:
  int m_num;
};
#endif // DOG_H
```

```
// dog.cpp源文件
#include "dog.h"
#include<QDebug>                          // qDebug()语句的头文件
Animal::Animal() :m_num(0){
  qDebug() << "this is Animal()" ; // qDebug()语句
}
Animal::Animal(int val) :m_num(val){
  qDebug() << "this is Animal(int val)" ;
}
Dog::Dog()
{
  qDebug() << "this is Dog()" ;
}
Dog::Dog(int val) : Animal(val){
  qDebug() << "this is Dog(val)" ;
}
```

```
// main.cpp主文件
#include "widget.h"
#include "dog.h"
#include <QApplication>
int main(int argc, char *argv[])
{
  QApplication a(argc, argv);
  Dog dog1;
  Dog dog2(5);
  return a.exec();
}
```

1.7　实验1　Qt程序基础

一、实验目的

（1）掌握Qt项目的创建过程。

（2）掌握Qt Creator项目中各个文件夹及文件的作用。

（3）掌握Qt项目中.h、.cpp、.ui文件各自的作用及结构。

二、实验要求

使用 Qt Creator 编辑程序实现实验图 1-1 所示界面，当用户单击"关闭窗口"按钮时可以关闭当前运行的窗口。显示的文字"欢迎进入 Qt 世界!"，要求：字体 14 像素、加粗、倾斜、带下划线。提示实现方式是选中 label 组件，设置其 font 属性，如实验图 1-2 所示。

实验图 1-1　实验结果图

实验图 1-2　QLabel 组件 font 属性设置

第 2 章

Qt 程序设计基础

本章学习目标：

本章主要讲解 Qt 程序设计所需要的基础知识，包括常用的数据类型、容器类、常用设置、信号与槽。通过本章的学习，读者应该掌握以下主要内容。

- QByteArray 与 QString 数据类型。
- 数组 QList、映射表 QMap 和哈希表 QHash 的访问方式。
- 字体、颜色和时间的设置。
- 信号与槽的响应机制。

2.1 常用的数据类型

在Qt项目开发过程中，C++语言所提供的数据类型中有一些系统函数只要包含对应的头文件，就可以直接使用，Qt本身也有与C++语言不同的数据类型和方法，掌握这些数据类型和方法对于本书后续章节的学习是非常重要的。

2.1.1 字节数组 QByteArray

QByteArray是一个提供字节数组的类，可以一个元素一个元素地访问数组中的字符。QByteArrary类经常在串口通信中使用，因为串口通信数据都是一个一个的8位字节流，所以使用QByteArray就很方便。

1. 初始化

初始化QByteArray对象的方法就是将const char*变量直接传递给其构造函数，其语句如下：

```
QByteArray ba("hello");          // 将"hello"字符串赋值给ba对象
```

需要说明的是，QByteArray数组数据都是以 "\0" 结尾的，如果要计算数组的长度，那么可以使用size()函数，但在计算结果中不会包括数组字符串末尾的 "\0"，例如计算ba数组的长度就是5。

另一种初始化QByteArray对象的方法是使用resize()设置数组的长度，并按字节初始化数据。例如QByteArray可以像C++数组一样按字节赋值，其代码如下：

```
QByteArray ba;
ba.resize(5);                   //设置数组长度为5
ba[0] = 'h';
ba[1] = 'e';
ba[2] = 'l';
ba[3] = 'l';
ba[4] = 'o';
qDebug() << ba.data() << Qt::endl;
```

上述代码的最后一句qDebug()表示在控制台输出，QByteArray数组的data()方法表示返回该数组中的数据，Qt::endl表示Qt在控制台输出换行。

2. 访问某个元素

QByteArray访问数组中的某一个元素可以使用数组下标的方式，例如定义QByteArray数组并访问其第一个元素所使用的语句如下：

```
QByteArray ba("Hello");
qDebug() << ba[0];               // 控制台输出"H"
```

另外，也可以使用QByteArray数组的at()方法访问指定的元素，同样访问第一个元素可以使用如下语句：

```
qDebug() << ba.at(0);           // 控制台输出"H"
```

在访问某个元素时，重点要注意元素位置是否正确，第一个元素对应的值为0。下面程序是按数组下标遍历每个元素，如果元素在a到f之间，就输出到控制台。

```
qDebug() << "Found character in range [a-f]" ;    // 输出提示
for (int i = 0; i < ba.size(); ++i) {             // 进行循环遍历
    if (ba.at(i) >= 'a' && ba.at(i) <= 'f')       // 判断元素是否在a到f之间
        qDebug() << ba.at(i);                     // 输出
}
```

3. 截取字符串

在QByteArray数组中有以下几种方法获取字符串的子串。

● left：从左边开始截取到指定位置，参数是截取位置。

● right：从右边开始截取到指定位置，参数是截取位置。

● mid：从字符串的中间截取，需要两个参数。参数1是起始位置，索引值从0开始；参数2是截取的位数，如果不写第二个参数，就会一直截取到最后。

这三种截取函数的使用方法如下：

```
QByteArray x("HelloWorld");      // 定义数组x，初值是："HelloWorld"
QByteArray y1 = x.left(5);
qDebug() <<y1;                   // 输出："Hello"
QByteArray y2 = x.right(5);
qDebug() <<y2;                   // 输出："World"
QByteArray y3 = x.mid(5,3);
qDebug() <<y3;                   // 输出："Wor"
QByteArray y4 = x.mid(5);
qDebug() <<y4;                   // 输出："World"
```

4. 获取字节数组的长度

在QByteArray数组中有三种方法获取字节数组的长度，分别是size()、length()和count()。这三种获取字节数组长度的方法所使用的代码如下：

```
QByteArray ba2("Hello");
qDebug() <<ba2.size();          // 输出：5
qDebug() << ba2.length();       // 输出：5
qDebug() << ba2.count();        // 输出：5
```

5. QByteArray类型转换为其他类型

（1）QByteArray类型转换为int类型。

```
QByteArray strInt("1234");
int n = strInt.toInt();         // n=1234
```

（2）QByteArray类型转换为float类型。

```
QByteArray strFloat("1234.56");
float f = strFloat.toFloat();    // f=1234.56
double d = strFloat.toDouble();  // d=1234.56
```

（3）QByteArray类型转换为char*类型。

```
QByteArray ba3("Hello world");
char* data = ba3.data();
```

（4）QByteArray类型与std::string类型相互转换。

```
QByteArray ba4("Hello");
std::string str = ba4.toStdString();        // QByteArray转std::string
```

```
std::string str1("world");
QByteArray ba5 = QByteArray::fromStdString(str1); // std::string转QByteArray
```

（5）QByteArray与QString相互转换。

```
QString str2 = QString("hello world!");
QByteArray arr1 = str2.toLatin1();                  // QString转QByteArray
QByteArray arr2("abc123");
QString str3 = arr2;                                // QByteArray转QString
```

2.1.2 字符串 QString

QString类用于表示和操作字符串。在QString中每个字符以16位Unicode进行编码，而平常用的ASCII码等一些编码集都是Unicode的子集。

1. 初始化及赋值

QString对象初始化常用代码如下：

```
QString str("Hello");
QString str = "Hello";
```

也可以使用resize()方法设置字符串的大小，并初始化每个元素。QString使用基于0的索引，就像C++数组一样。例如：

```
QString str;
str.resize(4);            // 设置字符串大小为4
str[0] = QChar('U');      // 第1个字符是U
str[1] = QChar('n');      // 第2个字符是n
str[2] = QChar(0x0041);   // 第3个字符是A，其十六进制数是0041
str[3] = QChar(0x0061);   // 第4个字符是a，其十六进制数是0061
```

2. 利用[]取得或修改一个字符

QString字符串可以像数组一样使用下标来进行访问和赋值，例如：

```
QString str("Hello-World");
QChar ch = str[5];        // ch变量的值为 "-"
str[5]=' ';               // str字符串修改为Hello World
```

3. 字母大小写转换

toUpper()方法可以把QString字符串中的所有字符全部转换成大写并形成一个新的字符串，toLower()方法可以把QString字符串中的所有字符全部转换成小写并形成一个新的字符串。其使用方法如下：

```
QString str = "Hello World";
QString str1 = str.toUpper(); // str1字符串修改为HELLO WORLD
QString str1 = str.toLower(); // str2字符串修改为hello world
```

4. 删除QString字符串中的字符

QString字符串中的remove()方法可以删除字符串中指定的字符，该方法有两个参数：参数1是删除的字符的起始位置，参数2是删除字符的个数。该方法的返回值是被删除的字符形成的一个新字符串。其使用方法如下：

```
```

```
QString str = "Hello Qt World";
QString temp = str.remove(5, 3);     // temp值: Qt, str值: Hello World
```

5. 添加字符串

向QString字符串中添加数据有以下三种方法。

- append()：在字符串的后面添加。
- prepend()：在字符串的前面添加。
- insert()：在字符串的指定位置添加。

使用方法如下：

```
QString str1 = " Qt ", str2 = "World";
QString str3 =str1;
str1.append(str2);                  // str1字符串修改为: Qt World
str3.prepend(str2);                 // str3字符串修改为: World Qt
QString str4("Hello World");
str4.insert(5," Qt");               // str4字符串修改为: Hello Qt  World
```

另外，可以使用arg()方法来进行字符串的组合，这种方法可以把很多种数据类型转换成字符串，使用方法如下：

```
QString str = QString("%1 was born in %2.").arg("LiuYD").arg(2003);
```

上面语句执行后，str内容是："LiuYD was born in 2003."。需要说明的是，%1和%2是两个占位符，其中%1被替换为第一个arg()方法中的参数值LiuYD，%2被替换为第二个arg()方法中的参数值2003。

6. 去掉空格

在QString字符串中使用trimmed()方法可以删除一个字符串首尾两端的空白字符，这里的空白字符指的是QChar::isSpace()返回值为true的字符，主要包括'\t'、'\n'、'\v'、'\f'、'\r'和' '；simplified()方法是返回字符串开头和结尾除去空白的字符串，并且内部的空白字符也会被删除。这两种方法的示例语句如下：

```
QString str = " \t Are \t you \n OK? ",str1,str2;
str1 = str.trimmed();               // str1的值是: Are \t you \n OK?
str2 = str.simplified();            // str2的值是: Are you OK?
```

7. 查找字符串

在QString字符串中，indexOf()方法是从字符串的头开始搜索，返回要查找子字符串在源串中出现的位置，同时也可以指定从哪个字符开始进行字符串的查找；lastIndexOf()方法与indexOf()方法类似，只不过lastIndexOf()方法是从后向前查找。这两种方法使用的示例语句如下：

```
QString str = "Hello World!";
int n1 = str.indexOf("Wor");        // 默认从头搜索，返回Wor出现位置是6
int n2 = str.indexOf("Wor", 4);     // 从第4位开始搜索，返回Wor出现位置是6
int n3 = str.lastIndexOf("Wor");    // 从最后一位开始反向搜索，返回Wor出现位置是6
int n4 = str.lastIndexOf("Wor", 9);// 从第9位开始反向搜索，返回Wor出现位置是6
```

8. 判断字符串是否为空

在QString字符串中，使用isEmpty()方法来判断字符串是否为空，如果字符串为空，则返回true；否则返回false。isNull()方法用于判断字符串是否有效，如果字符串是无效的，则返回true；否则返回false。这两种方法的示例语句如下：

```
QString str1, str2 = "";
bool b = str1.isNull();          // 未赋值字符串变量，则b的值为true
bool b = str2.isNull();          // 只有"\0"字符串也不是Null，则b的值为false
bool b = str1.isEmpty();         // b的值为true
bool b = str2.isEmpty();         // b的值为true
```

9. 判断是否包含某个字符串

startsWith()方法用来判断一个字符串是否以某个字符串开头，此方法有两个参数，参数1是指定的字符串，参数2指定是否大小写敏感（默认情况下大小写是敏感的）；endsWith()方法查询结尾是否为指定字符串；contains()方法判断一个指定的字符串是否出现过。这三种方法的示例语句如下：

```
QString str = "Welcome to you!";
bool  b=str.startsWith("Welcome",Qt::CaseSensitive); // 返回true
bool b=str.startsWith("you",Qt::CaseInsensitive);    // 返回false，区分大小写
bool b=str.endsWith("You!", Qt::CaseInsensitive);    // 返回true,不区分大小写
bool b=str.contains("to",Qt::CaseSensitive);         // 返回true,区分大小写
```

10. 截取字符串

在QString字符串中，left()方法是从左边截取字符串，right()方法是从右边截取字符串，mid()方法是从指定的位置截取指定个数的子串，splite()方法是按某个子串截取字符串来形成一个字符串数组。这三种方法的示例语句如下：

```
// 定义一个有多个邮件地址的字符串，以分号分隔
QString mailString="lb@whpu.edu.cn;7288262@qq.com;lbliubing@sina.com";
// 查找第一个分号的位置
int count=mailString.indexOf(";");
// 取出第一个邮箱地址
QString qqMail=mailString.left(count);
// 查找最后一个分号的位置
count=mailString.lastIndexOf(";");
// 先计算最后一个邮箱地址的字符个数mailString.length()-count-1，然后截取
QString sinaMail=mailString.right(mailString.length()-count-1);
qDebug()<<count<<sinaMail;
// 把字符串通过分号分割成邮箱地址分组，再遍历每个邮箱地址
QStringList mailArr=mailString.split(';');
foreach (QString item, mailArr) {
  qDebug()<<item;
}
```

11. 将字符串类型转换成其他基本数据类型

在QString字符串中，使用toInt()方法可以把数字字符串转换成整数类型，使用toFloat()方法或者toDouble()方法可以把数字字符串转换成浮点数类型。这三种方法的示例语句如下：

```
QString strInt = "1234";
int n = strInt.toInt();          // n的值是: 1234
QString strFloat = "1234.56";
float f = strFloat.toFloat();    // f的值是: 1234.56
double d = strFloat.toDouble();  // d的值是: 1234.56
```

12. 字符串的比较

在QString字符串中使用compare()方法可以比较两个字符串，该方法的返回值是一个整数。如果返回值小于0，则第一个字符串小于第二个字符串；如果返回值为0，则两个字符串是相等的；如果返回值大于0，则第一个字符串大于第二个字符串。字符串按以下方式比较：两个字符串的第一个字符进行比较，小写字母大于大写字母，汉字大于英文字符，汉字之间的比较按照拼音字母的大小来比较，如果相等，则比较第二个字符，直到找到一些不同的字符或者发现所有字符都相等。

```
int n = QString::compare("def", "abc");        // n的值大于0
int n = QString::compare("abc", "def");        // n的值小于0
int n = QString::compare("abc", "abc");        // n的值等于0
```

2.2 Qt容器类

 ### 2.2.1 数组 QList

QList是一种表示链表的模板类，是Qt的一种泛型容器类，可以以链表的方式存储一组数据并能对这组数据进行快速索引，还提供快速插入和删除等操作。

在C++中定义一个int型的数组使用int array[10]，现在在Qt中可以使用以下语句进行定义和存取：

```
QList<int> array(5);      // 定义含有5个元素的整型数组
array[0]=20;              // 把数组的第一个元素赋值为20
qDebug()<<array;          // 输出整个数组，其输出值是：QList(20, 0, 0, 0, 0)
```

需要说明的是，定义中的<int>表示整个数组所存储的数据类型是整型。

1. 添加元素

在QList中，使用append()方法和<<运算符在数组的后面添加新的元素，使用prepend()方法在数组的前面添加元素。这三种方法的示例语句如下：

```
QList<int> array(2);
array.prepend(18);        // 在数组的前面添加一个元素，即数值18
array.push_front(8);      // 在数组的前面添加一个元素，即数值8
array<<28;                // 在数组的最后添加一个元素，即数值28
array.push_back(38);      // 在数组的最后添加一个元素，即数值38
array.append(48);         // 在数组的最后添加一个元素，即数值48
qDebug()<<array;          // 输出值是：QList(8, 18, 0, 0, 28, 38, 48)
```

2. 将元素插入QList的指定位置

在QList中使用insert()方法可以把元素插入数组的指定位置，例如将元素插入到i位置，从0开始计算，其使用的语句如下：

```
void insert(int i, const T &value);
```

从i位置开始插入count个元素，其使用的语句如下：

```
void insert(int i, int count, const T &value);
```

在任意位置插入数据所使用的示例代码如下：

```
QList<QString> strArr(2);      // 定义字符串类型数组
strArr[0]="Hello";             // 第一个元素是"Hello"
strArr[1]="World";             // 第二个元素是"World"
qDebug()<<strArr;              // 输出结果：QList("Hello", "World")
strArr.insert(1,"Qt");         // 数组的位置1插入字符串"Qt"，数组下标值从0开始
qDebug()<<strArr;              // 输出结果：QList("Hello", "Qt", "World")
strArr.insert(1,2,"Qt");       // 数组的位置1插入2个字符串"Qt"
qDebug()<<strArr;              // 输出结果：QList("Hello", "Qt", "Qt", "Qt", "World")
```

3. 删除元素

在QList中删除元素的方法有以下几种。

- remove(int i, int count)：从QList中移除从i开始的count个元素。
- pop_back()：删除最后一个元素。
- pop_front()：删除第一个元素。
- clear()：删除QList中的所有元素。
- removeFirst()：删除第一个元素。
- removeLast()：删除最后一个元素。

几种删除数据元素的示例代码如下：

```
QList<QString> strArr1;        // 定义QList数组
strArr1<<"Hello"<<"Qt1"<< "Qt2"<<"Qt3"<<"Qt4"<< "World";
qDebug()<<strArr1;             // 输出结果：QList("Hello","Qt1","Qt2","Qt3","Qt4","World")
strArr1.pop_front();           // 删除第一个元素，即删除字符串"Hello"
strArr1.pop_back();            // 删除最后一个元素，即删除字符串"World"
qDebug()<<strArr1;             // 输出结果：QList("Qt1","Qt2","Qt3","Qt4")
strArr1.remove(1,2);           // 从1号位置开始删除，删除两个元素
qDebug()<<strArr1;             // 输出结果：QList("Qt1","Qt4")
strArr1.clear();               // 删除数组的所有元素
qDebug()<<strArr1;             // 输出结果：QList()
```

4. 读取数组的长度

在QList数组中，有以下几种方法读取数组的长度。

- int capacity()：返回QList客观上的容量。
- int count()：返回QList中的元素个数。
- int length()：等同于count()。
- int size()：等同于count()。

5. 遍历数据

在QList数组中进行数据遍历有几种方法实现，其示例代码如下：

```
QList<QString> strArr1;                                   // 定义QList数组
strArr1<<"Hello"<<"Qt1"<< "Qt2"<<"Qt3"<<"Qt4"<< "World"; // 初始化数据
for (int i = 0; i < strArr1.size(); i++)                 // 使用for循环进行遍历
{
  qDebug() << strArr1[i];                                // 读取指定下标的值并输出
}
foreach(QString item,strArr1){                           // 使用foreach循环进行遍历
  qDebug() << item;
}
```

```
QList<QString>::iterator it = strArr1.begin();  // 使用迭代器进行遍历
for (; it < strArr1.end(); it++)
{
  qDebug() << *it;
}
```

2.2.2 映射表 QMap

QMap是Qt框架提供的一种集合类容器，是一种key（键）/value（值）对的存储方式，支持快速查找、插入、删除等操作。一个QMap中同时可以存储多个key/value对，其中的key和value可以是任意类型，这使得QMap的应用具有极大的灵活性。另外，QMap中的数据都是按照key来排序的，而且是唯一的。也就是说，QMap不允许有两个key相同的项存在，并且key和value的类型都是完全可以自定义的，因此可以将QMap应用于任意场景。

1. 实例化QMap对象

创建QMap实例所使用的语句如下：

```
QMap<QString, int> map;
```

其中，第一个参数是键的类型，第二个参数是值的类型。此处定义键的类型是QString，值的类型是int。本节后面示例代码所使用的Map数据操作都使用此处实例化的对象map。

2. 插入数据

在QMap中插入数据有两种方式：一种是通过键来赋值，例如：

```
map["Math"] = 100;
```

另一种是通过QMap的insert()方法插入数据，例如：

```
map.insert("English", 99);
```

需要说明的是，在QMap中一个键只对应一个值，如果再次调用insert()方法插入相同键的数据将会覆盖以前的key/value对数据。

3. 读取数据

（1）由键名查找对应键值，可以使用如下语句实现：

```
map.value("Math");
```

（2）由键值查找键名，可以使用如下语句实现：

```
QString k = map.key(100);        // k的值是："Math"
```

如果有多个相同的键值时，则返回的是第一个匹配键值的键。

（3）修改键值。

利用在QMap中一个键只对应一个值的原则，可以使用insert()方法插入相同的键来覆盖以前的值，修改键值所使用的语句如下：

```
map.insert("Math", 98);
```

（4）遍历数据。

在QMap中遍历数据要使用迭代器，Qt提供了两种迭代方式。一种是Java类型的迭代，其示例语句如下：

```
// 定义QMapIterator迭代器变量iterator，该变量的内容由map对象确定
QMapIterator<QString, int> iterator(map);
// 判断迭代器iterator是否有下一个数据
while (iterator.hasNext()) {
  // 迭代器指针指向下一个数据
  iterator.next();
  // 输出数据的键名和键值，键名和键值中间用冒号隔开
  qDebug() << iterator.key() << ":" << iterator.value();
}
```

另一种是STL（standard template library，标准模板库）类型的迭代，其示例语句如下：

```
// constBegin()方法用于返回QMap容器第一个元素赋给迭代器it
QMap<QString, int>::const_iterator it = map.constBegin();
// constEnd()函数用于返回QMap容器最后一个元素的方法
while (it != map.constEnd()) {
  // 输出数据的键名和键值，键名和键值中间用冒号隔开
  qDebug() << it.key() << ":" << it.value();
  // 指向下一个数据
  it.operator ++();
}
```

（5）获取所有的键名和键值。

在QMap中获取所有的键名使用keys()方法，获取所有的键值使用values()方法。其示例语句如下：

```
QList<QString> allKeys = map.keys();
qDebug() << allKeys;
QList<int> allValues = map.values();
qDebug() << allValues;
```

4. 查找是否包含某个键名

查看QMap对象中是否包含某一个Key可以使用contains()方法，如果Key存在，则返回true；否则返回false。例如判断是否存在键名"Math"，如果存在，则获取其键值，语句如下：

```
bool flag;
if (map.contains("Math"))
  flag = map.value("Math");
```

5. 删除数据

（1）使用remove()方法可以删除指定键名的元素，例如删除键名为"Math"的元素所使用的语句如下：

```
map.remove("Math");
```

（2）使用erase()方法可以删除指定迭代的元素，例如删除"Math"元素所使用的语句如下：

```
// 定义迭代器元素it，并对其赋值"Math"元素
QMap<QString, int>::const_iterator it=map.find("Math");
// 删除指定元素it
map.erase(it);
```

（3）使用clear()方法可以删除所有键/值对，使用的语句如下：

```
map.clear();
```

2.2.3 哈希表 QHash

哈希表（Hash table）是根据关键码值（Key value）直接进行访问的数据结构，通常由一个数组和一个哈希函数组成。数组用于存储数据元素，哈希函数则用于将数据元素的关键码映射到数组的特定位置（索引）。它通过把关键码值映射到表中的一个位置来访问记录，以加快查找的速度。这个映射函数叫作散列函数，存放记录的数组叫作散列表。

在Qt中使用QHash <Key,T>来实现哈希表，QHash是Qt中的通用容器类，存储键/值对，并可以快速查找与键相关联的值。

QHash提供与QMap非常相似的功能，不同之处如下：

（1）QHash提供比QMap更快的查找速度，但所需空间更大。

（2）QMap默认按照键值升序排序，而QHash则按照键值任意排序。

1. 添加元素

下面是定义QHash对象的实例，其中定义键的类型是QString，值的类型是int，其定义语句如下：

```
QHash<QString, int> hash;
```

如果需要向哈希表中插入一个键/值对，使用的指令如下：

```
hash["Web"] = 98;
```

另一种向哈希表中插入元素的方法是使用insert()，指令如下：

```
hash.insert("Qt",92);
```

2. 获取键的值

如果要获取一个键的值，可以使用两种方式进行读取，其示例代码如下：

```
int scoreWeb= hash["Web"];
int scoreQt = hash.value("Qt");
```

如果哈希表中没有指定的键，这些函数返回一个默认构造的值。其中，int、double类型返回0，QString类型返回空字符串。

如果需要检测哈希表中是否包含特定的键，那么可以使用contains()方法，其示例代码如下：

```
if (hash.contains("Qt"))
  scoreQt = hash.value("Qt");
```

另外，还有一个value()的重载方法，如果指定的键不存在，则使用第二个参数作为其默认值，其示例代码如下：

```
int scoreNetwork= hash.value("Network", 88);
```

3. 遍历元素

如果想遍历存储在QHash中的所有键/值对，可以使用迭代器。QHash提供了Java风格的迭代器(QHashIterator和QMutableHashIterator)和STL风格的迭代器(QHash::const_iterator和QHash::iterator)。

（1）使用Java风格的迭代器进行遍历，示例语句如下：

```
// 定义哈希表，并添加数据
```

```
QHash<QString,int> hash;
hash.insert("Math",120);
hash["Web"] = 98;
// 定义Hash迭代器，使用hash对象填充迭代器
QHashIterator<QString, int> i(hash);
// 判断是否存在下一个数据
while (i.hasNext()) {
  i.next();                                            // 指向下一个数据
  qDebug() << i.key() << ": " << i.value() << Qt::endl;   // 输出键和值
}
```

（2）使用STL风格的迭代器进行遍历，示例语句如下：

```
// 声明并实例化迭代器
QHash<QString, int>::const_iterator i = hash.constBegin();
// 循环条件是否还有下一个元素
while (i != hash.constEnd()) {
  qDebug() << i.key() << ": " << i.value() << Qt::endl;
  ++i;          // 指向下一个元素
}
```

通常QHash中的每个键只允许一个值，如果使用QHash中已经存在的键调用insert()方法，那么原来的键值将会被覆盖。例如：

```
hash.insert("Web", 98);
hash.insert("Web", 99);          // 键Web的值将会从原来的98改为99
```

QHash不允许为每个键存储多个值，如果需要在哈希表中为一个键存储多个对应的值，那么可以使用QMultiHash类来实现。

如果想获取一个键对应的所有值，那么可以使用values(const key &key)方法，其会返回一个QList数组对象，示例语句如下：

```
// 定义多键值哈希表，并添加数据
QMultiHash<QString,int> mhash;
mhash["Web"] = 98;
mhash.insert("Math",120);
mhash.insert("Math",110);
// 定义QList数组values，并获取键为Math的所有键值
QList<int> values = mhash.values("Math");
// 遍历数组并输出键值
for (int i = 0; i < values.size(); ++i){
  qDebug() << values.at(i) << Qt::endl;
}
```

使用迭代的方法来获取某一个键对应的所有值，要先调用find()方法来获取第一个键对应的元素迭代器，然后从这个元素开始向后迭代，其示例代码如下：

```
// 声明QMultiHash类的对象，并找到键为Math的所有对象放入迭代器中
QMultiHash<QString, int>::iterator i = mhash.find("Math");
while (i != mhash.end() && i.key() == "Math") {
  qDebug()<< i.value() << Qt::endl;
  ++i;          // 指向下一个元素
}
```

如果只需要从哈希表中提取值（而不需要提取键），那么可以使用foreach循环进行遍历，示例语句如下：

```
QHash<QString,int> hash;
...
foreach (int value, hash){
  qDebug() << value << Qt::endl;
}
```

4. 删除元素

有以下几种方法可以从QHash散列中删除元素。

- remove()方法：删除QHash中指定键的任何项。
- QMutableHashIterator::remove()：删除QMultiHash中指定键的一个或多个值。
- clear()：清除整个QHash表中的数据。

最后需要说明的是，QHash是无序的，如果需要按键排序，则使用QMap类。

2.3 Qt常用设置

2.3.1 字体设置 QFont

QFont类用来定义字体，有以下两种构造函数。

（1）不带参数的构造函数。

`QFont()`

用应用程序的默认字体构造字体对象。

（2）带参数的构造函数。

```
QFont(const QString &family, int pointSize = -1,
    int weight = -1, bool italic = false)
```

其中的参数说明：family表示字体的名称；pointSize表示字体的点大小，如果这个参数小于等于0，则自动设置为12；weight表示字体的粗细；italic表示字体是否为斜体。QFont类的常用属性见表2-1。

表 2-1   字体设置与获取方法

字体的属性	获取所有成员函数	设置所有成员函数
名称	QString family()	void setFamily(const QString &family)
点大小	int pointSize()	void setPointSize(int pointSize)
像素大小	int pixelSize()	void setPixelSize(int pixelSize)
粗细	int weight()	void setWeight(int weight)
粗体	bool bold()	void setBold(bool enable)
斜体	bool italic()	void setItalic(bool enable)
下划线	bool underline()	void setUnderline(bool enable)
上划线	bool overline()	void setOverline（bool enable）
删除线	bool strikeOut()	void setStrikeOut（bool enable）

另外，需要说明的是，setPixelSize()函数使用像素作为单位来设置字体大小，在不同设备上显示的大小是相同的；而setPointSize()函数规定了实际中所能看到的字体大小，与像素无关，在像素大小不同的设备上显示的大小也不同。

【例2-1】用纯代码设置字体

按照例1-1的方式在Qt中创建项目，在项目窗体源文件的构造函数中定义一个label控件，让其字体大小为24像素、加粗、倾斜、带下划线。其widget.cpp源文件的代码如下：

```cpp
#include "widget.h"
#include "./ui_widget.h"
#include <QLabel>                      // 导入QLabel类
// Widget的构造函数
Widget::Widget(QWidget *parent)
    : QWidget(parent)
    , ui(new Ui::Widget)
{
  ui->setupUi(this);
  this->setFixedSize(250,100);        // 设置当前窗口的大小：250*100
  this->setWindowTitle("QFont设置");  // 设置当前窗口的标题栏
  QLabel *label=new QLabel();         // 定义QLabel对象：label
  // 设置label的父组件是当前窗口，这样label才能在当前窗口上显示
  label->setParent(this);
  label->setText("QFont设置");    // 设置label上显示的文字
  // 设置label在当前窗口的位置和大小，label距离当前窗口左上角的X轴和Y轴各20像素
  // label的宽度为250像素，高度为30像素
  label->setGeometry(20,20,250,30);
  QFont font =label->font();          // 获取label对象的字体
  font.setPixelSize(24);              // 设置字体大小为24像素
  font.setUnderline(true);            // 设置字体具有下划线
  font.setBold(true);                 // 设置字体加粗
  font.setItalic(true);               // 设置字体为斜体
  label->setFont(font);               // 把设置好的字体属性应用到label上
}
// Widget的析构函数
Widget::~Widget()
{
  delete ui;
}
```

运行结果如图2-1所示。

图2-1　用纯代码设置字体

【例2-2】用字体对话框设置字体

本例使用字体对话框实现字体的设置，在程序开始运行后弹出一个Select Font对话框，如图2-2（a）所示，当用户在对话框中选择字体的样式之后单击OK按钮，将会把选择的字体样式应用到label对象的文字上，如图2-2（b）所示。

（a）Select Font对话框　　　　　　　　　　　　　　　（b）样式效果

图2-2　用字体对话框设置字体

其widget.cpp源文件的代码如下：

```cpp
#include "widget.h"
#include "./ui_widget.h"
#include <QLabel>
#include<QFontDialog>
// Widget的构造函数
Widget::Widget(QWidget *parent)
    : QWidget(parent)
    , ui(new Ui::Widget)
{
  ui->setupUi(this);
  this->setFixedSize(300,100);             // 设置当前窗口的大小：300像素*100像素
  this->setWindowTitle("QFont设置");        // 设置当前窗口的标题栏
  QLabel *label=new QLabel();              // 定义QLabel对象：label
  label->setParent(this);                 // 设置label的父组件是当前窗口
  label->setText("QFont字体设置");           // 设置label上显示的文字
  label->setGeometry(20,20,250,30);        // 设置label在当前窗口的位置和大小
  QFont TextFont =label->font();           // 获取label对象的字体
  bool ok = false;                        // 设置选择字体成功与否的标志ok
  // 用变量ok作为字体对话框中的字体是否选择成功的标志
  QFont Font = QFontDialog::getFont(&ok,TextFont);
  if(ok) label->setFont(Font);             // 如果字体选择成功，就应用到label上
}
// Widget的析构函数
Widget::~Widget()
{
  delete ui;
}
```

2.3.2　颜色设置 QColor

在Qt中使用QColor类来封装颜色功能，QColor类提供了基于RGB、HSV或CMYK值的颜色。

- RGB指的是红（red）、绿（green）和蓝（blue）。
- HSV指的是色相（hue）、饱和度（saturation）和明度（value）。
- CMYK指的是青色（cyan）、品红（magenta）、黄色（yellow）和黑色（black）。

除了这三个组件外，还可以使用Qt中的预定义颜色，如Qt::red、Qt::yellow、Qt::blue等。

1. QColor类的构造函数

QColor的构造函数可以接收多种参数，主要包括以下几种。

- QColor();   // 默认构造函数，创建一个无效的颜色对象
- QColor(Qt::GlobalColor color);   // 使用Qt预定义的颜色
- QColor(int r, int g, int b, int a = 255);   // 使用RGB颜色值创建颜色对象
- QColor(const QString &name);   // 使用颜色名称创建颜色对象
- QColor(const QColor &color);   // 复制构造函数

例如，用RGB值设置红色可以使用如下语句：

```
QColor color(255, 0, 0);
```

例如，用十六进制值设置红色可以使用如下语句：

```
QColor color("#FF0000");
```

其中，#FF0000中的#表示十六进制数，FF表示红色的十六进制数（也就是十进制数255），中间的00表示绿色的十六进制数（也就是十进制数0），最后的00表示蓝色的十六进制数（也就是十进制数0）。

例如，用颜色名称设置红色可以使用如下语句：

```
QColor color("red");
```

2. 获取和设置颜色的各个分量

（1）QColor提供了一些方法来获取和设置颜色的各个分量，获取颜色分量的方法如下。
①获取红色分量的方法是：int red() const。
②获取绿色分量的方法是：int green() const。
③获取蓝色分量的方法是：int blue() const。
④获取透明度的方法是：int alpha() const。
（2）设置颜色分量的方法如下。
①设置红色分量的方法是：void setRed(int red)。
②设置绿色分量的方法是：void setGreen(int green)。
③设置蓝色分量的方法是：void setBlue(int blue)。
④设置透明度的方法是：void setAlpha(int alpha)。
例如，要设置一个RGB值为（100, 200, 50）的颜色，可以使用以下语句：

```
QColor color;
color.setRgb(100,200,50);
```

也可以使用颜色分量进行设置，语句如下：

```
color.setRed(100);
color.setGreen(200);
color.setBlue(50);
```

3. 转换颜色表示

QColor提供了一些方法来转换颜色表示方式，主要包括以下几种。
（1）转换为RGB颜色的方法是：QColor toRgb()。
（2）转换为HSV颜色的方法是：QColor toHsv()。
（3）转换为CMYK颜色的方法是：QColor toCmyk()。

【例2-3】按钮颜色设置

本例先定义一个项目工程，在项目工程的窗口上显示一个按钮控件，然后设置该按钮的背景色为粉色，文字为黑色。其widget.cpp源文件的代码如下：

```cpp
#include "widget.h"
#include "./ui_widget.h"
#include <QPushButton>                // 导入QPushButton类
Widget::Widget(QWidget *parent)
    : QWidget(parent)
    , ui(new Ui::Widget)
{
  ui->setupUi(this);
  this->setFixedSize(200,70);         // 定义当前窗口的大小是200*70
  // 生成按钮对象button, 在按钮上显示的文字是"颜色应用"
  QPushButton *button = new QPushButton("颜色应用");
  QColor color(0, 0, 0);              // 创建颜色对象，颜色为黑色
  QColor background("pink");          // 使用颜色名称创建颜色对象，颜色为粉色
  // 使用setStyleSheet()方法设置背景色为粉色，前景色（文字）为黑色
  button->setStyleSheet(QString("background-color: %1;color:%2")
                      .arg(background.name()).arg(color.name()));
  button->setParent(this);           // 设置按钮的父级是当前窗口
  // 设置按钮在当前窗口的位置（20,20），宽度是150像素，高度是30像素
  button->setGeometry(20,20,150,30);
}
Widget::~Widget()
{
  delete ui;
}
```

运行结果如图2-3所示。

扫一扫，看视频

图2-3　按钮颜色设置

【例2-4】颜色对话框

扫一扫，看视频

在例2-3中是使用纯代码实现颜色的设置，本例将在程序开始运行后弹出一个Select Color对话框（图2-4左图），当用户在对话框中选择颜色之后单击OK按钮，将会把选择的颜色应用于按钮的背景（图2-4右图）。其窗体源文件的代码如下：

```cpp
#include "widget.h"
#include "./ui_widget.h"
#include <QPushButton>                        // 导入QPushButton类
#include<QColorDialog>                        // 导入QColorDialog类
Widget::Widget(QWidget *parent)
    : QWidget(parent)
    , ui(new Ui::Widget)
{
ui->setupUi(this);
this->setFixedSize(200,70);                   // 定义当前窗口的大小是200*70
// 生成按钮对象button, 在按钮上显示的文字是"颜色对话框"
```

```
QPushButton *button = new QPushButton("颜色对话框");
QColor color(0,0,0);                           // 用RGB颜色值创建颜色对象，颜色为黑色
// 显示颜色对话框，让用户进行选择，对话框的初始背景色是粉色
QColor background = QColorDialog::getColor("pink", this);
button->setStyleSheet(QString("background-color: %1;color:%2").arg(background.
name()).arg(color.name()));
 button->setParent(this);                      // 设置按钮的父级是当前窗口
 // 设置按钮在当前窗口的位置（20,20），宽度是150像素，高度是30像素
 button->setGeometry(20,20,150,30);
}
Widget::~Widget()
{
  delete ui;
}
```

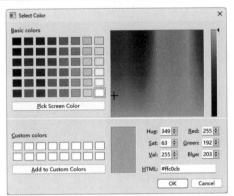 

图2-4　颜色对话框

2.3.3　定时设置 QTimer

1. QTimer简介

QTimer是一个定时器工具类，提供定时器信号和单触发定时器。定时器的功能就是间隔一定时间后去执行某一个任务，这个在很多场景都会用到，经常使用的就是弹窗自动关闭（消息框自动关闭之类的功能）、倒计时器、电子时钟。

QTimer的使用方法主要是先创建一个QTimer对象，使用其start()方法来启动定时，再使用timeout()信号连接到适当的槽，当超时信号到达就会自动执行槽函数进行相应的信号处理。QTimer主要的属性是interval，表示定时中断的周期，单位为毫秒。

2. QTimer的常用方法

QTimer的常用方法有以下几种。

（1）设置步长。

```
setInterval(int msec)
```

（2）设置定时器是否只触发一次，默认为false。

```
setSingleShot(bool singleShot)
```

（3）启动定时器。

```
start()
```

（4）停止定时器。

```
stop()
```

3. QTimer信号

QTimer类的定时时间到信号（也称为超时信号）是timeout()，若该信号被发出，就会自动执行相应的槽函数，完成相关的处理操作。

【例2-5】可控制的自增读秒器

扫一扫，看视频

本例将制作一个定时器，该定时器界面有开始、停止、归零三个按钮和时间的LCD显示框。其功能是：单击"开始"按钮，则时间开始按秒进行增加显示；单击"停止"按钮，则读秒器会暂时停止计时，直到用户再次单击"开始"按钮。为了保护程序的健壮性，初始时仅有"开始"和"归零"按钮可用，"停止"按钮不可用；单击"开始"按钮后，仅有"停止"按钮可用，"开始"和"归零"按钮不可用。程序运行的初始状态如图2-5（a）所示；单击"开始"按钮后程序的运行状态如图2-5（b）所示；单击"停止"按钮后程序的运行状态如图2-5（c）所示。

（a）初始状态　　　　　（b）单击"开始"按钮　　　　（c）单击"停止"按钮

图2-5　自增读秒器

程序制作步骤如下：

（1）按照例1-1的详细说明创建项目工程，项目的工程名是example2-5。

（2）双击Qt Creator工作界面左边后缀为ui的用户界面文件，打开图2-6所示的界面设计窗口。

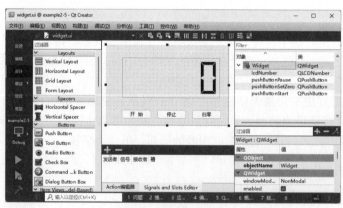

图2-6　界面设计窗口

（3）从图2-6左边的组件中拖曳三个Push Button控件，把三个按钮的objectName属性分别设置为pushButtonStart、pushButtonPause、pushButtonSetZero，然后把三个按钮的text属性分别设置为开始、停止、归零；再向页面拖曳一个Lcd Number控件，用于LCD数字显示，该控件只需要把长度和宽度调整到适当大小，该控件的text属性不需要修改，即使用默认名称lcdNumber。

（4）在图2-6中分别右击"开始""停止""归零"按钮，在各自弹出的快捷菜单中选择"转到槽"命令，这样会在窗口的头文件中定义三个按钮的单击事件信号并在窗口的源文件中定义处理三个单击事件信号的槽函数。

（5）在头文件中还需要定义超时时间到的信号处理槽函数，并在窗口的源文件中对该槽函数进行实现，并且还要在构造函数中与timeout()信号相关联。

（6）头文件的源代码如下：

```
#ifndef WIDGET_H
#define WIDGET_H
#include <QWidget>
// 导入QTimer类，用户定时操作
#include <QTimer>
QT_BEGIN_NAMESPACE
namespace Ui { class Widget; }
QT_END_NAMESPACE
class Widget : public QWidget
{
    Q_OBJECT
public:
    Widget(QWidget *parent = nullptr);
    ~Widget();
private slots:
    // 定义"开始"按钮的槽函数
    void on_pushButtonStart_clicked();
    // 定义"停止"按钮的槽函数
    void on_pushButtonPause_clicked();
    // 定义"归零"按钮的槽函数
    void on_pushButtonSetZero_clicked();
    // 定义定时超时的槽函数
    void on_timeOut();
private:
    Ui::Widget *ui;
    // 定义QTimer对象，用于开始/停止定时
    QTimer *m_timer = nullptr;
    // 读秒计数器
    int m_i = 0;
};
#endif // WIDGET_H
```

（7）窗口源文件的代码如下：

```
#include "widget.h"
#include "./ui_widget.h"
Widget::Widget(QWidget *parent)
    : QWidget(parent)
    , ui(new Ui::Widget)
{
    ui->setupUi(this);
    // 初始化定时器
    m_timer = new QTimer(this);
    // 设置定时器的定时时间是1000毫秒
    m_timer->setInterval(1000);
    // 当定时器m_timer时间到信号timeout发出后，执行槽函数on_timeOut
    connect(m_timer,&QTimer::timeout,this,&Widget::on_timeOut);
    // 设定窗口的标题是"读秒器"
    this->setWindowTitle("读秒器");
    // 初始设置开始按钮可用
    ui->pushButtonStart->setEnabled(true);
    // 初始设置停止按钮不可用
    ui->pushButtonPause->setEnabled(false);
```

Qt程序设计基础

```
    // 初始设置归零按钮可用
    ui->pushButtonSetZero->setEnabled(true);
}
Widget::~Widget()
{
    delete ui;
}
// 开始按钮的事件触发函数
void Widget::on_pushButtonStart_clicked()
{
    // 启动定时器
    m_timer->start();
    // 初始设置开始按钮不可用
    ui->pushButtonStart->setEnabled(false);
    // 初始设置停止按钮可用
    ui->pushButtonPause->setEnabled(true);
    // 初始设置归零按钮不可用
    ui->pushButtonSetZero->setEnabled(false);
}
// 停止按钮的事件触发函数
void Widget::on_pushButtonPause_clicked()
{
    // 暂停定时器
    m_timer->stop();
    // 初始设置开始按钮可用
    ui->pushButtonStart->setEnabled(true);
    // 初始设置停止按钮不可用
    ui->pushButtonPause->setEnabled(false);
    // 初始设置归零按钮可用
    ui->pushButtonSetZero->setEnabled(true);
}
// 归零按钮的事件触发函数
void Widget::on_pushButtonSetZero_clicked()
{
    // 读秒计数器清零
    m_i=0;
    // 读秒计数器的显示框设置为零
    ui->lcdNumber->display(m_i);
}
// 定时时间到的事件触发函数
void Widget::on_timeOut()
{
    m_i++;
    ui->lcdNumber->display(m_i);
}
```

2.4 信号与槽

2.4.1 信号与槽的基本概念

信号与槽（signal & slot）是Qt编程的基础，可以让互不相关的对象（如一个按钮和一个文本框）之间建立一种关系，使得在Qt中处理界面各个组件的交互操作时变得更加直观和简单。GUI程序设计的主要内容就是对界面上各种组件发出的信号进行响应，只需要知道什么情况下发射什么信号，然后响应和处理这些信号。

1. 信号与槽连接模型

考虑一个接电话的场景：当用户听到电话铃声之后，会停止手头上的事情并按下接听键来接电话。电话铃声是由电话机发出的，发出的信号是电话铃声，接听电话者是用户，处理动作是按下接听键。所以实现这个过程的模型如下：

> 电话（对象）→ 铃声（事件） → 用户（对象）→ 接听（处理方法）

把其抽象成一般的信号与槽连接模型可以使用如下形式表示：

> 发送者（对象）→ 信号（函数）→ 接收者（对象）→ 槽（函数）

（1）信号（signal）是在特定情况下被发射（emit）的事件，例如PushButton最常见的信号就是鼠标单击时发射的clicked()信号，ComboBox最常见的信号是选择的列表项变化时发射的CurrentIndexChanged()信号。信号只能声明，不能也不需要对其进行实现，其实现由Qt框架内部进行处理，可以有参数但其返回值必须是void类型的。定义信号使用Qt的signals关键字，其定义语句如下：

```
signals:
  void testFun(QString& str);        // 定义testFun信号，信号需要声明但无须实现
```

发射信号，例如：

```
void fun(){
  QString str="这是一个信号";
  emit testFun(str);                 // 发射testFun信号
}
```

（2）槽（slot）是对信号响应的函数。槽是一个函数，与一般的C++函数是一样的，可以定义在类的任何部分（public、private、protected），也可以被直接调用。槽函数必须要有实现，其与一般函数不同的是，槽函数可以与一个信号关联，当信号被发射时，关联的槽函数被自动执行。例如，声明两个槽函数的语句如下：

```
private slots:
  void testFun1(QString& str);
  void testFun2();
```

2. 信号与槽关联

要将信号连接到槽，必须使用QObject::connect( )方法，这个方法有两种使用方式，一种方式是使用自定义槽函数与指定的信号进行关联，定义语句如下：

```
connect(sender, &Sender::signal, receiver, &Receiver::slot);
```

其中，sender 是发射信号的对象名称；signal是发送对象所发射的信号名称，信号是一个特殊的函数，有参数时还需要指明参数；receiver 是接收信号的对象名称；slot是槽函数的名称，用来响应所接收信号的处理函数。换句话说，该语句指出由发送者所发射的信号是什么，并指明该信号由哪个接收者接收，且接收者使用哪个函数来处理这个接收的信号。

另一种方式是使用Lambda表达式来进行信号与槽函数关联，定义语句如下：

```
connect(sender, &Sender::signal,[=](){});
```

该connect语句有三个变量：sender 是发射信号的对象名称；signal是发送对象所发射的信号名称；第三个是Lambda表达式，表达式中的等号表示把外部所有局部变量和类中成员全部按值传递到Lambda表达式，小括号内可以定义槽函数的形参，大括号内是槽函数的函数体。这

种写法的好处是不需要专门定义一个槽函数的函数体。

2.4.2　通过 UI 设计界面添加信号与槽关联

如果给一些Qt组件的标准信号添加槽函数，除了可以使用代码方式进行添加之外，还可以通过UI设计界面来添加。

【例2-6】按钮响应

扫一扫，看视频

本例将实现标准的按钮单击信号与单击后的处理槽函数相关联的方式。在本例中有两个组件，分别是标签（对象名是label）和按钮（对象名是btn）。标签上的文本默认值是"Hello World！"，当用户单击按钮后，标签上的值变为"您好，Qt世界！"。

项目的创建及组件的添加方法参见例1-1，然后在UI设计界面上右击QPushButton按钮（图2-7），在弹出的快捷菜单中选择"转到槽"命令，在弹出的窗口（图2-8）中选择信号，此处选择clicked()单击信号，然后在头文件中会自动生成槽函数的定义，在源文件中会自动生成槽函数的实现，在其实现函数中加入一条指令实现将标签的内容改为"您好，Qt世界！"。本例实现结果如图2-9（a）（单击按钮前）和图2-9（b）（单击按钮后）所示。

图 2-7　选择"转到槽"命令

图 2-8　选择信号

（1）头文件connectsingleslot.h。

```
#ifndef CONNECTSINGLESLOT_H
#define CONNECTSINGLESLOT_H
#include <QMainWindow>
QT_BEGIN_NAMESPACE
namespace Ui { class ConnectSingleSlot; }
QT_END_NAMESPACE
class ConnectSingleSlot : public QMainWindow
{
  Q_OBJECT
public:
  ConnectSingleSlot(QWidget *parent = nullptr);
  ~ConnectSingleSlot();
private slots:
  void on_btn_clicked();        // 槽函数的定义
private:
    Ui::ConnectSingleSlot *ui;
};
#endif // CONNECTSINGLESLOT_H
```

（a）单击按钮前　　　　　　　　（b）单击按钮后

图2-9　运行结果

（2）源文件connectsingleslot.cpp。

```cpp
#include "connectsingleslot.h"
#include "./ui_connectsingleslot.h"
ConnectSingleSlot::ConnectSingleSlot(QWidget *parent)
    : QMainWindow(parent)
    , ui(new Ui::ConnectSingleSlot)
{
  ui->setupUi(this);
  // 设置窗口的标题是"按钮响应"
  this->setWindowTitle("按钮响应");
}
ConnectSingleSlot::~ConnectSingleSlot()
{
  delete ui;
}
// 槽函数的实现
void ConnectSingleSlot::on_btn_clicked()
{
  // 修改标签的内容为"您好，Qt世界！"
  ui->label->setText("您好，Qt世界！");
}
```

2.4.3　手工添加信号与槽关联

1. 通常写法

如果采用手工添加信号与槽关联的代码实现例2-6所完成的任务，其方法如下：

（1）要在头文件中自定义一个槽函数mySlot，其语句如下：

```cpp
private slots:
  void mySlot();
```

（2）在源文件的构造函数中加入信号与槽函数的连接语句，其语句如下：

```cpp
connect(ui->btn,&QPushButton::clicked,this,&ConnectSingleSlot::mySlot);
```

connect语句的第一个参数表示信号发射的对象，此处是按钮ui->btn（ui的含义是用户界面窗口，btn是为按钮起的对象名，完整的含义就是界面窗口下的btn按钮）；第二个参数表示标准按钮QPushButton类所发射的单击事件clicked的信号；第三个参数this，表示当前窗口；第四个参数表示与文件中的哪一个函数相关联，这个关联的函数就是槽函数（也就是前面自定义的槽函数mySlot）。

（3）在源文件中编写槽函数的实现语句如下：

```cpp
void ConnectSingleSlot::mySlot()
```

```
{
  ui->label->setText("您好，Qt世界！");
}
```

2. Lambda写法

在通常的写法中，需要修改头文件和源文件的三个地方，如果槽函数仅在某一个信号触发时起作用，可以使用Lambda写法来简化信号与槽函数相关联的语句，仅需要在源文件的构造函数中写入一个connect语句即可，不需要在头文件中进行槽函数的定义和在源文件中进行槽函数的实现。例2-6的源文件connectsingleslot.cpp就可以修改如下：

```cpp
#include "connectsingleslot.h"
#include "./ui_connectsingleslot.h"
ConnectSingleSlot::ConnectSingleSlot(QWidget *parent)
  : QMainWindow(parent)
  , ui(new Ui::ConnectSingleSlot)
{
  ui->setupUi(this);
  this->setWindowTitle("按钮响应");
  connect(ui->btn,&QPushButton::clicked,[=](){
    ui->label->setText("您好，Qt世界！");
  });
}
ConnectSingleSlot::~ConnectSingleSlot()
{
  delete ui;
}
```

2.4.4　多信号与一个槽对应

Qt的信号/槽机制给编程带来非常大的便利。在一般的情况下只需要一个信号对应一个槽就可以完成大部分功能，但有时也会遇到多个信号对应一个槽的情况。例如，实现一个计算器的小程序，界面上有10个按钮分别对应0～9这10个数字。按下这几个按钮处理的逻辑是类似的，所以没有必要为每一个按钮都写一个槽来对应按钮按下的信号。但是，假如把10个按钮的按下信号都连接到一个槽函数中，那么就要考虑如何让槽函数判断当前是处理哪个按钮发来的单击信号，这种情况就需要使用QSignalMapper类来实现。

1. QSignalMapper类说明

QSignalMapper类收集一组无参数的Signal信号，然后以整型数、字符串、Widget为参数再重新将这些Signal信号发送出去，而这里的整型数、字符串和Widget参数就是原本发送该Signal对象的标识信息。

2. QSignalMapper类的主要函数

（1）setMapping( )：设置对象和转发参数的映射关系。该函数的使用方法如下：

```cpp
void setMapping(QObject *sender, int id);
void setMapping(QObject *sender, QString text);
void setMapping(QObject *sender, QWidget *widget);
void setMapping(QObject *sender, QObject *object);
```

也就是设置对象的信号转发之后，会重新发射的信号所带的参数，而setMapping()函数则用于建立信号发送者和特定映射值之间的关联。

（2）removeMappings( )：删除指定对象的映射关系。该函数的使用方法如下：

```
void removeMappings(QObject* sender);
```

（3）mapping()：获取对象和转发参数的映射关系。该函数的使用方法如下：

```
QObject * mapping(int id) const
QObject * mapping(const QString &id) const
QObject * mapping(QWidget *widget) const
QObject * mapping(QObject *object) const
```

【例2-7】简易计算器

本例的主要目的是让读者理解多个按钮的单击信号如何对应到同一个槽函数上，也就是QSignalMapper类的使用方法。本项目主要涉及两个组件：Label和PushButton组件。

扫一扫，看视频

1. 功能简介

本项目需要在窗口上显示一个计算字符串的表达式和表达式计算结果的Label框，另外需要16个PushButton按钮，这些按钮用于显示不同的数字、小数点、运算符等，如图2-10（a）所示。例如，用户单击按钮形成表达式"7.3*3"，然后单击等号按钮，会把表达式的结果计算出来，如图2-10（b）所示。

（a）输入表达式 （b）显示计算结果

图2-10　简易计算器

2. 定义显示的Label框

在窗口上显示Label框，需要设计的程序控制步骤如下。

（1）在头文件中引入QLabel模块：

```
#include <QLabel>
```

（2）在.h头文件中定义私有QLabel对象，私有的含义是只能在内部使用。使用语句如下：

```
private:
  QLabel *label;
```

（3）在.cpp源文件中进行对象的实例化，使用语句如下：

```
label = new QLabel();
```

（4）设置显示框所显示的字体、边框样式、初始值、显示位置以及大小，使用语句如下：

```
QFont font;                          // 定义QFont字体类对象font
font.setFamily(QString::fromUtf8("Agency FB"));// 设置字体为Agency FB
font.setPointSize(20);               // 设置字体大小为20像素
```

```
font.setBold(true);                       // 设置字体加粗
label->setFont(font);                      // 把定义的字体应用到窗口的显示框上
label->setText("0");                       // 设置窗口显示框的初始值为0
label->setAlignment(Qt::AlignRight);       // 设置窗口显示框的对齐方式为右对齐
label->setGeometry(20,5,250,30);           // 设置显示框的位置(20,5)与大小250*30
label->setParent(this);                    // 设置显示框的父级是当前窗口，以让其在当前窗口中显示
// 设置显示框的边框：粗细是1像素，solid表示实心线，颜色是红色
label->setStyleSheet("border:1px solid red;");
```

3. 定义计算器按钮

（1）在.h头文件中引入QPushButton模块：

```
#include <QPushButton>
```

（2）在.h头文件中定义16个私有的QPushButton按钮对象。使用语句如下：

```
private:
  QPushButton *btn[16];
```

（3）在.cpp源文件中进行16个按钮的实例化，并设置各按钮上的文字与显示位置，使用语句如下：

```
// 定义按钮上显示文字的数组
QStringList btnName = {"7", "8", "9","+", "4", "5", "6", "-", "1",
                                     "2", "3", "*", ".", "0", "=", "/"};
int row = 45;                   // 定义每一行按钮所在位置的初始值是45像素
int col=0;                      // 定义列的初始值是第0列
for (int i = 0; i<16; i++){     // 循环16次，创建16个按钮
  // 创建新的按钮对象，按钮文字由btnName数组中的对应值确定，this表示在当前窗口上显示
  btn[i] = new QPushButton(btnName[i], this);
  // 设置每个按钮的位置，每两行按钮之间的间距是row(也就是45像素)
  // 每两列按钮之间的间距是col*60像素，与窗口的左边线间距是30像素
  // 每个按钮的宽是50像素，高是30像素
  btn[i]->setGeometry(col*60+30,row,50,30);
  col++;                        // col加1表示定义一行的下一个按钮的列值
  if((col+1)%5==0){             // 取余数为0，表示一行已经显示4个按钮
    row+=45;                    // 重新定义行值，到下一行显示按钮
    col=0;                      // 重新定义列值，从第0列开始显示按钮
  }
}
```

4. 定义按钮的槽函数

（1）在.h头文件中引入QSignalMapper模块，目的是让多个信号对应到一个槽函数，使用的语句如下：

```
#include <QSignalMapper>
```

（2）在.h头文件中定义私有QSignalMapper对象，使用的语句如下：

```
private:
  QSignalMapper *btMapper;
```

（3）在16个按钮的循环语句中使用QSignalMapper对象建立按钮的信号与映射关系，以让后面的信号与槽的connect()方法能够判断出用户按下的是哪一个按钮，也就是让多个信号对应同一个槽函数。使用的语句如下：

```
btMapper->setMapping(btn[i], col+1);
```

（4）定义信号与槽的connect()方法所使用的语句如下：

```
connect(btn[i],&QPushButton::clicked,[=](){
    // 目前响应的按钮可以通过btnName[i]来判断
}
```

5. 等号键的处理方法

（1）判断用户按下等号键使用的语句如下：

```
if(btnName[i]=="="){
    // 等号键的处理
}
```

（2）等号键要进行表达式计算，使用Qt自带的字符串表达式计算方法，即QJSEngine类中的evaluate("字符串表达式")方法进行计算。要使用evaluate()方法必须先导入QJSEngine，而要导入QJSEngine，则必须在工程文件CMakeLists.txt中的适当位置添加以下两句：

```
find_package(Qt6 REQUIRED COMPONENTS Qml)
target_link_libraries(myProject PRIVATE Qt6::Qml)
```

此处的myProject是项目工程名，本例所使用的项目工程名是example2-7，因此需要把上句的myProject改成example2-7，也就是代码变成如下语句：

```
find_package(Qt6 REQUIRED COMPONENTS Qml)
target_link_libraries(example2-7 PRIVATE Qt6::Qml)
```

（3）如果运算表达式计算成功，则evaluate()方法的返回值是QJSValue类数据，所以在.h头文件中除了导入QJSEngine类外，还需要导入QJSValue类，其使用语句如下：

```
#include <QJSEngine>
#include <QJSValue>
```

（4）等号处理语句的详细说明如下：

```
// 定义QJSEngine对象，使用该类对象所提供的evaluate()方法进行字符串运算表达式计算
QJSEngine myEngine;
// 获取字符串运算表达式，如图2-10中的"7.3*3"
QString calStr=lable->text();
// 计算显示框中的表达式
QJSValue calResult = myEngine.evaluate(calStr);
if(calResult.isError()){                    // 判断表达式计算结果是否有错误
    label->setText("0");                    // 把计算器的显示结果框设置为0
}
else{
    label->setText(calResult.toString());   //在显示结果框中显示计算结果
}
```

6. 运算符键的处理方法

当用户按下加、减、乘、除运算符键后，需要判断用户上一次输入的是不是也是运算符键，如果是，就把上次输入的运算符键删除后再加入本次按下的运算符键；如果不是，就直接放在运算符表达式的最后。使用语句如下：

```
if(btnName[i]=="+"||btnName[i]=="-"||btnName[i]=="*"||btnName[i]=="/")
{
    // 读取显示框中现有的数据
    QString inputStr=label->text();
```

```
// 判断flag标志值是否为真，为真表示上一个输入的字符不是运算符
if(flag){
  flag=false;
}
else{                    // flag标志值为假，表示上一个输入的字符是运算符
  // 获取运算表达式字符串的长度减1后赋值给inputLength变量
  int inputLength=inputStr.length()-1;
  // 删除最后一个运算符
  lable->setText(inputStr.left(inputLength));
}
}
```

7. 数字键的处理方法

当用户按下数字键时，如果显示结果框中只有一个0，此时新按下的数字键就不能直接放在0的后面，因为这样会使得数字字符的前面多一个0，为了避免这种错误，就需要删除原来显示结果框中的0，然后把新输入的数字键值放入显示结果框中。其语句如下：

```
// 判断按下0键并且显示框也是0
if(label->text()=="0"){
  label->setText("");              // 把显示结果框清空
  flag=true;                       // 设置上一个输入的数字键
}
label->setText(label->text()+btnName[i]); // 把按下的数字键值放入显示结果框
```

8. 完整程序源码

（1）工程文件CMakeLists.txt的代码如下：

```
cmake_minimum_required(VERSION 3.5)
project(example2-7 VERSION 0.1 LANGUAGES CXX)
set(CMAKE_AUTOUIC ON)
set(CMAKE_AUTOMOC ON)
set(CMAKE_AUTORCC ON)
set(CMAKE_CXX_STANDARD 17)
set(CMAKE_CXX_STANDARD_REQUIRED ON)
find_package(QT NAMES Qt6 Qt5 REQUIRED COMPONENTS Widgets)
find_package(Qt${QT_VERSION_MAJOR} REQUIRED COMPONENTS Widgets)
find_package(Qt6 REQUIRED COMPONENTS Qml)
set(PROJECT_SOURCES
  main.cpp
  widget.cpp
  widget.h
  widget.ui
)
if(${QT_VERSION_MAJOR} GREATER_EQUAL 6)
  qt_add_executable(example2-7
    MANUAL_FINALIZATION
    ${PROJECT_SOURCES}
  )
else()
  if(ANDROID)
    add_library(example2-7 SHARED
      ${PROJECT_SOURCES}
    )
  else()
    add_executable(example2-7
    ${PROJECT_SOURCES}
```

```
  )
  endif()
endif()
target_link_libraries(example2-7 PRIVATE Qt${QT_VERSION_MAJOR}::Widgets)
target_link_libraries(example2-7 PRIVATE Qt6::Qml)
set_target_properties(example2-7 PROPERTIES
  MACOSX_BUNDLE_GUI_IDENTIFIER my.example.com
  MACOSX_BUNDLE_BUNDLE_VERSION ${PROJECT_VERSION}
  MACOSX_BUNDLE_SHORT_VERSION_STRING
${PROJECT_VERSION_MAJOR}.${PROJECT_VERSION_MINOR}
  MACOSX_BUNDLE TRUE
  WIN32_EXECUTABLE TRUE
)
install(TARGETS example2-7
  BUNDLE DESTINATION .
  LIBRARY DESTINATION ${CMAKE_INSTALL_LIBDIR}
  RUNTIME DESTINATION ${CMAKE_INSTALL_BINDIR}
)
if(QT_VERSION_MAJOR EQUAL 6)
  qt_finalize_executable(example2-7)
endif()
```

(2)头文件的代码如下：

```
#ifndef WIDGET_H
#define WIDGET_H
#include <QWidget>
#include <QPushButton>
#include <QLabel>
#include <QSignalMapper>
#include <QDebug>
#include <QJSEngine>
#include <QJSValue>
QT_BEGIN_NAMESPACE
namespace Ui { class Widget; }
QT_END_NAMESPACE
class Widget : public QWidget
{
  Q_OBJECT
public:
  Widget(QWidget *parent = nullptr);
  ~Widget();
private:
  Ui::Widget *ui;
  QSignalMapper *btMapper;
  QPushButton *btn[30];
  QLabel *label;
  bool flag=true;
};
#endif // WIDGET_H
```

(3)源文件的代码如下：

```
#include "widget.h"
#include "./ui_widget.h"
Widget::Widget(QWidget *parent)
  : QWidget(parent)
  , ui(new Ui::Widget)
{
  ui->setupUi(this);
  this->setFixedSize(300,250);
```

```cpp
this->setWindowTitle("Qt计算器");
//标签显示当前按下的按钮
label = new QLabel();
//QsinalMapper类指针变量
btMapper = new QSignalMapper;
QFont font;
font.setFamily(QString::fromUtf8("Agency FB"));
font.setPointSize(20);
font.setBold(true);
label->setFont(font);
label->setText("0");
label->setAlignment(Qt::AlignRight);
label->setGeometry(20,5,250,30);
label->setParent(this);
label->setStyleSheet("border:1px solid red;");
QStringList btnName = {"7", "8", "9", "+", "4", "5", "6", "-",
                       "1", "2", "3", "*", ".", "0", "=", "/"};

int row = 45;
int col=0;
for (int i = 0; i<16; i++)
{
  btn[i] = new QPushButton(btnName[i], this);
  btn[i]->setGeometry(col*60+30,row,50,30);
  col++;
  if((col+1)%5==0){
    row+=45;
    col=0;
  }
  btMapper->setMapping(btn[i], col+1);
  connect(btn[i],&QPushButton::clicked,[=](){
    if(btnName[i]=="="){
      QJSEngine myEngine;
      QString calStr=label->text();
      QJSValue calResult = myEngine.evaluate(calStr);
      if(calResult.isError()){
        label->setText("0");
      }
      else{
        label->setText(calResult.toString());
      }
    }else{
      if(btnName[i]=="+"||btnName[i]=="-"||
                                  btnName[i]=="*"||btnName[i]=="/"){
        QString inputStr=lable->text();
        if(flag){
          flag=false;
        }
        else{
          int inputLength=inputStr.length()-1;
          lable->setText(inputStr.left(inputLength));
        }
      }
      else{
        if(label->text()=="0") {
          label->setText("");
        }
        flag=true;                      // 设置上一个输入的数字键
      }
      label->setText(label->text()+btnName[i]);
    }
  });
```

```
    }
}
Widget::~Widget()
{
    delete ui;
}
```

2.5 事件

2.5.1 事件机制概述

1. 事件简介

Qt是一个基于C++的框架,主要用于开发带窗口的应用程序。一般的应用程序都是基于事件的,其目的主要是用来实现回调(因为只有这样,程序的效率才是最高的)。所以在Qt框架内部提供了一系列的事件处理机制,当窗口事件产生之后,会经过事件派发、事件过滤、事件分发、事件处理四个阶段。Qt窗口中对于产生的一系列事件都有默认的处理动作,如果有特殊需求,就需要在合适的阶段重写事件的处理动作。

事件(event)是由系统或者Qt本身在不同的场景下发出的。当用户按下/移动鼠标、敲击键盘、关闭窗口、改变窗口大小、隐藏或显示窗口时,都会发出一个相应的事件。有些事件是对用户操作做出响应时发出的,例如鼠标、键盘事件等;而另一些事件则由系统自动发出,例如定时器事件。

每一个Qt应用程序都对应一个唯一的QApplication应用程序对象,然后调用这个对象的exec()函数,这样Qt框架内部的事件检测就开始了(程序将进入事件循环来监听应用程序的事件)。事件在Qt中产生后的分发过程如下:

(1)当事件产生之后,Qt使用应用程序对象调用notify()函数将事件发送到指定的窗口,该方法的代码如下:

```
bool QApplication::notify(QObject *receiver, QEvent *e);
```

(2)事件在发送过程中可以通过事件过滤器进行过滤,默认不对产生的任何事件进行过滤。需要先给窗口安装过滤器,该事件才会触发。事件过滤器方法如下:

```
bool QObject::eventFilter(QObject *watched, QEvent *event)
```

(3)当事件发送到指定窗口时,窗口的事件分发器会对收到的事件进行分类,其方法如下:

```
bool QWidget::event(QEvent *event);
```

(4)事件分发器会将分类之后的事件(例如鼠标事件、键盘事件、绘图事件等)分发给对应的事件处理器函数进行处理,每个事件处理器函数都有默认的处理动作,也可以重写这些事件处理器函数。例如:

```
// 鼠标按下
void QWidget::mousePressEvent(QMouseEvent *event);
// 鼠标释放
void QWidget::mouseReleaseEvent(QMouseEvent *event);
// 鼠标移动
void QWidget::mouseMoveEvent(QMouseEvent *event);
```

2. Qt事件的处理

（1）调度方式。

事件的调度方式有两种，分别是同步和异步。

Qt的事件循环是异步的，当调用exec()时就进入了消息循环。先处理Qt事件队列中的事件，事件处理完毕队列为空时再处理系统消息队列中的消息，直到处理完毕消息队列为空后才会产生新的Qt事件，需要对其再次进行处理。

调用sendEvent()时消息会立即被处理，这种方式是同步的，实际上sendEvent()是通过调用QApplication::notify()直接进入事件的派发和处理。

（2）事件的派发和处理。

事件过滤器是Qt中一个独特的事件处理机制。通过事件过滤器，可以让一个对象侦听拦截另一个对象的事件。事件过滤器的实现方法如下：

在基类QObject中有一个QObjectList成员变量并命名为eventFilters，当某个QObject(A)给另一个QObject(B)安装了事件过滤器后，B会把A的指针保存在eventFilters中，在B处理事件前会先去检查eventFilters列表，如果非空，就先调用列表中对象的eventFilter()函数。一个对象可以给多个对象安装过滤器，一个对象能同时被安装多个过滤器，在事件到达之后，事件过滤器以安装次序的相反顺序被调用。

事件过滤器的返回值如果为true，则表示事件已经被处理完毕，Qt将直接返回并进行下一事件的处理。如果返回值为false，则事件将接着被送往剩下的事件过滤器或目标对象进行处理。

Qt中事件的派发是从QApplication::notify()开始的，因为QApplication也是继承自QObject，所以先检查QApplication对象，如果有事件过滤器，则先调用事件过滤器，接下来QApplication::notify()会过滤或合并一些事件（例如失效widget的鼠标事件会被过滤掉，而同一区域重复的绘图事件会被合并），事件被送到receiver::event()处理。

（3）事件的转发。

对于某些类别的事件，如果在整个事件的派发过程结束后还没被处理，那么这个事件将会被向上转发给父Widget，直到顶层窗口。

2.5.2 事件处理方法示例

1. 重新实现事件处理器

当项目的某种需求使用基础部件无法实现时，可以通过事件机制来进行重写，也就是自定义控件。

【例2-8】重新实现事件处理函数

扫一扫，看视频

本例是将鼠标的几个事件进行重新定义，包括的事件有"按下事件mousePressEvent""释放事件mouseReleaseEvent""移动事件mouseMoveEvent"，运行结果如图2-11所示。

图2-11　事件重新定义

其创建步骤及代码的详细说明如下：

（1）创建项目工程，其项目名称是example2-8。

（2）在项目中添加文件，方法是在Qt Creator左侧的项目上右击（图2-12），在弹出的快捷菜单中选择"添加新文件"命令，弹出图2-13所示的新建文件对话框。

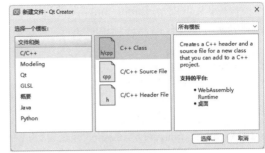

图2-12　添加新文件　　　　　　　　　　　　图2-13　新建文件

（3）在图2-13左侧的"文件和类"列表框中选择C/C++，在中间的列表框中选择C++ Class，然后单击"选择"按钮，打开图2-14所示的定义类对话框。

图2-14　定义类

（4）在Class name文本框中输入要创建的类名myLabel，在Base class文本框中输入要继承的类，此处输入要继承的基类QLabel，最后单击"下一步"按钮，这样新的文件就创建成功了。

（5）当新的文件创建成功之后，还需要在项目的工程文件CMakeLists.txt中对其进行注册，其注册部分代码如下：

```
set(PROJECT_SOURCES
  main.cpp
  mainwindow.cpp
  mainwindow.h
  myLabel.h
  myLabel.cpp
)
```

（6）对新建文件的myLabel.h头文件进行修改，其代码及详细说明如下：

```
#ifndef MYLABEL_H
#define MYLABEL_H
#include <QLabel>
class myLabel : public QLabel
{
public:
  myLabel(QWidget *);
protected:
  // 重新定义鼠标的按下、释放和移动的事件响应函数
  void mousePressEvent(QMouseEvent *ev);
```

```
    void mouseReleaseEvent(QMouseEvent *ev);
    void mouseMoveEvent(QMouseEvent *ev);
};
#endif // MYLABEL_H
```

（7）对新建文件的myLabel.cpp源文件进行修改，实现重新定义鼠标的按下、释放和移动的事件响应函数。其代码及详细说明如下：

```
#include "mylabel.h"
#include <QMouseEvent>
myLabel::myLabel(QWidget *parent):QLabel(parent)
{
}
// 定义鼠标按下的事件处理函数
void myLabel::mousePressEvent(QMouseEvent *ev)
{
    // 显示鼠标被按下位置的x,y坐标
    setText(QString("Press:%1,%2").arg(QString::number(ev->x()),
                                       QString::number(ev->y())));
}
// 定义鼠标释放的事件处理函数
void myLabel::mouseReleaseEvent(QMouseEvent *ev)
{
    // 显示鼠标被释放位置的x,y坐标
    setText(QString("Release:%1,%2").arg(QString::number(ev->x()),
                                         QString::number(ev->y())));
}
// 定义鼠标移动的事件处理函数
void myLabel::mouseMoveEvent(QMouseEvent *ev)
{
    // 显示鼠标被移动位置的x,y坐标
    setText(QString("Move:%1,%2").arg(QString::number(ev->x()),
                                      QString::number(ev->y())));
}
```

事件处理函数中的ev为事件对象，其函数x()和y()分别用于取得鼠标事件发生时鼠标的位置，这是相对于标签的坐标位置，标签左上角坐标为(0,0)。

（8）修改主程序mainwindow.cpp，其代码及详细说明如下：

```
#include "mainwindow.h"
#include "mylabel.h"                    // 导入自定义组件mylabel的头文件
MainWindow::MainWindow(QWidget *parent)
: QMainWindow(parent)
{
    // 设置主窗口标题
    setWindowTitle("事件处理的重新定义");
    // 定义自定义组件的对象label
    myLabel *label=new myLabel(this);
    // 设置自定义组件的对齐方式
    label->setAlignment(Qt::AlignCenter);
    // 设置自定义组件的大小
    label->resize(260,150);
    // 显示自定义组件
    label->show();
}

MainWindow::~MainWindow()
{
}
```

2. 重载event()函数

Qt事件处理的第二种方式是重载event()函数，通过重载event()函数可以在事件到达特定的事件处理器之前被截获并处理。这种方法可以用来覆盖已定义事件的默认处理方式，也可以用来处理Qt中尚未定义特定事件处理器的事件。当重新实现event()函数时如果不进行事件处理，则需要调用基类的event()函数。

【例2-9】重载event()函数

本例将在例2-8的基础上重载event()函数以实现响应鼠标按下事件，过滤掉鼠标移动和鼠标释放事件，如图2-15所示。

扫一扫，看视频

图2-15　重载event()函数

其实现步骤及代码详细说明如下：

（1）在例2-8的基础上修改头文件myLabel.h，在该文件中添加event()函数定义。其代码及详细说明如下：

```
#ifndef MYLABEL_H
#define MYLABEL_H
#include <QLabel>
#include <Qevent>
class myLabel : public QLabel
{
public:
  myLabel(QWidget *);
protected:
  bool event(QEvent *e);
  void mousePressEvent(QMouseEvent *ev);
  void mouseReleaseEvent(QMouseEvent *ev);
  void mouseMoveEvent(QMouseEvent *ev);
};
#endif // MYLABEL_H
```

（2）修改标签类的源文件myLabel.cpp，在该文件中增加event()函数的实现。其代码及详细说明如下：

```
bool myLabel::event(QEvent *e)                              // 定义event()函数
{
  if(e->type()==QEvent::MouseButtonPress){                  // 如果事件是鼠标按下事件
    // 事件类型转换，把QEvent事件类型转换为QMouseEvent事件类型
    QMouseEvent *event=static_cast<QMouseEvent *> (e);
    // 定义QString字符串str变量
    QString str;
    // 把鼠标当前位置值赋给str变量
    str=QString("Press:%1,%2").arg(QString::number(event->x()),
    QString::number(event->y()));
    // 把str变量设置到窗口中
    setText(str);
    // 响应其他事件
    return true;
  } else if(e->type()==QEvent::MouseButtonRelease){  // 如果发生鼠标释放事件
    return true;                                     // 过滤掉鼠标释放事件
  }else  if(e->type()==QEvent::MouseMove){           // 如果发生鼠标移动事件
    return true;                                     // 过滤掉鼠标移动事件
  }
  return QLabel::event(e);
}
```

编译运行程序可以发现，在标签文本上不管是按下、释放还是拖动鼠标，都只显示鼠标按

Qt程序设计基础

下的文本，因为在event()函数里屏蔽了MouseButtonRelease和MouseMove事件，通过此例的事件处理过程可以看出是先经过event()函数，然后到达特定的事件处理函数。

3. 在对象中使用事件过滤器

Qt事件处理的第三种方式是在目标对象中注册事件过滤器，如果目标对象使用注册函数installEventFilter()注册了事件过滤器，则所有事件都将首先发给监视对象的eventFilter()函数，该函数将选择性地过滤掉一些事件，仅将部分事件发给目标对象。

【例2-10】在对象中使用事件过滤器

扫一扫，看视频

在例2-9的基础上修改代码，在Widget对象中实现事件过滤器函数eventFilter()，用Widget对象来监视myLabel对象，运行结果如图2-16所示。
其实现步骤及代码详细说明如下。

（1）在例2-9的基础上，修改主文件的widget.h头文件，其代码及详细说明如下：

图2-16　在对象中使用事件过滤器

```cpp
#ifndef WIDGET_H
#define WIDGET_H
#include <QWidget>
class Widget : public QWidget
{
  Q_OBJECT
protected:
  // 声明事件过滤器函数
  bool eventFilter(QObject*, QEvent*);
public:
  Widget(QWidget *parent = nullptr);
  ~Widget();
};
#endif // WIDGET_H
```

（2）修改widget.cpp文件，为Label设置过滤器并实现eventFilter()函数，其代码及详细说明如下：

```cpp
#include "widget.h"
#include"mylabel.h"
#include<QEvent>
#include<QMouseEvent>
Widget::Widget(QWidget *parent)
: QWidget(parent)
{
  // 设置主窗口标题
  setWindowTitle("在对象中使用事件过滤器");
  // 定义自定义组件的对象label
  myLabel *label=new myLabel(this);
  // 设置自定义组件的对齐方式
  label->setAlignment(Qt::AlignCenter);
  // 设置自定义组件的大小
  label->resize(260,150);
  // 为label设置过滤器
  label->installEventFilter(this);
}
Widget::~Widget()
{
}
```

```cpp
bool Widget::eventFilter(QObject* obj, QEvent* e)
{
    // 判断鼠标按下事件是否被触发
    if(e->type()==QEvent::MouseButtonPress){
        // 事件类型转换
        QMouseEvent *event=static_cast<QMouseEvent* > (e) ;
        // 声明QLabel对象并实例化
        QLabel *p=(QLabel *)obj;
        // 声明QString对象并对其进行实例化
        QString str;
        str=QString("您单击的位置是（%1,%2)").arg(QString::number(event->x()),
        QString::number(event->y()));
        // 把str变量值应用到QLabel对象的文字
        p->setText(str);
        // 响应其他事件
        return true;
    } else if(e->type()==QEvent::MouseButtonRelease){  // 如果发生鼠标释放事件
        return true;                                    // 过滤掉鼠标释放事件
    }else  if(e->type()==QEvent::MouseMove){           // 如果发生鼠标移动事件
        return true;                                    // 过滤掉鼠标移动事件
    }
    return QWidget::eventFilter(obj,e);
}
```

2.5.3 鼠标事件

鼠标事件在图形用户界面开发中具有非常重要的作用，用户能够通过单击、拖曳、滚动等操作与界面进行交互。Qt作为一个跨平台的应用程序开发框架提供了强大的鼠标事件处理机制。在Qt中，鼠标事件主要包括以下几种。

- 鼠标按下（Mouse Press）事件：当用户按下鼠标按键时触发。
- 鼠标释放（Mouse Release）事件：当用户释放鼠标按键时触发。
- 鼠标单击（Mouse Click）事件：按下和释放鼠标按键的组合动作。
- 鼠标双击（Mouse Double Click）事件：用户在短时间内连续单击两次鼠标按键时触发。
- 鼠标移动（Mouse Move）事件：当鼠标指针在窗口或控件内部移动时触发。
- 鼠标滚轮（Mouse Wheel）事件：用户滚动鼠标滚轮时触发。
- 鼠标悬停（Mouse Hover）事件：当鼠标指针停留在控件上方一段时间时触发。

在Qt中，鼠标事件通过QMouseEvent类进行处理。QMouseEvent类提供了一系列方法用于检测鼠标操作，如获取鼠标位置、鼠标按下的按钮类型等。此外，Qt还提供了QWheelEvent和QHoverEvent类，分别用于处理滚轮事件和悬停事件。

通过重写控件或窗口的鼠标事件处理函数，如mousePressEvent()、mouseReleaseEvent()、mouseMoveEvent()等，可以实现对鼠标事件的自定义响应。同时，Qt的信号和槽机制能够帮助开发者轻松地在不同控件之间传递鼠标事件信息。

【例2-11】鼠标事件

本例将重载鼠标的按下、移动和释放事件，并在事件的处理函数中显示当前鼠标的状态，图2-17是本例中几种状态的运行结果。

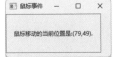

扫一扫，看视频

图2-17　鼠标事件

其实现步骤及代码详细说明如下：

（1）按照例2-8的方法创建项目工程和添加新文件myLabel。

（2）修改myLabel头文件，其代码及详细说明如下：

```cpp
#ifndef MYLABEL_H
#define MYLABEL_H
#include <QWidget>
#include<QLabel>                         // 导入QLabel组件
class Mylabel : public QLabel
{
  Q_OBJECT
public:
  // 显式构造函数
  explicit Mylabel(QWidget *parent = 0);
  // 定义鼠标按下事件触发函数
  void mousePressEvent(QMouseEvent *ev);
  // 定义鼠标移动事件触发函数
  void mouseMoveEvent(QMouseEvent *ev);
  // 定义鼠标释放事件触发函数
  void mouseReleaseEvent(QMouseEvent *ev);
};
#endif // MYLABEL_H
```

（3）修改myLabel源文件，其代码及详细说明如下：

```cpp
#include "mylabel.h"
#include<QMouseEvent>
Mylabel::Mylabel(QWidget *parent) : QLabel(parent)
{
}
// QLabel对象的鼠标按下事件
void Mylabel::mousePressEvent(QMouseEvent *ev)
{
  // 判断用户按下的是鼠标左键不是右键
  if(ev->button()== Qt::LeftButton)
  {
    // 定义标签对象所显示的文字
    QString str=QString("鼠标左键按下:(%1,%2).").arg(QString::number(ev->x()),
                                                QString::number(ev->y()));
    this->setText(str);
  }
  else
  {
    QString str=QString("鼠标右键按下:(%1,%2).").arg(QString::number(ev->x()),
                                                QString::number(ev->y()));
    this->setText(str);
  }
}
// QLabel对象的鼠标移动事件
void Mylabel::mouseMoveEvent(QMouseEvent *ev)
{
  QString str=QString("鼠标移动的当前位置是:(%1,%2).")
                      .arg(QString::number(ev->x()),QString::number(ev->y()));
  this->setText(str);
}
// QLabel对象的鼠标释放事件
void Mylabel::mouseReleaseEvent(QMouseEvent *ev)
{
  this->setText("鼠标松开");
}
```

（4）修改主文件widget.cpp，其代码及详细说明如下：

```cpp
#include "widget.h"
#include "./ui_widget.h"
Widget::Widget(QWidget *parent)
: QWidget(parent)
, ui(new Ui::Widget)
{
    ui->setupUi(this);
    // 设置主窗口标题
    this->setWindowTitle("鼠标事件");
    // 定义自定义Mylabel对象label
    Mylabel *label=new Mylabel(this);
    // 设置label对象上的文字是"初始状态"
    label->setText("初始状态");
    // 设置label对象的大小是200*80
    label->setFixedSize(200,80);
    // 设置label对象中的文字对齐方式为水平垂直居中
    label->setAlignment(Qt::AlignCenter);
    // 设置label对象的边框样式是: 宽度1像素、实心线、边框线颜色是红色
    label->setStyleSheet("QLabel{border:1px solid red;}");
    // label对象显示
    label->show();
}

Widget::~Widget()
{
    delete ui;
}
```

2.5.4 键盘事件

在Qt中，键盘事件主要分为两种类型：按键事件和释放事件。

1. 按键事件

按键事件在用户按下一个键时触发，在Qt中使用QKeyEvent类表示这种事件。当按下一个键时，Qt 会自动创建一个QKeyEvent对象，并将其传递给相应的事件处理函数。QKeyEvent对象包含关于该事件的详细信息，主要包括以下内容：

（1）按下的键值。键值是一个枚举值，用于表示被按下的键。例如，Qt::Key_A代表A键，Qt::Key_Space代表空格键，一些常见的键值如下。

①字母键：Qt::Key_A、Qt::Key_B、Qt::Key_C等。

②数字键：Qt::Key_0、Qt::Key_1、Qt::Key_2等。

③功能键：Qt::Key_F1、Qt::Key_F2、Qt::Key_F3等。

④方向键：Qt::Key_Left、Qt::Key_Right、Qt::Key_Up、Qt::Key_Down等。

⑤特殊键：Qt::Key_Enter、Qt::Key_Escape、Qt::Key_Space、Qt::Key_Tab等。

键值可以通过 QKeyEvent::key() 函数获取。

（2）按下的修饰键。是指那些用于修改其他键行为的键，主要有Shift、Ctrl、Alt和Meta等特殊功能键。常见的修饰键及其枚举值如下。

①Qt::ShiftModifier：Shift键。

②Qt::ControlModifier：Ctrl键。

③Qt::AltModifier：Alt键。

④Qt::MetaModifier：通常表示操作系统特定的键，例如 Windows 键或 Command 键。

QKeyEvent类使用QKeyEvent::modifiers()函数来获取当前按下的修饰键。

（3）相应文本。是指与按下的键对应的字符，例如，当按下 Shift + A 组合键时，相应的文本是大写的"A"。QKeyEvent类中使用QKeyEvent::text()函数来获取相应的文本，例如，需要大小写敏感的输入处理方法是：当用户按下字母键时，可能需要根据 Shift 键的状态来区分大小写，此时可以通过text()函数直接获取正确的大小写字符，而无须手动处理 Shift 键，其代码如下：

```
QChar inputChar = event->text().at(0);
if (inputChar.isUpper()) {            // isUpper()判断是否是大写字母
  // 处理大写字符输入
} else {
  // 处理小写字符输入
}
```

（4）事件类型。QKeyEvent类同时表示按键事件和释放事件，通过QEvent::type()函数可以区分它们。例如，当QEvent::type()返回QEvent::KeyPress时表示这是一个按键事件。

处理按键事件通常涉及重写 QWidget 或其子类的 keyPressEvent(QKeyEvent *event) 函数。在该函数中可以根据QKeyEvent对象的信息来执行相应的操作。例如，可以根据按下的键值来移动一个图形元素，或者根据相应的文本来更新一个文本编辑器的内容。

2. 释放事件

释放事件在用户松开一个键时触发，在Qt中也是使用QKeyEvent类表示这种事件，但是事件类型（通过QEvent::type()访问）不同。通过这种方式，在Qt中可以将按键事件和释放事件统一处理，从而简化事件处理逻辑。

要处理键盘事件通常需要重写QWidget或其子类的键盘事件处理函数，下面的代码展示了如何重写按键事件keyPressEvent()和释放事件keyReleaseEvent()。

```
class MyWidget : public QWidget {
protected:
  void keyPressEvent(QKeyEvent *event) override {    // 处理按键事件}
  void keyReleaseEvent(QKeyEvent *event) override {  // 处理释放事件}
};
```

在处理按键和释放事件时，可以使用QKeyEvent的成员函数（如key()、modifiers()和text()）来获取有关事件的详细信息。例如，要检查是否按下Shift键和A键，可以使用以下代码。

```
if (event->modifiers() & Qt::ShiftModifier && event->key() == Qt::Key_A) {
  // 处理Shift + A的组合键
}
```

在Qt中，按键事件和释放事件是处理键盘输入的基础。通过重写相应的事件处理函数，可以在应用程序中实现对键盘事件的响应。

【例2-12】使用方向键移动按钮

在本例中使用上、下、左、右方向键对窗口中的一个按钮进行移动，每次移动10像素，另外，还需要屏蔽重复键，也就是每按一次移动一次，不能按下方向键不释放，最后还要用Ctrl+M组合键实现窗口的最大化。本例的目的是让读者了解键盘的事件处理方法，本例运行结果的几种状态如图2-18所示。

扫一扫，看视频

图 2-18　使用方向键移动按钮

本例实现步骤及代码详细说明如下：

（1）创建工程，工程名为example2-12。

（2）主文件的widget.h头文件代码如下：

```cpp
#ifndef WIDGET_H
#define WIDGET_H
#include <QWidget>
#include<QPushButton>                    // 导入QPushButton按钮组件
QT_BEGIN_NAMESPACE
namespace Ui {class Widget;}
QT_END_NAMESPACE
class Widget : public QWidget
{
  Q_OBJECT
public:
  Widget(QWidget *parent = nullptr);
  ~Widget();
  QPushButton *btn;                      // 定义QPushButton按钮对象
protected:
  void keyPressEvent(QKeyEvent *);       // 定义键盘按下事件
private:
  Ui::Widget *ui;
};
#endif // WIDGET_H
```

（3）修改项目的widget.cpp源文件代码如下：

```cpp
#include "widget.h"
#include "./ui_widget.h"
#include<QKeyEvent>                       // 导入键盘事件的类
Widget::Widget(QWidget *parent)
: QWidget(parent)
, ui(new Ui::Widget)
{
  ui->setupUi(this);
  // 定义窗口标题是：键盘事件处理
  this->setWindowTitle("键盘事件处理");
  // 定义窗口的大小为400*200,左上角的坐标在显示屏幕的（50,50）位置
  this->setGeometry(50,50,400,200);
  // 实例化按钮对象，并定义按钮上的文字为"可移动"
  btn=new QPushButton("可移动",this);
  // 定义按钮的大小为60*30,左上角的坐标在窗口的（40,40）位置
  btn->setGeometry(40,40,60,30);
  // 强迫Widget接收特定的按键信息（例如方向键），否则Widget不接收方向键信息
  setFocusPolicy(Qt::StrongFocus);
}
Widget::~Widget()
{
  delete ui;
}
// 键盘按下事件
void Widget::keyPressEvent(QKeyEvent *event)
```

```
{
  // 读取按钮的X轴值
  int x=btn->x();
  // 读取按钮的Y轴值
  int y=btn->y();
  // 按键重复时不做处理，也就是屏蔽
  if(event->isAutoRepeat()) return;
  // 通过event->key()方法读取键值
  switch(event->key()){
  case Qt::Key_Up:
    btn->move(x,y-10);                      // 向上键，Y轴值减10
    break;
  case Qt::Key_Down:
    btn->move(x,y+10);                      // 向下键，Y轴值加10
    break;
  case Qt::Key_Right:
    btn->move(x+10,y);                      // 向右键，X轴值加10
    break;
  case Qt::Key_Left:
    btn->move(x-10,y);                      // 向左键，X轴值减10
    break;
  case Qt::Key_N:                                        // 是否按下N键
    if(event->modifiers() == Qt::ControlModifier){       // 是否按下Ctrl键
      // 如果用户按下的是Ctrl+N组合键，当前窗口最大化
      setWindowState(Qt::WindowMaximized);
    }
    break;
  }
  QWidget::keyPressEvent(event);
}
```

2.6 本章小结

　　本章介绍了学习Qt程序设计必须要掌握的Qt C++基础知识，是在读者有一定C++基础知识的前提下，针对Qt程序的特点对C++知识的补充，主要包括QByteArray类、QString类、QList类、QMap类、QHash类、QFont类、QColor类、QTimer类等；然后对Qt中非常重要的信号与槽的运行机制进行了非常详细的说明，并通过几个实例帮助读者理解这个机制的运转过程；最后对Qt事件机制也进行了阐述，从而让读者理解事件过滤的概念和各种事件的响应方法。

2.7 习题2

一、选择题

1. QByteArray数组数据都是以（　　　）结尾的。

   A. $ B. \0   C. \1   D. #

2. 下面程序片段中，temp变量的值是（　　　）。

```
QString str = "Hello Qt World";
QString temp = str.remove(2, 3);
```

   A. Hel Qt World　　B. He Qt World　　　　C. Hello World　　　　D. Hl Qt World

3. 在QList的函数中，（　　　）函数是删除列表中指定位置的数据和个数。

    A. remove()　　　　　B.pop_back()　　　　　　C. pop_front()　　　　　　D. clear()

4. 在QFont类中，（　　　）函数是用来设置加粗的函数。

    A. setWeight()　　　B. setBold()　　　　　　C. setItalic()　　　　　　D. setUnderline()

5. 在QColor中使用十六进制数"#00ff00"定义的是（　　　）颜色。

    A. 红色　　　　　　　B. 绿色　　　　　　　　C. 蓝色　　　　　　　　D. 白色

6. Qt中设置定时setInterval(int time)函数中的形参time的单位是（　　　）。

    A. 时　　　　　　　　B. 分　　　　　　　　　C. 秒　　　　　　　　　D. 毫秒

7. 下面的connect连接语句，信号的发送者是（　　　）。

```
connect(btn,&QPushButton::clicked,this,handleClick());
```

    A. btn　　　　　　　B. clicked　　　　　　　C. this　　　　　　　　D. handleClick()

8. 下面的connect连接语句，发送者发送的信号是（　　　）。

```
connect(btn,&QPushButton::clicked,this,handleClick());
```

    A. btn　　　　　　　B. clicked　　　　　　　C. this　　　　　　　　D. handleClick()

9. 下面的connect连接语句，信号的接收者是（　　　）。

```
connect(btn,&QPushButton::clicked,this,handleClick());
```

    A. btn　　　　　　　B. clicked　　　　　　　C. this　　　　　　　　D. handleClick()

10. 下面的connect连接语句，信号触发的槽函数是（　　　）。

```
connect(btn,&QPushButton::clicked,this,handleClick());
```

    A. btn　　　　　　　B. clicked　　　　　　　C. this　　　　　　　　D. handleClick()

二、简答题

1. 写出下面程序片段的输出结果。

```
int age=18;
bool sex=true;
QString name("liubing");
QString str;
str=QString("age %1 sex %2 name %3").arg(age).arg(sex).arg(name);
qDebug()<<str;
str=QString::asprintf("age %d name %s",age,name.toLatin1().data());
qDebug()<<str;
str.append(" "+name);
qDebug()<<str;
```

2. 写出下面程序片段的输出结果。

```
QString myString="Hello Qt World !";
QStringList myArr=mailString.split(' ');
foreach (QString item, myArr) {
  qDebug()<<item;
}
```

3. 写出下面程序片段的输出结果。

```
QList<QString> strArr1;                      // 定义QList数组
strArr1<<"Hello"<<"Qt"<< "World";            // 初始化数据
QList<QString>::iterator it = strArr1.begin(); // 使用迭代器进行遍历
for (; it < strArr1.end(); it++)
{
  qDebug() << *it;
}
```

4.下面程序片段中的每条语句的含义是什么？最终实现的目的是什么？

```
QFont font =label->font();
font.setPixelSize(24);
font.setUnderline(true);
font.setBold(true);
font.setItalic(true);
label->setFont(font);
```

5.请写出以下要求的信号与槽的connect()函数。

（1）写出对象名为btn的QPushButton按钮，其单击clicked信号的响应槽函数是当前窗口的handleClick函数。

（2）使用Lamda方式写出对象名为radioSixteen的QRadioButton单选按钮选中clicked信号的响应槽函数，槽函数的形参要有布尔变量，用来判断单选按钮的选中状态。

2.8 实验2 Qt程序基础

一、实验目的

（1）掌握Qt项目中定义控件的方法。

（2）掌握定义信号、槽的编写方法。

（3）掌握多信号与一个槽的对应方法。

（4）掌握Qt项目中信号与槽的响应机制。

二、实验要求

使用Qt Creator编辑程序实现实验图2-1所示界面，要求实现以下功能。

（1）在布局工具中创建文本框，要求显示右对齐；再创建一个不可编辑的文本框，用于显示转换结果。

（2）创建0~9十个数字按钮，使用户能够通过单击按钮的方式输入数据，并且输入数据的同时会根据选中的进制进行转换。说明：十个按钮使用程序代码实现，并对应到同一个槽函数。

（3）创建三个单选按钮，能够选择将十进制数转换成二进制数、八进制数和十六进制数。选中单选按钮后，进行转换计算的同时，还要把不可编辑的文本框里面的QLabel标签的内容改成相应的进制提示。

（4）创建三个按钮，当单击"退格"按钮时会把用户输入的十进制数字字符的最后一个字符删除，如果字符全部删空，则会把两个文本框清空；当单击"清空"按钮时，会把两个文本框中的数字清空；当单击"退出"按钮时，会退出程序。

实验图2-1　实验结果

第 3 章

Qt 基本组件

本章学习目标：

Qt 是一个跨平台的 C++ 应用程序开发框架，它提供了一系列的组件和工具，用于创建各种类型的应用程序，包括桌面应用程序、移动应用程序和嵌入式系统应用程序等。本章将讲解 Qt 的一些常用组件，通过本章的学习，读者应该掌握以下主要内容。

- 标签和按钮组件。
- 单行文本输入框、单选按钮、复选框和下拉列表框组件。
- 进度条、选项卡等其他组件。

3.1 常用组件

3.1.1 QLabel 标签组件

QLabel是Qt库中一个非常基础且重要的类，主要用于在图形用户界面中展示文本或图片，最常见的用法就是在窗口上显示一段文字或者标签（例如用户名、密码等）。QLabel组件继承自QFrame，因此它可以具有框架，并且还能处理富文本格式，这意味着可以改变部分文本的颜色、字体等。QLabel支持交互，例如当包含一个网页链接时，链接可以被单击。

1. QLabel标签组件的创建

QLabel标签组件有两种创建方法：一种是用UI形式创建，也就是在UI窗口界面上拖动QLabel组件到布局画布上；另一种是通过代码创建QLabel标签组件，代码如下：

```
QLabel *label=new QLabel(this);        // 在当前窗口创建QLabel组件的对象
```

需要说明的是，在创建QLabel组件对象之前必须在头文件中把QLabel类导入程序中，使用的语句如下：

```
#include <QLabel>
```

2. QLabel控件常见的属性

（1）text属性。

text是标签显示文本的属性。QLabel的text()方法可以获取标签上的文字，setText()方法设置标签上的内容。其使用示例如下：

```
label->setText("Hello world");          // 设置QLabel组件上的文字为Hello world
this->setWindowTitle(label->text()); // 把QLabel标签上的文字写入当前窗口标题上
```

（2）pixmap属性。

pixmap是标签显示图像的属性。QLabel的pixmap()方法可以获取标签上的图片，setPixmap()方法设置标签上的显示图片。其使用示例如下：

```
QPixmap pixmap(":/img/0.jpg");           // 定义需要显示的QPixmap对象
label->setPixmap(pixmap);                // 设置QLabel组件上需要显示的图片
this->setWindowIcon(label->pixmap());// 把QLabel标签上的图片写入当前窗口标题上
```

需要说明的是，在进行图片显示之前必须先导入图片资源文件。

（3）alignment属性。

alignment是文本或图像在标签中对齐方式的属性。通过QLabel的alignment()方法可以获取文本或图像的对齐方式，setAlignment()方法设置文本或图像的对齐方式。设置对齐方式所定义的常量如下。

① Qt::AlignLeft：将内容左对齐。

② Qt::AlignRight：将内容右对齐。

③ Qt::AlignHCenter：将内容水平居中。

④ Qt::AlignJustify：通过拉伸或收缩字符间距来实现两端对齐。

⑤ Qt::AlignTop：将内容顶部对齐。

⑥ Qt::AlignBottom：将内容底部对齐。

⑦ Qt::AlignVCenter：将内容在垂直方向居中。

⑧ Qt::AlignCenter：将内容在水平和垂直方向都居中。

例如定义一个标签组件，设置该组件的大小为200像素*150像素，边框使用红色实心线并且宽度为1像素，显示文字的对齐方式在右下角，其代码片段如下：

```
QLabel *label=new QLabel(this);              // 声明并实例化QLabel组件的对象label
label->setText("Hello world");               // 设置label上的文字是：Hello world
label->setGeometry(0,0,200,150);             // 设置大小为200像素*150像素
label->setStyleSheet("border:1px solid red");// 设置边框为1像素、实心线、红色
label->setAlignment(Qt::AlignBottom|Qt::AlignRight);// 设置对齐方式为底端、靠右
```

窗口的显示结果如图3-1所示。

图3-1　QLabel组件中文字的对齐方式

（4）openExternalLinks属性。

openExternalLinks用于显示HTML文字并实现超链接。QLabel的openExternalLinks()方法可以获取是否实现超链接，setOpenExternalLinks()方法设置是否自动打开超链接。

```
// 设置文本中带有HTML标志
label->setText("<h2><a href=\"https: // www.whpu.edu.cn/\">武汉轻工大学</a></h2>");
label->setOpenExternalLinks(true);     // 设置超链接自动跳转
```

（5）其他常用属性。

①设置QLabel组件的背景透明，所使用的方法如下：

```
label->setStyleSheet("background:transparent");
```

②设置QLabel组件的可见性属性，所使用的方法如下：

```
label->setVisible(false);
```

③设置QLabel组件所显示图片自适应QLabel组件大小，所使用的方法如下：

```
label->setScaledContents(true);
```

④设置QLabel组件中所显示的文字是否根据QLabel组件宽度自动进行文本换行，所使用的方法如下：

```
label->setWordWrap(true);
```

⑤使用textFormat属性设置QLabel组件中文本的显示格式，其属性值有以下几种。

● Qt::PlainText：纯文本。

● Qt::RichText：富文本，即支持解释HTML标记。

● Qt::AutoText：根据Qt::mightBeRichText()的返回值决定如何显示文本。如果是true，则用Qt::RichText显示；否则用Qt::PlainText显示。

该属性的设置方法如下：

```
label->setTextFormat(Qt::RichText);
```

⑥margin属性用于设置QLabel组件的外边距，该属性的设置方法如下：

```
label->setMargin(20);
```

⑦设置QLabel组件的大小属性，即设置QLabel组件的宽度和高度，该属性的设置方法如下：

```
// 设置QLabel组件的宽度为200像素，高度为60像素
label->resize(200, 60);
```

⑧设置QLabel组件的字体大小，该属性的设置方法如下：

```
// 设置字体为宋体，大小为18像素、加粗
label->setFont(QFont("宋体", 18, QFont::Bold));
```

【例3-1】使用QLabel组件实现播放GIF图

扫一扫，看视频

本例使用QLabel组件实现播放GIF图。在该例中使用QLabel组件存放GIF图，然后通过QPushButton按钮控制GIF图的播放与暂停，运行结果如图3-2所示。

图3-2　使用QLabel组件实现播放GIF图

本例实现步骤和代码的详细说明如下：

（1）创建项目，项目名称是example3-1。

（2）进行布局。在布局界面上放入QLabel标签组件和QPushButton按钮组件，并且设置这两个组件的对象名，如图3-3右侧对象列表所示。

图3-3　项目布局

（3）导入GIF资源文件，其方法如下：

①在图3-4所示的工程文件上右击，在弹出的快捷菜单中选择"添加新文件"命令，打开

图3-5所示的对话框。

图3-4　添加资源文件

②先在图3-5左侧"选择一个模板"中选中Qt，再在对话框中间选中Qt Resource File，然后单击对话框右下角的"选择"按钮，打开图3-6所示的对话框。

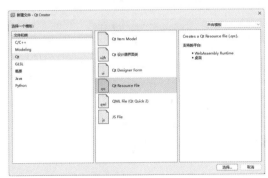

图3-5　选择文件模板

图3-6　输入资源文件名

③在图3-6中输入所要创建的资源文件名，此处输入的文件名是res.qrc，然后单击"下一步"按钮，直到完成。

④资源文件创建完成之后，还需要在工程文件CMakeLists.txt中添加所生成的资源文件名，本例中添加的文件名是res.qrc，代码添加位置如下：

```
set(PROJECT_SOURCES
  main.cpp
  widget.cpp
  widget.h
  widget.ui
  res.qrc
)
```

⑤在图3-7中选中res.qrc，单击"添加前缀"按钮，在Prefix文本框中输入前缀名，本例输入的是"/"，然后单击"添加文件"按钮，选择需要添加的资源文件，本例添加的资源文件是"img/1.gif"，建议把要添加的资源文件复制到当前项目工程所在的文件夹下，以避免提示引入资源文件出错。

上述步骤完成之后，获取资源文件的路径是":/img/1.gif"，Qt路径中的":/"表示对资源的引用，不是表示当前目录。

（4）由于GIF动图的播放要使用QMovie组件，而在使用该组件之前必须先导入用到的GUI模块。导入的方法是在工程文件CMakeLists.txt中添加以下代码：

```
find_package(Qt6 REQUIRED COMPONENTS Gui)
target_link_libraries(mytarget PRIVATE Qt6::Gui)
```

其中，mytarget是当前项目的工程名，本例所使用的项目工程名是example3-1，所以上面两条语句改为：

```
find_package(Qt6 REQUIRED COMPONENTS Gui)
target_link_libraries(example3-1 PRIVATE Qt6::Gui)
```

要确认所使用的某个组件在项目工程文件CMakeLists.txt中使用哪个模块，可以在图3-8所示的Qt助手窗口左边的查找文本框中输入相关组件的名称，在右边的CMake后会给出所需要导入模块的生成语句。

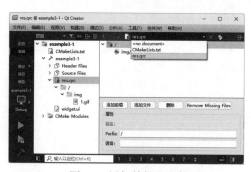
图3-7 添加前缀和文件

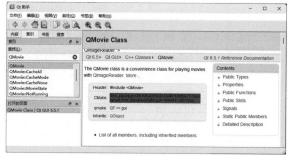
图3-8 Qt助手

（5）在项目的.h头文件中先导入QMovie类，定义QMovie类的指针对象变量movie，然后定义按钮的单击事件处理函数on_pushButton_clicked()，其详细代码如下：

```
#ifndef WIDGET_H
#define WIDGET_H
#include <QWidget>
#include <QMovie>
QT_BEGIN_NAMESPACE
namespace Ui { class Widget; }
QT_END_NAMESPACE
class Widget : public QWidget
{
    Q_OBJECT
public:
    Widget(QWidget *parent = nullptr);
    ~Widget();
private:
    Ui::Widget *ui;
    QMovie *movie;                    // 声明和实例化QMovie对象
private slots:
    void on_pushButton_clicked();   // 声明按钮的单击信号的槽函数
};
#endif // WIDGET_H
```

（6）在项目的.cpp源文件的构造函数中定义使用QLabel组件来引用动画，并通过QPush-

Button按钮来停止和启动动画的播放，其代码及详细说明如下：

```cpp
#include "widget.h"
#include "ui_widget.h"
// 项目的构造函数
Widget::Widget(QWidget *parent)
    : QWidget(parent)
    , ui(new Ui::Widget)
{
  ui->setupUi(this);
  // 设置运行窗口的标题
  this->setWindowTitle("GIF图片播放");
  // 设置QLabel组件使显示图片自动扩充到QLabel组件的大小
  ui->label->setScaledContents(true);
  // 实例化QMove对象，并指定导入的动画资源文件是":/img/1.gif"
  movie=new QMovie(":/img/1.gif");
  // 把动画资源引入QLabel组件
  ui->label->setMovie(movie);
  // 启动动画
  movie->start();
}
// 项目的析构函数
Widget::~Widget()
{
  delete ui;
}
// 启动/停止动画播放按钮的单击事件处理函数
void Widget::on_pushButton_clicked()
{
  // 判断动画状态是否正在播放，如果在播放状态就停止播放，否则就开始播放动画
  if(movie->state()==QMovie::Running){
    // 动画处于停止状态时，也就是按下的是停止按钮，则把按钮的文本改为"启动"
    ui->pushButton->setText("启 动");
    // 停止动画播放
    movie->stop();
  }
  else{
    // 当动画处于播放状态时，也就是按下的是启动按钮，则把按钮的文本改为"停止"
    ui->pushButton->setText("停 止");
    // 开始播放动画
  }
}
```

3.1.2 QPushButton 按钮组件

QPushButton按钮组件是图形用户界面开发中最常用的一种组件，当用户单击QPushButton按钮时可以让计算机执行某些操作，并且为了让用户知道每个按钮的作用，会在按钮上放置一串文本来提示用户，除了显示文本之外，还可以在按钮上放置图标，必要时还可以在按钮上放置图片。

创建QPushButton按钮有两种主要方式，一是在Qt Designer（UI界面）中直接拖动生成控件；二是使用以下代码生成按钮控件。

```cpp
QPushButton * btn = new QPushButton("PushButton",this);
```

如果需要给QPushButton按钮添加快捷键，只需要在按钮名字的某个字母前面加&即可，这样"Alt+指定字母"将作为该按钮的快捷键，指定为快捷键的字母将会有一个下划线。例如需要制作Alt+b作为快捷键的按钮，使用的代码如下：

```
QPushButton * btn = new QPushButton("Push&Button",this);
```

生成的按钮如图3-9所示。

图3-9　含有快捷键的按钮

1. PushButton构造函数

QPushButton有三种构造函数，分别是：

（1）指定一个父类。

```
QPushButton(QWidget *parent = nullptr)
```

（2）指定一个文本，一个父类。

```
QPushButton(const QString &text, QWidget *parent = nullptr)
```

（3）指定一个图标，一个文本，一个父类。

```
QPushButton(const QIcon &icon, const QString &text, QWidget *parent = nullptr)
```

如图3-10所示，可以生成如下三种样式的按钮。

图3-10　按钮的构造

代码如下：

```
// 生成一个没有文字的空按钮
QPushButton * btn1 = new QPushButton(this);
// 生成一个包含文字"测试"的按钮
QPushButton * btn2 = new QPushButton("测试",this);
// 定义QIcon类图标对象icon
QIcon icon;
// 向图标对象中添加图片文件1.jpg，在添加图片文件之前必须要定义资源文件
// 添加资源文件的方法如例3-1的第(3)步所示
icon.addFile(":/img/1.jpg");
// 生成含有图标和文字的按钮
QPushButton * btn3 = new QPushButton(icon,"测试",this);
// 默认三个按钮在同一个位置，通过下面三句把三个按钮平行拉开
btn1->setGeometry(0,0,100,25);
btn2->setGeometry(100,0,100,25);
btn3->setGeometry(200,0,100,25);
```

2. 设置QPushButton控件大小

在UI界面直接拖进来的按钮可以自行改变大小和位置。由代码生成的按钮在窗口左上角初始位置，默认也可以通过下面的函数设置按钮的宽度和高度。

```
void resize(int width, int height)
```

例如，设置btn1按钮为宽100像素、高25像素的代码如下：

```
btn1->resize(100,25)
```

3. QPushButton按钮的槽与信号响应

在UI界面拖动QPushButton组件创建按钮，创建完成后可右击该按钮，在弹出的快捷菜单中选择"转到槽"命令（图3-11），在打开的对话框中选择对应的信号（图3-12）即可自动生成相应的槽函数。

图3-11　右键快捷菜单　　　　图3-12　选择信号

要使用代码创建的按钮，就需要自己编写槽函数，步骤如下。

（1）在.h头文件中导入QPushButton类，使用语句如下：

```
#include <QPushButton>
```

（2）在.h头文件中用代码定义按钮对象，使用语句如下：

```
QPushButton *btn;
```

（3）在.h头文件中声明槽函数myClick()，使用代码如下：

```
private slots:
  void myClick();
```

（4）在.cpp源文件的构造函数中先实例化按钮，再实现按钮的单击信号与槽函数myClick()之间的对应关系，代码如下：

```
btn = new QPushButton("测试",this);
connect(btn,SIGNAL(clicked()),this,SLOT(myClick()));
```

（5）在.cpp源文件中定义槽函数myClick()的功能，当单击按钮时把按钮上的文字改成"Hello World"，其实现方法如下：

```
void Widget::myClick()
{
  btn->setText("Hello World");
}
```

4. 使用Lambda简化槽与信号响应

Lambda表达式用于定义并创建匿名的函数对象，Lambda表达式可以简化编程工作。例如，上面自定义槽与信号响应的步骤（2）～（5）可以直接在.cpp源文件中简化成如下语句。

```
// 声明并实例化QPushButton对象
```

```
QPushButton *myBtn=new QPushButton("测试",this);
// 建立槽与clicked信号的关联
connect(myBtn,&QPushButton::clicked,[=](){
  // 设置按钮上的文字是Hello World
  myBtn->setText("Hello World");
});
```

在建立槽与信号关联的connect语句中，第一个参数是QPushButton对象；第二个参数是需要关联的QPushButton信号（此处关联的是clicked单击信号）；第三个参数是Lambda表达式，其中[=]按值传递的方式捕捉所有父域的变量，也就是父域中的所有变量都可以在此表达式中被访问，()表示函数的入口参数，{}表示槽函数的函数体。

5. 按钮中的常用设置

（1）设置按钮上的文字。

通过按钮上的文字说明按钮的功能，可以使用setText()函数设置按钮上的文字，语句如下：

```
btn->setText("按钮上的文字");          // btn是按钮的指针对象
```

如果需要获取一个按钮的文字，可以使用text()函数实现，语句如下：

```
QString btnText = btn->text();          // btn是按钮的指针对象
```

（2）设置按钮的大小及位置。

使用setGeometry()函数可以设置按钮的大小及位置，setGeometry接收一个QRect矩形对象用以指定按钮的大小及位置，例如：

```
btn->setGeometry(QRect(140, 140, 200, 35)); // btn是按钮的指针对象
```

其中，QRect对象的前两个参数是指定按钮所在位置的坐标（x, y），本例是(140, 140)；后两个参数指定按钮的大小（width, height），本例是宽度200像素、高度35像素。

（3）设置按钮的样式。

按钮样式使用setStyleSheet()函数进行样式设置，该函数需要传入QString类型的参数，且该参数遵循QSS语法的编码。按钮常用样式设置主要包括背景色、按钮字体、按钮圆角等。

例如设置按钮是圆角、背景色为绿色、按钮文字为白色，代码如下：

```
QPushButton *myBtn=new QPushButton("测试",this);
myBtn->setGeometry(QRect(10,50,100,35));
myBtn->setStyleSheet("QPushButton {          // 选中所有QPushButton按钮
               "background-color: green;"     // 按钮背景色：绿色
               "font: bold 20px;"             // 按钮字体：字体加粗、20像素
               "border-width: 1px;"           // 按钮边框线宽：1像素
               "border-radius: 16px;"         // 按钮边框圆角半径：16像素
               "color: white;"                // 按钮文字颜色：白色
               "}");
```

运行结果如图3-13（a）所示。

（a）初始状态　　　（b）运行结束

图3-13　按钮的圆角设置

通过合理配合大小与圆角的设置，可以画出圆形按钮，其代码如下，运行结果如图3-13（b）所示。

```
QPushButton *myBtn=new QPushButton("测试",this);
myBtn->setGeometry(QRect(140,10,80,80));
myBtn->setStyleSheet("QPushButton {"
                "background-color: green;"     // 按钮背景色
                "font: bold 20px;"             // 按钮字体
                "border-width: 1px;"           // 按钮边框线宽
                "border-radius: 40px;"         // 按钮边框圆角半径：40像素
                "color: white;"                // 按钮文字颜色
                "}");
```

其中，按钮设置长*宽是80像素*80像素，相当于正方形按钮，再设置边框圆角半径为40像素，这样就形成了圆形按钮。

【例3-2】使用QPushButton控件制作下拉菜单

本例实现使用QPushButton控件制作下拉菜单。程序运行的初始状态如图3-14（a）所示仅有一个按钮，当用户单击该按钮后会弹出一个子菜单，如图3-14（b）所示。

扫一扫，看视频

（a）初始状态

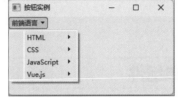
（b）子菜单

图3-14　使用QPushButton控件制作下拉菜单

本例实现步骤及代码详细说明如下：
（1）创建项目，项目名称为example3-2。
（2）在.h头文件中先导入项目组件所用到的控件类，以及数据变量的定义，完整代码如下：

```
#ifndef WIDGET_H
#define WIDGET_H
#include <QWidget>
#include <QPushButton>            // 导入按钮的QPushButton控件
#include <QMenu>                  // 导入菜单的QMenu控件
QT_BEGIN_NAMESPACE
namespace Ui { class Widget; }
QT_END_NAMESPACE
class Widget : public QWidget
{
  Q_OBJECT
public:
  Widget(QWidget *parent = nullptr);
  ~Widget();
private:
  Ui::Widget *ui;
  QPushButton *btn;              // 定义按钮对象btn

};
#endif // WIDGET_H
```

（3）在.cpp源文件中实现菜单的相关代码，其详细说明如下：

```
#include "widget.h"
#include "./ui_widget.h"

Widget::Widget(QWidget *parent)
  : QWidget(parent)
```

```
    , ui(new Ui::Widget)
{
    ui->setupUi(this);
    this->setWindowTitle("按钮实例");              // 设置窗口的标题
    btn= new QPushButton("前端语言",this);         // 实例化按钮btn,并设置按钮上的文字
    QMenu *myMenu = new QMenu(this);               // 声明并实例化菜单
    myMenu->addMenu("HTML");                        // 菜单上添加子菜单
    myMenu->addMenu("CSS");
    myMenu->addMenu("JavaScript");
    myMenu->addMenu("Vue.js");
    btn->setMenu(myMenu);                           // 设置菜单应用到按钮btn上
    // 定义btn按钮单击信号的处理函数
    connect(btn,&QPushButton::clicked,[=](){
        btn->showMenu();                            // 若按钮被单击,则显示菜单
    });
}
Widget::~Widget()
{
    delete ui;
}
```

3.2　表单组件

3.2.1　单行文本输入框

QLineEdit单行文本输入框在界面文本的输入方面应用比较广泛，例如普通数据输入框、登录界面常见的用户名和密码输入框、搜索框等。QLineEdit自带很多槽函数和信号，无须过多的设置就能使用。使用QLineEdit单行输入框需要添加QLineEdit头文件，其代码如下：

```
#include <QLineEdit>
```

1. QLineEdit常用方法

（1）设置和获取文本内容。

设置QLineEdit控件的文本内容使用setText()方法，获取QLineEdit控件的输入内容使用text()方法，其示例代码如下：

```
QLineEdit *lineEdit = new QLineEdit(this);  // 声明并实例化输入框对象
lineEdit->setObjectName("myLineEdit");       // 设置输入框的对象名
lineEdit->setText("Hello, World!");          // 设置输入框的文字内容
QString str = lineEdit->text();              // 获取输入框的文字内容
```

在以上代码中，创建QLineEdit控件并设置控件的对象名称为myLineEdit，显示的文本内容设置为"Hello, World!"，然后把获取的用户输入文本内容赋值给字符串str变量。需要说明的是，获取输入框的内容是QString字符串类型。

（2）设置和获取最大长度。

QLineEdit控件通过setMaxLength()方法设置最大输入长度属性，目的是限制QLineEdit控件的最大输入长度；通过maxLength()方法获取输入框最大允许的输入长度。其示例代码如下：

```
lineEdit->setMaxLength(10);
int length=lineEdit->maxLength();
```

在以上代码中将QLineEdit控件的最大输入长度设置为10，然后获取控件的最大输入长度并赋值给length变量，该返回值是整数。

（3）设置只读属性。

使用setReadOnly()方法可以将QLineEdit控件设置为只读，禁止QLineEdit控件的编辑功能，让QLineEdit控件只能查看文本内容。其示例代码如下：

```
lineEdit->setReadOnly(true);                // 将控件的只读属性设置为true
```

（4）设置密码模式。

通过设置密码模式属性，可以隐藏QLineEdit控件的输入内容，以保护用户输入的隐私信息。可以使用setEchoMode(EchoMode)方法进行设置，其中EchoMode模式枚举类型可以设置的内容见表3-1。

表 3-1 EchoMode 模式枚举类型

常　　量	数字	描　　述
QLineEdit::Normal	0	默认显示模式，输入什么内容就显示什么内容
QLineEdit::NoEcho	1	不显示任何内容，UNIX/Linux下常用的密码显示模式
QLineEdit::Password	2	输入的每一个字符都用星号显示
QLineEdit::PasswordEchoOnEdit	3	第一次编辑输入框时显示字符，当输入框失去焦点时字符以星号显示，当再次获得焦点时将清空输入框内容

例如，将QLineEdit控件的密码模式设置为QLineEdit::Password，代码如下：

```
lineEdit->setEchoMode(QLineEdit::Password);
```

2. QLineEdit的信号

（1）textChanged()信号。

当QLineEdit控件的文本内容发生改变时会自动触发textChanged()信号，可以连接该信号到槽函数用于实现实时更新文本内容的功能。其示例代码如下：

```
connect(Ledit,&QLineEdit::textChanged,[=](){
    // 输入框内容发生变化的处理代码
});
```

（2）returnPressed()信号。

当用户在QLineEdit控件中按下Enter键时会自动触发returnPressed()信号，可以连接该信号到槽函数用于实现特定功能的响应。其示例代码如下：

```
connect(Ledit,&QLineEdit::returnPressed,[=](){
    // 输入框中按下Enter键的处理代码
});
```

（3）editingFinished()信号。

当QLineEdit控件失去焦点时会自动触发editingFinished()信号，可以连接该信号到槽函数用于实现特定功能的响应。其示例代码如下：

```
connect(Ledit,&QLineEdit::editingFinished,[=](){
    // 输入框失去焦点的处理代码
});
```

（4）cursorPositionChanged()信号。

当QLineEdit控件中的光标位置发生改变时会自动触发cursorPositionChanged()信号，可以连接该信号到槽函数用于实现特定功能的响应。其示例代码如下：

```
connect(Ledit,&QLineEdit::cursorPositionChanged,[=](int oldCursor,int newCursor)
{
    // 输入框光标位置发生变化的处理代码
});
```

槽函数中的oldCursor表示光标位置改变前光标所在的位置，newCursor表示光标位置改变后当前光标所在的位置。

（5）selectionChanged()信号。

当在QLineEdit控件输入框里选中某些文本时自动触发selectionChanged()信号，可以连接该信号到槽函数用于实现特定功能的响应。其示例代码如下：

```
connect(Ledit,&QLineEdit::selectionChanged,[=](){
    // 在输入框中选中输入内容的处理代码
});
```

3. QLineEdit控件的自动补全功能

在进行文本编辑时编辑器常用的一个功能就是自动补全，例如在Linux系统命令行中输入命令或文件名的头几个字符，然后按Tab键就会补全命令或文件名。QLineEdit控件也有类似功能，可以通过QCompleter类实现。根据QLineEdit的输入，QCompleter可以实现自动补全的功能，根据单词列表提示完成单词输入，也可补全文件路径。

（1）使用QCompleter之前需要导入该控件类，语句如下：

```
#include <QCompleter>
```

（2）QCompleter 常用的构造函数如下：

```
QCompleter::QCompleter(QAbstractItemModel * model, QObject * parent = 0)
QCompleter::QCompleter(const QStringList & list, QObject * parent = 0)
```

其中，parent是父对象指针；model是数据条目的模型；list是字符串列表（根据字符串列表生成单词补全器），使用list字符串列表需要加载QStringList类头文件，使用list字符串列表时常用的函数排序如下：

```
void QStringList::sort(Qt::CaseSensitivity cs = Qt::CaseSensitive)
```

其中，cs用于指定排序时大小写是否敏感（默认是敏感的），一般用作英文字符串排序，中文字符串不需要排序。

（3）大小写区分设置函数。

setCaseSensitivity()函数用于在补全时设置是否区分大小写，默认区分大小写。其设置方法如下：

```
setCaseSensitivity(Qt::CaseSensitivity caseSensitivity)
```

其中，形参caseSensitivity是枚举类型，其取值见表3-2。

表3-2　setCaseSensitivity() 函数的参数取值

常　　数	数值	描　　述
Qt::CaseInsensitive	0	不敏感
Qt::CaseSensitive	1	敏感

（4）获取和设置匹配单词显示的模式。

匹配单词显示的模式有三种：仅显示最接近的一个单词、正常弹出匹配单词的列表、弹出所有列表，其设置方法如下：

```
void setCompletionMode(CompletionMode mode)    // 设置显示的模式
```

其中，形参mode是一个枚举类型，其取值见表3-3。

表 3-3　setCompletionMode() 函数的参数取值

常　　量	数值	描　　述
QCompleter::PopupCompletion	0	正常弹出单词列表显示
QCompleter::InlineCompletion	1	显示最接近的一个单词，不弹出候选列表
QCompleter::UnfilteredPopupCompletion	2	列出所有可能的单词，不进行匹配筛选

（5）QLineEdit控件设置自动补全功能。

```
void QLineEdit::setCompleter(QCompleter *completer)
```

如果completer是有效的自动补全器，completer就设置给QLineEdit单行编辑控件；如果completer值等于NULL，将会取消QLineEdit单行编辑控件之前的自动补全器。

【例3-3】实现用户登录界面

本例用户登录界面上有用户名和密码两个文本框，当输入用户名时会弹出一些与输入用户名相近的提示，如图3-15所示。

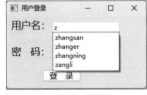

扫一扫，看视频

图 3-15　用户登录界面

本例实现步骤及代码详细说明如下：

（1）创建项目，项目名称为example3-3。

（2）UI界面设置。

本例使用的控件主要包括：QLabel标签（显示文本框输入的提示），QLineEdit单行文本输入框（用于用户名、密码的输入），QPushButton按钮（账号、密码输入完成后进行登录的按钮）。UI界面设置和相应控件的对象名如图3-16所示。

图 3-16　UI界面设置

（3）.h头文件的代码及其相关说明如下：

```cpp
#ifndef WIDGET_H
#define WIDGET_H
#include <QWidget>
#include<QCompleter>              // 自动补全功能的头文件
#include<QMessageBox>             // 消息对话框的头文件
QT_BEGIN_NAMESPACE
namespace Ui { class Widget; }
QT_END_NAMESPACE
class Widget : public QWidget
{
  Q_OBJECT
public:
  Widget(QWidget *parent = nullptr);
  ~Widget();
private slots:
  void on_pushButton_clicked();  // 登录按钮的槽函数
private:
    Ui::Widget *ui;
};
#endif // WIDGET_H
```

（4）.cpp源文件的代码及其详细说明如下：

```cpp
#include "widget.h"
#include "./ui_widget.h"
Widget::Widget(QWidget *parent)
  : QWidget(parent)
  , ui(new Ui::Widget)
{
  ui->setupUi(this);
  // 设置窗口的标题
  this->setWindowTitle("用户登录");
  // 1. 设置密码的显示模式---setEchoMode()函数
  ui->lineEdit_password->setEchoMode(QLineEdit::Password);
  // 2. 构建账号补全列表
  QStringList listUser;
  listUser<<"zhangsan"<<"zhanger"<<"zhangning"<<"zangli";
  // 3. 构建补全器
  QCompleter *username = new QCompleter(listUser);
  // 4. 设置弹出模式
  username->se tCompletionMode(QCompleter::PopupCompletion);
  // 5. 设置账号单行文本输入框
  ui->lineEdit->setCompleter(username);
}
Widget::~Widget()
{
  delete ui;
}
void Widget::on_pushButton_clicked()
{
  // 定义存储相关信息的字符串password_info
  QString password_info;
  password_info+=tr("账号: ");
  // 读取用户名输入框的信息存入password_info
  password_info+=ui->lineEdit->text();
```

```
// 加入换行符
password_info+="\n";
// 加入提示符
password_info+=("密码：");
// 读取密码输入框的信息存入password_info
password_info+=ui->lineEdit_password->text();
password_info+="\n";
// 弹出信息对话框，把用户输入的相关信息显示出来
QMessageBox::information(this,tr("登录信息"),password_info,QMessageBox::Ok);
}
```

3.2.2 单选按钮

Qt中的单选按钮类是QRadioButton，是一个可以在选中（checked）和未选中（unchecked）状态之间切换的单选按钮。单选按钮常用在"多选一"的场景，也就是说，在一组单选按钮中一次只能选中一个按钮，例如性别中的"男""女"只能选中一个。

1. 创建QRadioButton

QRadioButton的两个构造函数都需要指定父对象，其中一个可以设置单选按钮的文本，其代码如下：

```
QRadioButton(QWidget *parent = nullptr);
QRadioButton(const QString &text, QWidget *parent = nullptr);// 可设置文本
```

在UI界面可以通过拖动控件创建，控件创建默认使用构造函数QRadioButton(QWidget *parent = nullptr);。

2. QRadioButton的属性和方法

（1）文本。

获取和设置文本是父类QAbstractButton中的属性和方法，因此 QPushButton、QRadioButton、QCheckBox 都具有该属性，其代码如下：

```
QString text() const
void setText(const QString &text)
```

（2）选中状态。

获取和设置单选按钮的选中状态可以通过下面代码实现：

```
bool isChecked() const
void setChecked(bool)
```

有两种方法实现切换单选按钮的选中状态，分别是通过鼠标单击实现和在代码中使用setChecked(bool)方法实现。

（3）QRadioButton分组。

单选按钮实现"多选一"有两种解决方式：一种是把同一组的单选按钮放在同一个布局中，不同的组的单选按钮放在不同的布局中；另一种是使用代码创建QButtonGroup按钮组，把相关的单选按钮加入指定的按钮组中实现单选按钮的"多选一"。例如，将两个单选按钮作为一组实现"多选一"的代码如下：

```
// 创建按钮组指针对象qbg
QButtonGroup *qbg=new QButtonGroup(this);
```

```
// 创建两个单选按钮
QRadioButton * qrb1=new QRadioButton("男",this);
QRadioButton * qrb2=new QRadioButton("女",this);
// 把两个单选按钮加入按钮组中，两个单选按钮为一组
qbg->addButton(qrb1,0);
qbg->addButton(qrb2,1);
// 把两个按钮放到指定位置
qrb1->move(0,0);
qrb2->move(100,0);
```

3. QRadioButton的信号

QRadioButton没有独有的信号，其信号都继承于QAbstractButton，通常可以使用 pressed、released、clicked、toggled等信号。由于QRadioButton常用作选择按钮判断选择状态，所以toggled信号比较常用，通过该信号返回的布尔变量值来确定当前单选按钮是否被选中，连接该信号与槽函数的方法如下：

```
connect(radioButton,&QRadioButton::toggled,[=](bool checked){
  if(checked) {
    qDebug()<<"被选中";
  }
  else{
    qDebug()<<"未被选中";
  }
});
```

3.2.3 复选框

QCheckBox类继承自QAbstractButton类，它提供了一组带文本标签的复选框，用户可以选择多个选项。和QPushButton一样，复选框可以显示文本或者图标，其中文本可以通过构造函数或者setText()来设置，图标通过setIcon()来设置。

QRadioButton（单选按钮）和QcheckBox（复选框）都是选项按钮，因为它们都可以在选中或者未选中状态之间切换，区别就是"多选一"和"多选多"。

复选框被选中或者取消选中都会发出一个stateChanged信号。如果想在复选框的状态改变时触发相应的行为，在连接这个信号时使用isChecked()方法来查询复选框是否被选中。

另外，QCheckBox除了常见的选中和未选中两种状态之外，还提供了第三种状态（半选中）来表明"没有变化"。如果需要第三种状态，则可以通过setTristate()方法来使其生效，并使用checkState()方法来查询当前的切换状态。

1. 创建QCheckBox

QCheckBox有两个构造函数且都要指定父对象，其中一个可以设置复选框的文本，其代码定义如下：

```
QCheckBox(QWidget *parent = nullptr);
QCheckBox(const QString &text, QWidget *parent = nullptr);
```

2. 成员函数与信号

QCheckBox除继承QAbstractButton的信号外，还有一个void stateChanged(int)信号，当复选框的状态发生改变时会发出该信号并返回复选框的状态，其中复选框的状态见表3-4。

表 3-4　复选框的状态

内　容	值	描　述
Qt::Unchecked	0	未被选中
Qt::PartiallyChecked	1	部分被选中，即复选框有子项且子项未被全部选中
Qt::Checked	2	被选中

QCheckBox的成员函数除了继承QAbstractButton类外，其他常用成员函数见表3-5。

表 3-5　复选框的常用成员函数

函 数 原 型	描　述
void setTristate(bool y = true);	设置复选框是否可有三种状态，函数参数默认为true，但该属性默认为 false
bool isTristate() const;	获取复选框是否可有三种状态
void setCheckState(Qt::CheckState state);	设置复选框状态
Qt::CheckStatecheckState() const;	获取复选框状态

【例3-4】字体及颜色对话框

在本例中定义三个复选框（下划线、斜体、加粗）、三个单选按钮（蓝色、红色、绿色）、一个文本编辑框、一个退出按钮，实现功能如图3-17所示。

 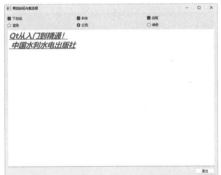

图3-17　设置字体的样式

本例的代码及详细说明如下：

（1）创建项目，名称为example3-4。

（2）本项目的所有组件不是通过UI界面拖动控件生成，而是通过代码设置实现。其头文件的代码及详细说明如下：

```
#ifndef WIDGET_H
#define WIDGET_H
#include <QWidget>
#include <QCheckBox>              // 引入复选框
#include <QRadioButton>          // 引入单选按钮
#include <QPlainTextEdit>        // 引入多行文本框
#include <QPushButton>           // 引入按钮组件
#include<QHBoxLayout>            // 引入水平布局组件
QT_BEGIN_NAMESPACE
namespace Ui { class Widget; }
QT_END_NAMESPACE
class Widget : public QWidget
```

```
{
  Q_OBJECT
public:
  Widget(QWidget *parent = nullptr);
  ~Widget();
private slots:                                  // 定义槽函数
  void do_chkBoxUnder(bool checked);           // 定义下划线复选框槽函数
  void do_chkBoxBold(bool checked);            // 定义加粗复选框槽函数
  void do_chkBoxItalic(bool checked);          // 定义斜体复选框槽函数
  void do_setFontColor();                      // 定义设置字体颜色槽函数
private:
  Ui::Widget *ui;
  QCheckBox *chkBoxUnder;                       // 定义下划线复选框
  QCheckBox *chkBoxItalic;                      // 定义斜体复选框
  QCheckBox *chkBoxBold;                        // 定义加粗复选框
  QRadioButton *radioRed;                       // 定义红色单选按钮
  QRadioButton *radioGreen;                     // 定义绿色单选按钮
  QRadioButton *radioBlue;                      // 定义蓝色单选按钮
  QPlainTextEdit *txtEdit;                      // 定义文本框
  QPushButton *btnClose;                        // 定义退出按钮
};
#endif // WIDGET_H
```

（3）.cpp源文件的代码如下：

```
#include "widget.h"
#include "./ui_widget.h"
Widget::Widget(QWidget *parent)
  : QWidget(parent)
  , ui(new Ui::Widget)
{
  ui->setupUi(this);
  // 设置整个窗口的标题
  this->setWindowTitle("单选按钮与复选框");
  // 实例化三个复选框
  chkBoxUnder=new QCheckBox("下划线");
  chkBoxItalic=new QCheckBox("斜体");
  chkBoxBold=new QCheckBox("加粗");
  // 实例化一个水平布局，并把三个复选框加入水平布局组件内
  QHBoxLayout *HLay1=new QHBoxLayout;
  HLay1->addWidget(chkBoxUnder);
  HLay1->addWidget(chkBoxItalic);
  HLay1->addWidget(chkBoxBold);
  // 实例化三个单选按钮
  radioBlue=new QRadioButton("蓝色");
  radioRed=new QRadioButton("红色");
  radioGreen=new QRadioButton("绿色");
  // 实例化一个水平布局，并把三个单选按钮加入水平布局组件内
  QHBoxLayout *HLay2=new QHBoxLayout;
  HLay2->addWidget(radioBlue);
  HLay2->addWidget(radioRed);
  HLay2->addWidget(radioGreen);
  // 实例化多行文本输入框，并初始化
  txtEdit=new QPlainTextEdit;
  txtEdit->setPlainText("Qt从入门到精通！\n 中国水利水电出版社");
  // 声明并实例化字体对象
  QFont font=txtEdit->font();
  // 设置字体大小为20像素
  font.setPointSize(20);
  // 把定义的字体对象应用到多行文本框中
```

```
  txtEdit->setFont(font);
  // 实例化QPushButton按钮，设置按钮上的文字为"退出"
  btnClose=new QPushButton("退出");
  // 实例化一个水平布局，并把QPushButton按钮加入水平布局组件内
  QHBoxLayout *HLay3=new QHBoxLayout;
  HLay3->addStretch(1);                     // 水平布局加弹簧占位符
  HLay3->addWidget(btnClose);               // 把按钮加入水平布局
  // 定义不同控制组件的信号事件对应的槽函数
  connect(chkBoxUnder,SIGNAL(clicked(bool)),this,SLOT(do_chkBoxUnder(bool)));
  connect(chkBoxItalic,SIGNAL(clicked(bool)),this,SLOT(do_chkBoxItalic(bool)));
  connect(chkBoxBold,SIGNAL(clicked(bool)),this,SLOT(do_chkBoxBold(bool)));
  connect(radioBlue,SIGNAL(clicked(bool)),this,SLOT(do_setFontColor()));
  connect(radioGreen,SIGNAL(clicked(bool)),this,SLOT(do_setFontColor()));
  connect(radioRed,SIGNAL(clicked(bool)),this,SLOT(do_setFontColor()));
  connect(btnClose,SIGNAL(clicked()),this,SLOT(close()));
}
Widget::~Widget()
{
  delete ui;
}
// 下划线单选按钮的槽函数
void Widget::do_chkBoxUnder(bool checked)
{
  // 定义字体对象，初值为文本编辑框的字体设置
  QFont font=txtEdit->font();
  // 设置字体对象的下划线，以下划线复选框选中与否来确定
  font.setUnderline(checked);
  // 把字体对象的设置结果应用到文本编辑框
  txtEdit->setFont(font);
}
// 加粗单选按钮的槽函数
void Widget::do_chkBoxBold(bool checked)
{
  QFont font=txtEdit->font();
  font.setBold(checked);
  txtEdit->setFont(font);
}
// 斜体单选按钮的槽函数
void Widget::do_chkBoxItalic(bool checked)
{
  QFont font=txtEdit->font();
  font.setItalic(checked);
  txtEdit->setFont(font);
}
// 设置字体颜色的槽函数
void Widget::do_setFontColor()
{
  // 获取调色板
  QPalette plet=txtEdit->palette();
  // 蓝色按钮是否被按下
  if(radioBlue->isChecked())
    // 把调色板的文字调成蓝色
    plet.setColor(QPalette::Text,Qt::blue);
  if(radioRed->isChecked())
    plet.setColor(QPalette::Text,Qt::red);
  if(radioGreen->isChecked())
    plet.setColor(QPalette::Text,Qt::green);
  // 把调色板应用到文本编辑框
  txtEdit->setPalette(plet);
}
```

3.2.4 下拉列表框

QComboBox下拉列表框继承于QWidget，作为Qt Widget常用的控件，在实际开发应用中，经常用于选择某些特定参数属性，例如语言、国家、字体、主题、模式、串口号、波特率等。

QComboBox下拉列表框的内容可以是图像或者字符串，并且列表内容可以是固定的，也可以是可编辑的，在应用中可随时进行插入、删除等动态操作，通过信号获取状态的改变。

1. QComboBox的属性

（1）count。

count属性保存当前下拉列表框中的总条数，没有则是0。获取该属性值的代码如下：

```
int count()                                  //当前下拉列表框总条数
```

（2）currentIndex。

currentIndex属性保存当前列表的显示下标，该下标从0开始。如果下拉列表框是空的，那么此值为–1。获取和设置该属性值的代码如下：

```
int currentIndex()                     // 当前下拉列表框显示的列表值的下标
void setCurrentIndex(int index)        // 设置下拉列表框显示的列表值的下标
```

（3）currentText。

currentText属性保存当前显示的文本，获取和设置该属性值的代码如下：

```
QString currentText()                       // 返回当前显示的文本
void setCurrentText(const QString &text)    // 设置当前显示的文本
```

在实际应用中，给每一个下拉选项添加自定义数据是很常见的。例如，需要显示多个前端技术的下拉列表框分别是HTML、CSS、JavaScript，它们代表的值分别为8、12、15，就需要使用addItem()方法在添加元素时绑定每个文本代表的自定义数据值。例如，若需要显示12这个值的列表名，可通过findData()方法找到绑定的数据并得到其下标，从而让下拉列表框显示CSS。其示例代码及详细说明如下：

```
// 创建QComboBox控件对象
QComboBox *box = new QComboBox(this);
// 向QComboBox控件添加下拉列表项
box->addItem("HTML",8);
box->addItem("CSS",12);
box->addItem("JavaScript",15);
// 查找12的索引值
int idx = box->findData(12);
// 设置当前显示的数据
box->setCurrentIndex(idx);
```

2. QComboBox的信号

在实际应用中会根据下拉项的变化做一些联动或者数据上的改变，信号获取由当前显示文本发生变化的currentTextChanged信号或者currentIndexChanged信号所关联的槽函数进行相应处理，若需要区分是否是用户主动选择改变，则使用activated和textActivated信号。QComboBox的信号主要有以下几种。

```
void activated(int index)                   // 用户主动改变当前项触发
```

```
void textActivated(const QString &text)              // 用户主动改变当前项触发
void currentTextChanged(const QString &text)         // 当前文本改变同步触发此信号
void currentIndexChanged(int index)                  // 当下标改变时此信号同步触发
void editTextChanged(const QString &text)            // 编辑模式下内容改变触发
void highlighted(int index)                          // 用户改变高亮项触发
```

根据不同的信号定义不同的槽函数进行相应的数据处理，例如定义获取用户改变后的索引值的代码如下：

```
// 连接currentIndexChanged信号和槽
connect(box,&QComboBox::currentIndexChanged,[=](int index){
  qDebug() << "新的选择索引是:" << index;
});
```

【例3-5】通过下拉列表框实现城市与区号的查询

本例实现的结果如图3-18所示。在图3-18左图的下拉列表框中选择一个选项，选择完成后会在窗口上自动显示该选中城市在下拉列表框中是第几个元素和该城市的长途电话区号，其显示结果如图3-18右图所示。

（1）创建项目，名称为example3-5。

图3-18　下拉列表框

（2）本项目头文件的代码及详细说明如下：

```
#ifndef WIDGET_H
#define WIDGET_H
#include <QWidget>
QT_BEGIN_NAMESPACE
namespace Ui { class Widget; }
QT_END_NAMESPACE
class Widget : public QWidget
{
  Q_OBJECT
public:
  Widget(QWidget *parent = nullptr);
  ~Widget();
private slots:
  void getCurrentIndex(int);
  void getCurrentText(QString);
private:
  Ui::Widget *ui;
  QMap<QString, int> City_Zone;  // 声明QMap对象
};
#endif // WIDGET_H
```

（3）.cpp源文件的代码及其语句的详细说明如下：

```
#include "widget.h"
```

扫一扫，看视频

Q基本组件

095

```
#include "./ui_widget.h"
#include <QButtonGroup>
Widget::Widget(QWidget *parent)
  : QWidget(parent)
  , ui(new Ui::Widget)
{
  ui->setupUi(this);
  //初始化具有自定义数据的comboBox
  //QMap自动根据 key排序
  City_Zone.insert("北京",10);
  City_Zone.insert("上海",21);
  City_Zone.insert("天津",22);
  City_Zone.insert("重庆",23);
  City_Zone.insert("武汉",27);
  // 清空下拉列表框
  ui->comboBox2->clear();
  // 把QMap中的数据使用循环的方法加入下拉列表框中
  foreach(const QString &str,City_Zone.keys())
    ui->comboBox2->addItem(str,City_Zone.value(str));
  // 关联currentIndexChanged信号与getCurrentIndex槽函数
  connect(ui->comboBox2,SIGNAL(currentIndexChanged(int)),this,
SLOT(getCurrentIndex(int)));
  // 关联currentTextChanged信号与getCurrentText槽函数
  connect(ui->comboBox2,SIGNAL(currentTextChanged(QString)),this,
SLOT(getCurrentText(QString)));
}
Widget::~Widget()
{
  delete ui;
}
// 获取选中的下拉列表项索引的getCurrentIndex槽函数
void Widget::getCurrentIndex(int index)
{
  ui->selectIndex->setText("选中下拉框的第"+QString::number(index,10)+"个元素");
}
// 获取选中的下拉列表项索引的getCurrentText槽函数
void Widget::getCurrentText(QString currentText)
{
  ui->selectText->setText("选中城市的区号是: 0"+
                          QString::number(City_Zone.value(currentText),10));
}
```

3.3 其他组件

3.3.1 进度条组件

进度条组件QProgressBar提供了一个水平或垂直进度条，用于表示某个应用程序仍在运行。

可以通过setRange()方法设置进度条的最小值和最大值（也就是进度条的取值范围），也可以使用setMinimum()和setMaximum()方法单独设置进度条的取值范围；成员函数setValue()用于设置当前的进度值；调用reset()方法则会让进度条重新回到初始位置。当前值设置完成之后可以显示已完成的百分比，计算百分比的公式为：

$$(value() - minimum()) / (maximum() - minimum())$$

1. 进度条的显示方向

当水平显示进度条时可以从左向右或者从右向左显示，同样垂直显示进度条时，可以从上向下或者从下向上显示。设置进度条的显示方向的成员函数是setOrientation()，其示例代码如下：

```
QProgressBar *pProgressBar = new QProgressBar(this); // 定义进度条对象
pProgressBar->setOrientation(Qt::Horizontal);        // 设置进度条为水平方向
pProgressBar->setMinimum(0);                          // 设置最小值为0
pProgressBar->setMaximum(100);                        // 设置最大值为100
pProgressBar->setValue(50);                           // 当前进度为50
```

如果设置进度条为垂直方向，只需要将Qt::Horizontal替换为Qt::Vertical即可。另外，用于设置进度条的行进方向的成员函数是setInvertedAppearance()方法，该方法的参数值为true，则将进度条的行进方向设置为默认方向的反方向。setTextVisible()方法用来隐藏进度条上的文本。

2. 文本显示

在进度条内显示文本字符串可以使用setFormat()成员函数进行处理，该成员函数显示的百分比（默认的显示方式）使用"%p%"进行设置，例如：

```
// 计算完成的百分比：（当前值-最小值）*100/（最大值-最小值）
double dProgress = (pProgressBar->value() - pProgressBar->minimum()) * 100.0
                 / (pProgressBar->maximum() -pProgressBar->minimum());
// 进度条内显示指定字符串
pProgressBar->setFormat(tr("进度 : %1%").arg(QString::number(dProgress, 'f', 1)));
```

进度条内的文字若需要指定对齐方式，可以使用setAlignment() 成员函数进行设置，例如：

```
pProgressBar->setAlignment(Qt::AlignLeft | Qt::AlignVCenter);
```

3. 繁忙指示

如果最小值和最大值都设置为0，则进度条会显示一个繁忙指示而不会显示当前值。例如，从网络上下载内容无法确定其大小时就可以这样设置。

```
pProgressBar ->setMinimum(0);                        // 最小值
pProgressBar ->setMaximum(0);                        // 最大值
```

【例3-6】使用定时器实现模拟下载进度

本例使用定时器来模拟任务完成的进度，该进度通过进度条来展示，其运行过程中的两个状态如图3-19所示。

图3-19　进度条

本例的实现步骤和代码的详细说明如下：

（1）创建项目工程，项目名称是example3-6。

扫一扫，看视频

Qt基本组件

（2）在widget.h头文件中导入QProgressBar进度条和QTimer定时器组件，然后定义一些全局变量，其代码和详细说明如下：

```
#ifndef WIDGET_H
#define WIDGET_H
#include <QWidget>
#include<QProgressBar>                    // 导入QProgressBar进度条组件
#include<QTimer>                          // 导入QTimer定时器组件
QT_BEGIN_NAMESPACE
namespace Ui { class Widget; }
QT_END_NAMESPACE
class Widget : public QWidget
{
  Q_OBJECT
public:
  Widget(QWidget *parent = nullptr);
  ~Widget();
private slots:
  void MyTimerFunc();              // 定义超时信号的槽函数
private:
  Ui::Widget *ui;
  int minValue=0;                  // 定义进度条最小值变量并赋初值
  int maxValue=100;                // 定义进度条最大值变量并赋初值
  int Value=1;                     // 定义进度条当前值变量并赋初值
  double dProgress;                // 定义计算进度条百分比的变量
};
#endif // WIDGET_H
```

（3）在widget.cpp源文件中进行进度条的相关设置和槽函数的定义，其代码和详细说明如下：

```
#include "widget.h"
#include "./ui_widget.h"
Widget::Widget(QWidget *parent)
  : QWidget(parent)
  , ui(new Ui::Widget)
{
  ui->setupUi(this);
  // 设置当前窗口的标题：进度条实现
  this->setWindowTitle("进度条实现");
  // 将进度条设置为水平方向
  ui->progressBar->setOrientation(Qt::Horizontal);
  // 设置进度条的范围
  ui->progressBar->setMinimum(minValue);                          // 设置最小值
  ui->progressBar->setMaximum(maxValue);                          // 设置最大值
  ui->progressBar->setValue(Value);                              // 设置当前值
  ui->progressBar->setAlignment(Qt::AlignLeft | Qt::AlignVCenter);  // 对齐方式
  // 创建一个定时器
  QTimer *timer = new QTimer(this);
  // 设置定时器的类型为精确的定时器，保持毫秒精度
  timer->setTimerType(Qt::TimerType::PreciseTimer);
  // 设置超时信号timeout()所对应的槽函数是MyTimerFunc()
  connect(timer,SIGNAL(timeout()),this,SLOT(MyTimerFunc()));
  // 启动定时，定时间隔为100毫秒
  timer->start(100);
}
Widget::~Widget()
{
  delete ui;
```

```
}
// 定时时间到处理的槽函数
void Widget::MyTimerFunc()
{
    // 当前进度值加1
    Value++;
    // 把当前进度值写入进度条组件中
    ui->progressBar->setValue(Value);
    // 计算进度完成百分比
    dProgress = (ui->progressBar->value()- ui->progressBar->minimum()) * 100.0
                    /(ui->progressBar->maximum() - ui->progressBar->minimum());
    // 把进度完成百分比显示的文字设置到进度条组件内
    ui->progressBar->setFormat(tr("目前的处理过程 : %1%")
                                    .arg(QString::number(dProgress, 'f', 1)));
}
```

3.3.2　选项卡组件

Qt中的QTabWidget选项卡是一种带有页签（tab）的窗口组件，可用于在同一个窗口内显示多个页面，每个页面都是单独的QWidget，可以在其中添加其他控件。

QTabWidget组件支持选项卡位置、选项卡形状以及选项卡顺序可编辑等功能，同时还提供一些与选项卡和页面相关的信号和槽函数，可以在程序中实现动态切换、关闭、添加、移动和重命名选项卡和页面等功能。

1. 创建选项卡

使用QTabWidget组件有两种方式：一种是在UI设计器中将QTabWidget拖入窗口；另一种是在Qt项目中引入QTabWidget模块后，在代码中创建QTabWidget对象。其代码如下：

```
#include <QTabWidget>
QTabWidget *tabWidget = new QTabWidget(this);
```

在QTabWidget组件对象中添加页面之前，先要为每个页面单独创建一个QWidget，然后添加到QTabWidget中，例如：

```
// 创建三个QWidget
QWidget *page1 = new QWidget();
QWidget *page2 = new QWidget();
QWidget *page3 = new QWidget();
// 把三个QWidget加入指定选项卡，并给每个选项卡设置名称
tabWidget->addTab(page1, tr("校内新闻"));
tabWidget->addTab(page2, tr("国内新闻"));
tabWidget->addTab(page3, tr("国际新闻"));
```

上述代码创建三个QWidget对象作为QTabWidget的子页面，并设置其标签名称。在使用addTab()函数添加子页面时，需要指定页面的指针和标签名称。

2. 常用属性

（1）选项卡的位置。

tabBarPosition属性用来设置选项卡的位置，选项卡的位置可以设置为四个方向：North（默认）、South、West和East，其代表的含义是上北、下南、左西、右东。设置tabBarPosition属性使用setTabBarPosition()方法，例如，设置选项卡在左边使用的语句如下：

```
tabWidget->setTabPosition(QTabWidget::West);
```

（2）选项卡的形状。

tabShape属性用来设置选项卡的形状，有Rounded（默认）、Triangular。设置tabShape属性使用setTabShape()方法，例如，设置选项卡的形状为Triangular使用的语句如下：

```
tabWidget->setTabShape(QTabWidget::Triangular);
```

（3）选项卡是否可关闭。

tabsClosable属性用来设置选项卡是否可关闭（默认为false），可以使用setTabsClosable()方法进行设置。例如，设置选项卡可以关闭使用的语句如下：

```
tabWidget->setTabsClosable(true);
```

（4）当前选项卡的索引。

currentIndex属性用来获取当前选项卡的索引值（初始值为0），使用setCurrentIndex()方法设置指定选项卡为当前选项卡。例如，设置第2个选项卡为当前选项卡使用的语句如下：

```
tabWidget->setCurrentIndex(1);
```

3. 常用方法

（1）添加选项卡。

addTab()方法用来添加选项卡，其有两个入口参数：参数1是QWidget，参数2是选项卡的标签名。其示例代码如下：

```
QWidget *newPage = new QWidget();
tabWidget->addTab(newPage, tr("New Page"));
```

（2）在指定位置插入选项卡。

insertTab()方法用来在指定位置插入选项卡。其有三个入口参数：参数1是插入选项卡的索引号，参数2是QWidget，参数3是选项卡的标签名。其示例代码如下：

```
QWidget *newPage = new QWidget();
int index = 2;
tabWidget->insertTab(index, newPage, tr("New Page"));
```

（3）删除指定索引的选项卡。

removeTab()方法用来删除指定索引的选项卡，其入口参数仅有一个需要删除选项卡的索引号。例如，删除第二个选项卡使用的语句如下：

```
int index = 1;
tabWidget->removeTab(index);
```

（4）删除所有选项卡。

clear()方法用来删除所有选项卡，该方法没有入口参数，其使用语句如下：

```
tabWidget->clear();
```

（5）返回指定索引的选项卡标签名称。

tabText()方法用来返回指定索引的选项卡标签名称，其入口参数仅有一个需要获取选项卡的索引号。例如，获取第二个选项卡标签名称所使用的语句如下：

```
int index = 1;
QString labelText = tabWidget->tabText(index);
```

（6）设置指定索引的选项卡标签名称。

setTabText(int index, const QString &label)方法用来设置指定索引的选项卡标签名称，其

有两个入口参数：参数1是选项卡索引号，参数2是选项卡的标签名。例如，修改第二个选项卡的名称所使用的语句如下：

```
int index = 1;
tabWidget->setTabText(index, tr("New Label"));
```

4. 信号

QTabWidget组件提供了许多与选项卡相关的信号，可以在程序中实现多种交互操作。

（1）选项卡单击信号。

选项卡被单击后会触发tabBarClicked(int index)信号，其形参表示当前用户单击选项卡的索引号。该信号被触发所对应的相关槽函数（如onTabBarClicked(int)）的定义方法如下：

```
connect(tabWidget, SIGNAL(tabBarClicked(int)), this, SLOT(onTabBarClicked(int)));
```

（2）选项卡关闭信号。

选项卡关闭按钮被单击后会触发tabCloseRequested(int index)信号，其形参表示当前用户单击关闭选项卡的索引号。该信号被触发所对应的相关槽函数（例如onTabCloseReq(int)）的定义方法如下：

```
connect(tabWidget, SIGNAL(tabCloseRequested(int)), this, SLOT(onTabCloseReq(int)));
```

（3）当前选项卡变化信号。

当选项卡发生变化时会触发currentChanged(int index)信号，其形参表示当前选项卡的索引号。该信号被触发所对应的相关槽函数（例如onCurrentChanged(int)）的定义方法如下：

```
connect(tabWidget, SIGNAL(currentChanged(int)), this, SLOT(onCurrentChanged(int)));
```

（4）选项卡双击信号。

选项卡被双击后会触发tabBarDoubleClicked(int index)信号，其形参表示当前用户双击选项卡的索引号。该信号被触发所对应的相关槽函数（例如onDClicked(int)）的定义方法如下：

```
connect(tabWidget, SIGNAL(tabBarDoubleClicked(int)), this, SLOT(onDClicked(int)));
```

【例3-7】个人信息设置

本例使用选项卡来实现输入用户的个人信息页面，其中页面1输入基本信息，页面2用于修改密码。程序的大致工作过程是创建两个QWidget程序，然后把它们分别加入选项卡组件，运行结果如图3-20所示。

扫一扫，看视频

图3-20　个人信息设置

本例的设计步骤及代码的详细说明如下：

（1）创建项目，项目名称是example3-7，创建的结果如图3-21所示。

（2）创建Qt设计器界面类用于实现将窗体文件和类加入已经存在的Qt控件中。右击图3-21

中的Source Files，会弹出快捷菜单，选择"添加新文件"命令，打开图3-22所示的对话框。

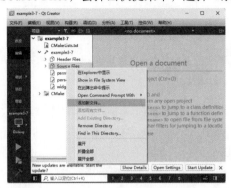 

图3-21　Qt Creator创建新文件　　　　　　图3-22　创建Qt设计器界面

（3）在图3-22的左侧选择模板Qt，在中间的列表中选择"Qt设计器界面类"后单击"选择"按钮，打开图3-23所示的对话框。

（4）在图3-23中选择Widget界面模板后单击"下一步"按钮，打开图3-24所示对话框。

（5）在图3-24中输入类名"PersonalInformation"，然后下面的.h头文件、.cpp源文件、.ui界面文件的文件名都会自动进行更改，更改完成后单击"下一步"按钮，直到文件生成完毕。

图3-23　选择界面模板　　　　　　　　　　图3-24　选择类名

（6）以同样的方法再创建一个Qt界面类Password。

（7）在工程文件CMakeLists.txt中增加如下粗体部分代码，目的是把刚才创建的两个界面类涉及的.h头文件、.cpp源文件、.ui界面文件加入本项目中：

```
set(PROJECT_SOURCES
    main.cpp
    widget.cpp
    widget.h
    widget.ui
    personalinformation.cpp
    personalinformation.h
    personalinformation.ui
    password.cpp
    password.h
    password.ui
)
```

（8）在PersonalInformation.ui界面中添加相应组件并进行排版，然后给相关组件命名，如图3-25所示。

图3-25　PersonalInformation.ui的界面

（9）在Password.ui的界面中添加相应组件并进行排版，然后给相关组件命名，如图3-26所示。

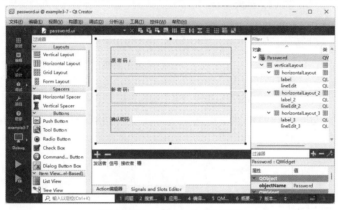

图3-26　Password.ui的界面

（10）在项目的widget.cpp源文件中引入新创建的两个界面类文件，目的是可以使用这两个界面。其代码如下：

```
#include "./personalinformation.h"
#include "./password.h"
```

（11）在项目的widget.ui界面中拖入Tab Widget控件，然后在该控件上右击，在弹出的快捷菜单中选择"页1/2→删除"命令（图3-27），把Tab Widget控件默认添加的Tab1和Tab2选项卡删除。

图3-27　widget.ui界面

Q 基本组件

（12）在项目的widget.h头文件中导入QTabWidget.h头文件，并定义一个QTabWidget对象指针变量，其代码及说明如下：

```
#ifndef WIDGET_H
#define WIDGET_H
#include <QWidget>
#include<QTabWidget>                    // 引入QTabWidget.h头文件
QT_BEGIN_NAMESPACE
namespace Ui { class Widget; }
QT_END_NAMESPACE
class Widget : public QWidget
{
  Q_OBJECT
public:
  Widget(QWidget *parent = nullptr);
  ~Widget();
private:
  Ui::Widget *ui;
  QTabWidget *tabWidget;               // 定义QTabWidget对象指针变量
private slots:
  onTabCR(int);                        // 定义关闭选项卡信号的槽函数
};
#endif // WIDGET_H
```

（13）在项目的widget.cpp源文件中把两个界面类文件PersonalInformationt和Password加入tab组件，其代码及说明如下：

```
#include "widget.h"
#include "./ui_widget.h"
#include "./personalinformation.h"    // 导入personalinformation.h
#include "./password.h"               // 导入password.h
Widget::Widget(QWidget *parent)
  : QWidget(parent)
  , ui(new Ui::Widget)
{
  ui->setupUi(this);
  // 设置窗口标题为 "选项卡——个人信息设置"
  this->setWindowTitle("选项卡——个人信息设置");
  // 设置选项卡的位置在左边
  ui->tabWidget->setTabPosition(QTabWidget::West);
  // 设置可以使用鼠标拖动选项卡名来移动选项卡的位置
  ui->tabWidget->setMovable(true);
  // 设置选项卡带有关闭按钮
  ui->tabWidget->setTabsClosable(true);
  // 设置两个选项卡所加载的页面和选项卡的名字
  ui->tabWidget->addTab(new PersonalInformation,"个人信息");
  ui->tabWidget->addTab(new Password,"修改密码");
  connect(ui->tabWidget,SIGNAL(tabCloseRequested(int)),this, SLOT(onTabCR(int)));
}
Widget::~Widget()
{
  delete ui;
}
// 选项卡关闭信号的槽函数，入口参数index是关闭信号的选项卡索引号
Widget::onTabCR(int index)
{
```

```
        // 删除指定index的选项卡
        ui->tabWidget->removeTab(index);
    }
```

QTabWidget是一种方便快捷的界面组件，可以轻松实现多页面的切换和管理。除了基本的添加、删除、重命名选项卡和页面等功能外，还可以通过响应选项卡事件实现更多的功能，例如修改选项卡的颜色、添加路径选择器、切换页面时保存工作状态等。

3.3.3　QTreeWidget 组件

QTreeWidget是Qt中一个用于显示树形结构数据的组件，可以显示多列数据和树形结构的层次关系，还提供了许多交互功能，支持单选、多选和可编辑的节点，也可以自定义节点的样式和布局。除此之外，QTreeWidget还支持信号和槽机制，可以方便地处理节点的操作事件，如单击、双击、选择等。

1. 创建QTreeWidget组件

在使用QTreeWidget组件前，可以在项目的UI界面中拖动QTreeWidget组件到布局中创建QTreeWidget实例，也可以使用代码创建QTreeWidget实例，其创建方法如下：

```
QTreeWidget *tree = new QTreeWidget();
```

上面代码创建了一个QTreeWidget实例，并将其保存在tree指针中，要想让其能够正常显示，还需要设置该组件的大小和位置。

2. 设置QTreeWidget的大小和位置

在Qt中使用QTreeWidget 控件的resize()函数、move()函数来设置控件的大小和位置。其代码示例如下：

```
tree->resize(400, 300);          // 设置控件大小为 400像素 x 300像素
tree->move(100, 100);            // 设置控件在窗口中的位置为 (100, 100)
```

这里设置QTreeWidget实例的大小为400像素×300像素，并将其移动到窗口的(100, 100)像素处。

3. 设置QTreeWidget的列数和列标题

QTreeWidget控件可以显示多列数据，可以使用setColumnCount()、setHeaderLabels()函数来设置列数和列标题。其代码示例如下：

```
tree->setColumnCount(2);                        // 设置列数为 2
tree->setHeaderLabels({"Name", "Value"}); // 设置列标题为 Name 和 Value
```

此处设置QTreeWidget控件的列数为2，列标题分别为 Name 和 Value。

4. 添加节点

QTreeWidget 中 的 每 个 节 点 都 是 一 个QTreeWidgetItem实例，可以使用addChild()、addTopLevelItem()和insertTopLevelItem()函数来添加节点。其代码示例如下：

```
QTreeWidgetItem *root = new QTreeWidgetItem(tree);   // 创建一个根节点
root->setText(0, "Root");                            // 设置节点文本
tree->addTopLevelItem(root);                         // 将节点添加到 QTreeWidget中
QTreeWidgetItem *child1 = new QTreeWidgetItem(root); // 创建一个子节点
```

```
child1->setText(0, "Child 1");                          // 设置节点文本
root->addChild(child1);                                 // 将节点添加到根节点下
QTreeWidgetItem *child2 = new QTreeWidgetItem(root);    // 创建另一个子节点
child2->setText(0, "Child 2");                          // 设置节点文本
// 将节点插入QTreeWidget的第一个位置
tree->insertTopLevelItem(0, child2);
```

上面的示例代码先创建一个根节点root，其文本为Root和0，并将其添加到QTreeWidget控件中；然后创建两个子节点child1和child2，分别作为root的子节点并设置其文本。注意，要将子节点添加到父节点中，可以使用addChild()函数或insertTopLevelItem()函数。

5. 读取节点

可以使用QTreeWidgetItem控件中的topLevelItem()和child()函数来读取节点。其代码示例如下：

```
QTreeWidgetItem *item = ui->TWidget->topLevelItem(0); // 获取第一个根节点
if (item) {
  QString text1 = item->text(0);                        // 获取根节点的第一列文本
  qDebug() << text1;                                     // 输出节点文本
  QTreeWidgetItem *child = item->child(0);              // 获取根节点的第一个子节点
  if (child) {
      QString text2 = child->text(0);                    // 获取子节点的第一列文本
      qDebug() << text2;                                 // 输出子节点文本
  }
}
```

上面的代码先获取QTreeWidget的第一个根节点并输出其文本，再获取根节点的第一个子节点并输出其文本。

6. 设置节点数据

QTreeWidgetItem控件可以存储自定义数据，可以使用QTreeWidgetItem的setData()函数来设置节点的数据。其代码示例如下：

```
QTreeWidgetItem *item = tree->topLevelItem(0);         // 获取第一个根节点
if (item) {
  item->setData(2, Qt::UserRole, "custom data");       // 设置第三列的自定义数据
}
```

7. 设置信号与槽

QTreeWidget组件的常用信号是itemDoubleClicked双击信号，该信号所对应的槽函数有两个参数：参数1是被双击的QTreeWidgetItem项，参数2是被双击项目的索引值。其示例代码如下：

```
connect(tree,&QTreeWidget::itemDoubleClicked,[=](QTreeWidgetItem* item,int col){
  // 双击项目的事件处理
});
```

【例3-8】QQ好友列表

本例通过QTreeWidget组件实现QQ好友列表的功能，如图3-28所示。若用户单击"我的好友"和"我的同事"分组，QTreeWidget组件会自动展开与关闭分组。若用户单击某个好友项（如"王者归来"）后，会弹出图3-29所示的对话框。

图3-28　QQ好友列表

图3-29　运行结果

本例的实现步骤和代码的详细说明如下：

（1）创建项目，项目名称是example3-8。

（2）创建资源文件res.qrc，并在该文件中导入两张不同的图片作为显示好友的图标。

（3）在widget.h头文件中导入相关头文件，并声明相关变量和函数，其代码如下：

```cpp
#ifndef WIDGET_H
#define WIDGET_H
#include <QWidget>
#include <QTreeWidget>
#include <QTreeWidgetItem>
#include <QIcon>
#include <QList>
#include <QMessageBox>
QT_BEGIN_NAMESPACE
namespace Ui { class Widget; }
QT_END_NAMESPACE
class Widget : public QWidget
{
  Q_OBJECT
public:
  Widget(QWidget *parent = nullptr);
  ~Widget();
private:
  Ui::Widget *ui;
  QTreeWidget *tree;
};
#endif // WIDGET_H
```

（4）在widget.cpp源文件中进行代码设计，具体的代码及说明如下：

```cpp
#include "widget.h"
#include "./ui_widget.h"
Widget::Widget(QWidget *parent)
  : QWidget(parent)
  , ui(new Ui::Widget)
{
  ui->setupUi(this);
  this->setWindowTitle("QQ好友");
  tree=new QTreeWidget(this);
  // 设置QTreeWidget的列数
  tree->setColumnCount(1);
  // 设置QTreeWidget的标题头隐藏
  tree->setHeaderHidden(true);
  // 在根节点上增加子节点，即创建"我的好友"子节点
  QTreeWidgetItem *myF=new QTreeWidgetItem(tree,QStringList(QString("我的好友")));
  // 给myF节点增加子节点
```

```
QTreeWidgetItem *mf1=new QTreeWidgetItem(myF);
mf1->setText(0,"王者归来");
mf1->setIcon(0,QIcon(":/1.png"));

// 在根节点上增加子节点，即创建 "我的同事" 子节点
QTreeWidgetItem *myC=new QTreeWidgetItem(tree,QStringList(QString("我的同事")));
QTreeWidgetItem *mc1=new QTreeWidgetItem(myC);
mc1->setText(0,"虫虫");
mc1->setIcon(0,QIcon(":/2.png"));
//增加子节点的另一种方法
myC->addChild(mc1);
// 展开QTreeWidget的所有节点
tree->expandAll();
// QTreeWidget节点的itemDoubleClicked信号的处理槽函数
connect(tree,&QTreeWidget::itemDoubleClicked,
                                    [=](QTreeWidgetItem* item,int column){
  QString str=item->text(column);
  QMessageBox::warning(this,"响应双击事件",
          "您双击\'"+str+"\'",QMessageBox::Yes|QMessageBox::No,QMessageBox::Yes);
});

}
Widget::~Widget()
{
  delete ui;
}
```

3.4 本章小结

本章讲解了Qt程序设计常用的几个基础组件，由于Qt提供的组件非常多，不可能每一个都详细介绍，对于一些需要用到但又不知道如何使用的组件可以借助Qt助手查询其所能提供的方法、设置的属性和给出的信号，完成具有针对性的任务。本章讲解的组件有QLabel标签组件、QPushButton按钮组件、几个常用的表单组件、QProgressBar进度条组件、QTabWidget选项卡组件、QTreeWidget树形列表组件，并通过几个具体的实例让读者理解这几个组件的使用方法，从而举一反三，对于没有见过的组件也知道从哪几个方面进行了解。

3.5 习题3

一、选择题

1. 设置QLabel对象显示文本内容的方法是（　　　）。

　A. text()　　　　　　　　　　　　　　　B. setText()

　C. setWindowTitle()　　　　　　　　　D. setTextFormat()

2. 下面（　　）类可以显示动画。

　A. QPushButton　　　　　　　　　　　B. QLabel

　C. QLineEdit　　　　　　　　　　　　D. QRadioButton

3. 使用（　　　）方法可以同时设置QPushButton按钮的大小与位置。

    A. setGeometry()   B. resize()

    C. move()   D. setWeight()

4. 下面（　　　）类是选项卡控件所使用的类。

    A. QTabWidget   B. QPushButton

    C. QLineEdit   D. QTreeWidget

5. QTabWidget组件提供了许多与选项卡相关的信号，其中（　　　）信号是当前选项卡发生变化的信号。

    A. tabBarClicked   B. tabCloseRequested

    C. currentChanged   D. tabBarDoubleClicked

二、简答题

1. 写出下面程序片段中每一条语句的作用并说明整个程序段的作用。

```
QLabel* label=new QLabel(this);
QMovie *movie = new QMovie(":/1.gif");
label->setMovie(movie);
movie->start();
label->setFixedSize(movie->currentPixmap().size());
label->show();
```

2. 下面代码中所使用的信号是什么？ btn指的是什么？

```
connect(btn,&QPushButton::clicked,[=](){
   // 事件处理函数
});
```

3. 写出下面程序片段中每条语句的含义。

```
QLineEdit *lineEdit=new QLineEdit(this);
lineEdit->setText("123456");
lineEdit->setEchoMode(QLineEdit::Password);
lineEdit->setMaxLength(10);
```

4. 下面程序片段的每条语句的含义是什么？ 最终实现的目的是什么？

```
QProgressBar *pProgressBar = new QProgressBar(this);
pProgressBar->setOrientation(Qt::Horizontal);
pProgressBar->setMinimum(0);
pProgressBar->setMaximum(100);
pProgressBar->setValue(50);
```

5. 写出下面程序片段每一条语句的作用并说明整个程序段的作用。

```
QTreeWidgetItem *item = ui->TWidget->topLevelItem(0);
if (item) {
  QString text1 = item->text(0);
  qDebug() << text1;
  QTreeWidgetItem *child = item->child(0);
  if (child) {
      QString text2 = child->text(0);
      qDebug() << text2;
  }
}
```

3.6 实验 3 Qt程序基础

一、实验目的

(1)掌握Qt项目中组件的代码定义方法。

(2)掌握常用组件的属性设置方法。

(3)掌握常用组件所能发出的信号及信号的作用。

二、实验要求

使用Qt Creator编辑程序创建实验图 3-1 所示组件,要求实现以下功能。

(1)用代码方式创建实验图 3-1 所使用的组件,包括下拉列表框、文本框、按钮、单选按钮和QTreeWidget组件。

(2)下拉列表框中显示三个选项,默认选中第三个选项;单选按钮默认选中"女"。

(3)实验图 3-1 中的列表使用QTreeWidget组件实现,其中姓名使用红色字体。

(4)单击"查看性别选择"按钮会根据用户选择的性别给出相应的提示,如实验图 3-2 所示。

实验图 3-1　实验结果图

实验图 3-2　实验结果图

第 4 章

Qt 样式表

本章学习目标：

本章主要讲解 Qt 窗口中组件的显示样式定义，目的是使 Qt 窗口及其组件的呈现方式更加酷炫。通过本章的学习，读者应该掌握以下主要内容。

- QSS 选择器。
- QSS 的基本属性。
- 盒子模型。

4.1　QSS基础

4.1.1　QSS 简介

QSS（Qt style sheets，Qt样式表）是Qt提供的一种用来自定义控件外观的机制。QSS大量参考了CSS（cascading style sheet，层叠样式表）的内容，只不过QSS的功能要比CSS 弱很多，主要体现在选择器和可以使用的QSS属性要少很多，并且也不是所有的属性都可以用在Qt的所有控件上。

QSS的定义由三部分组成，包括选择器（selector）、属性（properties）、属性值（value），其定义的语法格式如下：

```
选择器 {
  属性1：属性值1；
  属性2：属性值2；
  ...
}
```

需要说明的是，选择器用于设置选中Qt窗口中的哪些组件；属性是指希望设置的样式属性，每个属性有一个属性值，属性和属性值之间用冒号隔开。如果要定义不止一个"属性：属性值"的声明时，需要用分号将每个声明分开，最后一条声明不需要加分号，但大多数有经验的程序员会在每条声明的末尾都加上分号，这样做的好处是当给选择器增加新的属性和属性值时会减少出错的可能性。

下面这段代码中，QSS语句将窗口中所有QPushButton按钮组件内的文字颜色都定义为红色，并同时将字体大小设置为24 像素。

```
QPushButton{              /* 选择器QPushButton选中所有QPushButton组件*/
  color: red;             /* 设置按钮文字颜色的属性值为红色 */
  font-size: 24px;        /* 设置文字大小的属性值为24像素*/
}
```

这里QPushButton是选择器，用于选择窗口中所有的QPushButton组件，color和font-size是属性，red和24px是属性值。

需要说明的是，"/*...*/"是QSS中的注释语句，注释用来说明所写代码的含义。QSS用C/C++的语法进行注释，其中"/*"放在注释的开始处，"*/"放在注释的结束处。例如下面的QSS语句：

```
QPushButton{
  font-size: 14px;         /*这是一个QSS的注释*/
}
```

当把一个组件样式提交给用户使用之后，经过很长时间后，当用户又需要重新修改组件样式时，可能程序员已经忘记了代码的准确含义，而这些注释可以帮助程序员想起对这些样式的定义。养成添加注释的习惯是一个程序员必须具备的基本素质，特别是对参与团队工作的程序员来说更加重要。

4.1.2　QSS 的使用方法

1. 在UI界面中使用QSS

在Qt Creator界面左侧导航条中单击UI界面文件，打开图 4-1 所示界面，在界面的中间画布中选中需要设置QSS属性的组件，此处选中的是画布中两个按钮中下面的那一个，选中的组件或者Widget窗口由8个蓝色小矩形块包围。选中组件或者Widget之后，在图4-1右下角的属性设置部分单击styleSheet属性，在属性值中单击"..."按钮，弹出图4-2所示的设置某个组件或Widget的属性值窗口。

图4-1　Qt Creator界面

图4-2　编辑样式表

在图4-2中单击上方的"添加颜色"下拉按钮，添加上背景色和前景色，然后单击"确定"按钮完成对按钮的样式设置。

2. 在代码中直接使用QSS

在代码中使用QSS样式表可以通过setStyleSheet()方法进行设置，并在应用程序或具体组件上进行样式说明。

【例4-1】在代码中直接进行QSS样式设置

本例将把一个窗口的背景色设置为粉色，在窗口中定义一个按钮，把按钮的文字设置为"测试"，再把这个按钮的背景色设置为橙色、文字设置为红色，实现的结果如图4-3所示。

扫一扫，看视频

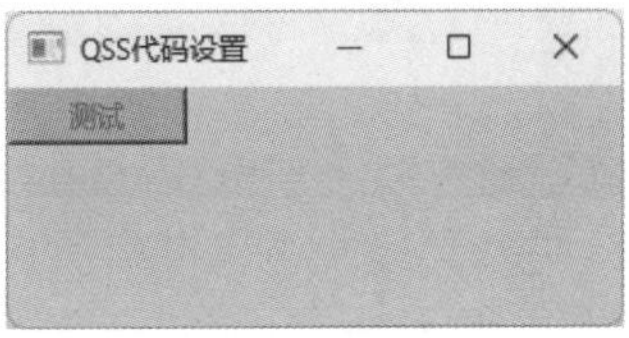

图4-3　在代码中直接设置QSS

项目的创建过程及其代码的详细说明如下：
（1）创建一个项目工程，项目的名称叫example4-1。
（2）在widget.cpp的源码文件中进行程序代码的设计，其代码及详细说明如下：

```cpp
#include "widget.h"
#include "./ui_widget.h"
#include<QPushButton>          // 导入QPushButton类
Widget::Widget(QWidget *parent)
  : QWidget(parent)
  , ui(new Ui::Widget)
{
  ui->setupUi(this);
  // 设置当前窗口的标题为"QSS代码设置"
  this->setWindowTitle("QSS代码设置");
  // 设置当前窗口的背景色为粉色
  this->setStyleSheet("Widget{background:pink;}");
  // 在当前窗口上声明并实例化QPushButton按钮对象
  QPushButton *button = new QPushButton(this);
  // 设置按钮上显示的文字为"测试"
  button->setText("测试");
  // 设置窗口上指定button按钮的文字颜色为红色，背景色为橙色
  button->setStyleSheet("QPushButton{color:red; background:orange;}");
}
```

```
Widget::~Widget()
{
    delete ui;
}
```

3. 定义外部文件进行QSS设置

上面讲述的在代码中直接设置QSS只能针对一个Widget或者组件使用，如果需要在多个Widget或者多个组件上使用相同的样式设置，可以把样式定义在外部文件中，然后通过使用资源文件的方式把QSS样式导入当前的Widget并把QSS样式应用到相应的组件上。

【例4-2】外部文件进行QSS样式设置

扫一扫，看视频

本例实现的功能与例4-1完全相同，执行的结果也如图4-3所示。项目的创建过程及其代码的详细说明如下：

（1）在项目中新建一个资源文件。在图4-4中的Header Files上右击，在弹出的快捷菜单中选择"添加新文件"命令，打开图4-5所示的对话框。

图4-4　快捷菜单

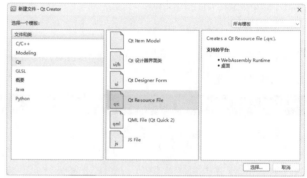

图4-5　选择文件模板

（2）在图4-5左侧的"文件和类"列表框中选中Qt，在中间的列表中选中Qt Resource File项，然后单击"选择"按钮，打开图4-6所示的对话框。

（3）在图4-6中输入资源文件的文件名，此处输入的是"style.qss"，如果不输入，则后缀是".qrc"，也就是Qt的资源文件。文件名输入完成之后，单击"下一步"按钮，后面弹出的对话框直接选择默认值，全部单击"下一步"按钮，直到完成文件创建。

图4-6　输入资源文件名

（4）添加资源文件res.qrc。按照图4-4～图4-6所示的方法添加新文件，在图4-6中输入文件名时不输入文件后缀，用其默认的文件后缀".qrc"，所以只需在文本框中输入"res"来建立资源文件"res.qrc"，输入完成之后单击"下一步"按钮。

（5）在图4-7所示的菜单栏下方的下拉列表中选择res.qrc资源文件，单击"添加前缀"按钮，再在下方的Prefix后面输入前缀，此处仅输入一个"/"，然后单击"添加文件"按钮，在弹出的对话框（图4-8）中选择前面建立的Qt样式文件style.css，最后单击"打开"按钮，资源文件和Qt样式文件创建成功，如图4-9所示。

（6）如果想要在项目工程中使用创建的资源文件"res.qrc"，需要在项目的工程文件CMakeLists.txt中导入资源文件res.qrc。导入的方法是在CMakeLists.txt中的set语句后添加资源文件名，代码如下：

```
set(PROJECT_SOURCES
    main.cpp
    widget.cpp
    widget.h
    widget.ui
    res.qrc
)
```

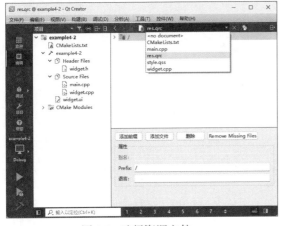

图4-7　选择资源文件

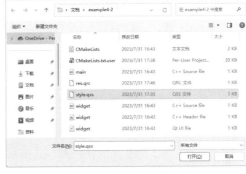

图4-8　选择Qt样式文件

添加语句并重新构建项目后，资源文件res.qrc就会出现在左侧的导航条中，如图4-10所示。

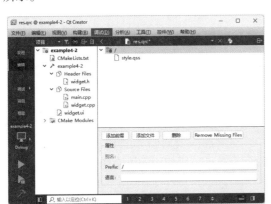

图4-9　资源文件和Qt样式文件创建成功

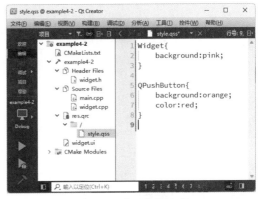

图4-10　出现资源文件

（7）在图4-10所示的导航条中选中QSS样式文件style.qss，并在其中定义Widget窗口的背

景为粉色，按钮的背景为橙色，文字为红色，其代码如下：

```
Widget{                        /* 选中Widget窗口*/
  background:pink;             /* 设置背景色为粉色*/
}
QPushButton{                   /* 选中QPushButton按钮*/
  background:orange;           /* 设置背景色为橙色*/
  color:red;                   /* 设置文字为红色*/
}
```

（8）在.cpp源文件中为了能够对style.css文件进行读/写操作，需要导入QFile类，其导入语句如下：

```
#include<QFile>
```

（9）定义QFile类对象并打开style.css文件，读取其文件内容并应用到当前窗口中的组件上。其代码如下：

```
// 定义QFile类对象并准备打开style.css文件，其中:/表示运行程序的根目录
QFile file(":/style.qss");
// 用只读方式打开style.css文件
file.open(QIODevice::ReadOnly);
// 把style.css文件所有内容读取出来并转换为QString类型
QString stylesheet = QLatin1String(file.readAll());
// 把style.css文件内容的QSS样式应用到当前Widget窗口
this->setStyleSheet(stylesheet);
// 关闭文件，文件读取结束一定要关闭
file.close();
```

4.2　QSS选择器

QSS最大的作用就是能将一种样式加载在多个组件上，方便开发者管理与使用。QSS通过选择器选中窗口中的某些组件，并对这些组件进行相应的样式设置，以达到设计者对窗口外观的显示要求。本节将详细讲述QSS中如何进行组件的选择。

4.2.1　类型选择器

类型选择器（type selector）是Qt应用开发中最常见的QSS选择器，使用类型选择器选中的是本窗口中的该类型本身及其所有子类。类型选择器样式定义的语法格式如下：

```
类型选择器{
  属性: 属性值;
  属性: 属性值;
  ...
}
```

例如，类型选择器使用QFrame定义其背景颜色为灰色，所使用的语句如下：

```
QFrame {
  background: gray;
}
```

因为使用的类型选择器是QFrame，所以QFrame和它的子类（包括QLabel、QLCDNumber、

QSplitter、QStackedWidget、QToolBox和QAbstractScrollArea）的背景都会是灰色的，而QPushButton 不是 QFrame 的子类，所以不受影响。

【例4-3】类型选择器实例

本例在UI界面设置窗口，如图4-11（a）所示，加入QLabel、QCheckBox、QPushButton、QRadioButton、QToolButton和QLCDNumber组件，然后对QAbstractButton类型进行QSS样式设置，设置其背景颜色为黄色，运行结果如图4-11（b）所示。

扫一扫，看视频

（a）设置界面

（b）运行结果

图4-11 类型选择器

项目工程中的.cpp源文件如下：

```cpp
#include "widget.h"
#include "./ui_widget.h"
Widget::Widget(QWidget *parent)
  : QWidget(parent)
  , ui(new Ui::Widget)
{
  ui->setupUi(this);
  this->setWindowTitle("QSS类型选择器");
  // 设置当前Widget窗口中的QAbstractButton类及其子类背景色为黄色
  this->setStyleSheet("QAbstractButton {background: yellow;}");
}
Widget::~Widget()
{
  delete ui;
}
```

4.2.2 类选择器

使用QSS类型选择器可以设置Widget窗口中所有子类的统一格式，但如果需要对相同组件中的某些个别组件做特殊效果设置，使用QSS类型选择器就无法实现，此时需要引入其他选择器来完成。

类（class）选择器的类名与类型选择器中的类名一样，不同的是，类选择器的类名前面有一个点，这种选择器只会匹配该类的所有对象，而不会匹配其派生类的对象。类选择器样式定义的语法格式如下：

```
.类选择器名称{
   属性：属性值；
   属性：属性值；
   ...
```

```
}
```

例如，仅对QPushButton类的对象设置前景色为蓝色，其语句如下：

```
.QPushButton
{
  color: blue;
}
```

需要强调说明的是，类选择器的定义要以英文圆点开头。在例4-3设置QSS样式语句中使用类选择器，语句如下：

```
this->setStyleSheet(".QAbstractButton {background: yellow;}");
```

而图4-11（b）中的几个组件的背景都不会变成黄色，原因是这几个组件都是QAbstractButton类的子类对象，而类选择器只会影响本类的对象，不会影响子类的对象。

4.2.3　ID 选择器

ID选择器的ID指的是objectName属性，每个QObject类及其派生类都有objectName属性，"#"与objectName放在一起构成了ID选择器，并且ID选择器在定义和使用时都是区分大小写的。下面是定义ID选择器的语法格式：

```
#ID选择器名称{
  属性：属性值;
  属性：属性值;
  ...
}
```

设置objectName属性有如下两种方法。

（1）在图4-11（a）的右下方进行属性设置时，双击objectName属性后面的文本框进行输入。

（2）使用setObjectName()方法在程序代码中进行设置。

【例4-4】ID选择器实例

扫一扫，看视频

本例将定义一个QPushButton对象，并设置其objectName属性为btn，然后通过ID选择器对该对象进行样式设置，将字体变成48像素，运行结果如图4-12所示。

项目工程中的.cpp源文件的代码及其详细说明如下：

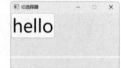

图4-12　ID选择器

```
#include "widget.h"
#include "./ui_widget.h"
#include<QPushButton>
Widget::Widget(QWidget *parent)
  : QWidget(parent)
  , ui(new Ui::Widget)
{
  ui->setupUi(this);
  // 设置窗口的标题是：ID选择器
  this->setWindowTitle("ID选择器");
  // 设置窗口的大小是：宽度（300像素）*高度（150像素）
  this->setFixedSize(300,150);
  // 定义QPushButton按钮对象
  QPushButton *button = new QPushButton(this);
  // 设置按钮的ObjectName属性是btn
  button->setObjectName("btn");
```

```
    // 设置按钮上显示的文字是：hello
    button->setText("hello");
    // 设置样式风格：使用ID选择器#btn，设置其字体是48像素
    this->setStyleSheet("#btn{font-size:48px;}");
}
Widget::~Widget()
{
    delete ui;
}
```

ID选择器一般用于比较特殊的控件设置样式，例如，在应用程序的某个页面中需要突出一个重要的按钮时，就可以给这个按钮设置一个独特的样式。

4.2.4 包含选择器

包含选择器又称后代选择器，该选择器可以选择某个组件所包括的后代组件。后代选择器必须使用**空格**隔开每个选择器，并且后代选择器还可以通过**空格**一直延续下去。定义后代选择器的语法格式如下：

```
祖先选择器 后代选择器 {
    属性：属性值；
    属性：属性值；
    ...
}
```

例如：

```
QGroupBox QComboBox{
    background:grey;
}
```

其中，QGroupBox是祖先选择器，QComboBox是后代选择器，QComboBox包含在QGroupBox控件中。QGroupBox QComboBox选择器选中的组件可以读作"选中QGroupBox组件后代中的QComboBox组件"。

【例4-5】包含选择器实例

本例使用包含选择器对相应组件进行样式属性设置。创建两个QComboBox组件，一个直接添加到Widget窗口中，另一个添加到QGroupBox上，然后分别使用类型选择器和包含选择器给这两个QComboBox组件设置样式。根据运行结果仔细体会样式定义呈现的效果，运行结果如图4-13所示。

扫一扫，看视频

图4-13　包含选择器

项目工程中的.cpp源文件的代码及其详细说明如下：

```
#include "widget.h"
#include "./ui_widget.h"
#include <QGroupBox>
#include <QComboBox>
#include <QStringList>
#include<QVBoxLayout>
Widget::Widget(QWidget *parent)
  : QWidget(parent)
  , ui(new Ui::Widget)
{
  ui->setupUi(this);
  // 设置窗口的标题是：包含选择器
  this->setWindowTitle("包含选择器");
```

```
    // 设置窗口的大小是：宽度（300像素）*高度（200像素）
    this->setFixedSize(300,200);
    // 定义类型选择器，选中所有QComboBox组件并设置背景色为红色
    // 定义包含选择器，选中QGroupBox 组件后代中的QComboBox组件并设置背景色为灰色
    this->setStyleSheet("QComboBox{background:red;}
                          QGroupBox QComboBox{background:grey;}");
    // 定义下拉列表的元素字符串列表，并初始化
    QStringList strList={"C语言","C++","C#","Qt"};
    // 生成第一个下拉列表对象
    QComboBox *comboBox = new QComboBox(this);
    // 把定义的元素字符串列表加入下拉列表对象中
    comboBox->addItems(strList);
    // 生成第二个下拉列表对象
    QComboBox *comboBox1 = new QComboBox(this);
    // 把定义的元素字符串列表加入下拉列表对象中
    comboBox1->addItems(strList);
    // 定义一个垂直列表对象vLayout
    QVBoxLayout *vLayout = new QVBoxLayout;
    // 把第二个下拉列表对象加入垂直列表对象vLayout
    vLayout->addWidget(comboBox1);
    // 定义QGroupBox容器对象groupbox
    QGroupBox *groupbox=new QGroupBox(this);
    // 设置groupbox的位置坐标是（0,50），宽度（130像素）*高度（80像素）
    groupbox->setGeometry(0,50,130,80);
    // 设置groupbox对象的边框是1像素、实心线、线的颜色是红色
    groupbox->setStyleSheet("QGroupBox{border:1px solid red;}");
    // 将垂直列表对象vLayout加入容器对象groupbox
    groupbox->setLayout(vLayout);
}
  Widget::~Widget()
{
  delete ui;
}
```

本例先把第二个下拉列表对象comboBox1加入垂直列表对象vLayout，再把垂直列表对象vLayout加入容器对象groupbox，这样就实现了在容器对象groupbox中包含下拉列表对象comboBox1，程序中的包含选择器才能起作用。

4.2.5 属性选择器

属性选择器是通过组件的属性及属性值来选择组件的。定义属性选择器的语法格式如下：

```
组件选择器[属性=属性值]{ 属性：属性值;}
组件选择器[属性|=属性值]{ 属性：属性值;}
组件选择器[属性~=属性值]{ 属性：属性值;}
```

需要特别说明的是，中括号内的属性是指组件的属性，大括号内的属性是指QSS的样式属性，虽然都叫属性，但其概念是完全不同的。

（1）[属性=属性值]: 表示选中的是指定属性等于指定属性值的所有组件，然后设置样式。

（2）[属性|=属性值]: 表示选取指定属性以指定值开头的组件，然后设置样式。

（3）[属性~=属性值]: 表示选取指定属性包含指定值的组件，然后设置样式。

例如，把所有QPushButton中属性level的值为ger的按钮的背景绘制为红色，使用的代码如下：

```
this.setStyleSheet("QPushButton[level='ger']{ background: red;}");
```

属性的值可以使用单引号、双引号标注，如果值中没有空格，可以不使用引号，但不建议这么做。

【例4-6】属性选择器实例

本例使用属性选择器对相应组件进行样式属性设置。创建两个QPushButton按钮，分别设置不同的level属性值，再使用属性选择器分别选中这两个按钮，并为其设置不同的背景色，运行结果如图4-14所示。

扫一扫，看视频

图4-14 属性选择器

项目工程中的.cpp源文件的代码及其详细说明如下：

```cpp
#include "widget.h"
#include "./ui_widget.h"
#include<QHBoxLayout>
#include<QPushButton>
Widget::Widget(QWidget *parent)
  : QWidget(parent)
  , ui(new Ui::Widget)
{
  ui->setupUi(this);
  // 设置窗口的标题是：属性选择器
  this->setWindowTitle("属性选择器");
  // 设置窗口的大小是：宽度（300像素）*高度（150像素）
  this->setFixedSize(300,150);
  // 定义一个水平布局对象vLayout
  QHBoxLayout* mainLayout = new QHBoxLayout;
  // 定义按钮对象confirm
  QPushButton* confirm = new QPushButton;
  // 设置confirm按钮上显示的文字是：确认
  confirm->setText("确认");
  // 设置confirm按钮的level属性为dangrous
  confirm->setProperty("level", "dangrous");
  // 设置鼠标悬停时，鼠标指针变成手的形状
  confirm->setCursor(Qt::PointingHandCursor);
  // 定义按钮对象cancel
  QPushButton* cancel = new QPushButton;
  // 设置cancel 按钮上显示的文字是：取消
  cancel->setText("取消");
  // 设置cancel 按钮的level属性为normal
  cancel->setProperty("level", "normal");
  // 设置鼠标悬停时，鼠标指针变成手的形状
  cancel->setCursor(Qt::PointingHandCursor);
  // 把confirm按钮、cancel 按钮加入水平布局对象vLayout
  mainLayout->addWidget(confirm);
  mainLayout->addWidget(cancel);
  // 设置样式：QPushButton 按钮：文字白色、无边框、高度30像素、宽度100像素
  // level属性等于'dangrous'的按钮：背景色为红色
  // level属性等于'normal'的按钮：背景色为蓝色
  setStyleSheet(
  "QPushButton {color: #FFF; border: 0; height: 30px; width: 100px;}"
  "QPushButton[level='dangrous'] { background-color: red; }"
  "QPushButton[level='normal'] { background-color: blue; }");
  this->setLayout(mainLayout);
}
Widget::~Widget()
{
  delete ui;
}
```

1. 组合选择器

当一些组件样式定义完全相同或部分相同时有两种解决方法，一种是选中每一个组件分别进行样式定义，这种方法会使重复代码非常多；另一种就是使用组合选择器（也称为并集选择器），就是把多个样式设置相同的选择器并用**逗号**进行分隔，然后再对其定义样式。定义组合选择器的语法格式如下：

```
选择器1, 选择器2, ..., 选择器n{
  属性: 属性值;
  属性: 属性值;
  ...
}
```

组合选择器可以使用类选择器、类型选择器、ID选择器、属性选择器等。例如，QLineEdit组件和QComboBox组件的样式都设置为"边框：1像素、实心线、灰色，背景色：白色"，其定义语句如下：

```
.QLineEdit, .QComboBox
{
  border: 1px solid gray;
  background-color: white;
}
```

2. 父子选择器

在祖先后代选择器中，只要包含在祖先组件中的后代组件，不管是儿子辈组件还是孙子辈组件，都会被选中。如果不希望选择所有的后代组件而是希望缩小选中组件的范围，例如仅选择儿子辈的组件，就可以使用父子选择器。父子选择器使用大于号作为选择器的分隔符，其语法格式如下：

```
父选择器 > 子选择器 {
  属性: 属性值;
  属性: 属性值;
  ...
}
```

其中，父选择器包含子选择器，并且样式只能作用在子选择器上，而不能作用到父选择器上。

3. 通用选择器

通用选择器又叫通配符选择器，用星号（*）来表示，目的是匹配程序中所有的Widget，其语法格式如下：

```
* {
  属性: 属性值;
  属性: 属性值;
  ...
}
```

需要说明的是，由于通用选择器会匹配所有的Widget，其效率非常低，因此应该尽量少用或者不用。通用选择器一般用来给应用程序设置统一的字体，例如：

```
* {
```

```
        font: normal 20px "微软雅黑";
}
```

这条语句表示将程序中的所有字符大小都设置为20像素，字体采用微软雅黑。

4.3 QSS的基本属性

在4.2节已经讲述了QSS支持的几种选择器的用法，通过这几种选择器选中窗口中的组件，然后可以给这些组件设置相应的属性和属性值。本节主要讲解QSS所支持的样式属性。

4.3.1 字体属性

CSS中对文字样式的设置主要包括字体类型、字体大小、字体粗细、字体风格等。常用的字体属性及其说明见表4-1。

表 4-1　常用的字体属性及其说明

属　　性	说　　明
font-family	设置字体类型
font-size	设置字体大小。常用单位为像素（px）
font-style	设置字体风格。normal 为正常，italic 为斜体
font-weight	设置字体粗细。normal 为正常，bold 为粗体

【例4-7】字体属性设置

本例使用字体属性对QLabel组件的字体样式进行设置，设置其字体使用隶书、字体大小为48像素、字体风格为斜体、字体加粗，运行结果如图4-15所示。

扫一扫，看视频

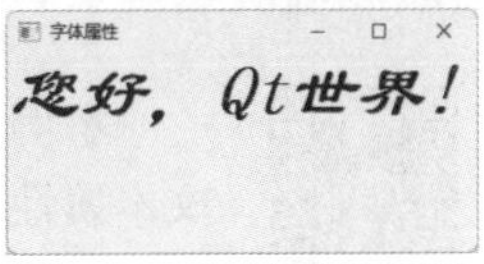

图4-15　字体属性设置

项目工程中的.cpp源文件的代码及其详细说明如下：

```cpp
#include "widget.h"
#include "./ui_widget.h"
#include<QLabel>
Widget::Widget(QWidget *parent)
  : QWidget(parent)
  , ui(new Ui::Widget)
{
  ui->setupUi(this);
  // 设置窗口的标题是：字体属性
  this->setWindowTitle("字体属性");
  // 创建QLabel对象label，并初始化其文字内容是：您好，Qt世界!，并在当前窗口显示
  QLabel* label=new QLabel("您好，Qt世界!",this);
  // 设置label对象的字体：48像素、隶书、斜体、加粗
  label->setStyleSheet("
        font-size:48px;
        font-family:'隶书';
        font-style:italic;
        font-weight:bold;
    ");
}
Widget::~Widget()
```

```
{
    delete ui;
}
```

4.3.2 文本属性

文本属性是对一段文字进行整体设置，包括设置阴影效果、大小写转换、文本缩进、文本对齐方式等。文体属性及其说明见表4-2。

表 4-2 文本属性及其说明

属 性	说 明
color	设置文本颜色。设置方式包括预定义颜色（如red、green）、十六进制（如#ff0000）、RGB代码［如RGB(255,0,0)］
line-height	设置行高，单位为像素。此属性在用于进行文字垂直方向对齐时，其属性值与height属性值的设置相同
letter-spacing	设置字符间距，就是字符与字符之间的空白。其属性值可以为不同单位的数值，并且允许使用负值，默认值为normal
text-align	设置文本内容的水平对齐方式。left为左对齐（默认值），center为居中对齐，right为右对齐，当前只支持QPushButton和QProgressBar组件
text-decoration	向文本添加修饰。none为无修饰（默认值），underline为下划线，overline为上划线，line-through为删除线
text-overflow	设置对象内溢出的文本处理方法。clip为不显示溢出文本；ellipsis为用省略标记"..."表示溢出文本

【例4-8】文本属性设置

扫一扫，看视频

本例定义一个QPushButton按钮组件，按钮上的文字设置为"文本属性设置"，文本属性设置为24像素、下划线、红色、字符间距10像素、右对齐，运行结果如图4-16所示。

图 4-16 文本属性设置

项目工程中的.cpp源文件如下：

```
#include "widget.h"
#include "./ui_widget.h"
#include<QPushButton>
Widget::Widget(QWidget *parent)
  : QWidget(parent)
  , ui(new Ui::Widget)
{
  ui->setupUi(this);
  // 设置窗口的标题是：文本属性
  this->setWindowTitle("文本属性");
  // 设置窗口的背景色为灰色
  this->setStyleSheet("background:grey;");
  // 创建QPushButton按钮对象，并初始化其文字内容是：文本属性设置，并在当前窗口显示
```

```
QPushButton* button=new QPushButton("文本属性设置",this);
// 设置按钮位置（10,10），宽度500像素*高度50像素
button->setGeometry(10,10,500,50);
// 设置label对象的文本：24像素、下划线、红色、字符间距10像素、右对齐
button->setStyleSheet("
    font-size:24px;
    text-decoration:underline;
    color:red;
    letter-spacing:10px;
    text-align:right;
    background:pink;
");
}
Widget::~Widget()
{
  delete ui;
}
```

4.3.3 背景属性

1. 常见的背景属性

QSS的背景属性主要用于设置组件对象的背景颜色、背景图片、背景图片的重复性、背景图片的位置等。常见的背景属性及其说明见表4-3。

表4-3 常见的背景属性及其说明

属　　性	说　　明
background-color	设置组件的背景颜色
background-image	把图像设置为背景。其值可以为绝对路径或相对路径表示的 URL
background-position	设置背景图像的起始位置。left 为水平居左，right 为水平居右，center 为水平居中或垂直居中，top 为垂直靠上，bottom 为垂直靠下，也可以是精确的数值
background-repeat	设置背景图像是否重复及如何重复。repeat-x 为横向平铺；repeat-y 为纵向平铺；norepeat 为不平铺；repeat 为平铺背景图片，该值为默认值

（1）使用background-color属性为组件设置背景色。这个属性可以接受任何合法的颜色值。例如，把QPushButton组件的背景设置为灰色，其代码如下：

```
QPushButton{
  background-color: gray;
}
```

（2）把图像放入背景使用background-image属性。background-image属性的默认值是none，表示背景上没有放置任何图像。如果需要设置一个背景图片，必须为这个属性设置一个URL值。例如，设置当前窗口的背景图片为1.jpg（图片一般放在自定义的资源目录，例如 "/res.qrc/" 中），且引入的图片必须用冒号开头，表示指向资源目录。其代码如下：

```
QWidget{
  background-image:url(:/logo.png);        /*引入背景图片*/
}
```

（3）设置背景图片的起始位置需要使用background-position属性，该位置的属性值可以有多种形式，可以是X、Y轴方向的百分比或绝对值，也可以使用表示位置的英文名称，如left、center、right、top、bottom。例如，把背景图片放置在底部居中，必须先去除背景图片的重复

属性，然后用background-position属性进行设置，代码如下：

```
background-repeat:no-repeat;          /*设置背景图片不重复*/
background-position:center bottom;    /*设置背景图片水平居中，底端对齐*/
```

【例4-9】背景图片实例

本例定义一个背景图片，背景图片没有重复属性，并且定义水平和垂直方向都居中。运行结果如图4-17所示。

图4-17　背景图片

项目工程中的.cpp源文件的代码及其详细说明如下：

```cpp
#include "widget.h"
#include "./ui_widget.h"
#include <QLabel>

Widget::Widget(QWidget *parent)
    : QWidget(parent)
    , ui(new Ui::Widget)
{
  ui->setupUi(this);
  // 设置窗口的标题是：背景属性
  this->setWindowTitle("背景属性");
  // 设置窗口的固定尺寸：宽度300像素*高度200像素
  this->setFixedSize(300,200);
  // 定义QLabel对象
  QLabel* label=new QLabel(this);
  // 设置label位置（0,0），宽度300像素*高度200像素
  label->setGeometry(0,0,300,200);
   // 定义当前窗口：背景图片logo.png、背景不重复、位置居中
  this->setStyleSheet("
      background-image:url(:/logo.png);
      background-repeat:norepeat;
      background-position:center;
  ");
}
Widget::~Widget()
{
  delete ui;
}
```

2. 背景渐变属性

渐变可以使两个或多个指定的颜色之间显示平稳的过渡效果，这种显示效果一般可以使用

图像来实现，但在Qt中可以通过使用渐变属性来完成，这样可以减少图像数据的下载和宽带的使用。QSS中定义了三种类型的渐变。

（1）qlineargradient：线性渐变颜色设置，显示从起点到终点的渐变。为了创建一个线性渐变，必须至少定义两种以上的颜色节点。例如：

```
QLabel#label{
  background-color: qlineargradient(x1:0, y1:0, x2:1, y2:0,
                                    stop:0 red,stop:0.5 green,stop:1 blue);
}
```

需要说明的是，选择器使用的是ID选择器QLabel#label；background-color表示设置背景颜色，在这个例子中，(x1,y1)是渐变的起点（QLabel左上角），(x2,y2)是渐变的终点（QLabel右上角），整个线性渐变轴长度为1，将渐变点0处设为红色，将渐变点0.5处设为绿色，将渐变点1处设为蓝色。

需要说明的是，x1→x2表示水平方向的颜色变化；y1→y2表示垂直方向的颜色变化。如果仅x相等，表示垂直方向渐变；如果仅y相等，表示水平方向渐变；如果x和y都不相等，则表示对角线方向渐变。例如，下面是不同的x1,y1,x2,y2取值所代表的含义。

```
0,0,0,1  从上向下渐变
0,0,1,0  从左向右渐变
0,0,1,1  从左上角向右下角渐变
0,1,0,0  从下向上渐变
1,0,0,0  从右向左渐变
1,1,0,0  从右下角向左上角渐变
```

（2）qradialgradient：辐射渐变，以圆心为中心显示渐变。在辐射渐变中要先定义(cx, cy)中点，半径(radius)是以中点为圆心的圆的半径，(fx, fy)是渐变的起点。例如：

```
background: qradialgradient(cx:0, cy:0, radius: 1,
                           fx:0.5, fy:0.5, stop:0 white, stop:1 green)
```

其中，cx和cy是一个圆心的坐标，假设现在有个矩形，矩形的左上角就是圆心，其坐标是(0,0)，而矩形右下角的坐标是(1,1)，所以cx、cy的取值范围都是[0,1]。左上角和右下角形成的对角线的中心坐标是(0.5,0.5)；fx和fy是一个焦点的坐标，其取值范围和cx、cy是一样的。当fx=0.5时，焦点处于矩形水平方向的中心位置；当fy=0.5时，焦点处于矩形垂直方向上的中心位置。stop:0 white, stop:1 green表示从白色到绿色的渐变，stop:0是焦点处的颜色即白色，stop:1表示从圆心到焦点方向连成的直线与矩形边缘相交的那一条边附近的颜色，即绿色。两个stop之间的差值越小，颜色过渡区域会越小。radius设置过渡区域的大小，如果从(0,0)到(1,1)之间过渡，则radius是1；如果只需要用对角线长度的1/10区域来过渡，则radius设置为0.1即可。

（3）qconicalgradient：用于实现扇形效果的颜色渐变。如果需要实现一种扇形的渐变效果，一般需要的参数有：扇形中心点坐标、起始渐变角度、每个扇形的起始角度和结束角度。例如：

```
background-color: qconicalgradient(
    spread:pad, cx:0.5, cy:0.5, radius:0.5, fx:0.5, fy:0.5,
    stop:0 rgba(255, 0, 0, 255),
    stop:0.5 rgba(0,255, 0, 255),
    stop:1 rgba(0, 0,255, 255)
)
```

其中，cx、cy是扇形的中心点坐标；stop则用于标注每个扇形的起始或者终止角度（0代表0 × 360，即0°，0.5代表0.5 × 360，即180°，1代表1 × 360，即360°），角度数字之后定义的颜色则为该角度对应的颜色。

【例4-10】背景渐变设置

扫一扫，看视频

本例制作了3个QLabel组件，并把这3个QLabel组件的背景分别设置为线性渐变、辐射渐变、扇形渐变。其运行结果如图4-18所示。

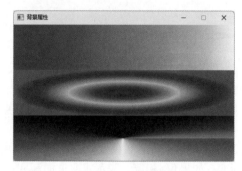

图4-18　背景渐变

项目工程中的.cpp源文件的代码及其详细说明如下：

```cpp
#include "widget.h"
#include "./ui_widget.h"
#include <QLabel>
Widget::Widget(QWidget *parent)
    : QWidget(parent)
    , ui(new Ui::Widget)
{
  ui->setupUi(this);
  // 设置窗口的标题是：背景属性
  this->setWindowTitle("背景属性");
  // 设置窗口的固定尺寸：宽度500像素*高度300像素
  this->setFixedSize(500,300);
  // 声明并实例化3个QLabel对象
  QLabel* label1=new QLabel(this);
  QLabel* label2=new QLabel(this);
  QLabel* label3=new QLabel(this);
  // 设置三个QLabel对象的ObjectName属性
  label1->setObjectName("label1");
  label2->setObjectName("label2");
  label3->setObjectName("label3");
  // 设置对象位置（0,0）、（0,100）、（0,200），宽度300像素*高度200像素
  label1->setGeometry(0,0,500,100);
  label2->setGeometry(0,100,500,100);
  label3->setGeometry(0,200,500,100);
  // 设置三个QLabel对象的渐变属性
  this->setStyleSheet("
QLabel#label1{background-color: qlineargradient(
                          x1:0, y1:0, x2:1, y2:0, stop:0 red,  stop:1 yellow)}
QLabel#label2{background-color: qradialgradient(
  spread:pad, cx:0.5, cy:0.5, radius:0.5, fx:0.5, fy:0.5,
  stop:0 rgba(255, 0, 0, 255),
  stop:0.5 rgba(0,255, 0, 255),
  stop:1 rgba(255, 0,255, 255)
)}
QLabel#label3{background-color: qconicalgradient(
```

```
        cx:0.5, cy:0.5, angle:0,
        stop:0.0 rgba(0, 214, 0, 255),
        stop:0.25 rgba(0, 0, 236, 255),
        stop:0.5 rgba(255, 0, 0, 255),
        stop:0.75 rgba(255, 255, 0, 255),
        stop:1 rgba(255, 0, 255, 255));}
    ");
}
Widget::~Widget()
{
    delete ui;
}
```

4.3.4 边框属性

利用QSS边框属性可以设置组件对象边框的颜色、样式以及宽度。使用组件对象边框属性之前，必须先设定组件对象的高度及宽度。设置组件对象边框属性的语法格式如下：

border : 边框宽度 边框样式 边框颜色

需要说明的是，border-width属性可以单独设置边框宽度；border-style属性可以单独设置边框样式；border-color属性可以单独设置边框颜色。边框样式的取值及其说明见表4-4。

表4-4 边框样式的取值及其说明

取值	说明
dotted	点线边框
dashed	虚线边框
solid	实线边框。默认值

在QSS中可以通过border-radius属性为组件增加圆角边框，定义该属性的语法如下：

border-radius : 像素值

【例4-11】边框属性设置

本例给三个QLabel组件设置边框样式：第一个QLabel组件是使用border属性直接设置边框线宽度为1像素、线的类型为实心线、线的颜色为红色，并给边框加了20像素的圆角；第二个QLabel组件是使用border-width属性设置边框的宽度为2像素、使用border-style属性设置边框线为虚线、使用border-color属性设置边框的颜色为蓝色；第三个QLabel组件是使用宽度、高度、边框线圆角等属性制作圆形图片。其运行结果如图4-19所示。

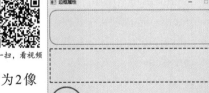

扫一扫，看视频

图4-19 边框属性

项目工程中的.cpp源文件的代码及其详细说明如下：

```
#include "widget.h"
#include "./ui_widget.h"
#include <QLabel>
Widget::Widget(QWidget *parent)
    : QWidget(parent)
```

```
        , ui(new Ui::Widget)
{
    ui->setupUi(this);
    // 设置窗口的标题是：边框属性
    this->setWindowTitle("边框属性");
    // 设置窗口的固定尺寸：宽度500像素*高度300像素
    this->setFixedSize(500,300);
    // 定义3个QLabel对象
    QLabel* label1=new QLabel(this);
    QLabel* label2=new QLabel(this);
    QLabel* label3=new QLabel(this);
    // 设置三个QLabel对象的ObjectName属性
    label1->setObjectName("label1");
    label2->setObjectName("label2");
    label3->setObjectName("label3");
    // 设置对象的位置、宽度和高度
    label1->setGeometry(5,5,490,90);
    label2->setGeometry(5,105,490,90);
    label3->setGeometry(5,205,90,90);
    // 设置三个QLabel对象的渐变属性
    this->setStyleSheet("
        QLabel#label1{border:1px solid red;border-radius:20px;}
        QLabel#label2{border-width:2px;border-style:dashed;
        border-color:blue;}
        QLabel#label3{border:3px solid red;border-radius:45px;}
    ");
}
Widget::~Widget()
{
    delete ui;
}
```

4.3.5　伪状态

伪状态使用单冒号与选择器分开，可以让选择器选中的控件在不同状态下表现出不同的样式。常见的伪状态如下。

- :disabled：选中的组件被禁用时。
- :enabled：选中的组件可使用时。
- :focus：选中的组件获得输入焦点时。
- :hover：鼠标指针放到Widget上时。
- :pressed：鼠标按下时。
- :checked：被选中时。
- :unchecked：未被选中时。

上面几种伪状态的使用方法如下：

（1）鼠标指针悬停在按钮上时，按钮的文字颜色为白色。

```
QPushButton:hover{color:white}
```

（2）鼠标指针不悬停在按钮上时，按钮的文字颜色为蓝色（!表否定）。

```
QPushButton:!hover{color:blue}
```

（3）伪状态可多个连用以达到所要的效果。例如，鼠标指针悬停在一个被选中的QCheckBox部件上时，复选框的文字颜色为白色所使用的代码如下：

```
QCheckBox:hover:checked{color:white}
```

（4）伪状态可通过逗号达到上面（3）所要的效果，例如上面语句可以写成如下形式：

```
QCheckBox:hover,checked{color:white}
```

【例4-12】伪状态

本例设置一个按钮。按钮的正常样式如图4-20（a）所示；当鼠标指针悬停在按钮上时，其样式如图4-20（b）所示；当按钮被按下时，其样式如图4-20（c）所示。

扫一扫，看视频

（a）正常样式　　　　（b）鼠标指针悬停　　　　（c）按下按钮

图4-20　伪状态

项目工程中的源文件.cpp的代码及其详细说明如下：

```
#include "widget.h"
#include "./ui_widget.h"
#include<QPushButton>
#include<QFile>
Widget::Widget(QWidget *parent)
    : QWidget(parent)
    , ui(new Ui::Widget)
{
  ui->setupUi(this);
  // 设置窗口的固定尺寸：宽度250像素*高度100像素
  this->setFixedSize(250,100);
  // 设置窗口的标题是：伪状态
  this->setWindowTitle("伪状态");
  // 定义按钮对象
  QPushButton *button = new QPushButton(this);
  // 设置按钮的ObjectName属性为：btn
  button->setObjectName("btn");
  // 设置按钮上的文字为：hello
  button->setText("hello");
  // 设置按钮位置（10,10），宽度150像素*高度50像素
  button->setGeometry(10,10,150,50);
  // 打开样式文件style.qss
  QFile file(":/style.qss");
  // 设置文件的读/写方式为只读
  file.open(QIODevice::ReadOnly);
  // 读入样式文件style.qss的所有内容到字符串变量stylesheet
  QString stylesheet = QLatin1String(file.readAll());
  // 把样式加入当前窗口
  this->setStyleSheet(stylesheet);
  // 关闭文件
  file.close();
}
Widget::~Widget()
{
  delete ui;
}
```

QSS样式表

131

风格文件style.css的代码如下：

```
/* 按钮平时状态的效果 */
QPushButton#btn{
  background:white;               /* 背景色是白色 */
  color:orange;                   /* 文字颜色是橙色 */
  font-size:24px;                 /* 字体大小为24像素 */
  border:1px dotted red;          /* 边框：1像素、点线、红色 */
}
/* 鼠标指针悬停在按钮上的效果 */
QPushButton#btn:hover{
  background:orange;              /* 背景色是橙色 */
  color:white;                    /* 文字颜色是白色 */
  border:3px solid red;           /* 边框：3像素、实心线、红色 */
}
/* 按钮被按下的效果 */
QPushButton#btn:pressed{
  background:pink;                /* 背景色是粉色 */
  color:black;                    /* 文字颜色是黑色 */
  border:1px solid red;           /* 边框：1像素、实心线、红色 */
}
```

4.4 盒子模型

4.4.1 盒子模型概述

在Qt中的每个组件都被看作一个矩形盒子，这些矩形盒子通过一个模型来描述其占用的空间，这个模型称为盒子模型。盒子模型通过四个属性来描述：margin（外边距）、border（边框）、padding（内边距）和element（元素），如图4-21所示。

盒子模型最里面是实际显示的元素内容，该内容占的高度由height属性决定，占的宽度由width属性决定；直接包围内容的是内边距（padding），内边距是指显示的内容与边框之间的距离，并且会显示内容的背景色或背景图片；包围内边距的是边框（border）；边框以外是外边距(margin)，外边距是指该盒子与其他盒子之间的距离。如果设定背景色或者图像，则会应用于由元素和内边距组成的区域。

例如，使用通用选择器将所有组件的外边距和内边距都设置为0，其代码如下：

```
* {
  margin: 0;
  padding: 0;
}
```

在QSS中，增加内边距、边框和外边距不会影响元素的尺寸，但是会增加组件框的总尺寸。假设框的每条边上有10像素的外边距和5像素的内边距。如果希望这个组件框达到100像素，就需要将内容的宽度设置为70像素，盒子模型如图4-22所示。

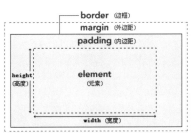

图4-21 盒子模型

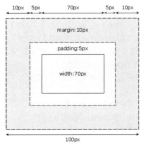

图4-22 QSS盒子模型示例

QSS样式的定义方法如下：

```
QLabel#box {
    width: 70px;      //内容宽度70像素
    margin: 10px;     //外边距10像素
    padding: 5px;     //内边距5像素
}
```

4.4.2 外边距

元素的外边距是指盒子模型的边框与其他盒子之间的距离，使用margin属性（默认值是0）进行定义。margin属性可以在一个声明中设置所有外边距，该属性可以有1~4个值，表示的含义如下。

（1）margin: 10px;　　　　　　// 表示4个方向的外边距都是10px

（2）margin: 10px 5px;　　　　　// 表示上下外边距是10px，左右外边距是5px

（3）margin: 10px 5px 15px;　　　// 表示上外边距是10px，左右外边距是5px，下外边
　　　　　　　　　　　　　　　// 距是15px

（4）margin: 10px 5px 15px 20px;　// 表示上外边距是10px，右外边距是5px，下外边距
　　　　　　　　　　　　　　　// 是15px，左外边距是20px

四个外边距的设置顺序从上外边距开始，然后按照上、右、下、左的顺时针方向设置，也可以使用margin-top、margin-right、margin-bottom和margin-left四个属性分别对上外边距、右外边距、下外边距和左外边距进行设置。

【例4-13】外边距设置

本例设置四个QLabel组件，然后通过设置margin属性来进行QLabel组件的布局。本例的运行结果如图4-23所示。

源文件.cpp的代码及其详细说明如下：

扫一扫，看视频

图4-23 外边距设置

```
#include "widget.h"
#include "./ui_widget.h"
#include<QPushButton>
#include<QFile>
Widget::Widget(QWidget *parent)
  : QWidget(parent)
  , ui(new Ui::Widget)
{
    ui->setupUi(this);
    // 设置窗口的固定尺寸：宽度250像素*高度150像素
    this->setFixedSize(250,150);
    // 设置窗口的标题是：外边距
```

```
        this->setWindowTitle("外边距");
        // 定义四个QLabel对象,并设置其ObjectName和其上的文字
        QLabel* label1=new QLabel(this);
        label1->setObjectName("label1");
        label1->setText("Hello");
        QLabel* label2=new QLabel(this);
        label2->setObjectName("label2");
        label2->setText("World");
        QLabel* label3=new QLabel(this);
        label3->setObjectName("label3");
        label3->setText("   Qt   ");
        QLabel* label4=new QLabel(this);
        label4->setObjectName("label4");
        label4->setText("您好!");
        // 使用样式文件style.qss对相应组件的样式进行设置
        QFile file(":/style.qss");
        file.open(QIODevice::ReadOnly);
        QString stylesheet = QLatin1String(file.readAll());
        this->setStyleSheet(stylesheet);
        file.close();
}
Widget::~Widget()
{
    delete ui;
}
```

风格文件style.css的代码如下：

```
QLabel{                          // 选中Widget中的所有QLabel组件
    background:white;            // 背景设置为白色
    color:orange;                // 文字设置为橙色
    font-size:24px;              // 文字大小为24像素
    border:1px solid red;        // 边框：1像素 实心线 红色
}
QLabel#label1{                   // 选中label1
    margin:0px 0px 0px 0px ;     // 外边距：上0像素、右0像素、下0像素、左0像素
}
QLabel#label2{                   // 选中label2
    margin:50px 0px 0px 0px ;    // 外边距：上50像素、右0像素、下0像素、左0像素
}

QLabel#label3{                   // 选中label3
    margin:0px 0px 0px 80px ;    // 外边距：上0像素、右0像素、下0像素、左80像素
}
QLabel#label4{                   // 选中label4
    margin:50px 0px 0px 80px;    // 外边距：上50像素、右0像素、下0像素、左80像素
}
```

4.4.3 内边距

内边距是指盒子模型的边框与显示内容之间的距离，使用padding属性进行定义。例如，设置QLabel组件的各边都有10像素的内边距，其代码如下：

```
QLabel{
    padding: 10px;
}
```

如果各边的内边距不同时，可以按照上、右、下、左的顺序分别设置，各边可以使用不同的单位或百分比值，例如下面的代码：

```
QLabel{
    padding: 5px 6px 7px 8px;
}
```

上面代码中的四个值所代表的含义分别是上内边距5像素、右内边距6像素、下内边距7像素、左内边距8像素。另外，可以通过使用padding-top、padding-right、padding-bottom、padding-left四个属性分别设置上、右、下、左内边距，即上面的代码可以写成下面的形式：

```
QLabel{
    padding-top: 5px;
    padding-right: 6px;
    padding-bottom: 7px;
    padding-left: 8px;
}
```

【例4-14】内边距设置

本例设置四个QLabel组件，然后通过设置padding属性来进行QLabel组件的布局。该例的运行结果如图4-24所示。

本例源文件.cpp的代码与例4-13完全相同，风格文件style.css的代码如下：

扫一扫，看视频

图4-24　内边距设置

```
QLabel{                              // 选中本Widget中的所有QLabel组件
    background:white;                // 背景设置为白色
    color:orange;                    // 文字设置为橙色
    font-size:24px;                  // 文字大小为24像素
    border:1px solid red;            // 边框: 1像素 实心线 红色
}
QLabel#label1{                       // 选中label1
    margin:0px 0px 0px 0px;          // 外边距: 上、右、下、左都是0像素
    padding:20px 0px 0px 0px;        // 内边距: 上是20像素, 右、下、左都是0像素
}
QLabel#label2{                       // 选中label2
    margin:50px 0px 0px 0px;         // 外边距: 上是50像素, 右、下、左都是0像素
    padding:0px 0px 20px;            // 内边距: 上、右、左都是0像素, 下是20像素
}
QLabel#label3{                       // 选中label3
    margin:0px 0px 0px 80px;         // 外边距: 上、右、下都是0像素, 左是80像素
    padding:10px;                    // 内边距: 上、右、下、左都是10像素
}
QLabel#label4{                       // 选中label4
    margin:50px 0px 0px 80px;        // 外边距: 上是50像素、右和下是0像素、左是80像素
    padding:10px 9px;                // 内边距: 上和下是10像素, 右和左是9像素
}
```

4.5　本章小结

本章对QSS定义的语法结构展开阐述，首先讲解选择器，主要包括类型选择器、类选择器、ID选择器、包含选择器、属性选择器和其他选择器；然后说明QSS的基本属性，包括字体属性、文本属性、背景属性、边框属性和伪类；再对QSS中的盒子模型进行详细说明。通过本章的学习，读者应该能够熟练地运用QSS选择器和属性进行窗口界面设计。

4.6 习题4

一、单项选择题

1. 设置组件的内边距，使其上内边距是10px，下内边距是20px，左内边距是30px，右内边距是40px，QSS属性的设置语句是（　　）。

   A. padding:10px 20px 30px 40px   B. padding:40px 30px 20px 10px

   C. padding:10px 40px 20px 30px   D. padding:20px 10px 40px 30px

2.（　　）属性能够精确设置组件的左外边距。

   A. content-left: B. padding-left: C. margin-left: D. border-left:

3. 设置底边框的属性是（　　）。

   A. border-bottom   B. border-top   C. border-left   D. border-right

4. 下面的setStyleSheet语句所使用的选择器是（　　）。

```
this->setStyleSheet("#btn{font-size:48px;}");
```

   A. 类型选择器   B. 类选择器   C. ID选择器   D. 包含选择器

5. 文本的text-decoration属性设置文本下划线的属性值是（　　）。

   A. none   B. underline   C. overline   D. line-through

6. 设置label对象的大小是48像素的语句为

```
label->setStyleSheet("          ");
```

   A. font-size:48px;   B. font-weight:48px;

   C. font-blod:48px;   D. font-style:48px;

7. 使用background-position属性设置背景图片水平居中、垂直靠下所使用的属性值是（　　）。

   A. center bottom   B. bottom center   C. top center   D. center top

8. 设置某个组件的边框线是虚线，其属性值使用（　　）。

   A. solid   B. dashed   C. dotted   D. line

二、多项选择题

1. CSS中的padding属性设置的属性值可以有（　　）个。

   A. 1   B. 2   C. 3   D. 4   E. 5

2. CSS中盒子模型的属性包括（　　）。

   A. font   B. margin   C. padding   D. visible   E. border

3. 关于边框，写法正确的是（　　）。

   A. border-top-width   B. border-style

   C. border-width   D. border-color

4.（　　）属性值属于text-align属性。

   A. left   B. center   C. right   D. none

5.（　　）可以设置某个组件的左边界为5px。

   A. margin:0 5px;   B. margin:5px 0 0;

   C. margin:0 0 0 5px;   D. padding-left:5px;

6. QSS的定义是由（　　　）三部分组成的。

  A. 选择器   B. 属性   C. 属性值   D. 内容

三、QSS代码缩写（注意要符合缩写的规范）

1. 使用border属性对下列属性设置进行缩写。

```
border-width:1px;
border-color:#000;
border-style:solid;
```

2. 使用margin属性对下列属性设置进行缩写。

```
margin-left:20px;
margin-right:20px;
margin-bottom:5px;
margin-top:20px;
```

4.7 实验4 QSS样式设计

一、实验目的

（1）掌握QSS中选择器的使用方法。

（2）掌握QSS中常用属性的设置方法。

（3）掌握QSS盒子模型的应用。

二、实验要求

使用Qt Creator编辑程序实现实验图4-1所示界面，要求实现以下功能。

（1）在UI中拖入两个QGroupBox组件，在两个组件中分别放入三个按钮。

（2）设置整个窗口的背景色为灰色。

（3）所有按钮的样式都是：白色背景蓝色字、加粗、大小16像素。

（4）将组1第2个按钮改为：橙色背景、白色字。

（5）将组2所有按钮改为：黄色背景、绿色字。

实验图4-1　实验结果图

数据验证

本章学习目标：

  本章主要讲解 Qt 中数据的验证方式，重点是对正则表达式的理解。通过本章的学习，读者应该掌握以下内容。

- 正则表达式的组成。
- 正则表达式元字符。
- Qt 中的正则表达式对象。
- 正则表达式在 Qt 中的具体应用。

5.1 正则表达式

5.1.1 正则表达式简介

1. 概述

在用户填写的数据提交出去进行处理之前，可以利用程序设计语言对用户输入的数据进行验证。如果验证出现问题，就需要给出相应的提示；如果验证通过，则把数据提交出去进一步处理。常见的验证主要分为以下几种类型。

（1）验证必填项。输入数据的必填项在提交出去处理之前是不允许为空的，例如注册表单的用户名和密码等选项。

（2）验证长度。用户输入数据的长度有时必须处于一个范围，或者是个确切的值，例如电话号码、手机号码等。

（3）验证特殊内容的格式。某些数据对输入格式是有要求的，例如有的只能输入数字、有的只能输入字符、有的需要输入数字和字符的混合形式，而且必须要符合一定的格式（例如日期、时间类的输入）。

（4）验证两个输入数据的值相等。某些输入数据必须相同，例如密码和确认密码。

由以上验证要求可以看出，进行这些验证一般是对一个字符串是否符合一种特殊格式进行判断，这种特殊格式规则表达式也称为正则表达式（regular expression，在代码中常简写为regex），通常被用来检索、替换符合某个模式（规则）的文本。

2. 正则表达式的定义

正则表达式使用单个字符串来描述、匹配一系列符合某个句法规则的字符串，可以分为普通正则表达式、扩展正则表达式、高级正则表达式。正则表达式的主要作用如下：

（1）测试字符串的某个模式。例如，可以对一个输入字符串进行测试，看该字符串是否是一个电话号码或一个信用卡号码。

（2）替换文本。可以在文档中使用一个正则表达式来标识特定文字，然后可以将其全部删除，或者替换为别的文字。

（3）根据模式匹配从字符串中提取一个子字符串。可以用于在文本或输入字段中查找特定文字。

正则表达式的特点是具有很强的灵活性、逻辑性和功能性，同时可以迅速地用极简单的方式实现字符串的复杂控制。

3. 正则表达式的组成

正则表达式语言由两种基本字符类型组成：普通字符和元字符。大多数的字符仅能够描述其本身，这些字符称作普通字符，例如所有的字母和数字。也就是说，普通字符只能匹配字符串中与它们相同的字符；元字符就是指那些在正则表达式中具有特殊意义的专用字符，可以用来规定其前导字符（即位于元字符前面的字符）在目标对象中的出现模式。例如字符^、$、.、*、+、?、=、!、:、|、\、/、( )、[ ]、{ }，在正则表达式中具有特殊含义。如果要匹配这些具有特殊含义的字符本身，需要在这些字符前面加反斜杠（\）进行转义。例如匹配"以ab开头，后面紧跟数字字符串"的正则表达式是"ab\d+"，其中ab就是普通字符，\d代表0～9之间的

数字，+代表前面字符可以出现1次或以上。

【例5-1】筛选字符串中的数字

本例定义一串包含数字和字符的字符串，利用正则表达式把其中的数字挑选出来。创建工程后在main.cpp中进行代码设计，具体代码及其详细说明如下：

```cpp
#include "widget.h"
#include <QApplication>
#include <QRegularExpression>        // 导入正则表达式头文件
#include<QRegularExpressionMatch>    // 导入正则表达式匹配的头文件
int main(int argc, char *argv[])
{
  QApplication a(argc, argv);
  // 定义包含字符和数字的源字符串
  QString strText="hello122world45QT9876";
  // 输出字符源串
  qDebug()<<"字符源串: "<<strText;
  // 定义正则表达式
  QRegularExpression rex("(\\d+)");
  // 进行正则匹配，返回数据保存在迭代器i中，当前指针指向第一个数据的前面
  QRegularExpressionMatchIterator i = rex.globalMatch(strText);
  // while循环是遍历匹配到的数据，i.hasNext()表示迭代器i中是否存在下一个匹配数据
  while (i.hasNext())
  {
    // 从迭代器中返回下一个匹配结果，并且当前指针指向读取结果的位置
    QRegularExpressionMatch match = i.next();
    // 返回匹配结果的数据字符串变量word
    QString word = match.captured(1);
    // 按格式输出匹配数据
    qDebug()<<"匹配的数据是: "<<word;
  }
  return a.exec();
}
```

运行结果如图5-1所示。

图5-1　正则表达式

在本例中，正则表达式"(\\d+)"中的控制字符是\，所以使用\\表示\是控制字符;\d表示数字;+表示1个或多个。另外，globalMatch()方法表示全局匹配，即把源字符串中所有符合要求的结果都找出来。

 扫一扫，看视频

5.1.2　普通字符

普通字符只能匹配和自身相同的字符，正则表达式中的普通字符见表5-1。

表 5-1　正则表达式中的普通字符

字　符	匹　配
字母或数字	自身对应的字母或数字
\f	换页符
\n	换行符
\r	回车键
\t	制表符
\v	垂直制表符
\\/	一个 / 直接量
\\\\	一个 \ 直接量
\\.	一个 . 直接量
*	一个 * 直接量
\\+	一个 + 直接量
\\?	一个 ? 直接量
\\|	一个	直接量
\\(	一个 (直接量
\\)	一个) 直接量
\\[	一个 [直接量
\\]	一个] 直接量
\\{	一个 { 直接量
\\}	一个 } 直接量
\XXX	由十进制数 XXX 指定的 ASCII 码字符
\Xnn	由十六进制数 nn 指定的 ASCII 码字符
\cX	控制字符 ^X

【例5-2】挑选指定字符

本例定义一串包含数字和字符的字符串，利用正则表达式把其中带有"is"的单词挑选出来。创建工程后在main.cpp中进行代码设计，具体代码及其详细说明如下：

扫一扫，看视频

```cpp
#include "widget.h"
#include <QApplication>
#include <QRegularExpression>
#include<QRegularExpressionMatch>
int main(int argc, char *argv[])
{
  QApplication a(argc, argv);
  // 定义源字符串
  QString strText="This is test regex.";
  // 输出源字符串
  qDebug()<<"源字符串"<<strText;
  // 定义正则表达式
  QRegularExpression rex("([A-Za-z]*is+)");
  // 进行正则匹配，返回数据保存在迭代器i中，其当前指针指向第一个数据的前面
  QRegularExpressionMatchIterator i = rex.globalMatch(strText);
  // 定义输出匹配的数据个数
  int count=1;
  while (i.hasNext())
  {
```

```
    QRegularExpressionMatch match = i.next();
    QString word = match.captured(1);
    qDebug()<<"第"<<count++<<"个匹配的数据是: "<<word;
}

    return a.exec();
}
```

程序运行结果如图5-2所示。

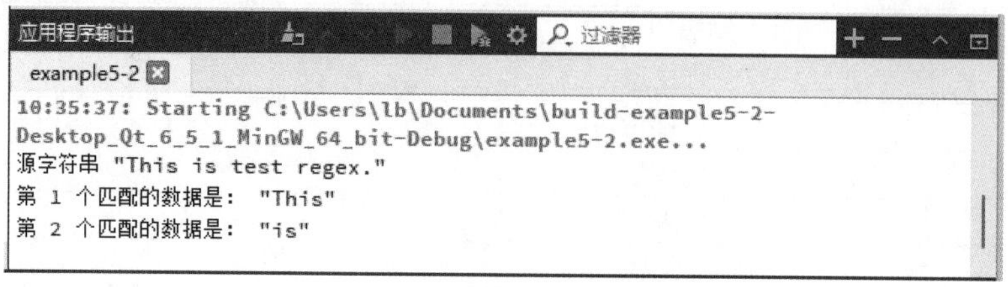

图 5-2　挑选指定字符

5.1.3　元字符

元字符是一些在正则表达式里有着特殊含义的字符，其代表一些普通字符。元字符大致可以分为两种：一种是用来匹配文本的（例如点），另一种是正则表达式的语法所要求的（例如中括号）。

1. 中括号[]

在正则表达式中，"[ ]"表示匹配所包含的任意一个字符。例如，正则表达式"r[aou]t"匹配的是rat、rot或rut。

正则表达式可以在括号中使用连字符"-"来指定字符的区间，例如正则表达式[0-9]可以匹配任意一个数字字符，正则表达式[a-z]可以匹配任意一个小写字母。还可以在中括号中指定多个区间，例如正则表达式[0-9A-Za-z]可以匹配任意大小写字母以及数字字符。

要想匹配指定区间之外的字符，也就是所谓的补集，在左边的括号和第一个字符之间使用"^"字符，例如正则表达式[^A-Z]将匹配除了所有大写字母之外的任意字符。

2. 常用元字符

表5-2列出了正则表达式中常用的元字符，每一个元字符都有其特殊的含义。

表 5-2　常用元字符

元字符	说　　明
.	匹配除换行符以外的任意一个字符
\w	匹配任意一个字母、数字或下划线，等价于[0-9a-zA-Z_]
\W	匹配除了字母、数字、下划线和汉字以外的任意一个字符，等价于[^0-9a-zA-Z_]
\s	匹配任意一个空白符，等价于[\f\n\r\t\v]
\S	匹配任意一个非空白符，等价于[^\f\n\r\t\v]
\d	匹配一个数字字符，等价于[0-9]或[0123456789]
\D	匹配一个非数字字符，等价于[^0-9]或[^0123456789]
\b	匹配单词的开始或结束
^	匹配字符串的开始
$	匹配字符串的结束

3. 特殊元字符

因为元字符在正则表达式里有着特殊的含义，所以这些字符无法用来代表其本身。在元字符前面加上一个反斜杠就可以对其进行转义，这样得到的转义序列将匹配字符本身而不是其所代表的特殊元字符。另外，在进行正则表达式搜索时，经常会遇到需要对原始文本中的非打印空白字符进行匹配的情况。例如需要把所有的制表符找出来，或者需要把换行符找出来，这类字符很难被直接输入一个正则表达式里，这时可以使用表5-3所示的特殊元字符进行输入。

表 5-3　特殊元字符

字　　符	说　　明
\b	回退（并删除）一个字符（Backspace 键）
\f	换页符
\n	换行符
\r	回车符
\t	制表符（Tab 键）
\v	垂直制表符

4. 复制字符

除了可以使用普通字符或元字符来描述正则表达式之外，还可以使用复制字符来描述字符的重复模式。正则表达式的复制字符如表5-4所示。

表 5-4　正则表达式的复制字符

字　　符	说　　明
*	重复零次或更多次
+	重复一次或更多次
?	重复零次或一次
{n}	重复 n 次
{n,}	重复 n 次或更多次
{n,m}	重复 n 到 m 次

在写正则表达式时，首先要从分析匹配字符串的特点开始，然后逐步补充其他元字符、普通字符，匹配从左到右进行。

【例5-3】挑选电信手机号码

本例实现从给出的多个手机号码中挑选出电信手机号码，如图5-3所示。

图 5-3　挑选电信手机号码

我国的手机号码都是11位数字，电信号码的前三个数字是133、153、180、181、189，后面都是0~9之间的数字，具体分析如下：

（1）手机号码是11位数字，并且是以1开头，后面两位是33、53、80、81或89。

（2）电信手机号可以抽象写成1[35]3或者18[019]开头的三位数字。

（3）手机号码长度是11位，前面抽象的数字已经有三个，后面还可补充8位数字并且这8位数字没有要求，则正则表达式为1[35]3\d{8}或者18[019]\d{8}，其中\d表示数字，{8}表示它的左边字符（一个数字）可以重复出现8次。

（4）所有字符必须是11位，而且头部、尾部都必须满足条件，因此可以是^1[35]3\d{8}|18[019]\d{8}$，其中"|"表示或者的意思。

创建工程后在main.cpp中进行代码设计，具体代码及其详细说明如下：

```cpp
#include "widget.h"
#include <QApplication>
#include <QRegularExpression>
#include<QRegularExpressionMatch>
int main(int argc, char *argv[])
{
  QApplication a(argc, argv);
  // 定义集合
  QList<QString> mobileArr;
  // 向集合中添加样例数据
  mobileArr<<"13312345678"<<"13712345678";
  mobileArr<<"18012345678"<<"189123456789";
  mobileArr<<"1531234567"<<"181123456789";
   qDebug()<<"手机号码源串: ";
  // 输出源数据
  for(int i=0;i<mobileArr.size();i++){
    qDebug()<< mobileArr[i];
  }
  qDebug()<<"符合电信手机号规则的列表如下: ";
  // 定义符合电信规则的正则表达式
  QRegularExpression re("^1[35]3\\d{8}|18[019]\\d{8}$");
  // 定义匹配结果对象
  QRegularExpressionMatch match;
  for(int i=0;i<mobileArr.size();i++){
    // 取出某一个电话号码进行正则匹配
    match = re.match(mobileArr[i]);
    if (match.hasMatch()) {
      // 符合规则就输出
      qDebug()<<mobileArr[i];
    }
  }
  return a.exec();
}
```

5.1.4 正则表达式的高级用法

1. 选择

在正则表达式中，还可以使用分隔符指定待选择的字符，例如正则表达式"/ xy | ab | mn/"可以匹配字符串"ab""mn"或者"xy"；又如正则表达式"/\d{4} | [a-z]{3} /"可以匹配4位数

字或者3位小写字母。例5-3就是利用分隔符来进行两类号码段电信手机号的识别。

2. 分组

前面说明过单个字符后加上重复复制的限定符可以在正则表达式中规定多个字符的范围，但如果需要重复的是一个字符串时，可以用小括号来指定子表达式（也叫作分组），然后再指定这个子表达式的重复次数。

本例先给出几个字符串，然后再在这些字符串中挑选出符合要求的IPv4地址，其运行结果如图5-4所示。

扫一扫，看视频

```
应用程序输出          🔍 过滤器            + − ∧ □
regist ✕
14:17:47: Starting C:\Users\lb\Documents\build-regist-
Desktop_Qt_6_5_1_MinGW_64_bit-Debug\debug\regist.exe...
地址列表如下:
"98.a.3.3"
"192.168.1.1"
"172.268.3.4"
"10-1-2-1"
其中的IP地址列表如下:
"192.168.1.1"
14:17:47: C:\Users\lb\Documents\build-regist-
Desktop_Qt_6_5_1_MinGW_64_bit-Debug\debug\regist.exe 退出, 退出代码: 0
{1 ?} {2?}
```

图5-4 分组正则表达式的应用

IPv4地址是32位的，采用点分十进制表示方法，即32位地址以8位为一个单元，每个单元用十进制数表示，单元与单元之间用小数点隔开。"(\d{1,3}\.){3}\d{1,3}"是一个简单的IP地址匹配表达式。要理解这个表达式，请按下列顺序进行分析："\d{1,3}"匹配的是1~3位数字，"(\d{1,3}\.){3}"匹配的是把1~3位数字加上一个英文句号，并把其看成一个分组，把这个分组重复三次，最后再加上一个1~3位的数字(\d{1,3})。但是有一些不符合规则的IP地址也会被认为是合法的IP地址，如256.300.888.999（错误原因是IP地址中的每个数字都不能大于255）。如果能使用算术比较，可以很容易解决这个问题，但是正则表达式中并不提供关于数学的任何功能，所以只能使用分组或选择字符类来描述一个正确的IP地址。具体分析如下：

（1）IPv4地址中的一个单元十进制数的范围是0~255，如果一个单元是一位数时是0~9，是两位数时是10~99，是三位数时是100~199、200~249或者250~255。

（2）由此得到1个单元的正则表达式为：

```
[0-9]|[1-9][0-9]|1[0-9]{2}|2[0-4][0-9]|25[0-5]
```

其中，"|"表示或者，计算优先级最低，左右两边可以是多个元字符、普通字符组合成的正则表达式。

（3）这样的1个单元字符需要有三次重复，每个单元中间需要用点隔开，所以正则表达式为：

```
(([0-9]|[1-9][0-9]|1[0-9]{2}|2[0-4][0-9]|25[0-5])\.){3}
```

其中，点字符是元字符，需要转义。

（4）最后还有一段0~255匹配，所以最终的IP地址正则表达式为：

```
^(([0-9]|[1-9][0-9]|1[0-9]{2}|2[0-4][0-9]|25[0-5])\.){3}([0-9]|[1-9][0-9]|1[0-9]
{2}|2[0-4][0-9]|25[0-5])$
```

创建工程后在main.cpp中进行代码设计，具体代码及其详细说明如下：

```cpp
#include "widget.h"
#include <QApplication>
#include <QRegularExpression>
#include<QRegularExpressionMatch>
int main(int argc, char *argv[])
{
  QApplication a(argc, argv);

  //定义集合
  QList<QString> ipArr;
  ipArr<<"98.a.3.3"<<"192.168.1.1";
  ipArr<<"172.268.3.4"<<"10-1-2-1";
  qDebug()<<"地址列表如下: ";
  // 输出源数组
  for(int i=0;i<ipArr.size();i++){
      qDebug()<<ipArr[i];
  }
  qDebug()<<"其中的IP地址列表如下: ";
  QRegularExpression re("^(([0-9]|[1-9][0-9]|1[0-9]{2}|2[0-4][0-9]|25[0-5])\\.){3}
([0-9]|[1-9][0-9]|1[0-9]{2}|2[0-4][0-9]|25[0-5])$");
  QRegularExpressionMatch match;
  for(int i=0;i<ipArr.size();i++){
    match = re.match(ipArr[i]);
    if (match.hasMatch()) {
      qDebug()<<ipArr[i];
    }
  }
  return a.exec();
}
```

3. 后向引用

使用小括号指定一个子表达式后，匹配这个子表达式的文本可以在表达式或其他程序中做进一步的处理。默认情况下，每个分组会自动拥有一个组号，其规则是：从左向右，以分组的左括号为标志，第一个出现的分组的组号为1，第二个为2，以此类推。

后向引用用于重复搜索前面某个分组匹配的文本。例如，\1代表分组1匹配的文本。正则表达式"/ \b(\w+)\b\s+\1\b /"可以用来匹配重复的单词，例如Hi Hi, Go Go。首先是一个单词，也就是单词开始处和结束处之间有多于一个的字母或数字(\b(\w+)\b)，然后是1个或几个空白符(\s+)，最后是前面匹配的那个单词(\1)。

【例5-5】搜索指定格式的数字字符

本例从一个字符串数组中找到类似abab或者abba的数字。创建工程后在main.cpp中进行代码设计，具体代码及其详细说明如下：

```cpp
#include "widget.h"
#include <QApplication>
#include <QRegularExpression>
#include<QRegularExpressionMatch>
int main(int argc, char *argv[])
{
  QApplication a(argc, argv);
  QList<QString> numberArr;
```

```
numberArr<<"1212"<<"1234"<<"1221"<<"1231";
qDebug()<<"原始数据如下: ";
// 输出源数组
for(int i=0;i<numberArr.size();i++){
  qDebug()<< numberArr[i];
}
qDebug()<<"其中符合abba或abab的数据如下: ";
QRegularExpression re("(\\d)(\\d)\\2\\1|(\\d)(\\d)\\3\\4");
QRegularExpressionMatch match;
for(int i=0;i<numberArr.size();i++){
  match = re.match(numberArr[i]);
  if (match.hasMatch()) {
    qDebug()<<numberArr[i];
  }
}
return a.exec();
}
```

其显示结果如图5-5所示。

图5-5　后向引用正则表达式的应用

4. 贪婪模式

贪婪模式的特性是一次性地读入整个字符串，如果不匹配，就删除最右边的一个字符再匹配，直到找到匹配的字符串或字符串的长度为0，其宗旨是读入尽可能多的字符，当找到第一个匹配项时就立刻返回。

【例5-6】贪婪模式匹配字符串

定义字符串"\<b\>Linux\</b\> an \<b\>php\</b\> linux abc"，现在需要完成的任务是把标记对"\<b\>\</b\>"之间的内容捕获出来，即Linux和php。正则表达式的构建过程分析如下：

扫一扫，看视频

（1）以标记b开头与结尾，需要把"\<b\>...\</b\>"转换成正则表达式，其中 \<b\>\</b\>当作普通字符。

（2）标记\<b\>\</b\>之间可以出现任意字符，个数可以是0个或者多个，正则表达式可以表示为"\<b\>.*\</b\>"，其中"."代表任意字符，默认模式不匹配换行，"*"表示重复前面字符0个或者多个。

最后形成的正则表达式是"\<b\>.*\<\/b\>"，这里的"\"表示转义字符，将其后面的"/"转换成普通字符。虽然原理上的匹配结果有以下三种：

```
<b>Linux</b>
<b>php</b>
<b>Linux</b> an <b>php</b>    // 这是本例要求的贪婪模式字符串匹配结果
```

但只有第三行的结果才是符合本例要求的贪婪模式字符串匹配结果，代码如下：

```cpp
#include "widget.h"
#include <QApplication>
#include <QRegularExpression>
#include<QRegularExpressionMatch>
#include<QRegularExpressionMatchIterator>
int main(int argc, char *argv[])
{
  QApplication a(argc, argv);
  QString strText="<b>Linux</b> an <b>php</b> linux abc";
  qDebug()<<"源串如下："<<strText;
  QRegularExpression re("(<b>.*<\/b>)");
  QRegularExpressionMatchIterator i = re.globalMatch(strText);
  // 定义计数器count
  int count=1;
  // while循环是遍历匹配到的数据
  // i.hasNext()表示迭代器i中是否存在下一个数据
  while (i.hasNext())
  {
    // 从迭代器中返回下一次匹配结果
    QRegularExpressionMatch match = i.next();
    // 返回匹配结果数据的字符串变量word
    QString word = match.captured(1);
    // 按格式输出匹配数据
    qDebug()<<"第"<<count++<<"个匹配的数据是："<<word;
  }
  return a.exec();
}
```

其显示结果如图5-6所示。

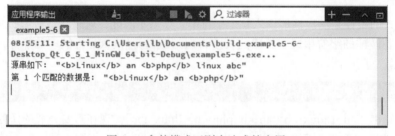

图5-6　贪婪模式正则表达式的应用

由本例执行的结果来看，按照贪婪模式进行字符串匹配，如果需要返回两个子串 Linux和php，就使用懒惰模式。

5. 懒惰模式

懒惰模式的特性是从字符串的左边开始，试图不读入字符串中的字符进行匹配，如果匹配失败，就再多读一个字符进行匹配，如此循环，当找到一个匹配项时会返回该匹配项的字符串，然后再进行下一轮匹配，直到字符串结束。

在正则表达式中把贪婪模式转换成懒惰模式的方法是，在表示重复字符的元字符后面多加一个 "?" 字符。例5-6的源程序中的正则表达式是 "/<b>.*<\/b>/"，把其修改成 "改为 "/<b>.*?<\/b>/" 即可，返回的结果将是Linux和php，如图5-7所示。

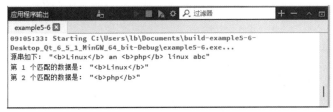

图5-7　懒惰模式正则表达式的应用

5.2 Qt正则表达式的对象

5.2.1 QRegularExpression

正则表达式由两部分组成：一个模式字符串和一组改变模式字符串含义的模式选项。Qt中设置正则表达式的方法，是将正则表达式字符串传递给 QRegularExpression 构造函数，其语句如下：

```
QRegularExpression re("正则表达式");
```

可以使用setPattern()函数设置QRegularExpression对象上的正则表达式，其定义语句如下：

```
QRegularExpression re;
re.setPattern("正则表达式");
```

由于 C++ 字符串规则，必须使用另一个反斜杠转义正则表达式字符串中的所有反斜杠。例如定义匹配两个数字的正则表达式，其语句如下：

```
QRegularExpression re("\\d\\d");
```

另外还可以使用原始字符串文字R"(...)"来表示正则表达式，在表达式中就不需要使用转义模式中的反斜杠，R"(...)" 之间的所有字符都被视为原始字符。例如，定义匹配两个数字的正则表达式的简化编写语句如下：

```
QRegularExpression re(R"(\d\d)");
```

1. 常用成员函数

（1）int captureCount()。

该函数返回正则表达式在源字符串中捕获的符合规则的子字符串的数量，如果正则表达式无效，则返回 –1。

（2）QRegularExpressionMatchIterator globalMatch(源串, 起始位置) 。

全局查找与正则表达式相匹配的子字符串，该方法的第一个参数是源字符串，第二个参数指定从源字符串的第几个字符开始查找。

2. 使用举例

（1）正常匹配。

QRegularExpression对象使用 match() 函数进行字符串匹配，match() 函数的结果是一个QRegularExpressionMatch对象，可用于读取匹配结果。 例如，在一个字符串中查找两个数字的匹配值。

```
// 定义两个数字的正则表达式
QRegularExpression re("\\d\\d");
// 查找的源串是"abc1234def"，匹配的结果存储在match中
QRegularExpressionMatch match = re.match("abc1234def");
// match.hasMatch()用来判断是否存在匹配值, 如果有, 返回值为true; 否则返回值为false
bool hasMatch = match.hasMatch();          // 本例返回true
```

如果匹配成功，可以使用QRegularExpression对象的captured()方法通过捕获组编号获得与整个正则表达式匹配的子字符串，例如：

```
QRegularExpression re("\\d\\d");
QRegularExpressionMatch match = re.match("abc1234def");
if (match.hasMatch())
{
  QString matched = match.captured(0); // 匹配结果是 "12"
}
```

另外，match() 函数通常是从第一个字符开始匹配，但也可以指定从第几个字符开始匹配。例如匹配字符串 "abc1234def " 中的 "23" 两个数字，可以修改match() 函数中的入口参数，其指令如下：

```
QRegularExpression re("\\d\\d");
QRegularExpressionMatch match=re.match("abc1234def",4);
if (match.hasMatch())
{
  QString matched = match.captured(0); // 匹配结果是 "23"
}
```

（2）提取捕获的子字符串。

QRegularExpressionMatch 对象包含由正则表达式捕获组捕获的子字符串的信息，其captured()方法将返回第 n 个捕获组捕获的字符串。例如，通过正则表达式程序获取格式如"月/日/年"中的数据信息，代码示例如下：

```
QRegularExpression re("^(\\d\\d)/(\\d\\d)/(\\d\\d\\d\\d)$");
QRegularExpressionMatch match = re.match("08/13/2023");
if (match.hasMatch())
{
  // 下面用到的captured(n)中的值: 0, 表示完全匹配正则结果
  // n值是1、2、3时是正则表达式中的分组结果, 也就是用小括号括起来的分组数据
  // 在本正则表达式中有三对小括号对应n值的1、2、3
  QString day = match.captured(1);        // day = "13"
  QString month = match.captured(2);      // month = "08"
  QString year = match.captured(3);       // year = "2023"
}
qDebug()<<match.captured(0);              // 输出"08/13/2023"
```

其中需要说明的是，正则表达式 "^(\\d\\d)/(\\d\\d)/(\\d\\d\\d\\d)$" 中的三个小括号表示有三组数据，其编号是从1开始，编号0表示捕获与整个正则表达式相匹配的子字符串。

另外，还可以通过使用 captureStart() 和 captureEnd() 方法检索每个捕获的子字符串的开始位置和结束位置。例如，找出 "HelloQt123World!" 字符串中与正则表达式 "t(\\d+)W" 相匹配字符串的起始和结束位置。

```
QRegularExpression re("t(\\d+)W");
QRegularExpressionMatch match = re.match("HelloQt123World!");
if (match.hasMatch())
{
  int startOffset = match.capturedStart(1);   // 起始位置是7
  int endOffset = match.capturedEnd(1);       // 结束位置是10
}
```

所有这些函数都可以使用一个字符串对正则表达式分组进行命名，以方便后续程序使用这个命名来提取捕获该命名正则表达式的子字符串。例如，下面实现对需要捕获的年月日在正则表达式中进行命名，在后面的captured()方法中使用这个命名进行捕获。

```
QRegularExpression re("^(?<day>\\d\\d)/(?<month>\\d\\d)/(?<year>\\d\\d\\d\\d)$");
QRegularExpressionMatch match = re.match("08/13/2023");
if (match.hasMatch())
{
  QString date = match.captured("day");     // day= "13"
  QString month = match.captured("month");  // month = "08"
  QString year = match.captured("year");    // year = 2023
}
```

其中，子正则表达式 "(?<day>\\d\\d)" 中的一对小括号表示是一个分组，这个捕获分组使用?表示命名开始，尖括号内是对正则表达式分组的命名，本处使用的命名是day，正则表达式 "\\d\\d" 表示要匹配两个数字。

（3）全部匹配。

前面讲述的匹配方法match( )仅会找到第一个匹配的子字符串，如果需要查找源串中所有匹配的子串，可以使用globalMatch()方法，该方法会把所有与给定正则表达式相匹配的子串查找出来，并且返回值是一个 QRegularExpressionMatchIterator对象，该对象是一个迭代器，可使用迭代方法访问其内容。例如，输出一个字符串中的所有单词，其示例语句如下：

```
QRegularExpression re("(\\w+)");
QRegularExpressionMatchIterator i = re.globalMatch("Hello Qt World");
while (i.hasNext()) {
  QRegularExpressionMatch match = i.next();
  QString word = match.captured(1);
  qDebug()<<word;
}
```

其中，正则表达式 "(\\w+)" 中的一对小括号表示一个分组，\\w表示字母、数字和下划线，+表示其前面的元字母（也就是\\w）至少要有一个或多个。所以，只要字符串中出现非字母、数字或者下划线的字符，就认为是单词的分隔符。

5.2.2　QRegularExpressionMatch

QRegularExpressionMatch 类存储QRegularExpression字符串匹配的结果，可以通过调用QRegularExpression::match() 函数来获得 QRegularExpressionMatch 对象。其主要成员函数介绍如下。

1. hasCaptured()

hasCaptured(int n)方法表示如果第n个捕获组捕获到匹配字符串，则返回 true；否则返回 false。如果没有第n个捕获组，也返回false。

2. hasMatch()

hasMatch()表示正则表达式是否存在全部匹配的字符串；hasPartialMatch()函数表示正则表达式是否存在部分匹配的字符串。

3. captured()

captured(int n = 0)函数返回第 n 个捕获组捕获的子字符串，其中第 0 号捕获组所捕获的是整个模式匹配的子字符串。

4. capturedEnd()

capturedEnd(int n = 0)函数返回第 n 个捕获组捕获的子字符串结束位置之后的字符在源字符串的偏移量。如果第 n 个捕获组未捕获字符串或不存在，则返回 −1。

5. capturedLength()

capturedLength(int n = 0)返回第 n 个捕获组捕获的子字符串的长度。

6. capturedStart()

capturedStart(int nth = 0)返回源字符串内对应于第 n 个捕获组捕获的子字符串的起始位置的偏移量。

7. capturedTexts()

返回由捕获组捕获的所有字符串的列表，按照组本身出现在源字符串中的顺序。该列表包括隐式捕获组编号 0，捕获与整个模式匹配的第一个子字符串。

```
QRegularExpression rx("\\d+");                          // 定义数字的正则表达式
QString str = "hello123";
QRegularExpressionMatch match = rx.match(str);
qDebug()<<match.hasMatch()<<match.capturedTexts();      // 输出true QList("123")
```

8. lastCapturedIndex()

lastCapturedIndex()函数返回最后一个捕获组的索引，包括隐式捕获组 0。该函数可用于提取所有捕获的子字符串，例如：

```
QRegularExpressionMatch match = re.match(string);
for (int i = 0; i <= match.lastCapturedIndex(); ++i)   // 循环遍历捕获数据
{
  QString captured = match.captured(i);
  // ...
}
```

5.2.3　QRegularExpressionMatchIterator

QRegularExpressionMatchIterator类为QRegularExpression对象与字符串的全局匹配结果提供了一个迭代器。QRegularExpressionMatchIterator对象是一个仅能向前进的、类似 Java

的迭代器，可以通过调用 QRegularExpression::globalMatch() 函数获得。每个结果都是一个 QRegularExpressionMatch 对象，其中包含该结果的所有信息（包括捕获的子字符串）。例如：

```
QRegularExpression re("(\\w+)");              // 定义正则表达式
QString subject("Hello Qt world");            // 定义源字符串
QRegularExpressionMatchIterator it = re.globalMatch(subject);  // 全局匹配
while (it.hasNext())                          // 存在匹配的子串
{
  QRegularExpressionMatch match = it.next();  // 读取某一个匹配的match对象
  // ...
}
```

QRegularExpressionMatchIterator的常用函数介绍如下。

1. bool hasNext()

hasNext()函数表示如果迭代器当前指针的后面至少有一个匹配结果，返回 true，否则返回 false。

2. QRegularExpressionMatch next()

next()函数返回下一个匹配结果并将迭代器指针前进一个位置。需要说明的是，当迭代器位于结果集的末尾时，调用此函数会导致未定义的结果。

3. QRegularExpressionMatch peekNext()

peekNext()函数可以在不移动迭代器指针的情况下返回下一个匹配结果。需要说明的是，当迭代器指针位于结果集的末尾时，调用此函数会导致未定义的结果。

5.3 表单验证

5.3.1 需求分析

【例5-7】表单验证

本例将实现用户注册时的表单验证，运行结果如图5-8所示。例如，当用户输入的用户名不是6～15个字符（字母、数字和下划线）并且输入用户信息的文本框失去焦点时，会弹出警告框，给出相应的提示（图5-9），当用户单击警告框中的OK按钮后，其对应的标签将会变成红底白字，以提示用户此项数据输入有错（图5-10）。

扫一扫，看视频

图 5-8　表单验证　　　图 5-9　用户名输入错误提示　　　图 5-10　提示输入错误项

本例对用户输入的数据有以下要求。

（1）用户名：必须在6～15个字符之间，并且字符仅允许字母、数字和下划线。

（2）密码：必须在6～15个字符之间，并且字符仅允许字母、数字和下划线。

（3）确认密码：必须要和密码的内容完全相同。

（4）手机号码：必须是11位数字，且第一个数字必须是1，第二个数字只能是3、5、6、7、8、9。

（5）电子邮箱：必须包含"@"字符，并且"@"字符后面必须要有"."字符，其他字符只允许小写字母、大写字母、数字、下划线和短横线。

5.3.2 程序设计

例5-7项目的设计步骤如下：

（1）创建项目工程，工程名为example5-7。

（2）创建资源文件res.qrc，并在该文件中导入QQ图标的图片文件qq.jpeg。

（3）在UI布局界面拖入适当的组件，并给每个组件对象命名，拖入的组件和其对应的对象名如图5-11所示。

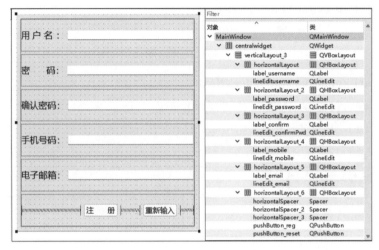

图5-11　组件布局与相对应的对象名

（4）在创建项目的头文件中进行数据变量定义和相关函数声明，代码及其详细说明如下：

```
#ifndef WIDGET_H
#define WIDGET_H
#include <QWidget>
#include<QMessageBox>
#include<QRegularExpressionMatch>
QT_BEGIN_NAMESPACE
namespace Ui { class Widget; }
QT_END_NAMESPACE
class Widget : public QWidget
{
    Q_OBJECT
public:
    Widget(QWidget *parent = nullptr);
    ~Widget();
    // 定义通用正则表达式验证函数
    // 参数：1. 正则表达式；2. 需要验证的字符源串；3. 验证控件编号
    void regular(QString expression,QString sourceString,int type);
    // 定义验证是否通过标志
    bool flag;
```

```cpp
private:
  Ui::Widget *ui;
private slots:
  void on_pushButton_reset_clicked();              // 重新输入按钮单击事件函数
  void on_lineEditusername_editingFinished();      // 用户名编辑完成事件函数
  void on_lineEdit_password_editingFinished();     // 密码编辑完成事件函数
  void on_lineEdit_mobile_editingFinished();       // 手机号码编辑完成事件函数
  void on_lineEdit_email_editingFinished();        // 邮箱名编辑完成事件函数
  void on_lineEdit_confirmPwd_editingFinished();   // 确认密码编辑完成事件函数
  void on_pushButton_reg_clicked();                // 注册按钮的单击事件函数
  void reset();                                    // 清除所有标签的样式
};
#endif // WIDGET_H
```

（5）在创建项目的源文件中进行项目需求相关程序设计，源代码及其详细说明如下：

```cpp
#include "widget.h"
#include "ui_widget.h"
Widget::Widget(QWidget *parent)
  : QWidget(parent)
  , ui(new Ui::Widget)
{
  ui->setupUi(this);
  // 设置主窗口的标题是：用户注册
  this->setWindowTitle("用户注册");
  // 设置主窗口的窗口图标为指定的图片：qq.jpeg
  this->setWindowIcon(QIcon(":/qq.jpeg"));
  // 设置密码输入文本框以密码形式显示
  ui->lineEdit_password->setEchoMode(QLineEdit::Password);
  // 设置确认密码输入文本框以密码形式显示
  ui->lineEdit_confirmPwd->setEchoMode(QLineEdit::Password);
}
Widget::~Widget()
{
  delete ui;
}
// 正则表达式验证函数，参数：1. 正则表达式；2. 需要验证的字符源串；3. 验证控件编号
void Widget::regular(QString expression, QString sourceString, int type)
{
  // 设置验证有效性初值为true
  flag=true;
  // 使用expression入口参数定义正则表达式rx变量
  QRegularExpression rx(expression);
  // 使用正则表达式获取sourceString入口参数的匹配数据
  QRegularExpressionMatch match = rx.match(sourceString);
  if(!match.hasMatch()){   // 如果没有匹配的数据
    flag=false;            // 设置验证有效性的值为false
    switch(type){
    case 0:                     // 入口参数type为0表示用户名输入不符合要求
      QMessageBox::critical(this, "用户名错误信息","用户名是6~15个字母、数字或者下划线!");
      // 设置用户名标签为红底白字
      ui->label_username->setStyleSheet("background:red;color:white;");
      break;
    case 1:                     // 入口参数type为1表示密码输入不符合要求
      QMessageBox::critical(this, "密码错误信息", "密码是6~15个字母、数字或者下划线!");
      // 设置密码标签为红底白字
      ui->label_password->setStyleSheet("background:red;color:white;");
      break;
    case 2:                     // 入口参数type为2表示手机号码输入不符合要求
      QMessageBox::critical(this, "手机错误信息", "手机是11位数字，且第一位数字是1,第
二位是3/5/6/7/8/9");
```

```
                // 设置手机号码标签为红底白字
                ui->label_mobile->setStyleSheet("background:red;color:white;");
                break;
            case 3:          // 入口参数type为3表示手机号码输入不符合要求
                QMessageBox::critical(this, "email错误信息", "email输入不符合规则!");
                // 设置电子邮箱标签为红底白字
                ui->label_email->setStyleSheet("background:red;color:white;");
                break;
        }
    }
    // 如果有效性flag为真，表示所有的验证都通过，把所有的样式全部取消
    if(flag){
        reset();
    }
}
void Widget::reset()
{
    ui->label_username->setStyleSheet("");
    ui->label_email->setStyleSheet("");
    ui->label_mobile->setStyleSheet("");
    ui->label_password->setStyleSheet("");
}
// 复位按钮单击的处理函数
void Widget::on_pushButton_reset_clicked()
{
    // 清空所有表单输入框中所输入的内容
    ui->lineEditusername->setText("");
    ui->lineEdit_password->setText("");
    ui->lineEdit_confirmPwd->setText("");
    ui->lineEdit_mobile->setText("");
    ui->lineEdit_email->setText("");
    // 清除所有标签的样式
    reset();
}
// 用户名输入完毕的事件响应函数
void Widget::on_lineEditusername_editingFinished()
{
    // 定义正则表达式
    QString expression="^\\w{6,15}$";
    // 获取用户输入的数据
    QString username=ui->lineEditusername->text();
    // 调用数据验证的函数
    regular(expression,username,0);
}
// 密码输入完毕的事件响应函数，实现方法同用户名输入
void Widget::on_lineEdit_password_editingFinished()
{
    QString expression="^\\w{6,15}$";
    QString pwd=ui->lineEdit_password->text();
    regular(expression,pwd,1);
}
// 手机输入完毕的事件响应函数，实现方法同用户名输入
void Widget::on_lineEdit_mobile_editingFinished()
{
    QString expression="^1[35-9]\\d{9}$";
    QString mobile=ui->lineEdit_mobile->text();
    regular(expression,mobile,2);
}
// 电子邮箱输入完毕的事件响应函数，实现方法同用户名输入
void Widget::on_lineEdit_email_editingFinished()
```

```cpp
{
    QString expression="^[a-zA-Z0-9_-]+@[a-zA-Z0-9_-]+(\.[a-zA-Z0-9_-]+)+$";
    QString email=ui->lineEdit_email->text();
    regular(expression,email,3);
}
// 确认密码输入完毕的事件响应函数
void Widget::on_lineEdit_confirmPwd_editingFinished()
{
    // 默认确认密码验证通过标志
    bool flagConfirPwd=true;
    if(ui->lineEdit_password->text()!=ui->lineEdit_confirmPwd->text()){
        // 密码与确认密码不相同时，给出相关提示
        QMessageBox::critical(this, "密码错误信息", "密码和确认密码必须相同");
        // 设置确认密码标签为红底白字
        ui->label_confirm->setStyleSheet("background:red;color:white;");
        flagConfirPwd=false;                    // 设置验证没通过
        flag=false;                             // 设置整个程序验证没通过
    }
    if(flagConfirPwd){
        ui->label_confirm->setStyleSheet("");   // 确认密码验证通过，取消标签样式
    }
}
// 注册按钮单击的事件触发函数
void Widget::on_pushButton_reg_clicked()
{
    flag=true;
    // 判断用户的每个文本框是否为空
    if(ui->lineEditusername->text()==""){
        QMessageBox::critical(this, "用户名错误信息", "用户名不能为空");
        flag=true;
    }
    if(ui->lineEdit_password->text()==""){
        QMessageBox::critical(this, "密码错误信息", "密码不能为空");
        flag=true;
    }
    if(ui->lineEdit_mobile->text()==""){
        QMessageBox::critical(this, "手机错误信息", "手机号不能为空");
        flag=true;
    }
    if(ui->lineEdit_email->text()==""){
        QMessageBox::critical(this, "邮箱名错误信息", "邮箱名不能为空");
        flag=true;
    }
    // 调用各事件的处理函数以判断每个文本框输入是否符合规则
    on_lineEditusername_editingFinished();
    on_lineEdit_password_editingFinished();
    on_lineEdit_mobile_editingFinished();
    on_lineEdit_email_editingFinished();
    on_lineEdit_confirmPwd_editingFinished();
    if(flag){
        // 全部符合规则，给出提示
        QMessageBox::information(this, "提示信息", "全部数据符合规则，准予通过!");
    }
    else{
        // 有不符合规则的给出错误提示
        QMessageBox::critical(this, "错误信息", "有些数据不符合规则");
    }
}
```

5.4 本章小结

本章主要讲解了正则表达式的组成、定义方法及具体应用。首先说明正则表达式中普通字符与元字符的区别，再对元字符代表的含义进行详细阐述，并通过一些实例进行描述，帮助读者掌握正则表达式的基础知识；然后讲解Qt所给出的正则表达式相关类，通过这些类学习正则表达式相关的操作；最后通过一个具体的表单验证实例，对正则表达式的相关知识进行总结，并让读者仔细体会复杂的正则表达式在实际Qt程序设计中的工作方式，为今后编写功能完备的Qt程序打下良好的基础。

5.5 习题5

一、选择题

1. 下列对符号表示的意义解释错误的是（　　　）。

A. ^: 匹配字符串的开头　　　　　　　　　　B. $: 匹配字符串的结尾

C. ?: 匹配前面的子表达式一次或多次　　　　D. \: 对特殊元字符的含义进行转义

2. 正则表达式中代表非英文、非数字、非下划线的任意字符使用（　　　）元字符表示。

A. \\w　　　　　B. \\W　　　　　C. \ \d　　　　　D. \\D

3. 要验证6位以上的数字，下面表述正确的正则表达式是（　　　）。

A. \d6;　　　B. \d{6};　　　C. \\d{6,};　　　D. \\d{,6};

4. 给定正则表达式是 "^(SE)?[0-9]{12}$"，满足此匹配条件的字符串是（　　　）。

A. '123456789123'　　　　　　　　B. 'SI12345678'

C. '1234567890'　　　　　　　　　D. 'ESX1234567Y'

5. 给定正则表达式是 "^([1-9] | [1-9][0-9] | [1-9][0-9][0-9])$"，满足此匹配条件的字符串是（　　　）。

A. '010'　　　　B. '0010'　　　　C. '127'　　　　D. '10000'

6. 给定正则表达式是 "^[0-5]?[0-9]$"，满足此匹配条件的字符串是（　　　）。

A. '99'　　　　B. '009'　　　　C. '0009'　　　　D. '10'

7. 匹配一个英文句子（假设句子最后没有标点符号）的最后一个单词的正则表达式是（　　　）。

A. \\b(\\w+)\\s*$　　　　　　　　B. \\b(\\w+)\\s+$

C. \\w+$　　　　　　　　　　　　D. \\b(\\w+)\\b*$

8. 已知MasterCard信用卡必须包含16位数字。在这16位数字中，前两位数字必须是51~55之间的数字，如下正则表达式中能够匹配MasterCard信用卡的是（　　　）。

A. ^5[1-5][0-9]{14}$　　　　　　　B. ^5[1-5]\d{14,}$

C. 5[^1-5][0-9]{14}$　　　　　　　D. ^5[1-5][0-9]{4,}$

二、简答题

1. 正则表达式的组成是什么？

2. 电话号码格式，要求前3位是027，紧接着一个 "–"，后面是8位数字（如027–

87654321），写出能匹配该要求的正则表达式。

3.写出下列特殊符号在正则表达式中的含义。

   ^ $ *   +   ?   \d

4.写出符合以下需求的正则表达式。

（1）非零开头的最多带两位小数的数字，其正则表达式为_____。

（2）包括中文、英文、数字与下划线，其正则表达式为_____。

（3）身份证号码（数字、字母X结尾），其正则表达式为_____。

（4）密码（以字母开头，长度在6~18之间，只能包含字母、数字和下划线），其正则表达式为_____。

5.什么是贪婪匹配和懒惰匹配？

6.请说明下面程序片段中每一条语句的含义以及整个程序片段的作用。

```
QString strText="This is 2024-05-20  test regex.";
qDebug()<<"源字符串"<<strText;
QRegularExpression rex("[0-9]{4}-[0-9]{2}-[0-9]{2}");
QRegularExpressionMatchIterator i = rex.globalMatch(strText);
int count=1;
while (i.hasNext())
{
  QRegularExpressionMatch match = i.next();
  QString word = match.captured(0);
  qDebug()<<"第"<<count++<<"个匹配的数据是: "<<word.replace("-",".");
}
```

5.6　实验5　正则表达式

一、实验目的

（1）掌握正则表达式的组成。

（2）掌握正则表达式在Qt中的使用方法。

（3）掌握Qt中正则表达式的实际应用。

二、实验要求

制作一个注册页面，页面布局自定，注册要求用户填写的资料主要包括用户名、密码、确认密码，并对用户的输入信息进行验证，具体要求如下。

（1）用户名：只能由字母、数字和下划线组成4~15位字符，且首字符不能为数字。

（2）密码：6~16位，包括英文（区分大小写）、数字以及自定义的一些特殊符号。

（3）确认密码：必须和密码一致。

（4）手机号：要求仅能用130、150、131、137、138、139、187、189、159开头的手机号注册。

（5）座机电话按要求的格式输入，如02787654321或者（027）87654321或者027-87654321。

当用户的输入信息与要求不符时，以红色文字提示该项输入有错误；如果用户的注册信息完整，显示注册成功提示。

第 6 章

窗口与对话框

本章学习目标：

本章主要讲解 Qt 中窗口与对话框的设计，以及根据实际项目应用的需要进行窗口之间的数据传递。通过本章的学习，读者应该掌握以下内容。

- 主窗口的菜单栏、工具栏的创建与使用。
- 自定义对话框。
- 对话框之间数据的相互传递。
- Qt 内置的标准对话框。

6.1 主窗口区域划分

QMainWindow是Qt框架内置的一个预定义主窗口类，所谓主窗口，就是指应用程序最顶层的窗口。主窗口为建立应用程序用户界面提供了一个框架，Qt提供 QMainWindow 和其他一些相关的类共同对主窗口进行管理。QMainWindow 类拥有自己的布局，如图6-1所示。

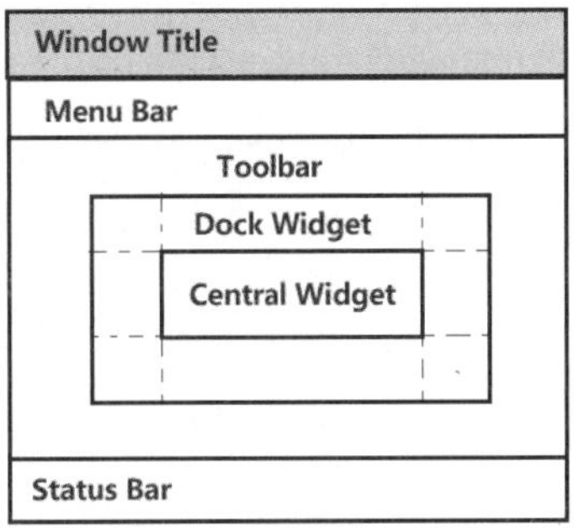

图6-1　QMainWindow类

QMainWindow类包含以下组件。

（1）窗口标题（Window Title）。一般用于说明窗口的主要功能。

（2）菜单栏（Menu Bar）。继承于QMemuBar类，菜单栏包含一个下拉菜单项的列表，这些菜单项由 QAction 类实现。菜单栏位于主窗口的顶部并且一个主窗口只能有一个菜单栏。

（3）工具栏（Toolbar）。一般用于显示一些常用的菜单项目，也可以插入其他窗口部件，并且工具栏是可以移动的。一个主窗口可以拥有多个工具栏。

（4）中心部件（Central Widget）。在主窗口的中心区域可以放入一个窗口部件作为中心部件，是应用程序的主要功能实现区域。一个主窗口只能有一个中心部件。

（5）Dock部件（Dock Widget）。常被称为停靠窗口，可以停靠在中心部件的四周，用于放置一些组件来实现一些功能。一个主窗口可以有多个 Dock 部件。

（6）状态栏（Status Bar）。状态栏用于显示程序的一些状态信息，在主窗口的最底部。一个主窗口只能有一个状态栏。

6.1.1　菜单栏和工具栏

Qt中没有专门的菜单项类，而是使用 QAction类抽象出菜单的共享动作，这些动作可以代表菜单项、工具栏按钮或者快捷键命令。这些动作可以显示在菜单中，作为一个菜单项出现，单击该菜单项就会发出相应的信号；同时这些动作也可以显示在工具栏，作为一个工具栏按钮出现，单击这个按钮也可以发出同样的信号。可以将动作与相关的槽函数联系起来，这样当信号发出时就可以执行相应的操作。注意，无论是出现在菜单栏还是工具栏，只要对应同一个动作，当用户选择之后，所执行的操作都是一样的。

定义一个 QAction对象之后，将它添加到菜单就显示为一个菜单项，如果将它添加到工具栏就显示为一个工具按钮，用户可以通过单击菜单项、工具栏按钮或使用快捷键来激活这个动作。

QAction对象包含图标、菜单文字、快捷键、状态栏文字、浮动帮助等信息。当把一个 QAction 对象添加到程序中的不同位置时，Qt系统会自己选择适当的方式来显示。同时Qt能够保证把 QAction对象添加到不同的菜单、工具栏时显示内容是同步的。如果在菜单中修改 QAction的图标，那么工具栏中的这个 QAction 所对应的按钮图标也会同步修改。

1. QAction类的函数

（1）创建函数。

创建QAction类的函数所使用的代码如下：

```
QAction::QAction (const QString & text, QObject * parent)
QAction(const QIcon &icon, const QString &text, QObject* parent);
```

其中，text表示创建QAction对象所显示的文字；parent表示在哪个父对象下进行创建（通常是this，表示在当前窗口下进行创建）；icon表示创建的菜单项名称前所使用的图标。例如创建一个open的QAction对象：

```
QAction *newAction = new QAction(QIcon(":/img/open.png"),
                                              tr("&Open..."), this);
```

（2）设置图标。

使用setIcon()函数可以设置菜单项名称前的图标，使用方法如下：

```
newAction->setIcon(QIcon(":/images/new.png"));
```

（3）设置快捷键。

使用setShortcut()函数可以设置执行QAction对象的快捷键，使用方法如下：

```
newAction->setShortcut(tr("Ctrl+N"));
```

2. QAction类的信号

QAction类的常用信号如下。

（1）triggered：单击时发射的信号。

（2）hovered：鼠标悬浮时发射的信号。

（3）toggled：状态选中与否切换时发射的信号，其入口参数为布尔变量，该变量存储是否被选中的布尔值。

（4）changed：只要QAction状态发生改变就会发送，例如换图标、换文字等。

例如，定义triggered信号发出时触发所执行的槽函数是newFile函数，使用的代码如下：

```
connect(newAction, &QAction::triggered, this, &MainWindow::newFile);
```

3. 创建QAction并添加到菜单栏

创建QAction对象，并把新创建的QAction对象添加到菜单栏所使用的语句如下：

```
// 创建QAction对象
QAction *actionNew = new QAction(tr("新建"), this);
// 设置快捷键
actionNew->setShortcut(QKeySequence::New);
// triggered信号的响应函数
connect(actionNew, &QAction::triggered, [=](){
  QMessageBox::information(this,"提示","新建文件");
});
// 创建菜单栏QMenu对象
QMenu *fileMenu = menuBar()->addMenu(tr("文件"));
// 把QAction对象加入菜单栏
fileMenu->addAction(actionNew);
```

4. 创建QToolBar并添加到工具栏

创建QToolBar对象并添加到工具栏所使用的语句如下：

```
// 创建工具栏QToolBar对象
QToolBar *fileToolBar = addToolBar(tr("文件工具栏"));
// 把QAction对象加入工具栏
```

```
fileToolBar->addAction(actionNew);
```

5. 为QAction添加子对象

为QAction对象添加子对象所使用的语句如下：

```
// 创建新的QAction对象
QAction *actionFont = new QAction(tr("字体"), this);
// 创建菜单栏QMenu对象
QMenu *submenu = new QMenu(this);
// 增加QAction的子对象
submenu->addAction(tr("宋体"));
submenu->addAction(tr("楷体"));
submenu->addAction(tr("黑体"));
// 把QAction对象添加到菜单栏
actionFont->setMenu(submenu);
// 创建工具条QToolBar 对象
QToolBar *fileToolBar = addToolBar(tr("文件工具栏"));
// 把QAction对象添加到工具栏
fileToolBar->addAction(actionFont);
```

【例6-1】文本编辑

本例实现在窗口中制作菜单栏和工具栏，运行结果如图6-2所示。当用户单击"文件"菜单时，将弹出自定义的带有图标的菜单(图6-3)。当用户在菜单中选择"打开文件"命令或者在工具栏中直接单击"打开文件"图标时，都会弹出文件选择对话框，在该对话框中选中需要编辑的文件后，文件被打开并且文件的内容在主窗口中显示(图6-4)；当用户单击工具栏中的字体选择按钮时，会弹出选择字体对话框(图6-5)，选择字体、字号、字体类型后单击OK按钮，将会把在文本编辑框中选中的文字设置成相关的字体样式(图6-6)；另外，还可以使用工具栏中的字体颜色按钮来实现对选中文字的颜色设置(图6-7)。

扫一扫，看视频

图6-2　文本编辑窗口

图6-3　文件菜单

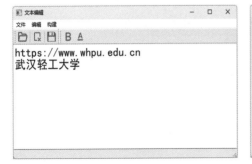

图6-4　编辑文本

图6-5　选择字体

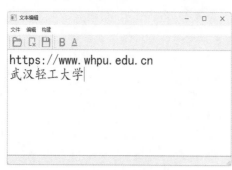
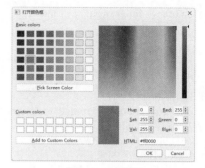

图 6-6　改变字体样式　　　　　　　　　　图 6-7　颜色框

本例实现的过程和程序代码的详细说明如下。

1. 创建项目

创建项目工程example6-1，在选择"类信息"窗口的基类中选择自带工具栏和菜单栏的QMainWindow（图6-8），这样就可以使用UI界面创建菜单栏和工具栏，当然也可以使用代码直接实现。

图 6-8　创建项目工程——选择类信息

2. 创建资源文件

在创建Qt资源文件之前可以在网上下载所需要的图标，可以在阿里巴巴矢量图标库中进行下载，网址是https://www.iconfont.cn/，在打开的网页搜索栏中输入save关键字，然后下载所需要的save图标，如图6-9所示。

图 6-9　下载图标

然后按照例3-1第3步添加资源文件的方法把下载的图标文件导入新生成的资源文件res.qrc中，并把该资源文件包含到项目工程文件CMakeLists.txt中。

3. 导入头文件和声明相关变量

本部分是在项目的mainwindow.h头文件中进行编辑。

(1)导入的头文件及其说明如下：

```
#include <QMenu>              // QMenu菜单
#include <QMenuBar>           // QMenuBar菜单栏
#include<QAction>             // QAction菜单项
#include<QActionGroup>        // QActionGroup用于将 QAction 对象分组
#include<QToolBar>            // QToolBar工具条
#include<QToolButton>         // QToolButton工具条按钮
#include<QTextEdit>           // QTextEdit文本框
#include<QLabel>              // QLabel标签
#include<QComboBox>           // QComboBox下拉列表框
#include<QFileDialog>         // QFileDialog文件对话框
#include<QMessageBox>         // QMessageBox消息对话框
#include<QFont>               // QFont字体设置
#include<QFontDialog>         // QFontDialog字体对话框
#include<QColorDialog>        // QColorDialog颜色对话框
```

(2)声明相关变量的代码如下：

```
QMenuBar* mainMenuBar;        // 声明主菜单工具条变量
QMenu* file_menu;             // 声明文件菜单变量
QAction* openfileAction;       // 声明新文件菜单项变量
QAction* closefileAction;     // 声明关闭文件菜单项变量
QAction* savefileAction;      // 声明存盘文件菜单项变量
QMenu* edit_menu;             // 声明编辑菜单变量
QAction* copyAction;          // 声明复制文件菜单项变量
QMenu* build_menu;            // 声明构建文件菜单
QAction* startbugAction;      // 声明调试菜单项
QToolBar* fontBar;            // 声明字体工具栏变量
QToolButton* weightFont;      // 声明加粗工具条按钮变量
QToolButton* colorFont;       // 声明颜色工具条按钮变量
QTextEdit* centerWidget;      // 声明文件编辑对象变量
QToolBar* mainToolBar;        // 声明主工具条按钮
QTextEdit* mainEditWidget;    // 声明主编辑对象变量
void initToolBar();           // 声明初始化工具条函数
void initMenuBar();           // 声明初始化菜单函数
```

4. 相关代码操作

(1)初始化菜单函数的代码如下：

```
void MainWindow::initMenuBar()
{
  mainMenuBar=new QMenuBar;                           // 主菜单工具条实例化
  this->setMenuBar(mainMenuBar);                      // 把当前窗口的菜单设置为主菜单工具条
  file_menu=mainMenuBar->addMenu("文件");              // 主菜单中增加 "文件" 菜单
  openfileAction=new QAction("打开文件",this);          // 实例化菜单项 "打开文件"
  openfileAction->setIcon(QIcon(":/image/new.png"));  // 菜单项加图标
  openfileAction->setShortcut(QKeySequence("Ctrl+N")); // 菜单项加快捷键
  // 实例化 "关闭文件" 、设置图标、设置快捷键
  closefileAction=new QAction("关闭文件",this);
  closefileAction->setIcon(QIcon(":/image/close.png"));
```

```
    closefileAction->setShortcut(QKeySequence("Ctrl+C"));
    // 实例化"保存文件"、设置图标、设置快捷键
    savefileAction=new QAction("保存文件",this);
    savefileAction->setIcon(QIcon(":/image/save.png"));
    savefileAction->setShortcut(QKeySequence("Ctrl+S"));
    //把"打开文件""关闭文件""保存文件"三个菜单项加入"文件"菜单中
    file_menu->addAction(openfileAction);
    file_menu->addAction(closefileAction);
    file_menu->addAction(savefileAction);
    // 主菜单中增加"编辑"菜单
    edit_menu=mainMenuBar->addMenu("编辑");
    // 实例化菜单项"拷贝"
    copyAction=new QAction("拷贝",this);
    // 把"拷贝"菜单项加入"编辑"菜单
    edit_menu->addAction(copyAction);
    // 主菜单中增加"构建"菜单
    build_menu=mainMenuBar->addMenu("构建");
    // 实例化菜单项"调试"
    startbugAction=new QAction("调试",this);
    // 把"调试"菜单项加入"构建"菜单
    build_menu->addAction(startbugAction);
}
```

（2）初始化工具栏函数的代码如下：

```
void MainWindow::initToolBar()
{
    // 实例化工具栏，并为工具栏设置名字：文件相关
    mainToolBar=this->addToolBar("文件相关");
    // 工具栏中添加"打开文件"命令
    mainToolBar->addAction(openfileAction);
    // 工具栏增加分隔线
    mainToolBar->addSeparator();
    // 工具栏中添加"关闭文件"命令
    mainToolBar->addAction(closefileAction);
    // 工具栏增加分隔线
    mainToolBar->addSeparator();
    // 工具栏中添加"保存文件"命令
    mainToolBar->addAction(savefileAction);
    // 工具栏添加"字体工具"命令
    fontBar=this->addToolBar("字体工具");
    // 实例化工具按钮
    weightFont=new QToolButton(this);
    // 设置工具按钮的图标
    weightFont->setIcon(QIcon(":/image/weightFont.png"));
    //把工具按钮添加到工具栏中
    fontBar->addWidget(weightFont);
    // 实例化工具按钮
    colorFont=new QToolButton(this);
    // 设置工具按钮的图标
    colorFont->setIcon(QIcon(":/image/fontColor.png"));
    //把工具按钮添加到工具栏中
    fontBar->addWidget(colorFont);
}
```

（3）"打开文件"的信号与响应该信号槽函数的代码如下：

```
connect(openfileAction,&QAction::triggered,[=](){
    // 设置新建文件类型的过滤字符串，仅允许打开*.*、*.txt、*.c、*.h、*.cpp类文件
```

```
  QString filter("所有(*.*);;文件(*.txt);;源码(*.c *.h *.cpp)");
  // 设置文件对话框仅显示指定类型的文件，并读取用户所选中指定文件的路径
  QString fileDir=QFileDialog::getOpenFileName(this,"打开文件","./",filter);
  // 判断文件路径是否为空
  if(fileDir.isNull()){
    return;              // 文件路径为空，则返回
  }
  // 声明打开指定文件的变量file
  QFile file(fileDir);
  // 以只读方式打开文件
  file.open(QIODevice::ReadOnly);
  // 文件打开是否成功的判断语句
  if(!file.isOpen()){
    // 文件打开失败给出提示并返回
    QMessageBox::information(this,"提示","打开文件失败");
    return;
  }
  // 清空文件编辑对象centerWidget
  centerWidget->clear();
  while (!file.atEnd()){
    // 读取文件中的所有内容添加到文件编辑对象centerWidget
    centerWidget->append(QString(file.readAll()));
  }
  // 关闭文件
  file.close();
});
```

（4）"保存文件"的信号与响应该信号槽函数的代码如下：

```
connect(savefileAction,&QAction::triggered,[=](){
  QString filter("所有(*.*);;文件(*.txt);;源码(*.c *.h *.cpp)");
  QString fileDir=QFileDialog::getSaveFileName(this,"保存文件","./",filter);
  if(fileDir.isNull()){
    return;
  }
  // 定义写文件的文件名称，前提要有路径
  QFile file(fileDir);
  // 文件的打开方式，此处是只写方式WriteOnly，并且原内容清除Truncate
  file.open(QIODevice::WriteOnly| QIODevice::Truncate);
  // 判断文件打开是否成功
  if(!file.isOpen()){
    // 文件打开失败给出提示并返回
    QMessageBox::information(this,"提示","打开文件失败");
    return;

  }
  // 文件编辑对象centerWidget的内容写入文件分为4步:
  // （1）centerWidget->document():获取用户输入内容；（2）toPlainText(): 转换成纯文本
  // （3）toStdString: 转换成标准文本；（4）c_str:转换成C型字符串
  file.write(centerWidget->document()->toPlainText().toStdString().c_str());
  file.close();
});
```

（5）"关闭文件"的信号与响应该信号槽函数的代码如下：

```
connect(closefileAction,&QAction::triggered,[=](){
  this->close();
});
```

（6）设置字体对话框的信号与响应该信号槽函数的代码如下：

```
connect(weightFont,&QToolButton::clicked,[=](){
  // 定义字体对话框打开成功与否的布尔型变量ok
  bool ok=false;
  // 打开字体对话框，并读取用户所设置的字体样式
  QFont font= QFontDialog::getFont(&ok,this);
  // 实体对话框打开失败
  if(!ok) return;
  // 设置字体样式变量fmt
  QTextCharFormat fmt;
  // 设置用户选择的字体样式
  fmt.setFont(font);
  // 把设置好的字体样式应用到文件编辑对象centerWidget中的指定文本
  centerWidget->mergeCurrentCharFormat(fmt);
});
```

（7）设置颜色对话框的信号与响应该信号槽函数的代码如下：

```
connect(colorFont,&QToolButton::clicked,[=](){
  // 读取所打开的颜色对话框中选中的颜色
  QColor color=QColorDialog::getColor(QColor(Qt::white),this,"打开颜色框");
  // 颜色对话框打开失败则返回
  if(!color.isValid()) return;
  // 设置字体样式变量fmt
  QTextCharFormat fmt;
  // 设置选中的颜色
  fmt.setForeground(QBrush(color));
  // 字体颜色应用到文件编辑对象centerWidget中的指定文本
  centerWidget->mergeCurrentCharFormat(fmt);
});
```

（8）项目构造函数的初始化代码如下：

```
// 设置项目的标题
setWindowTitle("文本编辑");
// 设置项目主窗口上的软件图标
setWindowIcon(QIcon(":/img/1.jpeg"));
// 设置项目主窗口的宽为700像素、高为400像素
resize(700,400);
// 移动项目主窗口左上角到显示器窗口坐标为(50,50)的位置
move(50,50);
// 调用初始化菜单的函数
this->initMenuBar();
// 调用初始化工具栏的函数
this->initToolBar();
// 实例化文本编辑器对象centerWidget
centerWidget=new QTextEdit(this);
// 把文本编辑器添加到主窗口的中间位置
this->setCentralWidget(centerWidget);
// 设置文本编辑器默认字体为黑体、大小为20像素
centerWidget->setCurrentFont(QFont("黑体",20));
```

6.1.2 状态栏

Qt状态栏是桌面应用程序的重要组成部分，一般位于主窗口的最底部，是应用程序中输出

简要信息的区域，如当前操作的状态、应用程序的版本号等。

Qt的状态栏是由QStatusBar类定义的，是Qt GUI模块的一部分。QStatusBar类提供一个水平条来显示状态信息。所谓状态信息，举个简单的例子来说就是指在Word中编辑时，左下角出现的页面、字数等信息。

1. 状态栏信息的分类

状态栏信息可以分为三类。

（1）临时信息。短暂占据状态栏的大部分区域，用于提示文本或菜单项，例如当前文件下载的状态。临时信息封装得很简单，不需要自己定义Widget，只需要直接传入信息内容和信息显示时间即可，想要移除信息可以用showMessage()方法设置显示时间，当设置的时间到后会自动消失，也可以调用clear()方法直接清除。

（2）正常信息。占用状态栏的一部分区域，可能会被临时信息覆盖。例如，用于在文字处理器中显示页面和行号。

（3）永久信息。此类信息永远不会隐藏，用于重要的模式指示并在状态栏最右侧显示，且一般是不改变的，例如版权信息、作者、特殊功能的按钮等，可以通过addWidget()、insertWidget()方法进行插入。

2. 状态栏QStatusBar的常用方法

使用currentMessage()方法可以获取当前显示的临时信息，QStatusBar类在临时状态信息更改时会发出messageChanged信号。

通过创建组件（如QLabel、QProgressBar、QToolButton），然后使用addWidget()或addPermanentWidget()方法将其添加到状态栏，可以显示正常和永久信息；从状态栏中删除此类信息可以使用removeWidget()方法。

默认情况下，QStatusBar的右下角提供可以调整窗口尺寸的符号（小黑三角），也就是一个QSizeGrip，可以使用setSizeGripEnabled()方法设置其属性状态（例如禁用），也可以使用isSizeGripEnabled()方法查询其当前状态。

showMessage(text:str,timeout: int=0)方法设置状态栏要显示的临时信息，这些信息从状态栏的左侧开始显示。其中，参数timeout设置信息显示的时间（单位是毫秒），经过timeout毫秒后信息自动消失；如果timeout为0，则显示的信息会一直保留到调用clearMessage()方法或再次调用showMessage()方法；用clearMessage()方法清除显示的临时信息。

把其他控件（如QLabel）添加到状态栏的右侧，用于显示永久信息可以使用以下方法实现：

```
addPermanentWidget(QWidget,stretch:int=0)
insertPermanentWidget(index:int,widget:QWidget,stretch:int=0)
```

其中，参数stretch用于指定控件的相对缩放系数；index是控件的索引号。

使用addWidget()和insertWidget()方法可以把其他控件添加到状态栏的左侧用于显示正常信息，这些信息会被状态栏的临时信息遮挡。

```
addtWidget(widget:QWidget,stretch: int=0)
insertWidget(index: int,QWidget,stretch:int=0)
```

另外，removeWidget(QWidget)方法可以把控件从状态栏上移除，但控件并没有从状态栏真正删除，还可以使用addWidget()方法和show()方法将控件重新添加到状态栏中。

【例6-2】状态栏的应用

扫一扫，看视频

　　本例实现在状态栏显示正常信息和永久信息，其中正常信息有三个字符串，占据三个位置；永久信息是一个按钮和一个超级链接，单击按钮可以改变按钮上的文字，单击超级链接可以通过浏览器打开指定的网站，运行结果如图6-10所示。当页面运行2秒后，状态栏最左边的"临时信息"会被自动清除，运行结果如图6-11所示。

图6-10　例6-2运行初始状态

图6-11　例6-2运行2秒后的状态

项目构造函数中的实现代码及详细说明如下：

```cpp
// 设置主窗口的标题是"状态栏应用"
this->setWindowTitle("状态栏应用");
// 定义状态栏的指针对象变量statusbar
QStatusBar* statusbar = new QStatusBar(this);
// 定义按钮控件的指针对象变量home，并定义其父对象是状态栏指针对象变量statusbar
QPushButton* home = new QPushButton(statusbar);
// 设置home按钮上的文字是HOME
home->setText("HOME");
// 将home按钮添加到状态栏的永久信息位置
statusbar->addPermanentWidget(home,0);
// 状态栏显示
statusbar->show();
// 定义QLabel控件的指针对象permanent
QLabel *permanent=new QLabel(this);
// 设置QLabel对象的显示格式为：盒子型、边框线为内凹
permanent->setFrameStyle(QFrame::Box|QFrame::Sunken);
// 设置QLabel对象的文字显示为超级链接
permanent->setText(tr("<a href=\"http://www.whpu.edu.cn\">武汉轻工大学</a>"));
// 设置QLabel对象可以打开网站链接
permanent->setOpenExternalLinks(true);
// 将QLabel对象添加到状态栏的永久信息位置
statusbar->addPermanentWidget(permanent);
// 定义状态栏的显示样式
statusbar->setStyleSheet("QStatusBar {    \
                            background: pink;  \
                            color:blue; \
                            font-weight:600;\
                            font-size:18px;\
                        } \
                        QStatusBar::item {  \
                            border: 1px solid red; \
                            border-radius: 3px; \
                        }");
// 把自定义的状态栏应用到窗口的状态栏
this->setStatusBar(statusbar);
// 定义QLabel控件的指针对象pageName
QLabel* pageName = new QLabel;
// 设置QLabel对象上的文字是"设置信息"
```

```
pageName->setText("设置信息");
// 设置QLabel对象的对齐方式
pageName->setAlignment(Qt::AlignCenter);
// 设置QLabel对象添加到状态栏的正常信息位置
statusbar->addWidget(pageName,5);
// 定义QLabel控件的指针对象spaceHolder
QLabel* spaceHolder = new QLabel;
// 设置QLabel对象上的文字是"主界面"
spaceHolder->setText("主界面");
// 设置QLabel对象的对齐方式
spaceHolder->setAlignment(Qt::AlignCenter);
// 设置QLabel对象添加到状态栏的正常信息位置
statusbar->addWidget(spaceHolder,1);
// 设置临时信息显示2秒
statusbar->showMessage("临时信息",2000);
// home按钮被单击的事件响应方法
connect(home, &QToolButton::clicked,[=](){
  // 修改home按钮上的文字
  home->setText("主页");
});
```

6.1.3　窗口属性设置

对于Qt窗口的属性可以进行一些设置，具体介绍如下。

1. 设置窗口标题

设置Qt窗口的标题所使用的语句如下：

```
this->setWindowTitle("窗口标题内容");
```

2. 不允许用户修改运行窗口的大小

不允许用户修改Qt窗口大小所使用的语句如下：

```
this->setFixedSize(x,y);        // 固定窗口宽*高=x像素*y像素，不允许用户修改
```

3. 删除窗口标题

删除Qt窗口标题所使用的语句如下：

```
this->setWindowFlag(Qt::FramelessWindowHint);
```

4. 把窗口移动到指定位置

把窗口移动到指定位置所使用的语句如下：

```
this->move(x,y);                // 窗口移动到显示器坐标为(x,y)的位置
```

5. 控制窗体大小

设置Qt窗口大小的语句如下：

```
this->resize(width,height);     // 窗口宽width像素，高height像素
```

6. 设置窗口的控制按钮

设置Qt窗口中的控制按钮所使用的语句如下：

```cpp
// 不显示窗口的最大化、最小化按钮
this->setWindowFlags(windowFlags()& ~Qt::WindowMinMaxButtonsHint);
// 不显示窗口的最小化按钮
this->setWindowFlags(windowFlags()& ~Qt::WindowMinimizeButtonHint);
// 不显示窗口的最大化按钮
this->setWindowFlags(windowFlags()& ~Qt::WindowMaximizeButtonHint);
// 不显示窗口的关闭按钮
this->setWindowFlags(windowFlags()& ~Qt::WindowCloseButtonHint);
```

7. 设置窗口的初始状态

设置Qt窗口的初始状态所使用的语句如下：

```cpp
this->setWindowState(Qt::WindowMaximized);   // 设置窗口初始状态为最大化
this->setWindowState(Qt::WindowMinimized);   // 设置窗口初始状态为最小化
this->setWindowState(Qt::WindowFullScreen);  // 设置窗口初始状态为全屏显示
this->setWindowState(Qt::WindowActive);      // 设置窗口初始状态为活动窗口
this->setWindowState(Qt::WindowNoState);     // 设置窗口初始状态为默认情况
```

8. 生成一个无窗口边框的窗口

生成一个无窗口边框的窗口所使用的语句如下：

```cpp
this->setWindowFlag(Qt::FramelessWindowHint);
```

9. 更改窗口的图标

在更改窗口图标之前，要先把图标文件以资源文件的方式导入项目中，例如使用资源文件res.qrc下的图片文件logo.png作为图标，代码如下：

```cpp
this->setWindowIcon(QIcon(":/logo.png"));
```

6.2 对话框基础

对话框是GUI程序中一种重要的交互方式，主要用于完成信息传递和用户反馈两大功能。在Qt程序中，很多不能或者不适合放入主窗口的功能一般都放在对话框中进行设置。对话框通常是一个顶层窗口，出现在程序界面窗口的最上层。

6.2.1 模态与非模态对话框

模态对话框（modal dialog）与非模态对话框（modeless dialog）的概念不是Qt所独有的，在各种不同的平台都存在。所谓模态对话框，就是指在其没有被关闭之前，用户不能与同一个应用程序的其他窗口进行交互，直到该对话框被关闭；而对于非模态对话框，用户既可以与该对话框进行交互，也可以与同一个应用程序的其他窗口交互。

在Qt中使用QDialog类实现对话框。QDialog及其子类的parent指针需要说明的是：如果parent值为NULL，则该对话框会作为一个顶层窗口，否则作为其父组件的子对话框。顶层窗口与非顶层窗口的区别在于，顶层窗口在任务栏有自己独立的位置，而非顶层窗口要共享其父组件的位置。

（1）要想使一个对话框成为模态对话框，只需要调用 exec() 方法即可。模态对话框的定义与显示所使用的语句如下：

```
QDialog dialog(this);    // 在当前窗口定义对话框
dialog.exec();           // 模态对话框显示
```

（2）非模态对话框可以使用 new 操作来创建，然后使用 show() 方法来显示。非模态对话框的定义与显示所使用的语句如下：

```
//为了避免多次动态分配内存不释放的问题，可以采用不指定父对象并手动释放内存的方式
QDialog *p= new QDialog;
p->setAttribute(Qt::WA_DeleteOnClose);    // 关闭的时候自动释放内存
p->show();
```

【例6-3】两个窗口相互切换

本例实现在图 6-12 左图所示的主窗口上单击"转换到子窗口"按钮，将主窗口隐藏并显示子窗口（图 6-12 右图），然后单击子窗口的"返回主窗口"按钮可以重新返回到主窗口。

扫一扫，看视频

图 6-12　主窗口与子窗口

程序的实现过程及相关代码的详细说明如下：

（1）按例 6-1 的方法创建项目工程，项目名称为 example6-3。

（2）创建子窗口。在工程上添加新文件，弹出图 6-13 所示对话框。在该对话框左侧的"文件和类"列表中选择 Qt，在对话框的中间选择"Qt 设计器界面类"，然后单击"选择"按钮，打开图 6-14 所示的窗口。

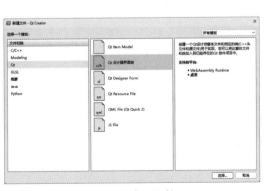
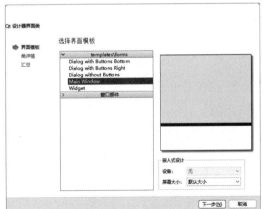

图 6-13　创建新文件 　　　　　　　　　　　　　　　　图 6-14　选择界面模板

（3）在图 6-14 中的"选择界面模板"中选择 Main Window，然后单击"下一步"按钮，打开图 6-15 所示的窗口，给新创建的子窗口命名。

（4）在图6-15中给子窗口定义类名，包含头文件、源文件和界面文件三个文件。只需要修改第一个文本框中的类名，前述的三个文件的文件名会自动进行修改，此处定义类名是SecondWindow，三个文件的前缀名都自动改成secondwindow。类名修改完成后，单击"下一步"按钮，打开图6-16所示的窗口。

（5）在图6-16所示的窗口中列出了生成子窗口的相关汇总信息，此处可以直接单击"完成"按钮，完成子窗口的创建。

图6-15　选择类名

图6-16　子窗口的信息汇总

（6）创建好子窗口之后，还必须在项目工程文件CMakeLists.txt中添加子窗口所生成的三个文件，以使新创建的子窗口可以在当前项目中使用。在工程文件中添加以下粗体部分代码：

```
set(PROJECT_SOURCES
  main.cpp
  mainwindow.cpp
  mainwindow.h
  mainwindow.ui
  secondwindow.cpp
  secondwindow.h
  secondwindow.ui
)
```

（7）在主窗口的UI文件和子窗口的UI文件中分别拖入一个QPushButton按钮，并修改按钮的文字分别为"转换到子窗口"和"返回主窗口"。

（8）在主窗口的头文件mainwindow.h中导入子窗口的头文件secondwindow.h，并定义子窗口的对象，在mainwindow.h文件中添加以下粗体部分代码：

```
#ifndef MAINWINDOW_H
#define MAINWINDOW_H
#include <QMainWindow>
#include "secondwindow.h"              // 导入第二个窗口的头文件
QT_BEGIN_NAMESPACE
namespace Ui { class MainWindow; }
QT_END_NAMESPACE
class MainWindow : public QMainWindow
{
  Q_OBJECT
public:
  MainWindow(QWidget *parent = nullptr);
  ~MainWindow();
private slots:
```

```
  void on_pushButton_clicked();          // 用户单击按钮的槽函数
private:
  Ui::MainWindow *ui;
  // 定义子窗口SecondWindow对象
  SecondWindow *page2;
};
#endif // MAINWINDOW_H
```

（9）在子窗口的头文件secondwindow.h中定义信号返回方法，该方法将向父窗口发射返回操作，以实现让子窗口隐藏、父窗口显示的结果。在子窗口的secondwindow.h头文件中添加如下粗体部分代码：

```
#ifndef SECONDWINDOW_H
#define SECONDWINDOW_H
#include <QMainWindow>
namespace Ui {
  class SecondWindow;
}
class SecondWindow : public QMainWindow
{
  Q_OBJECT
public:
  explicit SecondWindow(QWidget *parent = nullptr);
  ~SecondWindow();
signals:
  void back();                    // 定义返回主窗口信号
private slots:
  void on_pushButton_clicked();  // 定义QPushButton按钮被单击的槽函数
private:
    Ui::SecondWindow *ui;
};
#endif // SECONDWINDOW_H
```

（10）在主窗口的源文件中实例化子窗口，在QPushButton按钮被单击的槽函数中实现隐藏主窗口、显示子窗口的功能，在子窗口发射"返回主窗口"信号的响应函数中完成关闭子窗口、显示主窗口的功能。主窗口的源文件mainwindow.cpp中的代码及其详细说明如下：

```
#include "mainwindow.h"
#include "./ui_mainwindow.h"
#include<QDialog>
MainWindow::MainWindow(QWidget *parent)
: QMainWindow(parent)
, ui(new Ui::MainWindow)
{
  ui->setupUi(this);
  // 设置窗口的标题是"主窗口"
  this->setWindowTitle("主窗口");
  // 实例化子窗口page2
  this->page2=new SecondWindow;
}
MainWindow::~MainWindow()
{
  delete ui;
}
// "转换到子窗口"按钮单击事件的槽函数，初始状态是主窗口显示，子窗口隐藏
void MainWindow::on_pushButton_clicked()
{
  // 切换窗口就是一个窗口隐藏，另一个窗口显示
```

```
    this->hide();                    // 隐藏主窗口（仅仅是隐藏，主窗口页面并没有释放）
    this->page2->show();             // 显示子窗口
    // 定义当接收到子窗口发射的back信号时所执行的事件响应函数
    connect(this->page2,&SecondWindow::back,[=](){
      this->page2->hide();           // 隐藏子窗口
      this->show();                  // 显示主窗口
    });
  }
```

（11）在子窗口的源程序secondwindow.cpp中定义发射信号，发射信号使用emit关键字。子窗口的源文件secondwindow.cpp中添加如下粗体部分代码：

```
#include "secondwindow.h"
#include "ui_secondwindow.h"
SecondWindow::SecondWindow(QWidget *parent) :
QMainWindow(parent),
ui(new Ui::SecondWindow)
{
  ui->setupUi(this);
  // 定义窗口的标题是"子窗口"
  this->setWindowTitle("子窗口");
}
SecondWindow::~SecondWindow()
{
delete ui;
}
// "返回主窗口"按钮单击事件的槽函数
void SecondWindow::on_pushButton_clicked()
{
  // 发射一个back()信号给主窗口，在主窗口会触发&SecondWindow::back事件
  emit this->back();
}
```

6.2.2 对话框之间传递数据

在使用Qt进行界面开发时，经常会出现主窗口和子窗口进行数据交互的情况。例如，单击主窗口上的某一个控件让其子窗口发生一些动作，或者单击子窗口上的某一个控件让主窗口发生一些动作。

1. 子窗口向主窗口传递数据

子窗口向主窗口发送数据的实现过程如下：

（1）在子窗口中定义信号并向主窗口发射该信号。

（2）在主窗口中定义槽函数来响应子窗口发射的信号。

（3）在父窗口中将槽和信号连接起来。

子窗口发射信号后，父窗口中对应该信号的槽函数就会被执行，由于发射信号中带有从子窗口向主窗口传递的数据，这样数据就从子窗口传递到主窗口。

【例6-4】旋转按钮的数据获取

在本例的子窗口中放置一个QDail刻度盘控件［图6-17（a）］，当用户在子窗口通过鼠标指针转动QDail刻度盘后，会触发子窗口中QDail刻度盘值发生改变的valueChanged事件，在该事件的处理函数中向主窗口发射sendData(x)信号，该信号中的实参x就是由子窗口向主窗口发送的数据，主窗口的信号槽函数把获取到的

数据显示在窗口上［图6-17（b）］。

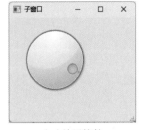

（a）放置控件　　　　　　　　（b）运行结果

图6-17　旋转按钮的数据获取

本例的实现过程与代码的详细说明如下：

（1）按照例6-3创建主窗口和子窗口。

（2）在主窗口的UI界面添加QLCDNumber组件，在子窗口的UI界面添加QDail刻度盘控件。

（3）子窗口的头文件代码及其详细说明如下：

```
#ifndef SECONDWINDOW_H
#define SECONDWINDOW_H
#include <QMainWindow>
namespace Ui {
  class SecondWindow;
}
class SecondWindow : public QMainWindow
}
  Q_OBJECT
public:
  explicit SecondWindow(QWidget *parent = nullptr);
  ~SecondWindow();
private:
  Ui::SecondWindow *ui;
signals:
  // 第1步：定义向父窗口发送数据的信号
  void sendData(int);
}
#endif // SECONDWINDOW_H
```

（4）子窗口的源文件代码及其详细说明如下：

```
#include "secondwindow.h"
#include "ui_secondwindow.h"
SecondWindow::SecondWindow(QWidget *parent)
: QMainWindow(parent)
, ui(new Ui::SecondWindow)
{
  ui->setupUi(this);
  // 设置窗口的标题是：子窗口
  this->setWindowTitle("子窗口");
  // 设置窗口的大小是：宽250像素、高200像素
  this->resize(250,200);
  // 定义QDial组件发生valueChanged事件的槽函数
  connect(ui->dial,&QDial::valueChanged,[=](int value){
  // 第2步：向主窗口发射sendData信号，其实参value值就是向主窗口发送的数据
  emit this->sendData(value);
  });
```

```
}
SecondWindow::~SecondWindow()
{
  delete ui;
}
```

（5）主窗口头文件的代码及其详细说明如下：

```
#ifndef MAINWINDOW_H
#define MAINWINDOW_H
#include <QMainWindow>
#include "secondwindow.h"          // 导入第二个窗口的头文件
QT_BEGIN_NAMESPACE
namespace Ui { class MainWindow; }
QT_END_NAMESPACE
class MainWindow : public QMainWindow
{
  Q_OBJECT
public:
  MainWindow(QWidget *parent = nullptr);
  ~MainWindow();
private:
  Ui::MainWindow *ui;
  // 定义子窗口指针对象dlg
  SecondWindow *dlg;
};
#endif // MAINWINDOW_H
```

（6）主窗口源文件的代码及其详细说明如下：

```
#include "mainwindow.h"
#include "./ui_mainwindow.h"
MainWindow::MainWindow(QWidget *parent)
: QMainWindow(parent)
, ui(new Ui::MainWindow)
{
  ui->setupUi(this);
  // 设置窗口的标题是：主窗口
  this->setWindowTitle("主窗口");
  // 设置窗口的大小是：宽250像素、高200像素
  this->resize(250,200);
  // 实例化子窗口
  dlg=new SecondWindow;
  // 显示子窗口
  dlg->show();
  // 第3步：子窗口发射sendData信号与响应该信号的槽函数连接起来
  // 槽函数中的形参value是子窗口传送来的数据
  connect(dlg,&SecondWindow::sendData,[=](int value){
    // 把从子窗口接收的数据显示在QLCDNumber控件上
    ui->lcdNumber->display(value);
  });
}
MainWindow::~MainWindow()
{
  delete ui;
}
```

2. 主窗口向子窗口传递数据

主窗口向子窗口传递数据时直接使用槽函数调用子窗口的成员函数，然后传递参数并执行

相应的动作即可。具体实现方法如下：

（1）在子窗口中定义槽函数。

（2）主窗口发射的信号由子窗口中定义的槽函数来响应。

（3）在主窗口中将槽和信号连接起来。

主窗口发射信号后，子窗口中该信号所对应的槽函数就会被执行，由于发射信号中带有从主窗口向子窗口传递的数据，这样数据就从主窗口传递到子窗口。

【例6-5】主窗口向子窗口传递数据

本例程序运行的主窗口和子窗口的初始状态如图6-18所示。当用户在主窗口的文本框中输入一串字符然后单击"传送数据"按钮时，会把主窗口文本框所输入的内容发送给子窗口并显示在子窗口的QLabel控件中，如图6-19所示。

扫一扫，看视频

图6-18 初始状态

图6-19 数据传送完成状态

本例的实现过程与代码的详细说明如下：

（1）按照例6-3创建主窗口和子窗口。

（2）在主窗口的UI界面添加QLineEdit控件和QPushButton控件，在子窗口的UI界面添加QLabel控件。

（3）子窗口头文件的代码及其详细说明如下：

```
#ifndef SECONDWINDOW_H
#define SECONDWINDOW_H
#include <QMainWindow>
namespace Ui {
  class SecondWindow;
}
class SecondWindow : public QMainWindow
{
  Q_OBJECT
public:
  explicit SecondWindow(QWidget *parent = nullptr);
  ~SecondWindow();
private:
  Ui::SecondWindow *ui;
private slots:
  // 第1步：定义槽函数
  void getStr(QString);
};
#endif // SECONDWINDOW_H
```

（4）子窗口源文件的代码及其详细说明如下：

```cpp
#include "secondwindow.h"
#include "ui_secondwindow.h"
SecondWindow::SecondWindow(QWidget *parent)
: QMainWindow(parent)
, ui(new Ui::SecondWindow)
{
  ui->setupUi(this);
  // 设置窗口的标题是：子窗口
  this->setWindowTitle("子窗口");
  // 设置窗口的大小是：宽250像素、高100像素
  this->resize(250,100);
}
SecondWindow::~SecondWindow()
{
  delete ui;
}
// 定义槽函数的实现
void SecondWindow::getStr(QString str)
{
  // 把从主窗口接收的数据写入QLabel控件中
  ui->label->setText(str);
}
```

（5）主窗口头文件的代码及其详细说明如下：

```cpp
#ifndef MAINWINDOW_H
#define MAINWINDOW_H
#include <QMainWindow>
#include "secondwindow.h"          // 导入第二个窗口的头文件
QT_BEGIN_NAMESPACE
namespace Ui { class MainWindow; }
QT_END_NAMESPACE
class MainWindow : public QMainWindow
{
  Q_OBJECT
public:
  MainWindow(QWidget *parent = nullptr);
  ~MainWindow();
signals:
  // 第2步：定义发射信号sendStr
  void sendStr(QString);
private slots:
  // 定义"传送数据"按钮的单件事件槽函数
  void on_pushButton_clicked();
private:
  Ui::MainWindow *ui;
  // 定义子窗口指针对象dlg
  SecondWindow *dlg;
};
#endif // MAINWINDOW_H
```

（6）主窗口源文件的代码及其详细说明如下：

```cpp
#include "mainwindow.h"
#include "./ui_mainwindow.h"
MainWindow::MainWindow(QWidget *parent)
```

```
  : QMainWindow(parent)
  , ui(new Ui::MainWindow)
  {
    ui->setupUi(this);
    // 设置窗口的标题是: 主窗口
    this->setWindowTitle("主窗口");
    // 设置窗口的大小是: 宽250像素、高100像素
    this->resize(250,100);
    // 实例化子窗口
    dlg=new SecondWindow;
    // 显示子窗口
    dlg->show();
    // 第3步: 定义sendStr(QString)信号由子窗口dlg上的getStr(QString)槽函数处理
    connect(this,SIGNAL(sendStr(QString)),dlg,SLOT(getStr(QString)));
  }
  MainWindow::~MainWindow()
  {
    delete ui;
  }
  // "传送数据" 按钮的单击事件处理函数
  void MainWindow::on_pushButton_clicked()
  {
    // 发射sendStr信号, 并把需要传送到子窗口的数据以实参方式代入
    emit sendStr(ui->lineEdit->text());
  }
```

6.3 标准对话框

在Qt中内置一些常用的标准对话框, 主要包括文件对话框(QFileDialog)、颜色对话框(QColorDialog)、字体对话框(QFontDialog)、输入对话框(QInputDialot)、消息对话框(QMessageBox)等, 这些标准对话框通过调用各自不同的静态函数来实现其功能。

6.3.1 消息对话框 QMessageBox

Qt 提供通用的 QMessageBox 消息对话框, 通过调用 QMessageBox 类中的静态成员方法可以直接在项目工程中使用。在使用 QMessageBox 消息对话框之前必须用下面的语句进行导入:

```
#include<QMessageBox>
```

1. 信息对话框

信息对话框提供的是一个带有普通信息图标的对话框, 该对话框标准的使用方式如下:

```
QMessageBox::information(QWidget *parent, const QString &title,
             const QString &text, QMessageBox::StandardButtons buttons = Ok,
             QMessageBox::StandardButton defaultButton = NoButton);
```

其中, 参数parent是对话框窗口的父窗口对象; title是对话框窗口的标题; text是对话框窗口中显示的提示内容; buttons是对话框窗口中显示的按钮(一个或多个), 其取值见表6-1; 最后一个参数defaultButton说明如下:

（1）defaultButton指定按下Enter键时使用的按钮。

（2）defaultButton必须引用在参数buttons中给定的按钮。

（3）如果defaultButton是QMessageBox::NoButton，QMessageBox会自动选择一个合适的默认值。

表 6-1 QMessageBox::StandardButtons 枚举值

枚 举 值	含 义
QMessageBox::Ok	标有 Ok 字样的按钮，通常用来表示用户接受或同意提示框中显示的信息
QMessageBox::Open	标有 Open 字样的按钮
QMessageBox::Save	标有 Save 字样的按钮
QMessageBox::Cancel	标有 Cancel 字样的按钮
QMessageBox::Close	标有 Close 字样的按钮
QMessageBox::Discard	标有 Discard 或者 Don't Save 字样的按钮，取决于运行平台
QMessageBox::Apply	标有 Apply 字样的按钮
QMessageBox::Reset	标有 Reset 字样的按钮
QMessageBox::Yes	标有 Yes 字样的按钮
QMessageBox::No	标有 No 字样的按钮

例如显示信息对话框要求如下：①标题是"提示信息"；②提示内容是"请您注意完成的时间点"；③显示Yes和No两个按钮；④默认选中的是No按钮，并对用户单击的是Yes还是No按钮给出识别。

信息对话框的代码如下：

```
if(QMessageBox::Yes==QMessageBox::information(this,"提示信息","请您注意完成的时间点",
QMessageBox::Yes|QMessageBox::No,QMessageBox::No)){
  qDebug()<<"按下的是Yes键";
}else{
  qDebug()<<"按下的是No键";
}
```

运行结果如图6-20所示。

2. 错误信息对话框

错误信息对话框将显示一个红色的错误符号。错误信息对话框使用QMessageBox::critical实现，其中的参数与信息对话框相同。例如显示错误信息对话框要求如下：①标题是"错误信息"；②错误内容是"您所输入的年龄超出范围"。错误信息对话框的代码如下：

```
// 错误信息对话框
QMessageBox::critical(this,"错误信息","您所输入的年龄超出范围");
```

运行结果如图6-21所示。

图 6-20　提示信息对话框　　图 6-21　错误信息对话框

3. 提问信息对话框

提问信息对话框使用QMessageBox::question实现，其中的参数与信息对话框相同。例如显示提问信息对话框要求如下：①标题是"问题"；②提问内容是"存盘吗"；③显示Save和Cancel两个按钮；④默认选中的是Save按钮，并对用户单击的是Save还是Cancel按钮进行识别。提问信息对话框的代码如下：

```
if(QMessageBox::Save==QMessageBox::question(this,"问题","存盘吗",QMessageBox::Save|
QMessageBox::Cancel,QMessageBox::Save))
{
  qDebug()<<"save";
}
else{
  qDebug()<<"cancle";
}
```

运行结果如图6-22所示。

4. 警告对话框

警告对话框使用QMessageBox::warning实现，其中的参数与信息对话框相同。例如显示警告对话框要求如下：①标题是"警告"；②警告内容是"删除此文件"；③显示Yes和No两个按钮；④默认选中的是Yes按钮。警告对话框的代码如下：

```
QMessageBox::warning(NULL,"警告","删除此文件",
                      QMessageBox::Yes|QMessageBox::No, QMessageBox::Yes);
```

运行结果如图6-23所示。

图6-22　提问对话框　　　图6-23　警告对话框

6.3.2　输入对话框 QInputDialog

Qt 使用QInputDialog类来实现用户输入数据的对话框，在使用 QInputDialog输入信息对话框之前必须使用下面的语句进行导入。

```
#include <QInputDialog>
```

输入对话框QInputDialog类调用不同的静态方法可以输入不同类型的数据，几种常用的输入对话框主要包括单行字符串输入对话框、整数输入对话框和列表框选择输入对话框。

1. 整数输入对话框

QInputDialog类使用getInt()方法可以输入整数类型数据，该方法的语法格式如下：

```
static  int  QInputDialog::getInt(QWidget *parent,
        const  QString &title, const  QString &label,  int value,
        int minValue=-2147483647, int maxValue = 2147483647,
        int step=1,  bool  *ok  =  0);
```

其中，参数parent是父组件的指针；title是对话框的标题；label是输入框上面的提示语句；value表示默认值；minValue表示最小值；maxValue表示最大值；step表示通过上下箭头调节数据的步长值；ok是可选的，当用户按下对话框的OK按钮时，这个bool变量会被置为true，可以由该参数来判断用户按下的是OK按钮还是Cancel按钮，从而判断用户输入的text文本是否有效。

例如显示输入年龄的对话框，该对话框的标题是"用户年龄"；提示信息是"请输入年龄"；输入年龄的默认值是25；输入年龄的最小值为18；输入年龄的最大值为70；输入年龄的步长值是2。输入年龄对话框的代码如下：

```
bool ok;
int age=QInputDialog::getInt(this,"用户年龄","请输入年龄",25,18,70,2,&ok);
if(ok){
  qDebug()<< QString().setNum(age);      // 将数字变成文本
}
```

运行结果如图6-24所示。

2. 单行字符串输入对话框

QInputDialog类中的getText()方法显示一个用于输入字符串的文本编辑框，该方法的参数与输入整数的getInt()方法基本相同，只是多了一个文本编辑框内容的显示方式。显示方式有两种：一种是QLineEdit::Normal，表示输入框的文本内容为正常显示；另一种是QLineEdit::Password，表示输入框的文本内容为密码方式显示。

例如显示输入用户名的对话框，该对话框的标题是"用户姓名"，提示信息是"请输入用户的姓名"，输入框的文本内容为正常显示模式，输入用户名的默认值是Please User Name。输入用户名对话框的代码如下：

```
QString strName = QInputDialog::getText(
  this,                  // 指定父窗体
  "用户姓名",             // 指定对话框标题
  "请输入用户的姓名",       // 提示字符串
  QLineEdit::Normal,     // 输入框显示模式
  "Please User Name",    // 输入框的默认文本
  &ok                    // 接收函数调用是否成功
);
qDebug()<<strName;
```

运行结果如图6-25所示。

图6-24　输入整数对话框　　图6-25　输入文本对话框

3. 列表框选择输入对话框

列表框选择输入对话框用QInputDialog类中的getItem()方法实现，该方法的语法格式如下：

```
QString getItem(
  QWidget *parent,          // 指向父对象的指针
  const QString &title,     // 窗口标题
  const QString &label,     // 窗口提示文本信息
  const QStringList &items, // 选项列表
  int current = 0,          // 默认选项值的编号
  bool editable = true,     // 是否可编辑
  bool *ok = Q_NULLPTR,     // 用户是否单击确认按钮的标志
  flags = Qt::WindowFlags(),// 其他窗口标志
  Qt::InputMethodHints inputMethodHints = Qt::ImhNone  // 列表框风格
)
```

该方法的返回值是QString 类型，另外，如果单击OK按钮则返回当前选中的单选按钮的内容，如果单击Cancel按钮则返回当前设置的默认值。

例如，显示用户选择前端语言的对话框，该对话框的标题是"前端语言"，提示信息是"选择您最喜欢的前端语言"，指定下拉列表中的内容是HTML、CSS、JavaScript、Vue.js，默认选中的前端语言是Vue.js。该对话框的代码如下：

```
QStringList items;
items<<"HTML"<<"CSS"<<"JavaScript"<<"Vue.js";
QString item=QInputDialog::getItem(this,"前端语言",
                                    "选择您最喜欢的前端语言",items,3,false);
QMessageBox::information(this,"前端语言","选择您最喜欢的前端语言"+item);
```

运行结果如图6-26所示。

图6-26　下拉列表选择输入对话框

6.3.3　其他标准对话框

1. 颜色对话框

Qt提供了颜色对话框类QColorDialog，可以通过该类提供的getColor()静态函数创建模态的颜色对话框。若单击颜色对话框中的OK按钮，则getColor()函数返回用户选择的颜色值；若单击Cancel按钮，则返回无效数据值。选择完成之后，使用QColor::isValid()函数可以判断用户选择的颜色是否有效。

在使用对话框QColorDialog之前，需要用如下语句导入该对话框：

```
#include<QColorDialog>
```

getColor()函数有三个参数，分别是初始颜色、父窗口对象、对话框标题。例如，设置当前对话框的初始颜色为红色、父窗口对象是当前窗口、对话框标题是"请您选择喜欢的颜色"，并把选中颜色的各个分量值（红、绿、蓝）显示出来，其使用的语句如下：

```
QColor color= QColorDialog::getColor(QColor(255,0,0),this,"请您选择喜欢的颜色");
// 显示选中颜色的分量值
qDebug()<<"r="<<color.red()<<"g="<<color.green()<<"b="<<color.blue();
```

打开的颜色对话框如图6-27所示。

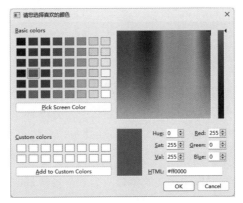

图6-27　颜色对话框

2. 文件对话框

文件对话框通过调用QFileDialog::getOpenFileName方法实现。方法的第一个参数指定窗体的父窗体；第二个参数指定窗体的标题；第三个参数指定窗体的打开目录；第四个参数用于限定打开的文件类型，有多个类型时中间用双分号";;"隔开。

在使用对话框 QFileDialog之前，需要先使用如下语句导入该对话框：

```
#include<QFileDialog>
```

例如，弹出的文件对话框要求如下：①当前窗口为父窗口；②文件对话框的标题是"标准文件对话框"；③默认打开的目录是当前目录；④文件过滤器是选择C和C++语言源文件，以及头文件。用户在文件对话框中选中文件之后，会在控制台上显示所选中的文件名及其路径，其程序代码如下：

```
QString sPath = QFileDialog::getOpenFileName(
  this,                  // 指定父窗口
  "标准文件对话框",        // 打开文件对话框的标题
  ".",                   // 打开目录，"."表示当前目录
  "C++ files(*.cpp);;"
  "C files(*.c);;"
  "Header files(*.h)" // 设置文件过滤器，有多个条件时中间用;;隔开
);
qDebug()<<sPath;          // 显示用户所选择的路径
```

弹出的文件对话框如图6-28所示。

从图6-28所示的文件对话框中可以看出，设置文件过滤器后用户仅能在该对话框中打开指定类型的文件。

图6-28　文件对话框

3. 字体对话框

字体对话框可以通过调用QFontDialog::getFont方法实现，该方法需要传入一个bool类型的参数用来接收函数是否成功执行，并且该方法会返回一个字体类。在使用对话框QFontDialog之前，需要先使用如下语句把该对话框导入：

```
#include<QFontDialog>
```

字体对话框的第一个参数是bool类型的参数；第二个参数是定义的初始字体。例如，设置字体对话框的默认字体是"华文彩云"、字号是36像素，当用户在字体对话框中选择新的字体

和字号等参数后单击OK按钮，在控制台显示其相关字体，所使用的语句如下：

```
bool flag;
QFont font= QFontDialog::getFont(&flag,QFont("华文彩云",36));
if(flag){
   qDebug()<<"字体: "<<font.family().toUtf8().data()
   qDebug()<<"字号: "<<font.pointSize();
   qDebug()<<"是否加粗"<<font.bold()<<"是否倾斜"<<font.italic();
}
```

弹出的字体对话框如图6-29所示。

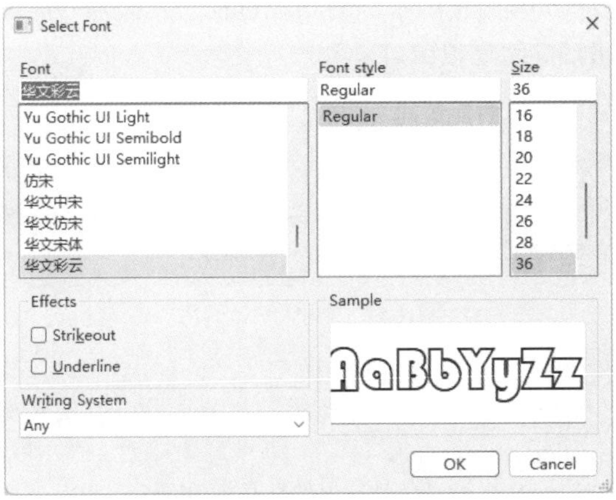

图6-29　字体对话框

4. 进度条对话框

在Qt中可以使用QProgressDialog类提供一个进度条，表示当前程序某个操作的执行进度，让用户知道操作仍然处于激活状态。进度条对话框如图6-30所示，由1个标签QLabel、1个进度条QProgressBar和1个按钮QPushButton构成，使用QPushButton按钮可以随时终止操作，并且进度条、标签、按钮都可以自定义。

图6-30　进度条对话框

QProgressDialog的构造函数如下：

```
QProgressDialog::QProgressDialog(const QString &labelText, const QString
&cancelButtonText, int minimum, int maximum, QWidget *parent = nullptr,
Qt::WindowFlags f = Qt::WindowFlags())
```

其中，labelText表示对话框显示的提示信息；cancelButtonText表示对话框中取消按钮上显示的文字；minimum表示进度条的最小值；maximum表示进度条的最大值；parent表示当前窗口的父对象；f表示当前窗口的flag标志，使用默认属性即可，无须设置。

例如，对于如图6-30所示的进度条对话框，其构造函数的实现语句如下：

```
QProgressDialog *progress=new QProgressDialog(
   "正在拷贝数据",        // 对话框显示的提示信息
   "取消拷贝",           // 取消按钮上显示的文字
   0,                  // 进度条的最小值
   100,                // 进度条的最大值
   this                // 当前窗口的父对象
);
```

ProgressDialog提供了以下常用的方法来设置进度条对话框。

（1）setIndeterminate(boolean indeterminate)：设置对话框中的进度条不显示进度值。

（2）setMax(int max)：设置对话框中的进度条的最大值。

（3）setMessage(CharSequence message)：设置对话框中显示的消息。

（4）setProgress(int value)：设置对话框中进度条的进度值。

（5）setProgressStyle(int style)：设置对话框中进度条的风格。

【例6-6】模拟复制文件进度条对话框

扫一扫，看视频

　　运行本例程序就会打开进度条对话框（图6-31），然后每间隔50毫秒进度条加1，直到进度为100%为止。本例的实现过程与其代码的详细说明如下：

　　（1）按照例6-3创建主窗口。

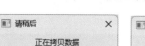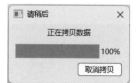

图6-31　进度条对话框

（2）主窗口.cpp源文件的代码及其详细说明如下：

```cpp
#include "mainwindow.h"
#include "./ui_mainwindow.h"
#include<QMessageBox>          // 导入消息对话框
#include<QTimer>               // 导入定时器
#include<QProgressDialog>      // 导入进度条对话框
MainWindow::MainWindow(QWidget *parent)
  : QMainWindow(parent)
  , ui(new Ui::MainWindow)
{
  ui->setupUi(this);
  // 创建进度条对话框对象
  QProgressDialog *progress=new QProgressDialog(
                      "正在拷贝数据","取消拷贝",0,100,this);
  // 设置进度条对话框的标题
  progress->setWindowTitle("请稍后");
  // 设置为模态窗口
  progress->setWindowModality(Qt::WindowModal);
  progress->show();
  // 设置定时器存储当前进度值的变量value，初值为0
  static int value=0;
  // 定义并实例化定时器对象
  QTimer *timer=new QTimer();
  // 定义定时器时间到的信号与其所对应的槽函数
  connect(timer,&QTimer::timeout,[=](){
    // 把当前value值设置到进度条
    progress->setValue(value);
    // 当前进度存储值加1
    value++;
    // 判断当前进度条存储值value是否大于进度条设定的最大值
    if(value>progress->maximum()){
      timer->stop();          // 关闭定时器
      value=0;                // 当前进度存储值清零
      delete progress;        // 删除进度条对象
      delete timer;           // 删除定时器对象
    }
  });
  // 启动定时器，每50毫秒定时中断一次，也就是每50毫秒发出一次超时信号
  timer->start(50);
```

```
// 进度条窗口的取消按钮被按下的信号及其槽函数
connect(progress,&QProgressDialog::canceled,[=](){
    timer->stop();              // 关闭定时器
    value=0;                    // 当前进度存储值清零
    delete progress;            // 删除进度条对象
    delete timer;               // 删除定时器对象
});
}
MainWindow::~MainWindow()
{
    delete ui;
}
```

6.4 本章小结

　　本章首先讲解了窗口的区域划分，并通过区域划分来说明Qt中窗口的设计方法；然后讲解了对话框的种类，并说明自定义对话框之间数据的传递方法，包括主窗口向子窗口传递数据、子窗口向主窗口传递数据；最后阐述了Qt为应用程序设计提供的一些常用的标准对话框，例如打开文件对话框、选择颜色对话框、信息提示和确认选择对话框、标准输入对话框等，用户无须亲自设计这些对话框，就可以实现一些常用的功能，这样可以减少程序员的程序设计工作量。

6.5 习题6

一、选择题

1. 设置窗口标题所使用的方法是（　　　）。

    A. setWindowTitle　　　　　　　　　　　　B. setWindowFlags

    C. setWindowIcon　　　　　　　　　　　　D. setText

2. 使用（　　　）函数可以设置菜单项名称前的图标。

    A. setIcon　　　　　　　　　　　　　　　B. setWindowIcon

    C. setIconText　　　　　　　　　　　　　D. setWindowTitle

3. QAction对象被单击时发射的信号是（　　　）。

    A. hovered　　　　B. triggered　　　　　　C. toggled　　　　　　D. changed-right

4. 下面的语句实现的对话框是（　　　）。

```
QDialog dialog(this);
dialog.exec();
```

    A. 非模态对话框　　B. 模态对话框　　　　C. 标准对话框　　　　D. 消息对话框

5. 在子窗口中定义信号并向主窗口发射该信号，在主窗口中定义（　　　）来响应。

    A. 信号　　　　　　B. 槽函数　　　　　　C. 对话框　　　　　　D. 函数

6. 以下不属于消息对话框QMessageBox的方法是（　　　）。

    A. information　　　B. critical　　　　　　C. confirm　　　　　　D. warning

7. 下面的对话框类不属于标准对话框的是（　　　）。

    A. QMessageBox　　　　　　　　　　　　B. QColorDialog

    C. QDialog　　　　　　　　　　　　　　D. QProgressDialog

二、简答题

1. 简述什么是模态、非模态对话框，分别举例说明实现方法。

2. 说明下面每条语句的作用，最后完成的任务是什么？

```
QAction *actionFont = new QAction(tr("字体"), this);
QMenu *submenu = new QMenu(this);
submenu->addAction(tr("宋体"));
submenu->addAction(tr("楷体"));
submenu->addAction(tr("黑体"));
actionFont->setMenu(submenu);
QToolBar *fileToolBar = addToolBar(tr("文件工具栏"));
fileToolBar->addAction(actionFont);
```

3. 显示信息对话框要求如下：①标题是"确认取值"；②提示内容是"是否认可当前的结果"；③显示OK和Cancel两个按钮；④默认选中的按钮是Cancel，并对用户单击的是OK还是Cancel按钮给出识别。请编写符合要求的信息对话框的代码，要求运行结果如习题图6-1所示。

习题图6-1　信息对话框

6.6　实验6　QSS样式设计

一、实验目的

（1）掌握Qt窗口属性的设置方法。

（2）掌握Qt主窗口与子窗口之间数据的传递方法。

（3）掌握Qt标准对话框的使用方法。

二、实验要求

使用Qt Creator编辑程序实现实验图6-1所示界面，要求实现以下功能。

（1）创建两个窗口：主窗口和子窗口。

（2）在主窗口的文本框中输入信息，单击"发送数据给子窗口"按钮后把文本框的数据显示在子窗口的QLabel组件上。实验图6-1（a）是在主窗口的文本框中输入"hello"并把该数据显示在子窗口中。

（3）在子窗口的文本框中输入信息，单击"发送数据给主窗口"按钮后会把文本框的数据显示在主窗口的QLabel组件上。实验图6-1（b）是在子窗口的文本框中输入"world"并把该数据显示在主窗口中。

（a）主窗口　　　　　　　　　　　　　（b）子窗口

实验图6-1　实验结果图

第 7 章

Qt 布局

本章学习目标：

　　本章主要讲解 Qt 窗口的布局，使读者学会在窗口中把组件放到指定的位置并能够合理地分配窗口空间。通过本章的学习，读者应该掌握以下主要内容。

- 布局所使用的类。
- 使用控件进行布局管理。
- Qt 常见的布局方式。

7.1 布局管理

实际开发中，一个界面上可能包含十几个控件，手动调整它们的位置既费时又费力。作为一款成熟的 GUI 框架，Qt 提供了很多摆放控件的辅助工具（又称布局管理器或者布局控件），这些辅助工具可以完成两件事。

（1）自动调整控件的位置，包括控件之间的间距、对齐方式等。

（2）当用户调整窗口大小时，位于布局管理器内的控件也会随之调整大小。

7.1.1 停靠布局 QDockWidget

QDockWidget是一个可以停靠在QMainWindow中的窗口控件，可以保持浮动状态或在指定位置作为子窗口附加到主窗口中。停靠窗口QDockWidget类在应用程序中会经常用到，设置停靠窗口的一般流程如下：

（1）创建一个QDockWidget对象并将其设置为停靠窗口。

（2）设置此停靠窗口的属性，通常调用setFeatures()和setAllowedAreas()两种方法。

（3）新建一个要插入停靠窗体的控件，常用的有QListWidget和QTextEdit。

（4）将控件插入停靠窗口，调用QDockWidget的setWidget()方法。

（5）使用addDockWidget()方法在MainWindow中加入此停靠窗体。

使用Qt Designer可以将QDockWidget拖曳添加到MainWindow的任意区域，只要可以停靠即可，在代码中对QDockWidget进行管理。

1. 停靠特性

setFeatures()方法用于设置停靠窗口是否可以关闭、移动、浮动等特性，该方法有以下几种参数可以指定停靠窗体的特性。

（1）QDockWidget::DockWidgetClosable：停靠窗口可关闭。

（2）QDockWidget::DockWidgetMovable：停靠窗口可移动。

（3）QDockWidget::DockWidgetFloatable：停靠窗口可浮动。

（4）QDockWidget::AllDockWidgetFeatures：表示拥有停靠窗口的所有特性。

（5）QDockWidget::NoDockWidgetFeatures：停靠窗口不可移动、不可关闭、不可浮动。

例如定义一个停靠窗口并允许其可移动，代码如下：

```
QDockWidget *dock1=new QDockWidget("停靠窗口",this);
dock1->setFeatures( QDockWidget::DockWidgetMovable);
```

2. 停靠区域

setAllowedAreas()方法用于设置停靠窗口可停靠的区域，该方法有以下几种参数可以指定窗口可停靠的区域。

（1）Qt::LeftDockWidgetArea：在主窗口的左侧停靠。

（2）Qt::RightDockWidgetArea：在主窗口的右侧停靠。

（3）Qt::TopDockWidgetArea：在主窗口的顶端停靠。

（4）Qt::BottomDockWidgetArea：在主窗口的底部停靠。

（5）Qt::AllDockWidgetArea：在主窗口的任意（以上四个）位置停靠。

（6）Qt::NoDockWidgetArea：只可停靠在插入处。

例如定义一个停靠窗口，并允许其在左边或者右边进行窗口停靠，其代码如下：

```
QDockWidget *dock1=new QDockWidget("停靠窗口",this);
dock1->setAllowedAreas(Qt::LeftDockWidgetArea|Qt::RightDockWidgetArea);
```

3. 添加停靠窗口

addDockWidget()方法用于添加停靠窗口，并给停靠窗口指定位置，该方法的使用代码如下：

```
void QMainWindow::addDockWidget(Qt::DockWidgetArea area, QDockWidget * widget)
```

其中，参数area是停靠区域；widget是需要增加的停靠窗口。例如，把停靠窗口dock1放在主窗口的右侧使用的代码如下：

```
addDockWidget(Qt::RightDockWidgetArea,dock1);
```

4. 分割停靠窗口

splitDockWidget()方法用于分割停靠窗口，即把一个停靠窗口进行左右或上下分割。分割的原则是：水平方向是从左到右，重直方向是从上到下。该方法的使用代码如下：

```
void QMainWindow::splitDockWidget(QDockWidget * first, QDockWidget * second,
Qt::Orientation orientation)
```

其中，参数first和second是停靠窗口；Qt::Orientation 是一个枚举类型且有两种取值，分别是Qt::Horizontal（水平方向）、Qt::Vertical（垂直方向）。

5. Tab形式的窗口

tabifyDockWidget()方法用于把多个停靠窗口变成一个Tab形式的窗口，通过不同的选项卡选择不同的窗口。该方法的使用代码如下：

```
void QMainWindow::tabifyDockWidget(QDockWidget * first, QDockWidget * second)
```

其中，参数first和second是停靠窗口。

例如，把停靠窗口1、停靠窗口2和停靠窗口3变成一个Tab形式的窗口所使用的代码如下：

```
tabifyDockWidget(停靠窗口1,停靠窗口2);
tabifyDockWidget(停靠窗口1,停靠窗口3);
```

Tab形式的窗口的显示结果如图7-1所示。

图7-1　Tab形式的窗口的显示结果

6. 初始化大小

左右布局的QDockWidget高度是自适应的，但宽度需要进行初始化设置；上下布局的QDockWidget宽度是自适应的，但高度需要进行初始化设置。QDockWidget进行初始化大小设置使用resizeDocks()方法实现，该方法的使用代码如下：

```
void QMainWindow::resizeDocks(const QList<QDockWidget *> &docks,
                    const QList<int> &sizes, Qt::Orientation orientation)
```

其中，第一个参数用来设置是哪个dock窗口需要调整大小；第二个参数用来设置dock所占的像素大小，如果大于或者小于QMainWindow本身空间，Qt会根据所设置像素大小的相对权重分配给dock；第三个参数用来设置调整的方向，如果为Qt::Horizontal则调整dock的宽度，如果为Qt::Vertical则调整dock的高度，resizeDocks要起作用就必须先确定停靠位置。

【例7-1】停靠布局应用

扫一扫，看视频

本例窗口布局实现在主窗口的左侧设置一个子窗口，右侧设置三个子窗口且这三个子窗口都有自己的标题和窗体内容，运行结果如图7-2所示。

图7-2 停靠布局

本例.cpp源文件的代码及其详细说明如下：

```
#include "mainwindow.h"
#include "./ui_mainwindow.h"
#include<QTextEdit>          // 导入文本编辑组件的头文件
#include<QDockWidget>        // 导入QDockWidget布局头文件
MainWindow::MainWindow(QWidget *parent)
    : QMainWindow(parent)
   , ui(new Ui::MainWindow)
{
  ui->setupUi(this);
  // 设置窗口标题是：停靠窗口
  setWindowTitle("停靠窗口");
  // 声明并实例化QTextEdit文本编辑框对象te
  QTextEdit *te=new QTextEdit(this);
  // 设置文本编辑框的内容为"主窗口"
  te->setText("主窗口");
  // 设置文本编辑框中的文本对齐方式是居中对齐
  te->setAlignment(Qt::AlignCenter);
```

```
    // 将文本编辑框设置为中心窗口
    setCentralWidget(te);
    // 声明并实例化QDockWidget对象dock1，并增加停靠窗口1
    QDockWidget *dock1=new QDockWidget("停靠窗口1",this);
    // 设置QDockWidget对象的停靠区域可以是左边或者右边
    dock1->setAllowedAreas(Qt::LeftDockWidgetArea|Qt::RightDockWidgetArea);
    // 声明并实例化QTextEdit文本编辑框对象te2
    QTextEdit *te2=new QTextEdit(this);
    // 将文本编辑框te2的内容设置为“第1个停靠控件”
    te2->setText("第1个停靠控件");
    // 把文本编辑框te2添加到对象dock1中
    dock1->setWidget();
    // 在主窗口右侧区域为对象dock1添加停靠窗口
    addDockWidget(Qt::RightDockWidgetArea,dock1);
    // 设置停靠窗口2
    dock1=new QDockWidget("停靠窗口2",this);
    // 设置dock1对象的停靠区域可以是左边或者右边
    dock1->setAllowedAreas(Qt::LeftDockWidgetArea|Qt::RightDockWidgetArea);
    // 声明并实例化QTextEdit文本编辑框对象te3
    QTextEdit *te3=new QTextEdit(this);
    // 将文本编辑框te3的内容设置为“第2个停靠控件”
    te3->setText("第2个停靠控件");
    // 把文本编辑框te3添加到对象dock1中
    dock1->setWidget(te3);
    // 设置dock1对象的停靠区域只能是右边区域
    addDockWidget(Qt::RightDockWidgetArea,dock1);
    // 设置停靠窗口3
    dock1=new QDockWidget("停靠窗口3",this);
    dock1->setAllowedAreas(Qt::LeftDockWidgetArea|Qt::RightDockWidgetArea);
    QTextEdit *te4=new QTextEdit(this);
    te4->setText("第3个停靠控件");
    dock1->setWidget(te4);
    addDockWidget(Qt::RightDockWidgetArea,dock1);
}
MainWindow::~MainWindow()
{
    delete ui;
}
```

7.1.2 堆栈部件 QStackedWidget

QStackedWidget类是Qt中的一个小部件，可以容纳许多QWidget部件并且只会显示当前处于活动状态的部件，通常与组合框、列表控件或者一组单选按钮来配合使用以实现切换QWidget部件的效果。

1. 主要方法

以下是QStackedWidget类的一些主要方法。

（1）addWidget(QWidget *widget)：将一个QWidget部件添加到堆栈中。

（2）insertWidget(int index, QWidget * widget)：将QWidget部件添加到指定index位置的堆栈容器中，如果参数里的 index 超出序号范围，那么新的QWidget部件放到最末尾。

（3）removeWidget(QWidget * widget)：删除页面，注意，该方法不会释放页面占用的内存，仅仅是从容器上卸载，卸载的标签页仍存在，需要手动删除才会释放内存。

（4）setCurrentIndex(int index)：将指定索引值index的部件设置为当前活动部件。

（5）currentIndex()：返回当前活动部件的索引值。

（6）count()：返回堆栈中QWidget部件的数量。

（7）widget(int index)：返回指定索引处的QWidget部件。

2. 信号

堆栈部件有两个信号，分别是当前页面序号发生变化和卸载指定序号的页面操作，两个信号的定义方式如下：

```
// 当前页面序号变化，参数是新页面序号
void currentChanged(int index)
// 指定序号的页面被卸载
void widgetRemoved(int index)
```

【例7-2】堆栈部件应用

扫一扫，看视频

本例实现在主窗口的右侧放置堆栈部件，并在堆栈部件中添加三个页面，然后通过主窗口左侧的下拉列表框实现选择不同的下拉选项，堆栈部件显示对应的指定页面，运行结果如图7-3所示。

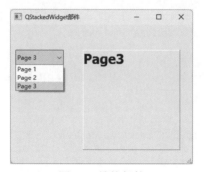

图7-3　堆栈部件

本例.cpp源文件的代码及其详细说明如下：

```cpp
#include "mainwindow.h"
#include "./ui_mainwindow.h"
#include<QStackedWidget>      // 导入堆栈部件的头文件
#include<QLabel>              // 导入标签组件的头文件
#include<QComboBox>           // 导入下拉列表框的头文件
MainWindow::MainWindow(QWidget *parent)
  : QMainWindow(parent)
  , ui(new Ui::MainWindow)
{
  ui->setupUi(this);
  // 设置主窗口的标题是：QStackedWidget部件
  setWindowTitle("QStackedWidget部件");
  // 设置字体类型、大小、加粗
  QFont serifFont("Times", 20, QFont::Bold);
  // 创建第一个页面部件
  QWidget *firstPageWidget = new QWidget;
  // 在第一个页面上添加QLabel组件，并初始化其内容是Page1
  QLabel *firstble = new QLabel("Page1",firstPageWidget);
```

```
    // 把定义的字体相关属性应用到QLabel组件上
    firstble->setFont(serifFont);
    // 创建第二个部件，其操作与创建第一个部件相同
    QWidget *secondPageWidget = new QWidget;
    QLabel *secondble = new QLabel("Page2",secondPageWidget);
    secondble->setFont(serifFont);
    // 创建第三个部件，其操作与创建第一个部件相同
    QWidget *thirdPageWidget = new QWidget;
    QLabel *thirdble = new QLabel("Page3",thirdPageWidget);
    thirdble->setFont(serifFont);
    // 创建堆栈部件
    QStackedWidget *stackedWidget = new QStackedWidget(this);
    // 把前面创建的三个部件加入堆栈部件中
    stackedWidget->addWidget(firstPageWidget);
    stackedWidget->addWidget(secondPageWidget);
    stackedWidget->addWidget(thirdPageWidget);
    // 设置堆栈部件的显示风格，其中
    // QFrame::Panel: 平面边框是一个凹陷的面板
    // QFrame::Raised: 表示边框和内容表现为凸起，具有3D效果
    stackedWidget->setFrameStyle(QFrame::Panel | QFrame::Raised);
    // 把堆栈部件移动到坐标为(150,50)的位置
    stackedWidget->move(150,50);
    // 设置堆栈部件的固定宽度是200像素
    stackedWidget->setFixedWidth(200);
    // 设置堆栈部件的固定高度是200像素
    stackedWidget->setFixedHeight(200);
    // 创建下拉列表框对象
    QComboBox *pageCB = new QComboBox(this);
    // 在下拉列表框的内容中增加三个元素
    pageCB ->addItem(tr("Page 1"));
    pageCB ->addItem(tr("Page 2"));
    pageCB ->addItem(tr("Page 3"));
    // 定义下拉列表框中的选择事件所对应的事件处理函数
    // 使用用户选择的下拉列表元素的对应值来显示指定的部件
    connect(pageCB, QOverload<int>::of(&QComboBox::activated),[=](int index){
      stackedWidget->setCurrentIndex(index);
    });
}
MainWindow::~MainWindow()
{
    delete ui;
}
```

7.1.3 分割窗口

在Qt中使用QSplitter类可以实现分割窗口的功能，被分割的每个子窗口由分隔条隔开，拖曳分隔条可以改变子窗口的大小。另外，这些子窗口可以包含其他Qt控件。

1. 创建QSplitter对象

在使用Splitter分割窗口之前必须先创建QSplitter对象，创建QSplitter对象的代码如下：

```
QSplitter(Qt::Orientation orientation, QWidget *parent = nullptr)
```

其中，orientation参数用于表示该分割窗口是水平分割（Qt::Horizontal）还是垂直分割（Qt::Vertical）；

parent 参数表示父对象。例如，在主窗口splitterMain中新建右分割窗口QSplitter类对象splitterRight，并以垂直布局的方式分割窗口，其实现代码如下：

```
QSplitter *splitterRight = new QSplitter(Qt::Vertical,splitterMain);
```

2. QSplitter对象的缩放风格

使用setOpaqueResize()可以设定分割窗口的分隔条是否为实时更新显示。如果参数值为true，则拖曳时实时更新显示子窗口大小；如果参数值为false，则拖曳时显示为灰色粗线条；当停止拖曳时才显示子窗口大小。该方法的使用代码如下：

```
splitterRight ->setOpaqueResize(bool opaque = true)
```

3. 设置伸缩窗口

setStretchFactor()方法用于设定QSplitter分割的窗口是否具有可伸缩性，使用代码如下：

```
setStretchFactor(int index, int stretch)
```

其中，第一个参数index指定要设置控件的序号（按控件的插入顺序从0依次编号）；第二个参数stretch 大于0时表示此控件为可伸缩控件。例如，要让插入的第二个控件可以伸缩，则设置index值为1（初值从0开始计算）、第二个参数stretch 的值大于0才能伸缩。实现上述功能的代码如下：

```
splitterRight ->setStretchFactor(1,1);
```

【例7-3】分割窗口应用

扫一扫，看视频

本例使用QSplitter实现分割窗口的功能，整个对话框由三个窗口组成，窗口的大小可以任意拖曳来改变。本例实现结果如图7-4所示。

图7-4　分割窗口应用

本例主程序main.cpp的代码及其详细说明如下：

```
#include "mainwindow.h"
#include <QApplication>
#include<QSplitter>       // 导入QSplitter
#include<QTextEdit>       // 导入QTextEdit
int main(int argc, char *argv[])
{
  QApplication a(argc, argv);
  // 新建主分割窗口QSplitter类对象：水平布局的分割窗口
  QSplitter *splitterMain = new QSplitter(Qt::Horizontal);
  // 新建文本编辑框QTextEdit类对象，将其插入主分割窗口中
  QTextEdit *textLeft = new QTextEdit(QObject::tr("左边：部分"),splitterMain);
  // 设置文本编辑框TextEdit中文字的对齐方式为：居中对齐
```

```
        textLeft->setAlignment(Qt::AlignCenter);
        // 在主窗口splitterMain中新建右分割窗口QSplitter类对象，并以垂直布局方式分割窗口
        QSplitter *splitterRight = new QSplitter(Qt::Vertical,splitterMain);
        // 设定分割窗口的分隔条为非实时更新显示，拖曳时显示灰色粗线条
        splitterRight->setOpaqueResize(false);
        // 新建文本编辑框QTextEdit类对象，将其插入右分割窗口中
        QTextEdit *textUp = new QTextEdit(QObject::tr("右边：顶部"),splitterRight);
        // 设置文本编辑框TextEdit中文字的对齐方式为：居中对齐
        textUp->setAlignment(Qt::AlignCenter);
        // 新建文本编辑框QTextEdit类对象，将其插入右分割窗口中
        QTextEdit *textBottom = new QTextEdit(QObject::tr("右边：底部"),splitterRight);
        // 设置文本编辑框TextEdit中文字的对齐方式为：居中对齐
        textBottom->setAlignment(Qt::AlignCenter);
        // 插入控件序号为1的控件（即第二个控件），第二个参数大于0表示该控件可伸缩
        splitterMain->setStretchFactor(1,1);
        // 设置窗口标题
        splitterMain->setWindowTitle(QObject::tr("窗口分割"));
        // 显示窗口
        splitterMain->show();
        return a.exec();
}
```

7.2 控件布局管理

Qt 提供了两种控件定位机制：绝对定位和布局定位。

绝对定位是一种最原始的定位方法：给出组件的坐标和长宽值，这样，Qt 就知道该把组件放在哪里以及如何设置组件的大小。但是这样做带来的问题是，如果用户改变了窗口大小，例如单击最大化按钮或者用鼠标拖动窗口边缘，采用绝对定位的组件是不会有任何响应的，这是因为在窗口变化时并没有信号发送给 Qt控件要求其是否更新以及如何更新。如果希望控件自动更新需要编写相应的函数来响应窗口变化。

针对这种控件自适应窗口变化的需求，Qt提供了另外一种布局机制来解决。也就是把控件放入一种专门的布局控件，布局控件由专门的布局管理器进行管理，当需要调整大小或者位置的时候，Qt 使用对应的布局管理器进行调整。Qt 提供的布局组件中以下几种是最常用的。

（1）QHBoxLayout：按照水平方向从左到右布局，也就是把需要布局的控件横向排成一行。

（2）QVBoxLayout：按照垂直方向从上到下布局，也就是把需要布局的控件纵向排成一列。

（3）QGridLayout：在一个网格中进行布局，也就把需要布局的控件按照表格的形式进行排列。

（4）QFormLayout：表单布局，也叫双列表格布局器。对于接收用户输入的窗口，通常是每行一个标签用于提示信息、一个输入控件接收用户输入，QFormLayout 可以对这种每行两列的控件分布进行建模并简化界面的构建过程。

总之，布局就是界面上控件的排列方式，使用布局可以使控件有规则地分布，并且随着窗口大小的变化能够自动地调整大小和相对位置。当可用空间变化时，这些布局也自动调整Widgets的位置和大小，以确保布局的一致性和用户界面主体可用。当使用程序代码设计界面时，布局类代码的操作过程为：首先创建各个控件；接着定义一个布局类对象；然后将控件加入布局类对象；最后在某个窗口上设置该布局。

1. 概述

QHBoxLayout是Qt框架中的一个布局管理器类，用于在水平方向自动调整和布局子部件的位置和大小，其主要特点和用法如下。

（1）水平布局：QHBoxLayout将子部件按照水平方向从左到右进行布局，可以自动调整子部件的位置和大小，使它们适应布局容器的大小变化。

（2）添加子部件：通过调用QHBoxLayout的addWidget()函数，可以向布局中添加各种Qt部件，例如按钮、标签、文本框等。

（3）弹性空间：QHBoxLayout支持弹性空间的概念。通过在子部件之间添加弹性空间（addStretch()）可以实现在布局中分配额外的空间或者平均分配剩余空间。

（4）对齐方式：可以使用setAlignment()函数设置子部件在布局中的对齐方式。可以指定水平和垂直方向上的对齐方式，例如左对齐、右对齐、居中对齐等。

（5）嵌套布局：QHBoxLayout可以与其他布局管理器一起使用，以实现更复杂的布局。例如，可以将QHBoxLayout嵌套在QVBoxLayout中，以实现水平和垂直方向上的布局。

2. 常用函数

要使用代码实现水平布局首先要导入QHBoxLayout类，使用的代码如下：

```
#include <QHBoxLayout>
```

然后声明水平布局QHBoxLayout的变量layout并进行实例化，使用的代码如下：

```
QHBoxLayout* layout= new QHBoxLayout(ui->centralwidget);
```

其中，ui->centralwidget是指Qt主窗口的中心区域，上面这条语句就是在Qt主窗口中定义一个水平布局。

（1）设置控件间距。

使用setSpacing()方法可以控制水平布局中两个相邻控件之间的间距，其参数就是两相邻组件间距的整型值。例如，将两个相邻控件的间距设置为15像素所使用的语句如下：

```
layout->setSpacing(15);
```

（2）设置边距。

使用setContentsMargins()方法可以控制水平布局组件与外部其他组件的间距，该方法的参数是四个整型值，分别对应左、上、右、下的外边距。例如，设置水平组件与其他组件的间距分别为左边30像素、上边5像素、右边5像素、下边5像素，所使用的语句如下：

```
layout->setContentsMargins(30, 5, 5, 5);
```

（3）添加伸缩空间。

使用addStretch()可以添加一个伸缩空间（俗称弹簧），其参数（默认值为0）是一个整数，用来定义在总伸缩空间的占比，伸缩空间的作用是平均分配水平布局的剩余空间。

例如，水平布局的开始和结束位置各占1份剩余空间，两个按钮组件（btn1和btn2）之间占2份剩余空间，其实现代码如下：

```
layout->addStretch(1);
layout->addWidget(btn1);
```

```
layout->addStretch(2);
layout->addWidget(btn2);
layout->addStretch(1);
```

以上代码是使用addStretch()将空白也就是没有Widget的地方均分成4份，然后按照参数值的份数分配伸缩空间，即占主窗口的空间大小。

（4）添加控件。

在水平布局中使用addWidget()方法添加组件，以使添加到水平布局的组件能够均衡地排成一排，所添加的组件都是默认垂直方向居中对齐的。该方法的使用代码如下：

```
addWidget(QWidget *widget, int stretch = 0, Qt::Alignment alignment =
Qt::Alignment())
```

其中，参数widget是需要添加到水平布局的组件；参数stretch表示所占的伸缩空间比例；参数alignment是组件的对齐方式。

（5）设置布局方向。

在水平布局中可以使用setDirection()方法设置布局方向，根据所带参数的不同可以实现从左到右（LeftToRight）、从右到左（RightToLeft）等水平排列组件。例如，设置水平布局从右向左排列组件，实现代码如下：

```
layout->setDirection(QBoxLayout::RightToLeft);
```

【例7-4】使用代码实现水平布局

本例由QLabel组件、QLineEdit组件和QPushButton组件组成，这3个组件要排成一行且把空余部分分成5份，前后各占2份，QLineEdit组件和QPushButton组件之间占1份，其实现代码如下：

扫一扫，看视频

```
#include "mainwindow.h"
#include "./ui_mainwindow.h"
#include<QPushButton>         // 导入按钮组件的头文件
#include<QHBoxLayout>         // 导入水平布局的头文件
#include<QLabel>              // 导入标签组件的头文件
#include<QLineEdit>           // 导入行编辑框组件的头文件
MainWindow::MainWindow(QWidget *parent)
  : QMainWindow(parent)
  , ui(new Ui::MainWindow)
{
  ui->setupUi(this);
  // 设置主窗口的标题是：水平布局
  this->setWindowTitle("水平布局");
  // 声明并实例化QLabel对象
  QLabel* pPath = new QLabel(this);
  // 设置QLabel对象的对象名为pPath
  pPath->setObjectName("pPath");
  // 设置QLabel对象的大小固定，分别是宽40像素、高32像素
  pPath->setFixedSize(40, 32);
  // 设置QLabel对象上的文字
  pPath->setText("路径：");
  // 声明并实例化QLineEdit对象
  QLineEdit* pEdit = new QLineEdit(this);
  // 设置QLineEdit对象的对象名为pEdit
  pEdit->setObjectName("pEdit");
  // 设置QLineEdit对象的大小固定，分别是宽100像素、高32像素
  pEdit->setFixedSize(100, 32);
  // 设置QLineEdit对象的最小尺寸是50像素
  pEdit->setMinimumWidth(50);
```

布局

```
    // 声明并实例化QPushButton对象
    QPushButton* pBtn = new QPushButton(this);
    // 设置QPushButton对象的对象名为pBtn
    pBtn->setObjectName("pBtn");
    // 设置QPushButton对象的大小固定，分别是宽50像素、高32像素
    pBtn->setFixedSize(50, 32);
    // 设置按钮上的文字
    pBtn->setText("打开");
    // 在主窗口的中心区域创建水平布局对象
    QHBoxLayout* pHLay = new QHBoxLayout(ui->centralwidget);
    // 在水平布局的左边加2份伸缩空间
    pHLay->addStretch(2);
    // 把QLabel组件和QLineEdit组件添加到水平布局
    pHLay->addWidget(pPath);
    pHLay->addWidget(pEdit);
    // 在水平布局的右侧加1份伸缩空间
    pHLay->addStretch(1);
    // 在水平布局的右侧增加QPushButton组件
    pHLay->addWidget(pBtn);
    // 在水平布局的最右侧加2份伸缩空间
    pHLay->addStretch(2);
    // 定义水平布局的组件从左到右排列
    pHLay->setDirection(QBoxLayout::LeftToRight);
}
MainWindow::~MainWindow()
{
    delete ui;
}
```

实现的结果如图7-5所示。

图7-5　使用代码实现水平布局

3. 用UI窗口进行水平布局

在Qt Creator中的页面设计中，可以通过可视化对话框实现界面的布局。例如，例7-4的设计可以采用以下步骤实现。

（1）将相关组件拖曳到UI窗口，其组件名称与图7-6右侧的类名相同。从图7-6中可以看出包括QLabel、QLineEdit、QPushButton和三个Spacer。

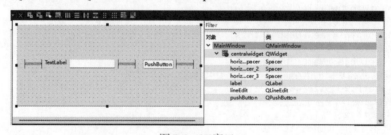

图7-6　UI窗口

（2）使用鼠标拖动的方法选中图7-6左侧的所有控件，使所有组件都被8个小正方块包围，如图7-7所示。

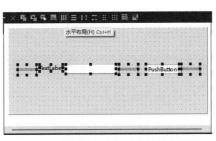

图 7-7　选中需要水平布局的组件

（3）选中需要进行水平布局的组件之后，单击图7-7中的水平布局快捷按钮，选中的组件会形成水平布局，如图7-8所示。

图 7-8　水平布局

（4）图7-8右侧的centralwidget部件前面图标中出现红色的斜线圈，说明这个部件并没有进行布局，在图7-8右侧选中centralwidget部件，单击图7-8左侧上方的水平布局快捷按钮对其进行布局。布局后的结果如图7-9所示。注意，图7-9中centralwidget部件前的图标（表示已布局）与图7-8中的centralwidget部件图标有区别。

图 7-9　centralwidget部件布局

如果在布局过程中需要打破现有布局，可以选中某个布局组件，如本例中选中horizontalLayout组件或者centralwidget部件，单击图7-9左上方的分拆布局快捷按钮就可以删除已添加的布局。

7.2.2　垂直布局

垂直布局是指将所有控件从上到下（或者从下到上）依次摆放，在Qt中使用QVBox-Layout类进行垂直布局。在使用 QVBoxLayout进行组件布局之前需要先导入QVBoxLayout头文件，其代码如下：

```
#include <QVBoxLayout>
```

QVBoxLayout类提供了如下两个构造函数：

```
QVBoxLayout()
QVBoxLayout(QWidget *parent)
```

创建 QVBoxLayout 控件的同时可以指定父窗口，该控件将作为父窗口中管理其他控件的工具；也可以暂时不指定父窗口，待全部设置完毕再将其添加到某个窗口中。另外，垂直布局 QVBoxLayout控件的相关属性设置与水平布局QHBoxLayout控件基本相似。

【例7-5】使用代码实现垂直布局

本例将 3 个文本框和 2 个空白行添加到垂直布局中，它们的伸缩系数比是 2:1:2:3:3，其实现代码如下：

```
#include "mainwindow.h"
#include "./ui_mainwindow.h"
#include<QVBoxLayout>          // 导入垂直布局头文件
#include<QPushButton>          // 导入按钮组件头文件
#include<QLabel>               // 导入标签组件的头文件
#include<QLineEdit>            // 导入行编辑框组件的头文件
MainWindow::MainWindow(QWidget *parent)
  : QMainWindow(parent)
  , ui(new Ui::MainWindow)
{
  ui->setupUi(this);
  // 设置主窗口的标题是：垂直布局
  this->setWindowTitle("垂直布局");
  // 创建垂直布局管理器对象，ui->centralwidget表示其父对象是主窗口的中心区域
  QVBoxLayout *layout=new QVBoxLayout();
  // 设置垂直布局中所有控件从下往上依次排列
  layout->setDirection(QBoxLayout::BottomToTop);
  // 连续创建 3 个文本框，并设置它们的背景颜色、字体大小和文字的对齐方式
  QLabel *lab1=new QLabel("标签1");
  lab1->setStyleSheet("QLabel{background:#dddddd;font:14px;}");
  lab1->setAlignment(Qt::AlignCenter);
  QLabel *lab2=new QLabel("标签2");
  lab2->setStyleSheet("QLabel{background:#cccccc;font:14px;}");
  lab2->setAlignment(Qt::AlignCenter);
  QLabel *lab3=new QLabel("标签3");
  lab3->setStyleSheet("QLabel{background:#ffffff;font:14px;}");
  lab3->setAlignment(Qt::AlignCenter);
  //将3个文本框和2个伸缩控件添加到垂直布局中，并使它们的伸缩系数比是 2:1:2:3:3
  layout->addStretch(2);
  layout->addWidget(lab1,1);
  layout->addWidget(lab2,2);
  layout->addWidget(lab3,3);
  layout->addStretch(3);
}
MainWindow::~MainWindow()
{
  delete ui;
}
```

扫一扫，看视频

程序运行结果如图 7-10 所示。

在例 7-5 的程序中进行了以下几个主要操作。

（1）通过调用 setDirection() 方法将添加到 QVBoxLayout 管理器中的所有控件（包括伸缩控件）按照从下到上的顺序依次摆放。例如，由于 lab1 文本框是第二个添加到管理器中的，因此在最终显示的界面中，lab1 位于主窗口中下数第二的位置，最下面的是一个伸缩控件。

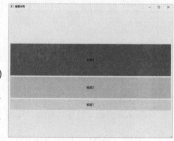
图 7-10　垂直布局

（2）通过调用 addStretch() 方法向垂直布局管理器中先后添加了两个伸缩控件，伸缩系数分别为 2 和 3，因此 Widget 窗口中的空白区域会平均分为 5 份，一个伸缩控件占 3 份，另一个伸缩控件占 2 份。

（3）通过调用 addWidget() 方法向垂直布局管理器中先后添加了 3 个文本框，拉伸系数比为 1:2:3，所以当拉伸 Widget 窗口时三个文本框的大小（宽度）呈现 1:2:3 的关系。

7.2.3 网格布局

1. 概述

网格布局也称作栅格布局，是一种多行多列的布局方式，就是将位于窗口中的部件放入一个网状的栅格中。在Qt中使用QGridLayout类实现把组件放置到网格中进行布局，它本身会在父窗口或父布局中占据尽可能多的界面空间，然后把自己的空间划分为行和列，再把每个组件放置到设置好的一个或多个单元格中。网格布局的工作方式如下：

（1）计算其中的空间，然后将它们合理地划分成若干个行和列，并把每个由它管理的窗口组件放置在合适的单元中，这里所说的单元就是指由行和列交叉所划分出来的空间。

（2）在网格布局中，行和列本质上是相同的，只是叫法不同。在栅格布局中，每个列（以及行）都有一个最小宽度（位于该列中的窗口部件最小的宽度）和一个伸缩因子（决定该列内的窗口部件能够获得多少空间）。

2. 添加组件

如果要在网格布局中添加组件，通常使用addWidget()方法来实现，该方法的使用代码如下：

```
void addWidget(QWidget *widget, int fromRow, int fromColumn, int rowSpan, int
columnSpan, Qt::Alignment alignment = 0)
```

其中，widget参数是插入网格布局的组件对象；参数fromRow和fromColumn表示插入的开始行和插入的开始列，初值从0开始；rowSpan和columnSpan是指占用的行数和列数，如果没有指定 rowSpan 和 columnSpan，那么就是仅有1行1列的表单，也就是仅有一个单元格，如果指定了rowSpan 和 columnSpan的值，则会形成rowSpan行和columnSpan列的单元格；alignment 是对齐方式，水平方向是左对齐、居中对齐、右对齐，垂直方向是顶部对齐、底部对齐、垂直居中对齐等。例如：

```
pGrid_layouts->addWidget(button1, 0, 1);          // 第0行，第1列
pGrid_layouts->addWidget(button2, 0, 0, 3, 1);    // 第0行，第0列，占3行，占1列
pGrid_layouts->addWidget(button3, 2, 1);          // 第2行，第1列
pGrid_layouts->addWidget(button4, 1, 1);          // 第1行，第1列
```

3. 添加布局

如果要在网格布局中添加布局，通常使用addLayout()方法来实现，该方法的使用代码如下：

```
void addLayout(QLayout * layout, int row, int column, int rowSpan,
                         int columnSpan, Qt::Alignment alignment = 0)
```

其中，参数layout是需要增加的布局对象，其他参数的设定与addWidget()方法相同。

4. 其他常用方法

（1）QGridLayout 类有控制行的方法，也有对应控制列的方法。对于列来说，设置每列的

最小宽度的方法如下：

```
void setColumnMinimumWidth(int column, int minSize)
```

（2）如果要设置各个列在窗口变化时拉伸比例不同，可以用如下方法。

```
void setColumnStretch(int column, int stretch)
```

（3）每列控件之间可以设置水平间隙，方法如下：

```
void setHorizontalSpacing(int spacing)
```

相对于行来说也都有类似的方法：

```
void setRowMinimumHeight(int row, int minSize)      // 设置行的最小高度
void setRowStretch(int row, int stretch)            // 设置行的拉伸比例
void setHorizontalSpacing(int spacing)              // 设置行的垂直间隙
```

（4）如果要获取网格有多少行、多少列可以使用如下方法实现：

```
int rowCount() const                                // 获取行数
int columnCount() const                             // 获取列数
```

【例7-6】用户登录界面

扫一扫，看视频

　　本例将使用网格布局方式实现用户登录的界面（图7-11），其布局是4行4列的网格。第一列用一个QLabel组件显示图片且占第一列的3行单元格；第二列和第三列为2个文本框、2个复选框和1个按钮，其中2个文本框和1个按钮各占2个单元格、2个复选框各占1个单元格；第4列上面两个单元格各放1个按钮。

图7-11　用户登录界面

本例.cpp源文件的代码及其详细说明如下：

```cpp
#include "mainwindow.h"
#include "./ui_mainwindow.h"
#include<QGridLayout>
#include<QLabel>
#include<QPixmap>
#include<QCheckBox>
#include<QPushButton>
MainWindow::MainWindow(QWidget *parent)
  : QMainWindow(parent)
  , ui(new Ui::MainWindow)
{
  ui->setupUi(this);
  // 设置窗口标题
  this->setWindowTitle("网格布局");
  // 定义QLabel对象，用来显示图片
  QLabel* m_pImageLabel = new QLabel(this);
```

```cpp
// 设定QLabel对象的尺寸为90像素*90像素
m_pImageLabel->setFixedSize(90, 90);
// 设置QLabel对象大小随窗口大小自动变化
m_pImageLabel->setScaledContents(true);
// 定义QPixmap对象，并指定其包含的图片
QPixmap pixmap(":/img/1.png");
// 把图片应用到QPixmap对象
m_pImageLabel->setPixmap(pixmap);
// 定义QLineEdit文本编辑框对象
QLineEdit* m_pUserEdit = new QLineEdit(this);
// 设置QLineEdit文本编辑框对象上的文字
m_pUserEdit->setPlaceholderText("用户名");
// 定义QLineEdit文本编辑框对象
QLineEdit* m_pPasswordEdit = new QLineEdit(this);
// 设置QLineEdit文本编辑框对象上的文字
m_pPasswordEdit->setPlaceholderText("密码");
// 设置QLineEdit文本编辑框对象以密码方式显示文字
m_pPasswordEdit->setEchoMode(QLineEdit::Password);
// 定义QCheckBox复选框对象
QCheckBox* m_pRemberCheck = new QCheckBox(this);
// 设置QCheckBox复选框对象上的文字
m_pRemberCheck->setText("记住密码");
// 定义QCheckBox复选框对象
QCheckBox* m_pAutoLoginCheck = new QCheckBox(this);
// 设置QCheckBox复选框对象上的文字
m_pAutoLoginCheck->setText("自动登录");
// 定义QPushButton按钮对象，并定义按钮上的文字
QPushButton* m_pLoginButton = new QPushButton(this);
m_pLoginButton->setText("登录");
// 定义QPushButton按钮对象，并定义按钮上的文字是：注册账号
QPushButton* m_pRegisterButton = new QPushButton(this);
m_pRegisterButton->setText("注册账号");
// 定义QPushButton按钮对象，并定义按钮上的文字
QPushButton* m_pForgotButton = new QPushButton(this);
m_pForgotButton->setText("找回密码");
// 在主窗口的中心区域定义QGridLayout 网格布局对象
QGridLayout *pLayout = new QGridLayout(ui->centralwidget);
// 图片在第0行，从第0列开始，占3行1列
pLayout->addWidget(m_pImageLabel, 0, 0, 3, 1);
// 用户名输入框从第0行、第1列开始，占1行2列
pLayout->addWidget(m_pUserEdit, 0, 1, 1, 2);
// 注册账号按钮在第0行、第3列
pLayout->addWidget(m_pRegisterButton, 0, 4);
// 密码输入框从第1行、第1列开始，占1行2列
pLayout->addWidget(m_pPasswordEdit, 1, 1, 1, 2);
// 找回密码按钮在第1行、第3列
pLayout->addWidget(m_pForgotButton, 1, 4);
// 记住密码复选框从第2行、第1列开始，占1行1列，水平居左，垂直居中 */
pLayout->addWidget(m_pRemberCheck, 2, 1, 1, 1, Qt::AlignLeft | Qt::AlignVCenter);
// 自动登录复选框从第2行、第2列开始，占1行1列，水平居左，垂直居中
  pLayout->addWidget(m_pAutoLoginCheck, 2, 2, 1, 1, Qt::AlignLeft |
Qt::AlignVCenter);
// 登录按钮从第3行、第1列开始，占1行2列 */
pLayout->addWidget(m_pLoginButton, 3, 1, 1, 2);
/* 设置网格布局水平间距 */
pLayout->setHorizontalSpacing(10);
```

```
    /* 设置网格布局垂直间距 */
    pLayout->setVerticalSpacing(10);
    /* 设置网格布局外间距 */
    pLayout->setContentsMargins(10, 10, 10, 10);
}
MainWindow::~MainWindow()
{
    delete ui;
}
```

当界面元素较为复杂时首选网格布局，而不是使用水平和垂直组合布局或者嵌套的形式。因为在多数情况下，后者往往会使页面更加复杂而难以控制。网格布局可以赋予界面设计器更大的自由度来排列组合界面元素。当要设计的界面是一种类似于两列和若干行组成的形式时，使用表单布局要比网格布局更为方便。

7.2.4 表单布局

在网页设计中，把用于接收用户输入数据的组件称为表单。在Qt中，通常是每行一个标签用于提示用户输入什么样的信息、一个输入组件接收用户输入的信息，对这种每行两列的控件分布进行建模并简化界面的构建过程就是表单布局。表单布局的规律性和限制性比网格布局更强，是严格的两列布局，通常第一列固定是标签，第二列是输入组件或者输入组件组合成的布局器。

在Qt中使用QFormLayout类来实现表单布局，也就是管理输入组件和与之相关的标签。QFormLayout类固定为两列布局，并配套方便使用的函数。网格布局的基本单元是单元格，而表单布局的基本单元是行。表单布局是高度建模并封装的，没有 addWidget() 和 addLayout() 之类的函数，只有 addRow() 函数。

表单布局器中每行的控件或子布局器都有特定的角色，表单布局器中的第一列称为标签，角色为 QFormLayout::LabelRole；第二列称为域，角色为 QFormLayout::FieldRole，也叫字段。如果表单布局器某一行的两列空间全部由一个控件或子布局器占据，那么这个控件或子布局器的角色为 QFormLayout::SpanningRole，可以称为跨越角色。

1. 添加行的函数

添加标签组件、域组件或子布局所使用的方法是addRow()，该方法的使用代码如下：

```
void addRow(QWidget * label, QWidget * field)
void addRow(QWidget * label, QLayout * field)
void insertRow(int row, QWidget * label, QWidget * field)
void insertRow(int row, QWidget * label, QLayout * field)
```

addRow() 方法是把 label 和 field 添加到最后一行，而 insertRow() 是把 label 和 field 添加到指定的第row 行。这些添加方法不仅能把标签和组件或布局器添加到表单的行，并且能将每行的 label 和 field 自动设置为伙伴关系，而不需要调用 setBuddy() 函数。

表单布局还可以根据文本自动建立内部的标签组件，调用如下的添加方法来实现：

```
void addRow(const QString & labelText, QWidget * field)
void addRow(const QString & labelText, QLayout * field)
void insertRow(int row, const QString & labelText, QWidget * field)
void insertRow(int row, const QString & labelText, QLayout * field)
```

如果调用上述添加方法，表单布局会自动根据 labelText参数新建该行的标签控件，程序员只需要新建 field 控件。这些添加方法也会自动把标签控件与同一行的域控件或布局器设置为伙伴关系。

如果希望用一个单独的控件或布局器占据一行的所有列，可以直接用下面几个方法添加：

```
void addRow(QWidget * widget)
void addRow(QLayout * layout)
void insertRow(int row, QWidget * widget)
void insertRow(int row, QLayout * layout)
```

2. 修改行的方法

QFormLayout 类修改行的方法如下：

```
void setWidget(int row, ItemRole role, QWidget * widget)
void setLayout(int row, ItemRole role, QLayout * layout)
void setItem(int row, ItemRole role, QLayoutItem * item)
```

其中，setWidget() 方法是把指定的第 row 行的 role 角色的单元格内容设置为新的 widget；role 角色有三种：标签列是 QFormLayout::LabelRole、组件列是 QFormLayout::FieldRole、跨越角色是 QFormLayout::SpanningRole（一个控件占据该行所有的列）。setLayout() 是把第 row 行的 role 角色的表单单元格内容设置为新的 layout。setItem() 是把第 row 行的 role 角色的表单单元格内容设置为新的 item，这个 item 通常是空白条或者其他自定义的布局条目。

对于上面三个函数，如果之前有第 row 行，那么会对原有的控件或布局器进行替换；如果原来没有第 row 行，那么表单布局会自动新增到第 row 行并添加到相应的组件或布局器。

3. 设置行的显示和对齐格式

表单布局器与网格布局器一个较大的不同点是，可以将一个大行拆成两个小行显示，如果标签控件的文本特别长，那么这个特性就有用了，在两个小行中，上面的小行显示标签，下面的小行显示域控件。设置大行内部是否自动换行的方法如下：

```
void setRowWrapPolicy(RowWrapPolicy policy)
```

QFormLayout::RowWrapPolicy 有三种在大行内部自动换行的策略。

（1）QFormLayout::DontWrapRows，意思是始终不换行，标签和域在同一水平行里显示。

（2）QFormLayout::WrapLongRows，对于特别长的行自动换行，例如标签文本特别长，那么就拆成两小行，上面是标签，下面是域。

（3）QFormLayout::WrapAllRows，所有的行都拆成两小行，上面小行显示标签，下面小行显示域。

这里的 rowWrapPolicy 仅仅决定显示的时候是否自动换行，对表单布局里原本的大行划分没有影响，从布局管理上说，两小行的标签和域还是原来的一大行。

表单布局器设置表单整体的对齐方式，所使用的方法如下：

```
void setFormAlignment(Qt::Alignment alignment)
```

这个方法设置内部的全部内容在表单布局器所占空间里的对齐方式，通常是 Qt::AlignLeft | Qt::AlignTop，就是从左上角开始排列控件。

第一列的标签有专门的对齐方法，该方法如下：

```
void setLabelAlignment(Qt::Alignment alignment)
```

【例7-7】用户信息录入

本例将使用表单布局方式实现用户信息录入（图7-12），界面采用四行的表单布局样式，前三行是用户名（Name）、邮箱地址（Email）、年龄（Age），最后一行是两个按钮（注册和重新输入）。

图 7-12　表单布局

本例实现代码及其详细说明如下：

```cpp
#include "mainwindow.h"
#include "./ui_mainwindow.h"
#include<QFormLayout>        // 导入表单布局的头文件
#include<QLineEdit>
#include<QPushButton>
#include<QLabel>
#include<QSpinBox>
MainWindow::MainWindow(QWidget *parent)
  : QMainWindow(parent)
  , ui(new Ui::MainWindow)
{
  ui->setupUi(this);
  // 设置窗口的标题
  setWindowTitle("表单布局");
  // 在主窗口中创建表单布局
  QFormLayout *flay = new QFormLayout(ui->centralwidget);
  // 创建QLabel对象，并设置其中的文字为：用户信息录入
  QLabel *title = new QLabel("用户信息录入");
  // 设置QLabel对象为居中显示
  title->setAlignment(Qt::AlignHCenter);
  // 设置QLabel对象的字体大小为20像素
  title->setStyleSheet("font-size:20px");
  // 放置标题到表单布局的最前面
  flay->addRow(title);
  // 创建姓名文本框
  QLineEdit *nameLineEdit = new QLineEdit();
  // 将输入姓名文本框添加到表单布局，并在文本框对象前面添加文字Name且快捷键为Alt+N
  flay->addRow("&Name:", nameLineEdit);
  // 添加邮箱文本框
  QLineEdit *emailLineEdit = new QLineEdit();
  // 将输入邮箱文本框添加到表单布局，并在文本框对象前面添加文字Email且快捷键为Alt+E
  flay->addRow("&Email:", emailLineEdit);
  // 添加年龄文本框
  QSpinBox *ageSpinBox = new QSpinBox();
  // 将输入年龄文本框添加到表单布局，并在文本框的前面添加文字Age且快捷键为Alt+A
  flay->addRow("&Age:", ageSpinBox);
  // 增加水平布局对象
  QHBoxLayout *hlay = new QHBoxLayout();
  // 创建两个按钮组件，分别是注册和重新输入按钮
  QPushButton *btOk = new QPushButton("注册");
```

```
    QPushButton *btClear = new QPushButton("重新输入");
    // 把新创建的两个按钮组件添加到水平布局中
    hlay->addWidget(btOk);
    hlay->addWidget(btClear);
    // 把水平布局添加到表单布局，且让水平布局在表单布局中占一整行
    flay->addRow(hlay);
}
MainWindow::~MainWindow()
{
    delete ui;
}
```

7.3 本章小结

图形化界面就是很多可视化控件的叠加，也就是创建一个窗口并把像按钮一类的控件摆放其中。如何让这些控件摆放合理、如何按照要求进行界面渲染就涉及界面布局的概念。本章首先介绍了布局管理，其本质是如何对Qt窗口进行切分与停靠，然后阐述了控件的布局管理，通过水平布局、垂直布局、网格布局和表单布局说明了如何合理地摆放Qt控件。

7.4 习题7

一、选择题

1. 关于布局功能的叙述，以下说法正确的是（　　　）。
   A. 在布局空间中布置子窗口部件　　　　　　B. 设置子窗口部件间的空隙
   C. 在布局空间中布置主窗口部件　　　　　　D. 以上都对
2. 布局窗口部件包括（　　　）。
   A. QHBoxLayout　B. QVBoxLayout　　　　C. QGridLayout　　　　D. 以上全有
3. 以下叙述不正确的是（　　　）。
   A. QHBoxLayout允许子窗口部件按水平、垂直和网格排列
   B. QVBoxLayout允许子窗口部件按水平、垂直和网格排列
   C. QGridLayout允许子窗口部件按水平、垂直和网格排列
   D. 以上全不对
4. 以下各项中，属于QLayout 子类的是（　　　）。
   A. QHBoxLayout　　　　　　　　　　　　B. QVBoxLayout
   C. QGridLayout　　　　　　　　　　　　D. 以上全有
5. 在Qt中使用（　　　）可以实现分割窗口功能，被分割的每个子窗口由分隔条隔开。
   A. QSplitter类　　B. QStackedWidget类　　C. QDockWidget类　　D. 以上类都行
6. Qt 提供了两种控件定位机制：绝对定位和（　　　）。
   A. 布局定位　　　B. 相对定位　　　　　C. 对称定位　　　　　D. 物理定位

二、简答题

1. 请画出下面代码最后生成的分割窗口。

```
QSplitter *splitterMain;
QTextEdit *textleft;
QSplitter *splitterRight;
QTextEdit *textUp;
QTextEdit *textBottom;
splitterMain=new QSplitter(Qt::Horizontal,0);
textleft=new QTextEdit(QObject::tr("Left Widget"),splitterMain);
textleft->setAlignment(Qt::AlignCenter);
splitterRight=new QSplitter(Qt::Vertical,splitterMain);
splitterRight->setOpaqueResize(false);
textUp =new QTextEdit(QObject::tr("Top Widget"),splitterRight);
textUp->setAlignment(Qt::AlignCenter);
textBottom=new QTextEdit(QObject::tr("Bottom Widget"),splitterRight);
textBottom->setAlignment(Qt::AlignCenter);
splitterMain->setStretchFactor(0,1);
splitterMain->setWindowTitle(QObject::tr("Splitter"));
splitterMain->show();
```

2. 下面每条语句的作用及其最后完成的任务是什么？

```
QPushButton *button1 = new QPushButton("One");
QPushButton *button2 = new QPushButton("Two");
QPushButton *button3 = new QPushButton("Three");
QHBoxLayout *layout = new QHBoxLayout;
layout->addWidget(button1);
layout->addWidget(button2);
layout->addWidget(button3);
layout->setAlignment(Qt::AlignTop);
this->setLayout(layout);
```

7.5 实验7 综合布局

一、实验目的

（1）掌握Qt窗口布局的基本概念。

（2）掌握Qt提供的各种布局类所适用的场合。

二、实验要求

使用代码方式编写程序实现实验图7-1所示窗口布局，要求实现以下功能。

（1）左侧图片占据整个窗口的高度。

（2）右侧有两个文本框，分别是用户名和密码、还有两个复选框和三个按钮。

实验图7-1 实验结果图

第 8 章

绘图系统

本章学习目标：

本章主要讲解 Qt 框架中的绘图系统，包括绘图系统中与绘图相关的类、颜色的填充方式、绘制的方法等。通过本章的学习，读者应该掌握以下内容。

- 屏幕的绘图机制。
- 画笔与画刷。
- 绘制图片和绘制路径的方法。

8.1 绘图系统简介

图形用户界面的优势是通过可视化的界面元素为用户提供便利的操作，界面上的按钮、编辑框等各种界面控件(也可称为组件)其实都是通过绘图得到的。在Qt中，绘图系统是使用API 在屏幕或打印设备上绘画的系统，这里的 API 主要是基于 QPainter、QPaintDevice和QPaintEngine 类。其中，QPainter主要用于执行绘制操作；QPaintDevice提供绘图设备，是一个二维空间的抽象，可以使用QPainter在其上绘图；QPaintEngine提供一些接口，辅助QPainter在不同设备（即不同的QPaintDevice）上进行绘图。QPaintEngine介于QPainter和QPaintDevice对象之间，它的存在使得QPainter可以使用统一的方法在不同的QPaintDevice上进行绘图。

8.1.1 QPainter 类

1. 概述

绘图系统由QPainter完成具体的绘制操作，并由该类提供大量高度优化的函数来完成 GUI编程所需的大部分绘制工作，也就是说，可以通过QPainter 类绘制一切想要的图形，从最简单的一条直线到其他任何复杂的图形，如点、线、矩形、弧形、饼状图、多边形、贝塞尔弧线等。此外，QPainter还支持一些高级特性，如像素混合、渐变填充和矢量路径等，同时也支持线性变换，如平移、旋转、缩放等。

绘制直线使用画笔类QPen，该类主要绘制图形的线段颜色、线段宽度、线段类型(包括点划线、虚线、实心线)等；填充图形和区域使用画刷类QBrush，该类主要设置填充颜色和填充风格；绘制图片使用QPixmap类，该类主要用于加载图片资源（一般用于较小的图片）。如果图片很大，可借助QImage类再通过QPixmap 的 fromImage(QImage *)方法进行加载。

QPainter 一般在窗口的绘图事件 paintEvent() 中进行绘制，使用步骤如下：

（1）创建和实例化 QPainter 对象。

（2）设定绘制对象所使用的画笔、画刷、字体等。

（3）进行图形的绘制。

（4）绘制结束后需要销毁QPainter对象。

【例8-1】QPainter画图

扫一扫，看视频

本例实现图8-1所示的窗口，在该窗口中将绘制一个字符串和一个圆。

本例的制作步骤及代码的详细说明如下：

（1）新建一个基于QWidget类的项目工程，该项目工程的名字是example8-1，并且在创建时不创建UI界面文件。

（2）在widget.h头文件中添加绘图函数的声明语句，该头文件的代码及详细说明如下：

图 8-1 QPainter画图

```
#ifndef WIDGET_H
#define WIDGET_H
#include <QWidget>
#include <QPainter>          // 导入QPainter类头文件
class Widget : public QWidget
```

```
{
  Q_OBJECT
public:
  Widget(QWidget *parent = nullptr);
  ~Widget();
protected:
  void paintEvent(QPaintEvent *);        // 声明paintEvent绘图函数
};
#endif // WIDGET_H
```

（3）在源文件widget.cpp中添加paintEvent绘图事件函数的实现，该源文件的代码及详细说明如下：

```
#include "widget.h"
Widget::Widget(QWidget *parent)
  : QWidget(parent)
{
  // 设置窗口的标题是：QPainter类画图
  setWindowTitle("QPainter类画图");
  // 设置窗口固定大小：250像素*250像素，并且不允许用户修改
  setFixedSize(250,250);
}
Widget::~Widget()
{
}
// 绘画的处理函数
void Widget::paintEvent(QPaintEvent *)
{
  // 实例化QPainter对象
  QPainter painter(this);
  // 设置画笔颜色
  painter.setPen(QColor(0, 160, 230));
  // 设置字体：微软雅黑、点大小30像素、斜体、加粗
  QFont font;
  font.setFamily("Microsoft YaHei");
  font.setPointSize(30);
  font.setItalic(true);
  font.setBold(true);
  // 把设置的字体应用到QPainter对象
  painter.setFont(font);
  // 水平垂直居中绘制文本
  painter.drawText(rect(), Qt::AlignCenter, "您好Qt!");
  // 按照窗口的大小绘制椭圆，当窗口是正方形时绘制的就是圆
  painter.drawEllipse(QRect(0,0,width()-1,height()-1));
}
```

2. 常用绘图函数

QPainter 提供了很多绘制基本图形的功能函数，由这些基本图形可以组建成复杂的图形。假设已经通过以下代码获得了绘图窗口的 painter、窗口宽度W和高度H。

```
QPainter painter(this);
int w=this->width(); //绘图区宽度
int H=this->height(); //绘图区高度
```

（1）绘制直线。

在QPainter 中使用drawLine()函数绘制一条直线。例如，绘制一条从(x1, y1)到(x2, y2)的

直线所使用的语句如下：

```
drawLine(int x1, int y1, int x2, int y2)
```

（2）绘制矩形。

在QPainter 中使用drawRect()函数绘制一个矩形。例如，绘制一个左上角坐标为(x,y)、宽为width、高为height的矩形所使用的语句如下：

```
drawRect(int x, int y, int width, int height)
```

（3）绘制椭圆。

在QPainter 中使用drawEllipse()函数绘制一个椭圆。例如，绘制一个左上角坐标为(x,y)、宽为width、高为height的椭圆所使用的语句如下：

```
void QPainter::drawEllipse(int x, int y, int width, int height)
```

（4）绘制椭圆弧。

在QPainter 中使用drawArc()函数绘制一个椭圆弧。例如，绘制范围由QRect矩形对象确定，起始角度从startAngle开始，旋转spanAngle度的椭圆弧所使用的语句如下：

```
drawArc(const QRect &rectangle, int startAngle, int spanAngle)
```

（5）绘制弦。

在QPainter 中使用drawChord ()函数绘制一段弦，其绘制范围由QRect矩形对象确定，从起始角度startAngle开始，旋转spanAngle度，语句如下：

```
drawChord (const QRect &rectangle, int startAngle, int spanAngle)
```

（6）绘制文字。

在QPainter 中使用drawText()函数绘制一段文本。例如，在点(x,y)的位置绘制文本所使用的语句如下：

```
void QPainter::drawText(int x, int y, const QString& text)
```

（7）绘制图片。

在QPainter 中使用drawPixmap()函数绘制一个图片。例如，绘制一个pixmap图片且左上角坐标为(x,y)所使用的语句如下：

```
void QPainter::drawPixmap(int x, int y, const QPixmap& pixmap)
```

【例8-2】QPainter常用绘图函数

扫一扫，看视频

本例实现图8-2所示的几个图形的绘制，包括直线、矩形、圆弧、弦和图片。绘制工作都是在paintEvent绘图事件函数中完成的，本例仅给出paintEvent绘图事件函数的实现代码，其他代码参见例8-1。

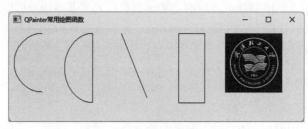

图8-2　绘制图形

paintEvent绘图事件函数的实现代码及其详细说明如下：

```cpp
void Widget::paintEvent(QPaintEvent *)
{
    // 声明并实例化painter对象
    QPainter painter(this);
    // 绘制圆弧
    QRect rect(10,10,110,110);
    int startAngle = 90 * 16;              // 起始 90°
    int spanAngle = 180 * 16;              // 旋转 180°
    painter.drawArc(rect,startAngle, spanAngle);
    // 绘制弦
    QRect rect1(110,10,110,130);
    painter. drawChord (rect1,startAngle,spanAngle);
    // 绘制直线
    painter.drawLine(220,10,270,130);
    // 绘制矩形
    painter.drawRect(330,10,50,130);
    // 绘制图像
    QRect rect2(420,10,111,111);
    QPixmap pixmap(":/logo.png");
    painter.drawPixmap(rect2, pixmap);
}
```

3. 坐标变换

Qt的坐标系统由QPainter类控制，而QPainter是在绘图设备上绘制。绘图设备的默认坐标系统中，原点(0, 0)在其左上角，x坐标向右增长，y坐标向下增长。在基于像素的设备上，默认的单位是像素，而在打印机上默认的单位是点(1/72英寸)。

【例8-3】坐标变换

先在原点(0,0)处绘制一个长、宽都是100像素的红色矩形，再在原点(-50,-50)处绘制一个同样大小的黄色矩形，如图8-3所示。可以看到黄色矩形仅占红色矩形的1/4。

paintEvent绘图事件函数的实现代码及其详细说明如下：

图8-3　坐标变换

扫一扫，看视频

```cpp
void Widget::paintEvent(QPaintEvent *)
{
    QPainter painter(this);
    // 设置笔刷颜色为红色
    painter.setBrush(Qt::red);
    // 画矩形，左上角坐标(0,0)，长宽都是100像素
    painter.drawRect(0, 0, 100, 100);
    // 设置笔刷颜色为黄色
    painter.setBrush(Qt::yellow);
    // 画矩形，左上角坐标(-50,-50)，长宽都是100像素
    painter.drawRect(-50, -50, 100, 100);
}
```

默认情况下，QPainter在指定设备的坐标系统上进行绘制，在进行绘图时使用translate()函数平移坐标系统，使用scale()函数缩放坐标系统，使用rotate()函数顺时针旋转坐标系统，使用shear()围绕原点扭曲坐标系统。

（1）平移变换。

QPainter类使用translate()函数将坐标系统进行平移。

【例8-4】平移变换

先在原点(0, 0)处绘制一个宽、高均为50像素的正方形，然后将坐标原点移动到(100, 100)处绘制同样大小的正方形，最后把坐标原点移回到原始原点(0,0)处画一条直线，其运行结果如图8-4所示。

paintEvent绘图事件函数的实现代码及其详细说明如下：

```
void Widget::paintEvent(QPaintEvent *)
{
  QPainter painter(this);
  // 定义绘制的画刷是黄色
  painter.setBrush(Qt::yellow);
  // 绘制50*50的正方形，原点坐标默认在（0,0）处
  painter.drawRect(0, 0, 50, 50);
  // 将坐标系原点向右、向下平移100像素，即将原点坐标变为（100,100）
  painter.translate(100, 100);
  // 定义绘制的画刷是红色
  painter.setBrush(Qt::red);
  // 绘制50*50的正方形，原点坐标已定义在（100,100）处
  painter.drawRect(0, 0, 50, 50);
  // 将坐标系原点向左、向上平移100像素，即重新将原点坐标变为（0,0）
  painter.translate(-100, -100);
  // 画一条从（0,0）到（20, 20）的直线
  painter.drawLine(0, 0, 20, 20);
}
```

图8-4　平移坐标系统

（2）缩放坐标系统。

QPainter类使用scale()函数缩放坐标系统。

【例8-5】缩放坐标系统

使用scale()函数将坐标系统的横、纵坐标都放大两倍以后，逻辑上的(50, 50)点变成了窗口上的(100, 100)点，而逻辑上的长度50绘制到窗口上的长度却是100，程序运行结果如图8-5所示。

图8-5　缩放坐标系统

paintEvent绘图事件函数的实现代码及其详细说明如下：

```
void Widget::paintEvent(QPaintEvent *)
{
  QPainter painter(this);
  painter.setBrush(Qt::yellow);
  painter.drawRect(0, 0, 100, 100);
  // 将坐标系统的横、纵坐标都放大两倍
  painter.scale(2, 2);
  // 设置笔刷为红色
  painter.setBrush(Qt::red);
  // 绘制矩形的左上角坐标为(50,50),矩形的宽和高都是50像素
```

```
  // 坐标系统放大两倍，则左上角坐标变为(100,100),矩形的宽和高都是100像素
  painter.drawRect(50, 50, 50, 50);
}
```

（3）旋转坐标系统。

QPainter类使用rotate()函数顺时针旋转坐标系统。

先绘制一个灰色矩形，然后将坐标系统移动到(100, 100)处并将坐标系统旋转30°，再绘制一个绿色矩形，结果如图8-6所示。

扫一扫，看视频

图8-6　旋转坐标系统

paintEvent绘图事件函数的实现代码及其详细说明如下：

```
void Widget::paintEvent(QPaintEvent *)
{
  QPainter painter(this);
  painter.setBrush(Qt::gray);
  painter.drawRect(0, 0, 100, 100);
  // 将坐标系统的原点移动到(100,100)
  painter.translate(100, 100);
  // 将坐标系统旋转30°
  painter.rotate(30);
  painter.setBrush(Qt::green);
  painter.drawRect(0, 0, 100, 100);
}
```

（4）扭曲坐标系统。

QPainter类使用shear()函数围绕原点来扭曲坐标系统，shear()函数有两个参数：一个是横向扭曲，另一个是纵向扭曲，而取值就是扭曲的程度。

先绘制一个黄色矩形，然后将坐标系统的原点移动到(50,50)处并仅在纵向进行扭曲，其结果如图8-7所示。

扫一扫，看视频

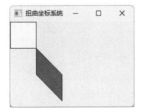

8-7　扭曲坐标系统

paintEvent绘图事件函数的实现代码及其详细说明如下：

```
void Widget::paintEvent(QPaintEvent *)
```

绘图系统

219

```
{
  QPainter painter(this);
  painter.setBrush(Qt::yellow);
  painter.drawRect(0, 0, 50, 50);
  // 纵向扭曲变形
  painter.shear(0, 1);
  painter.setBrush(Qt::red);
  painter.drawRect(50, 0, 50, 50);
}
```

在上面的程序中，横向扭曲值为0表示不扭曲，纵向扭曲值为1表示红色正方形左边的边下移1个单位，右边的边下移2个单位，值为1就表明右边的边比左边的边多下移1个单位。

8.1.2 与绘图相关的类

1. 点类

QPoint类和QPointF类都是定义平面上的一个点，点由一个横坐标xpos和一个纵坐标ypos确定。QPoint类和QPointF类定义的坐标类型是不同的，QPoint的坐标类型为int（整型），QPointF的坐标类型为qreal（浮点型），这两个类的构造函数如下：

```
QPoint(int xpos, int ypos);      // 横坐标为xpos，纵坐标为ypos
QPointF(qreal xpos, qreal ypos);
```

通过以下的成员函数可以设置QPoint对象中的横纵坐标。

```
void setX(int x);                // 设置横坐标为 x
void setY(int y);                // 设置纵坐标为 y
```

下面两个成员函数则是只读的，可以获得 QPoint 对象中的横纵坐标。

```
int x() const;                   // 获得横坐标
int y() const;                   // 获得纵坐标
```

【例8-8】使用点类画图

扫一扫，看视频

本例使用点类画直线和多边形，程序运行结果如图8-8所示。

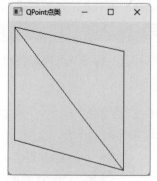

图8-8　QPoint点类画图

paintEvent绘图事件函数的实现代码及其详细说明如下：

```
void Widget::paintEvent(QPaintEvent *)
{
```

```
QPainter painter(this);
QPoint p1(10,10),p2(200,250);
painter.drawLine(p1,p2);
QPoint points[4]={QPoint(10,10),QPoint(200,50),
                              QPoint(200,250),QPoint(10,200),};
painter.drawPolygon(points,4);
}
```

2. 直线类

在Qt中使用QLine类和QLineF类来表示直线类，并且类中封装两个坐标点（两点确定一条直线）。其中，QLine类的数值是整型，QLineF类的数值是浮点型。直线类的构造函数如下：

```
QLine::QLine(const QPoint &p1, const QPoint &p2)    // 直线从p1点到p2点
QLine::QLine(int x1, int y1, int x2, int y2)        // 直线从点(x1,y1)到点(x2,y2)
```

使用QLine类之前必须在代码中导入 QLine 类，导入代码如下：

```
#include <QLine>
```

QLine 类提供许多常用的方法来获取或修改线的属性，包括起点和终点的坐标等。以下是一些常见的方法。

（1）setP1() 和 setP2()：设置直线的起点和终点坐标。

（2）setLine()：设置直线坐标。

（3）dx() 和 dy()：获取直线在 X 轴和 Y 轴上的增量。

（4）isNull()：判断直线是否为空。

（5）translate()：将直线沿着指定的向量进行平移。

【例8-9】使用直线类画图

本例的程序片段实现使用直线类画直线，程序的运行结果如图8-9所示。

扫一扫，看视频

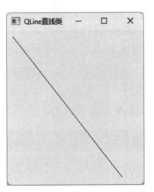

图8-9　QLine直线类画图

paintEvent()函数的内容更改如下：

```
void Widget::paintEvent(QPaintEvent *)
{
  QPainter painter(this);
  QLine line;                        // 定义QLine对象
  line.setLine(10,10,200,250);       // 实例化QLine对象
  painter.drawLine(line);            // 使用QLine对象画直线
}
```

3. 矩形类

QRect 类是Qt库中的一个类，用于表示二维矩形区域。它包含矩形的左上角和右下角的坐标信息，可用于描述图形界面中的窗口、按钮、文本框等各种矩形形状的对象。

QRect 类的构造函数有以下四种。

```
// 创建一个空矩形
QRect()
// 创建一个左上角坐标为(x,y)、宽为width、高为height的矩形
QRect(int x, int y, int width, int height)
// 创建一个左上角坐标为topLeft、右下角坐标为bottomRight的矩形
QRect(const QPoint &topLeft, const QPoint &bottomRight)
// 创建一个与other相同的矩形
QRect(const QRect &other):
```

（1）QRect类提供了一组函数用于返回各种矩形坐标，主要包括以下内容。

① x()：返回矩形的横坐标。

② y()：返回矩形的纵坐标。

③ width()：返回矩形的宽度。

④ height()：返回矩形的高度。

⑤ topLeft()：返回矩形左上角的坐标。

⑥ bottomRight()：返回矩形右下角的坐标。

⑦ size()：返回矩形的大小。

（2）QRect类还提供了相对于各种坐标移动矩形的函数，主要包括以下内容。

① moveTo()：可以移动矩形，使其左上角保持在给定的坐标位置。

② translate()：将矩形移动给定的相对于当前位置的偏移量。

③ setSize() ：可以设置矩形的宽度和高度。

④ moveTopLeft()：可以将矩形的左上角移动到指定的位置。

⑤ adjust()：可以调整矩形的大小以适应其他矩形或窗口的大小。

⑥ contains()：返回给定的点是否在矩形内的信息。

⑦ intersects()：判断矩形与给定的矩形是否相交，如果相交，则返回true。

QRect类还提供intersected()函数返回相交的矩形，united()函数返回包含给定矩形的矩形。

在Qt编程中，QRect 类常用于窗口布局、图形绘制、碰撞检测等方面，是Qt库中非常基础和重要的类之一，对于开发Qt应用程序来说是必不可少的。

【例8-10】使用矩形类画图

扫一扫，看视频

本例实现使用矩形类画图的操作，程序运行结果如图8-10所示。

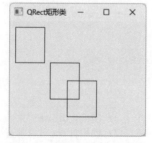

图8-10　QRect矩形类画图

paintEvent()函数的内容更改如下：

```
void Widget::paintEvent(QPaintEvent *)
{
    QPainter painter(this);
    // 创建一个左上角坐标为(10,10)、宽为50、高为60的矩形
    QRect rect1(10, 10, 50, 60);
    // 创建两个左上角坐标为(70,70)、右下角坐标为(120,130)的矩形rect2和rect3
    QPoint topLeft(70, 70);
    QPoint bottomRight(120, 130);
    QRect rect2(topLeft, bottomRight);
    QRect rect3(topLeft, bottomRight);
    // 将矩形rect2的左上角移动到(80,80)
    rect2.moveTopLeft(QPoint(80, 80));
    // 将矩形rect2沿着x轴平移20，沿着y轴平移20
    rect2.translate(20, 20);
    // 绘制矩形rect1、rect2和rect3
    painter.drawRect(rect1);
    painter.drawRect(rect2);
    painter.drawRect(rect3);
}
```

4. 颜色类

在Qt中，如果仅使用普通颜色可以使用Qt中预先定义的颜色，例如Qt::red、Qt::yellow、Qt::blue等。但如果需要进一步调整颜色的深浅度，则需要使用Qt中提供的QColor类。QColor类提供了很多颜色模组，主要包括RGB（Red、Green、Blue）、HSV（Hue、Saturation、Value）、CMYK（Cyan、Magenta、Yellow、Black）、HSL（Hue、Saturation、Lightness）等。

其中，RGB常用于硬件显示；HSV和RGB基本上差不多，但是HSV拥有调色功能；HSL类似于HSV，但是HSL多一个曝光功能；CMYK主要用于印刷机和打印机。

（1）颜色深浅度调整。

除了白色，其他颜色都有深浅值，在QColor中，深浅度用256（0 ~ 255）个不同的值来表示，其中0代表黑色，255代表设置的颜色本身。例如，设置绿色的深浅度是188，其代码如下：

```
QColor qc;
qc.setBlue(188);
```

（2）RGB。

RGB用红（red）、绿（green）、蓝（blue）三个颜色值的不同组合来形成所需要的颜色。在定义颜色时使用下面的函数进行设置。

```
void QColor::setRgb(int r, int g, int b, int a = 255)
```

其中，前三个参数是红、绿、蓝，最后一个参数是颜色的透明度，需要说明的是，每一个值都必须在0 ~ 255之间。

【例8-11】使用RGB设置颜色

本例在屏幕上画一个黄色的矩形，程序运行结果如图8-11所示。

图8-11　用RGB设置颜色

paintEvent()函数的内容更改如下：

```
void Widget::paintEvent(QPaintEvent *)
{
  QPainter paint(this);
  QColor color;                  // 定义QColor对象
  color.setRgb(255,255,0,255);   // 定义黄色(255,255,0)，透明度为255
  paint.setBrush(color);         // 把定义的颜色应用于笔刷
  paint.drawRect(10,10,180,80);  // 绘制左上角在(10,10)、宽*高为180像素*80像素的矩形
}
```

（3）HSV。

HSV是由A. R. Smith在1978年根据颜色的直观特性创建的一种颜色空间，也称六角锥体模型（hexcone model），这个模型中颜色的参数分别是色调（hue）、饱和度（saturation）、亮度（value）。

色调参数表示色彩信息（即所处的光谱颜色的位置），该参数用一角度值来表示，取值范围为0°～360°。从红色开始按逆时针方向计算，即红色为0°、绿色为120°、蓝色为240°，它们的补色是黄色为60°、青色为180°、紫色为300°；饱和度S的取值范围为0～255；亮度的取值范围为0（黑色）～255（白色）。

【例8-12】使用HSV设置颜色

扫一扫，看视频

本例使用HSV方式实现图8-11所示的功能，paintEvent()函数的内容更改如下：

```
void Widget::paintEvent(QPaintEvent *)
{
  QPainter paint(this);
  QColor color;                  // 定义QColor对象
  color.setHsv(60,255,255,255);  // HSV定义黄色(60,255,255)，透明度为255
  paint.setBrush(color);         // 把定义的颜色应用于笔刷
  paint.drawRect(10,10,180,80);  // 绘制左上角在(10,10)、宽*高是180像素*80像素的矩形
}
```

8.1.3 屏幕重绘

在Qt中，所有绘制操作都是在重绘事件处理函数paintEvent()中完成的，它是QWidget类中定义的函数。重绘事件用来重绘一个部件的全部或者部分区域，下面任意一种情况都会发生重绘事件：①当窗口部件第一次显示时，系统会自动产生一个绘图事件。②当窗口部件被其他部件遮挡，然后又再次显示出来时，就会对隐藏的区域产生一个重绘事件。③重新调整窗口部件大小。④通过调用QWidget::update()和QWidget::repaint()函数也会产生一个绘图事件，其中repaint()函数会强制产生一个即时的重绘事件，而update()函数在Qt下一次处理事件时才会调用绘制事件，如果窗口部件在屏幕上是不可见的，则update()函数和repaint()函数什么都不会做。如果连续多次调用update()函数，Qt会自动将其压缩为一个单一的绘制事件以避免发生闪烁现象。

大部分部件可以简单地重绘全部界面，但是一些绘制速度比较慢的部件需要进行优化而只绘制需要的区域（可以使用QPaintEvent::region()来获取该区域）。Qt通过将多个重绘事件合并为一个事件来加快绘制速度，当窗口系统发送了多个重绘事件时，Qt就会将这些事件合并成为一个事件，而这个事件拥有最大的需要重绘的区域。

另外，当调用repaint()函数后会立即调用paintEvent()函数来重绘部件，只有在必须立即

进行重绘的情况下(例如在动画中)才使用repaint()函数。update()允许Qt优化速度和减少闪烁，但是repaint()函数不支持这样的优化，所以建议一般情况下尽可能使用update()函数。还需要强调的是，不要在paintEvent()函数中调用update()或者repaint()函数。

有些情况没有必要对整个屏幕进行重新绘制，仅需要对图形改变的区域进行重新绘制，这样可以减少重绘区域，加快执行速度，减少闪烁发生的可能。在这种情况下，可以使用update()函数指定重新绘图的区域，例如重新绘制指定的矩形区域可以使用下面的语句。

```
// 重新绘制左上角坐标为(x,y)、宽为w、高为h的矩形区域
void QWidget::update(int x, int y, int w, int h)
// 重新绘制矩形区域rect
void QWidget::update(const QRect & rect)
```

update()或repaint() 函数常常在鼠标事件、键盘事件、定时器事件的响应函数中调用。很多和事件、绘图有关的程序的制作步骤如下：

(1)在窗口类头文件中定义绘图要用到的变量。例如：

```
class Widget : public QWidget
{
  ...
  int x1, y1, x2, y2;                    // 绘制(x1, y1)到(x2, y2)的直线
protected:
  void paintEvent(QPaintEvent * );       // 绘制
  void timerEvent(QTimerEvent *event);   // 定时器事件处理
};
```

(2)在源文件的构造函数中初始化变量。例如：

```
Widget::Widget(QWidget *parent) : QWidget(parent)
{
  x1=0, y1=100;        // 设置线段两个端点的x、y坐标
  x2=50, y2=100;
  startTimer(1000);    // 启动定时器，每秒产生一次定时中断事件
}
```

(3)在事件处理函数中修改变量的值，再调用 update函数。例如：

```
void Widget::timerEvent(QTimerEvent * event)
{
  x1=x1+10;            // 左端点每次右移10像素
  x2=x2+10;            // 右端点每次右移10像素
  update();            // update()函数产生重绘事件，即paintEvent()函数被调用
}
```

(4)在 paintEvent 中重绘图形。例如：

```
void Widget::paintEvent(QPaintEvent *)
{
  QPainter painter(this);
  painter. drawLine(x1, y1, x2 y2); // 绘制图形
}
```

以上就是与绘图有关的编程步骤。这里仅仅以定时器事件为例，实际上在键盘事件、鼠标事件的处理函数中也经常会调用屏幕重绘函数。

【例8-13】电子钟

本例电子钟的实现结果如图8-12所示。在本例中需要设置定时器，定时器每隔1秒发送

timeout()信号到QWidget::update()槽函数，update()槽函数将会重绘一次窗口，相当于触发重绘事件函数paintEvent(QPaintEvent *event)，根据获取的当前系统时间重绘时针、分针、秒针。

图8-12 电子钟

本例的操作步骤及代码的详细说明如下：

（1）创建项目工程，名称为example8-13。

（2）在Widget.h头文件中导入需要的头文件，添加变量定义、事件处理函数的声明等，其代码及详细说明如下：

```cpp
#ifndef WIDGET_H
#define WIDGET_H
#include <QWidget>
#include<QTimer>                    // 导入定时器QTimer头文件
#include<QTime>                     // 导入读取时间的QTime头文件
#include<QPainter>                  // 导入执行绘图操作的QPainter类头文件
QT_BEGIN_NAMESPACE
namespace Ui { class Widget; }
QT_END_NAMESPACE
class Widget : public QWidget
{
  Q_OBJECT
public:
  Widget(QWidget *parent = nullptr);
  ~Widget();
private:
  Ui::Widget *ui;
  void paintEvent(QPaintEvent *);    // 声明paintEvent绘图函数
  QTimer *timer;                     // 定义定时器对象
  // 声明文字矩形区函数
  QRectF textRectF(double radius, int pointSize, double angle);
};
#endif // WIDGET_H
```

（3）在Widget.cpp中实现时钟制作，其代码及详细说明如下：

```cpp
#include "widget.h"
#include "./ui_widget.h"
Widget::Widget(QWidget *parent)
  : QWidget(parent)
  , ui(new Ui::Widget)
{
  ui->setupUi(this);
  // 设置窗口标题是：电子钟
  setWindowTitle("电子钟");
  // 定时器实例化
  timer = new QTimer(this);
```

```
    // 让timeout()超时信号与槽函数update()关联
    // update()函数被触发就会自动执行重绘操作，也就是执行paintEvent()方法
    connect(timer, SIGNAL(timeout()), this, SLOT(update()));
    // 启动定时，定时时间为1000毫秒，也就是1秒
    timer->start(1000);
}
Widget::~Widget()
{
    delete ui;
}
void Widget::paintEvent(QPaintEvent *)
{
    // 设置时针三个点的点位坐标数组
    static const QPoint hourHand[3] = {
        QPoint(7, 8),QPoint(-7, 8),QPoint(0, -30)
    };
    // 设置分针三个点的点位坐标数组
    static const QPoint minuteHand[3] = {
        QPoint(7, 8),QPoint(-7, 8),QPoint(0, -65)
    };
    // 设置秒针三个点的点位坐标数组
    static const QPoint secondHand[3] = {
        QPoint(7, 8),QPoint(-7, 8),QPoint(0, -80)
    };
     // 时针、分针、秒针颜色
    QColor hourColor(200, 100, 0, 200);
    QColor minuteColor(0, 127, 127, 150);
    QColor secondColor(0, 160, 230, 150);
    // 获取当前窗口的宽度和高度的最小值
    int side = qMin(width(), height());
    // 获取当前时间
    QTime time = QTime::currentTime();
    // 定义QPainter类的对象
    QPainter painter(this);
    // 消除锯齿，使形状边缘看起来更加圆滑
    painter.setRenderHint(QPainter::Antialiasing);
    // 平移坐标系使坐标原点移至窗口的中心点
    painter.translate(width() / 2, height() / 2);
    // 根据窗口的大小对时钟的大小进行缩放
    painter.scale(side / 200.0, side / 200.0);
    // 绘制时针
    painter.setPen(Qt::NoPen);
    // 设置笔刷的颜色
    painter.setBrush(hourColor);
    // 保存当前状态
    painter.save();
    // 每圈360° = 12小时 即：旋转角度 = 小时数 * 30°
    painter.rotate(30.0 * ((time.hour() + time.minute() / 60.0)));
    // 绘制多边形，也就是根据时针的点位坐标进行绘制
    painter.drawConvexPolygon(hourHand, 3);
    // 恢复状态
    painter.restore();
    // 设置画笔颜色
    painter.setPen(hourColor);
    // 绘制小时的短直线，每30°画一条线
    // 因为360°要包含12个小时线，每小时的线间隔30°
    for (int i = 0; i < 12; ++i) {
        painter.drawLine(88, 0, 96, 0);   // 画短直线
        painter.rotate(30.0);             // 旋转30°
```

```
    }
    // 设置半径100
    int radius = 100;
    // 设置并初始化QFont对象
    QFont font = painter.font();
    // 字体加粗
    font.setBold(true);
    // 字体应用到painter对象
    painter.setFont(font);
    // 获取点的尺寸
    int pointSize = font.pointSize();
    for (int i = 0; i < 12; i++) {
      // 绘制小时的文本，初始数字从3开始，所以是i+3
      // 绘制数字的顺序是3,4,…,11,0,1,2
      painter.drawText(textRectF(radius*0.8, pointSize, i * 30),
                            Qt::AlignCenter, QString::number((i+3)%12));
    }
    // 绘制分针
    painter.setPen(Qt::NoPen);
    // 将分针颜色minuteColor应用到painter
    painter.setBrush(minuteColor);
    // 保存当前状态
    painter.save();
    // 设置旋转分钟指针角度，每分钟之间的旋转间隔6°（每圈360°，每小时60分钟）
    painter.rotate(6.0 * (time.minute() + time.second() / 60.0));
    // 绘制分钟指针，分钟是由数组点定义的凸多边形
    painter.drawConvexPolygon(minuteHand, 3);
    // 恢复状态
    painter.restore();
    // 设置分钟线的颜色
    painter.setPen(minuteColor);
    // 绘制分钟线，每分钟之间的旋转间隔6°（360°/ 60分钟 = 6°/分钟）
    for (int j = 0; j < 60; ++j) {
      // 绘制分钟的短直线，其中分钟的短直线与小时的短直线重合就不画
      if ((j % 5) != 0) painter.drawLine(92, 0, 96, 0);
      // 每一个分钟的短直线间隔6°
      painter.rotate(6.0);
    }
    // 绘制秒针
    painter.setPen(Qt::NoPen);
    // 将secondColor颜色应用到画刷
    painter.setBrush(secondColor);
    // 保存当前状态
    painter.save();
    // 设置秒针的旋转角度。每圈360° = 60秒 即：旋转角度 = 秒数 * 6°
    painter.rotate(6.0 * time.second());
    // 绘制秒针指针，秒针是由数组点定义的凸多边形
    painter.drawConvexPolygon(secondHand, 3);
    // 恢复状态
    painter.restore();
}
QRectF Widget::textRectF(double radius, int pointSize, double angle)
{
    // 定义QRectF矩形对象
    QRectF rectF;
    // 设置矩形对象左上角X轴坐标
    rectF.setX(radius*qCos(angle*M_PI/180.0) - pointSize*2);
    // 设置矩形对象左上角Y轴坐标
    rectF.setY(radius*qSin(angle*M_PI/180.0) - pointSize/2.0);
    // 设置矩形对象的宽度
```

```
    rectF.setWidth(pointSize*4);
    // 设置矩形对象的高度
    rectF.setHeight(pointSize);
    return rectF;
}
```

8.2 画笔和画刷

8.2.1 画笔的使用

QPen类是Qt框架中用于绘制图形元素的画笔类，该类提供了一系列属性和方法用于设置所使用的样式、宽度、颜色等信息。

在使用QPen类之前需要先创建一个QPainter对象，并将其关联到一个绘图设备（例如QWidget或QImage），再通过QPainter的setPen()函数来设置绘图所使用的画笔。例如，使用QPen类画一条红色的直线所使用的代码如下：

```
// 创建绘制对象
QPainter painter(this);
// 创建QPen画笔对象
QPen pen;
// 设置画笔颜色为红色
pen.setColor(QColor(255, 0, 0));
// 把QPen画笔对象应用到绘制对象
painter.setPen(pen);
// 根据设置的画笔风格来绘制直线
painter.drawLine(10, 10, 100, 100);
```

1. 设置线的类型

在QPen中使用setStyle()函数设置画笔线条的类型，该函数的表示方法如下：

```
void QPen::setStyle(Qt::PenStyle style)
```

其中，style参数的取值可以是Qt::NoPen（不绘制线条或轮廓）、Qt::SolidLine（实心线）、Qt::DashLine（虚线）、Qt::DotLine（点线）、Qt::DashDotLine（点划线 ）、Qt::DashDotDotLine（点点划线）、Qt::CustomDashLine（定制虚线）。各种线的类型如图8-13所示。

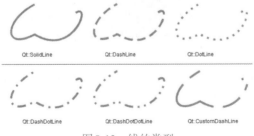

图8-13　线的类型

需要说明的是，Qt::CustomDashLine的取值要使用setDashPattern()函数来设定线条的实线与虚线的比例。例如，设置实线与虚线的比例为10:5，即每10个单位长度的实线间隔5个单位长度的虚线，所使用的代码如下：

```
pen.setStyle(Qt::CustomDashLine);
pen.setDashPattern(QVector<qreal>() << 10 << 5 )
```

2. 设置线的宽度

在Qt中，使用setWidth()或setWidthF()函数设置画笔的宽度，该函数的使用代码如下：

```
void QPen::setWidth(int width)        // 参数为整数
void QPen::setWidthF(qreal width)     // 参数为实数
```

例如，设置画笔宽度为3像素，其代码如下：

```
pen.setWidth(3);
```

3. 设置端点风格

QPen类中使用setCapStyle()函数设置线条两头的形状，该设置仅对线宽大于1的线条有效，该函数的使用代码如下：

```
void QPen::setCapStyle(Qt::PenCapStyle style)
```

其中，参数style是枚举类型，其枚举类型取值包括：
- Qt::SquareCap，方形头部，但是不包含最后一个点。
- Qt::FlatCap，方形顶端，并且包含最后一个点。
- Qt::RoundCap，顶端是半圆形。

端点风格如图8-14所示。

Qt::SquareCap   Qt::FlatCap   Qt::RoundCap

图8-14　端点风格

4. 设置线段连接风格

QPen类中使用setJoinStyle()函数来设置两条线的交点形状，该设置仅对线宽大于1的线有效，该函数的使用代码如下：

```
void QPen::setJoinStyle(Qt::PenJoinStyle style)
```

其中，参数style是枚举类型，其枚举类型取值包括：
- Qt::BevelJoin，指两条线的中心线顶点相交，相连处依然保留线条各自的方形顶端。
- Qt::MiterJoin，指两条线的中心线顶点相交，相连处线条延长到线的外侧相交至点，形成一个尖顶的连接。
- Qt::RoundJoin，指两条线的中心线顶点相交，相连处以圆弧形连接。

线段连接风格如图8-15所示。

Qt::BevelJoin   Qt::MiterJoin   Qt::RoundJoin

图8-15　线段连接风格

本例实现的结果如图8-16所示。

扫一扫，看视频

图8-16 验证码

在窗口中显示随机生成的验证码，验证码由数字、大写之母和小写字母组成，这些字母和数字都是通过随机数生成的。本例的操作步骤及代码的详细说明如下：

（1）创建项目工程，名称为example8-14。

（2）在Widget.h头文件中导入需要的头文件，添加变量定义、事件处理函数的声明等，其代码及详细说明如下：

```
#ifndef WIDGET_H
#define WIDGET_H

#include <QWidget>
#include<QPainter>                        // 导入执行绘图操作的QPainter头文件
#include<QPen>                            // 导入画笔的QPen头文件
#include <QRandomGenerator>              // 导入生成随机数的QRandomGenerator头文件
#include<QList>                           // 导入集合的QList头文件
QT_BEGIN_NAMESPACE
namespace Ui { class Widget; }
  QT_END_NAMESPACE
  class Widget : public QWidget
{
  Q_OBJECT
public:
  Widget(QWidget *parent = nullptr);
  ~Widget();
private slots:
    void on_pushButton_clicked();         // 单击按钮的槽函数
private:
    Ui::Widget *ui;
    void paintEvent(QPaintEvent *event);  // 绘画事件函数
    void GetCapt();                       // 获取验证码函数
    QRandomGenerator gen;                 // 生成随机数对象
    QList<QString> code;                  // 定义存储随机数集合变量
};
#endif // WIDGET_H
```

（3）在Widget.cpp中实现验证码功能，其代码及详细说明如下：

```
#include "widget.h"
#include "./ui_widget.h"
Widget::Widget(QWidget *parent)
  : QWidget(parent)
  , ui(new Ui::Widget)
{
  ui->setupUi(this);
  this->setWindowTitle("验证码");
  this->GetCapt();
```

```cpp
}
Widget::~Widget()
{
    delete ui;
}
void Widget::paintEvent(QPaintEvent *event)
{
    QPainter painter(this);
    QPen pen;
    // 在验证码的矩形区域上画100个识别干扰点
    for(int i = 0;i < 100;++i)
    {
        // 随机生成红、绿、蓝所占的颜色值，每个颜色值最大是255
        int redInt=gen.bounded(255);
        int greenInt=gen.bounded(255);
        int blueInt=gen.bounded(255);
        // 把生成的颜色应用在画笔上
        pen = QPen(QColor(redInt,greenInt,blueInt));
        // 把画笔应用到绘图对象上
        painter.setPen(pen);
        // 随机生成干扰点的X轴、Y轴坐标，其中X轴的最大值是150像素，Y轴的最大值是50像素
        int point_X=gen.bounded(150);
        int point_Y=gen.bounded(50);
        // 在150像素*50像素矩形大小上画干扰点
        painter.drawPoint(point_X,point_Y);
    }
    // 在验证码的矩形区域上画10条识别干扰线
    for(int i = 0;i < 10;++i)
    {
        // 生成绘制直线的两个端点坐标：（x1,y1），（x2,y2）
        int point_X1=gen.bounded(150);
        int point_Y1=gen.bounded(50);
        int point_X2=gen.bounded(150);
        int point_Y2=gen.bounded(50);
        // 按照给出的两个端点坐标绘制直线
        painter.drawLine(point_X1,point_Y1,point_X2,point_Y2);
    }
    // 定义绘制验证码的画笔颜色
    pen = QPen(QColor(255,0,0,100));
    // 定义字体样式：楷体、字体大小：28像素、加粗（QFont::Bold）、倾斜（true）
    QFont font("楷体",28,QFont::Bold,true);
    // 定义字体应用到绘图对象
    painter.setFont(font);
    // 定义画笔样式应用到绘图对象
    painter.setPen(pen);
    // 分4次绘制字符，这4个字符组成验证码
    for(int i = 0;i < 4;++i)
    {
        // 定义绘制某个验证码的矩形大小，其中10+30*i对应验证码X轴坐标
        //10是与左边界的距离，i是第几个验证码，5是Y轴坐标，宽*高是30像素*40像素
        QRect rect(10+30*i,5,30,40);
        // 在规定的矩形范围绘制一个字符，并在指定的区域内居中
        painter.drawText(rect,Qt::AlignCenter,QString(code[i]));
    }
}
```

```
// 获取验证码函数
void Widget::GetCapt()
{
    // 清空存储验证码的列表
    code.clear();
    // 随机生成4个字符
    for(int i = 0;i < 4;++i)
    {
// 生成1个[0、1、2]之间的随机数，生成数的含义是：0代表数字、1代表大写字母、2代表小写字母
        int num = gen.bounded(3);
        if(num == 0)
        {
            // 如果要生成数字，则生成0~9之间的数字
            code += QString::number(gen.bounded(10));
        }
        else if(num == 1)
        {
            // 如果要生成大写字母，则用'A'加0~25之间的随机数
            int temp = 'A';
            code += static_cast<QChar>(temp + gen.bounded(26));
        }else if(num == 2)
        {
            // 如果要生成小写字母，则用'a'加0~25之间的随机数
            int temp = 'a';
            code += static_cast<QChar>(temp + gen.bounded(26));
        }
    }
}
// "重新获取验证码"按钮的单击事件槽函数
void Widget::on_pushButton_clicked()
{
    // 调用获取验证码函数
    this->GetCapt();
    // 调用update()函数触发重绘操作，也就是触发paintEvent()来重绘验证码
    update();
}
```

8.2.2 画刷的使用

在Qt中使用QBrush类所提供的画刷对图形进行填充，画刷可以定义填充颜色和填充风格。QBrush类的构造函数有以下几种常用的表示方法。

```
// 默认的构造函数
QBrush()
// 使用具有填充风格的构造函数
QBrush(Qt::BrushStyle style)
// 使用具有填充颜色和填充风格的构造函数
QBrush(const QColor &color, Qt::BrushStyle style = Qt::SolidPattern)
```

其中，参数style定义了填充模式，通过枚举类型Qt::BrushStyle来实现，默认值是Qt::NoBrush（不进行任何填充）。填充模式是枚举类型（图8-17），其枚举值介绍如下。

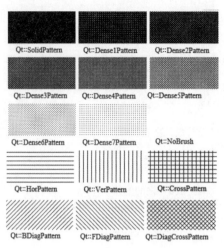

图 8-17　画刷填充模式

- Qt::NoBrush：不填充。
- Qt::SolidPattern：单一颜色填充。
- Qt::Dense1Pattern：极其密集图案填充。
- Qt::Dense2Pattern：非常密集图案填充。
- Qt::Dense3Pattern：略微密集图案填充。
- Qt::Dense4Pattern：一半密集图案填充。
- Qt::Dense5Pattern：略微稀疏图案填充。
- Qt::Dense6Pattern：非常稀疏图案填充。
- Qt::Dense7Pattern：极其稀疏图案填充。
- Qt::HorPattern：水平线填充。
- Qt::VerPattern：垂直线填充。
- Qt::CrossPattern：交叉水平垂直线。
- Qt::BDiagPattern：向后对角线填充。
- Qt::FDiagPattern：向前对角线填充。
- Qt::DiagCrossPattern：交叉对角线填充。
- Qt::LinearGradientPattern：线性渐变，需要使用QLinearGradient类对象作为Brush。
- Qt::RadialGradientPattern：辐射渐变，需要使用QRadialGradient类对象作为Brush。
- Qt::ConicalGradientPattern：圆锥形渐变，需要使用QConicalGradient类对象作为Brush。
- Qt::TexturePattern：材质填充，需要指定texture或textureImage图片。

QBrush类的基本函数包括以下几种。

（1）设置颜色。

```
void QBrush::setColor(const QColor &color)
void QBrush::setColor(Qt::GlobalColor color)
```

（2）设置样式。

```
void QBrush::setStyle(Qt::BrushStyle style)
```

（3）设置纹理图案。

```
void QBrush::setTextureImage(const QImage &image)
```

（4）设置变换矩阵。

```
void QBrush::setTransform(const QTransform &matrix)
```

本例实现使用不同的填充方式和填充颜色来绘制图形，如图8-18所示。

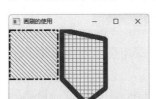

扫一扫，看视频

图8-18　画刷的使用

本例的操作步骤及实现代码的详细说明如下：

（1）创建一个基于QWidget类的项目工程，名称为example8-15。

（2）在Widget.h头文件中导入需要包含的绘图对象头文件，其代码如下：

```
#include<QPainter>
```

（3）在Widget.h头文件中添加重绘事件处理函数声明，其代码如下：

```
void paintEvent(QPaintEvent *);
```

（4）修改Widget.cpp文件中的重绘事件处理函数，其代码及详细说明如下：

```
void Widget::paintEvent(QPaintEvent *)
{
  QPainter painter(this);
  // 创建QPen画笔对象pen
  QPen pen;
  // 设置画笔pen的宽度是3像素，其作用是绘制图形的边框线
  pen.setWidth(3);
  // 实例化画刷brush，并定义其填充的样式
  QBrush brush(Qt::FDiagPattern);
  // 设置画刷brush的填充颜色为蓝色
  brush.setColor(Qt::blue);
  // 设置画笔的线型风格为双点虚线
  pen.setStyle(Qt::DashDotDotLine);
  // 把pen画笔对象应用到绘制对象
  painter.setPen(pen);
  // 把画刷brush应用到绘图对象
  painter.setBrush(brush);
  // 使用绘图对象绘制矩形
  // 矩形的风格是：边框线是3像素的黑色虚线，矩形内填充的是蓝色对角线的线条
  painter.drawRect(QRect(1,1,100,100));
  // 绘制一个使用正交叉线填充的多边形
  // 定义多边形的五个点的坐标
  QPointF point[5];
  point[0]=QPointF(110,1);
  point[1]=QPointF(201,20);
  point[2]=QPointF(201,120);
  point[3]=QPointF(160,151);
  point[4]=QPointF(110,101);
  // 设置图形边框使用实心线绘制
```

绘图系统

```
    pen.setStyle(Qt::SolidLine);
    // 设置图形边框为蓝色
    pen.setColor(Qt::blue);
    // 设置图形边框线的宽度是10像素
    pen.setWidth(10);
    // QPen画笔对象应用到绘制对象
    painter.setPen(pen);
    // 设置填充线的类型是交叉线
    brush.setStyle(Qt::CrossPattern);
    // 设置填充线的颜色是红色
    brush.setColor(Qt::red);
    // 把画刷应用到绘制对象
    painter.setBrush(brush);
    // 绘制五边形。Qt::WindingFill重叠处的颜色是图形所放置的颜色
    painter.drawPolygon(point,5,Qt::WindingFill);
}
```

8.3 渐变填充

渐变在绘图中很常见，简单来说就是把几种颜色混合在一起，让它们能够非常自然地过渡，而不是一下子变成另一种颜色。在Qt中使用QGradient类和QBrush类来指定渐变填充，目前Qt支持以下三种类型的渐变填充。

（1）线性渐变（QLinearGradient）。

（2）辐射渐变（QRadialGradient）。

（3）锥形渐变（QConicalGradient）。

这三种渐变都是QGradient类的子类，并且这三种渐变都可以作为QBrush类填充风格的参数。

8.3.1 线性渐变

线性渐变填充要指定两个控制点，画刷在两个控制点之间进行颜色插值。另外，也可以在这两个控制点的连线上设置一系列的颜色分隔点，并在分隔点上设定颜色，这些分隔点的位置由值0~1（其中0代表第一个控制点，1代表第二个控制点）确定，两个分隔点之间的颜色由线性插值获得。

线性渐变类QLinearGradient的构造函数如下：

```
QLinearGradient(const QPointF &start, const QPointF &finalStop)
```

其中，start为渐变的起始点（即位置0）；finalStop为渐变的结束点（即位置1）。

分隔点的渐变填充颜色是在setColorAt()函数中指定的，函数中使用position（0~1区间的数字）参数指定某个位置颜色设置成color，该函数的语句如下：

```
void QGradient::setColorAt(qreal  position, const QColor  &  color)
```

使用setSpread()函数设置在指定区域以外的区域如何进行线性渐变填充，该函数的参数由QGradient::Spread枚举变量定义，其三个枚举值介绍如下。

（1）QGradient::PadSpread：默认值。使用最接近的颜色进行填充，如果没有指定区域以外的填充方式，就默认使用这种方式。

（2）QGradient::RepeatSpread：在渐变区域以外的区域重复渐变。

（3）QGradient::ReflectSpread：在渐变区域以外将反射渐变。

【例8-16】线性渐变填充

本例使用不同的线性渐变填充方式绘制图8-19所示的图形。前面的圆的线性渐变线定义的起始点是（10,20）、终止点是（150,130），也就是从左上角到右下角线性渐变，中间又定义了三个颜色分隔点：将0.2也就是1/5处设置成白色、将0.6也就是3/5处设置成红色、将1.0也就是终止点处设置成黄色。后面的矩形的线性渐变线定义的起始点是（210,190）、终止点是（310,190），就是从左到右线性渐变，中间又定义了三个颜色分隔点：将0.2也就是1/5处设置成绿色、将0.6也就是3/5处设置成红色、将1.0也就是终止点处设置成黄色，设置区域外的线性渐变是QGradient::RepeatSpread（重复），所以矩形的线性填充重复2次。

扫一扫，看视频

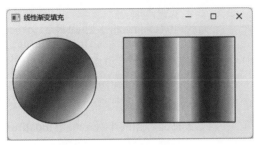

图8-19　线性渐变

本例的操作步骤及实现代码的详细说明如下：

（1）创建一个基于QWidget类的项目工程，名称为example8-16。

（2）在Widget.h头文件中导入需要包含的绘图对象头文件，其代码如下：

```
#include<QPainter>
```

（3）在Widget.h头文件中添加重绘事件处理函数声明，其代码如下：

```
void paintEvent(QPaintEvent *);
```

（4）修改Widget.cpp文件中的重绘事件处理函数，其代码及详细说明如下：

```
void Widget::paintEvent(QPaintEvent *)
{
  // 定义并实例化绘图对象painter
  QPainter painter(this);
  // 设置抗锯齿渲染方式，使边界显示更加平滑
  painter.setRenderHint(QPainter::Antialiasing, true);
  // 定义线性渐变的起始点（10,20）和终止点（150,130）
  QLinearGradient linearGradient1(10,20,150,130);
  //将线性渐变线段的0.2也就是1/5处设置成白色
  linearGradient1.setColorAt(0.2, Qt::white);
  // 将线性渐变线段的0.6也就是3/5处设置成红色
  linearGradient1.setColorAt(0.6, Qt::red);
  // 将线性渐变线段的1.0也就是终止点处设置成黄色
  linearGradient1.setColorAt(1.0, Qt::yellow);
  // 把线性渐变对象应用到绘图对象的画刷上
  painter.setBrush(QBrush(linearGradient1));
  // 绘制圆
  painter.drawEllipse(10,20,150,150);
```

```
    // 定义线性渐变的起始点（210,190）和终止点（310,190）
    QLinearGradient linearGradient(QPointF(210, 190), QPointF(310,190));
    // 插入颜色
    // 将线性渐变段的0.2也就是1/5处设置成绿色
    linearGradient1.setColorAt(0.2, Qt::green);
    // 将线性渐变段的0.6也就是3/5处设置成红色
    linearGradient1.setColorAt(0.6, Qt::red);
    // 将线性渐变段的1.0也就是终止点处设置成黄色
    linearGradient1.setColorAt(1.0, Qt::yellow);
    // 指定渐变区域以外区域的扩散方式，也就是重复渐变
    linearGradient.setSpread(QGradient::RepeatSpread);
    // 把线性渐变对象应用到绘图对象的画刷上
    painter.setBrush(linearGradient);
    // 绘制矩形
    painter.drawRect(210,20,200,150);
}
```

8.3.2　辐射渐变

辐射渐变是以圆心为中心进行渐变，辐射渐变的构造函数如下：

```
QRadialGradient(qreal cx,qreal cy,qreal radius,qreal fx,qreal fy);
QRadialGradient(QPointF & center,qreal radius,QPointF & focalPoint)
```

其中，参数center是圆的圆心；参数radius是圆的半径；参数focalPoint是渐变的起点。辐射渐变焦点的位置为0，圆环的位置为1，然后在焦点和圆环间插入颜色。辐射渐变也可以使用setSpread()函数设置渐变区域以外区域的渐变方式。

辐射渐变可以设定颜色分隔点，这些分隔点在0~1之间，实际上是焦点和半径以外区域的扩散方式。

【例8-17】辐射渐变

本例使用不同的辐射渐变填充方式绘制图8-20所示的图形。

扫一扫，看视频

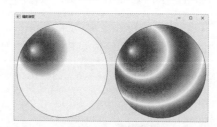

图8-20　辐射渐变

本例的操作步骤及实现代码的详细说明如下：

（1）创建一个基于QWidget类的项目工程，名称为example8-17。

（2）在Widget.h头文件中导入需要包含的绘图对象头文件，其代码如下：

```
#include<QPainter>
```

（3）在Widget.h头文件中添加重绘事件处理函数声明，其代码如下：

```
void paintEvent(QPaintEvent *);
```

（4）修改Widget.cpp文件中的重绘事件处理函数，其代码及详细说明如下：

```
void Widget::paintEvent(QPaintEvent *)
```

```
{
    // 实例化QPainter对象
    QPainter painter(this);
    // 定义辐射渐变的中心坐标点和焦点
    QPoint centerPoint(110,110);
    QPoint focusPoint(70,110);
    // 实例化辐射渐变QRadialGradient类的对象实例radialGradient
    // 参数分别为中心坐标、半径长度和焦点坐标，如果需要对称，那么中心坐标和焦点坐标要一致
    QRadialGradient radialGradient(centerPoint,100,focusPoint);
    // 设置分隔点的颜色
    radialGradient.setColorAt(0,Qt::white);
    radialGradient.setColorAt(0.4,Qt::red);
    radialGradient.setColorAt(1.0,Qt::yellow);
    // 设置使用最近的颜色进行区域外扩展
    radialGradient.setSpread(QGradient::PadSpread);
    // 把渐变方式应用到绘图对象
    painter.setBrush(QBrush(radialGradient));
    // 使用绘图对象画圆
    painter.drawEllipse(10,10,350,350);
    // 平移渐变中心点
    radialGradient.setCenter(110+380,110);
    // 平移渐变焦点
    radialGradient.setFocalPoint(450,110);
    // 设置使用重复渐变进行区域外扩展
    radialGradient.setSpread(QGradient::RepeatSpread);
    // 把渐变方式应用到绘图对象
    painter.setBrush(QBrush(radialGradient));
    // 使用绘图对象画圆
    painter.drawEllipse(390,10,350,350);
}
```

8.3.3　锥形渐变

锥形渐变是以一个中心点和一个起始角度为基础，颜色从中心点开始，围绕中心点呈锥形向外扩散变化。其构造函数如下：

```
QConicalGradient::QConicalGradient (qreal cx, qreal cy, qreal angle)
```

其中，前两个参数cx和cy组成渐变的中心点，第三个参数是渐变的起始角度（0°~360°）。锥形渐变是沿逆时针从给定的角度开始环绕中心点插入颜色，初始角对应的开始位置记为0，旋转一圈后记为1，setSpread()函数对锥形渐变没有影响。

锥形渐变的setColorAt()函数同样接收两个参数，第一个是角度比例，第二个是颜色。例如，将 0°角设置为红色所用语句如下：

```
conicalGradient.setColorAt(0.0, Qt::red);
```

例如，将 60°角设置为黄色（由于一个圆周是 360°，所以 60.0/360.0 表示这个角度所占的比例）所用语句如下：

```
conicalGradient.setColorAt(60.0/360.0, Qt::yellow);
```

【例8-18】锥形渐变

本例使用锥形渐变来制作图8-21所示的色环。

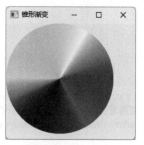

图 8-21　锥形渐变

本例的操作步骤及实现代码的详细说明如下：

（1）创建一个基于QWidget类的项目工程，名称为example8-18。

（2）在Widget.h头文件中导入需要包含的绘图对象头文件，其代码如下：

```
#include<QPainter>
```

（3）在Widget.h头文件中添加重绘事件处理函数声明，其代码如下：

```
void paintEvent(QPaintEvent *);
```

（4）修改Widget.cpp文件中的重绘事件处理函数，其代码及详细说明如下：

```
void Widget::paintEvent(QPaintEvent *)
{
  // 实例化QPainter绘图对象
  QPainter painter(this);
  // 设置反走样，尽可能消除边缘锯齿
  painter.setRenderHint(QPainter::Antialiasing);
  // 定义圆半径变量
  const int r = 100;
  // 实例化锥形渐变QConicalGradient对象conicalGradient
  QConicalGradient conicalGradient(r, r, 0);
  // 设置0、60、120、240、300、360等各个角度的颜色
  conicalGradient.setColorAt(0.0, Qt::red);
  conicalGradient.setColorAt(60.0/360.0, Qt::yellow);
  conicalGradient.setColorAt(120.0/360.0, Qt::green);
  conicalGradient.setColorAt(180.0/360.0, Qt::cyan);
  conicalGradient.setColorAt(240.0/360.0, Qt::blue);
  conicalGradient.setColorAt(300.0/360.0, Qt::magenta);
  conicalGradient.setColorAt(1.0, Qt::red);
  // 实例化锥形渐变的画刷
  QBrush brush(conicalGradient);
  // 画刷应用到绘图对象
  painter.setBrush(brush);
  // 锥形渐变填充绘制圆
  painter.drawEllipse(QPoint(r, r), r, r);
}
```

8.4 其他绘制方法

8.4.1　绘制路径

如果要绘制一个复杂的图形，并且需要反复使用这个复杂的图形，就可以使用绘制路径的

方法，即提供一个容器创建图形并且重复使用这个新创建的图形。绘制路径可以由多个矩形、椭圆、线条或者曲线等图形叠加组成，绘制的路径可以是封闭的（例如矩形和椭圆），也可以是非封闭的（例如线条和曲线）。

本例利用绘制路径的方法实现对图形的复制，运行结果如图8-22所示，即把一个红色圆和一条线段组成的图形进行复制并移动到指定的位置。

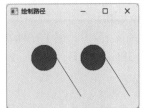

扫一扫，看视频

本例的操作步骤及实现代码的详细说明如下：

（1）创建一个基于QWidget类的项目工程，名称为example8-19。

（2）在Widget.h头文件中导入需要包含的绘图对象和绘制路径的头文件，其代码如下：

图8-22　复制图形

```
#include<QPainter>          // 导入绘图对象的头文件
#include<QPainterPath>      // 导入绘制路径的头文件
```

（3）在Widget.h头文件中添加重绘事件处理函数声明，其代码如下：

```
void paintEvent(QPaintEvent *);
```

（4）修改Widget.cpp文件中的重绘事件处理函数，其代码及详细说明如下：

```
void Widget::paintEvent(QPaintEvent *)
{
  // 定义并实例化绘图对象painter
  QPainter painter(this);
  // 定义绘图路径对象path
  QPainterPath path;
  // 在绘图路径对象path中添加一个圆心为(100,100)、横纵半径都为50像素的椭圆
  path.addEllipse(100, 100, 50, 50);
  // 在绘图路径对象path中添加一条从当前位置到(200,200)的线段
  path.lineTo(200, 200);
  // 设置绘图对象painter的画笔是蓝色，也就是画线段和区域的边框线使用蓝色
  painter.setPen(Qt::blue);
  // 设置绘图对象painter的画笔是红色，也就是用红色填充封闭区域
  painter.setBrush(Qt::red);
  // 使用绘图对象painter绘制绘图路径path所指定的图形
  painter.drawPath(path);
  // 下面是复制绘图路径
  // 定义新的绘图路径对象copyPath
  QPainterPath copyPath;
  // copyPath复制前面定义的绘图路径path
  copyPath.addPath(path);
  // 把copyPath向左边（X轴）移动100像素，向下边（Y轴）移动0像素
  copyPath.translate(100,0);
  // 使用绘图对象painter绘制绘图路径copyPath所指定的图形
  painter.drawPath(copyPath);
}
```

8.4.2　绘制图像

Qt提供了四个类来处理图像数据，这四个类分别是QImage、QPixmap、QBitmap和

QPicture,它们都是常用的绘图设备。其中,QImage类主要用来进行I/O处理,并对I/O处理操作进行优化,而且也可以用来直接访问和操作图像中的像素;QPixmap主要用来在屏幕上显示图像,对在屏幕上显示的图像进行优化;QBitmap是QPixmap的子类,用来处理颜色深度为1的图像,即只能显示黑白两种颜色;QPicture用来保存绘图的记录和重绘的命令。本小节仅介绍QPixmap类。

QPixmap类用于绘图设备的图像显示,既可以作为一个绘图对象,也可以加载到一个组件(通常是标签或按钮)中,用于在标签或按钮上显示图像。QPixmap可以读取的图像文件类型有BMP、GIF、JPG、JPEG、PNG、PBM、PGM、PPM、XBM、XPM等。

1. 构造函数

下面的构造函数将生成包含空图像的 QPixmap 对象。

```
QPixmap();              // 构造一个大小为0的空图像
```

下面的构造函数将生成指定大小的 QPixmap 对象,但图像数据未初始化。

```
QPixmap(const QSize &size);    // 构造大小为size的图像,图像数据未初始化
QPixmap(int w, int h);         // 等价于 QPixmap(QSize(w, h));
```

下面的构造函数将从指定的文件中加载图像并生成 QPixmap 对象。

```
QPixmap(const QString &filename, const char *format = 0,
                     Qt::ImageConversionFlags flags = Qt::AutoColor);
```

其中,参数filename表示文件名;format是字符串,用来表示图像文件的格式,如果值为0,将进行自动识别;flags表示颜色的转换模式,如果图像文件加载失败,则产生空图像,这里的flags 参数有以下取值。

(1) Qt::AutoColor:由系统自动决定。

(2) Qt::ColorOnly:彩色模式。

(3) Qt::MonoOnly:单色模式。

2. 加载图像

用下面的成员函数可以从文件加载图像:

```
bool load(const QString &filename, const char *fornat = 0,
                     Qt::ImageCoversionFlags flags = Qt::AutoColor);
```

这里各个参数的含义与构造函数中一样,返回值为 true 表示加载成功,返回值为false 表示加载失败。

3. 图像保存

将 QPixmap对象中的图像保存到文件使用的成员函数如下:

```
bool save(const QString &filename, const char *format = 0, int quality = -1);
```

其中,filename是文件名;format是字符串,表示图像文件的格式,如果为0,将根据文件名的后缀自动确定文件格式;quality对于有损压缩的文件格式来说表示图像保存的质量,质量越低压缩率越大,其取值范围为0 ~ 100,-1 表示采用默认值。另外,返回值是true 表示保存成功,返回值为false 表示保存失败。

4. 图像的缩放

对图像的缩放使用scaled()函数,其语法格式如下:

```
scaled(const QSize &size, Qt::AspectRatioMode aspectRatioMode,
                                    Qt::TransformationMode transformMode)
```

其中,size参数代表缩放后的尺寸;aspectRatioMode参数表示是否保持纵横比,值为KeepAspectRatio表示保持纵横比,值为IgnoreAspectRatio表示忽略纵横比,图片会撑满整个界面;transformMode参数表示图像变换方式,值为FastTransformation表示快速变换(快速获得图片,但质量差些),值为SmoothTransformation表示平滑变换(速度慢些,但质量好些)。例如,实现图像的缩放为宽400像素、高300像素、保持纵横比、平滑变换所使用的语句如下:

```
QPixmap pixmap("path");
pixmap = pixmap.scaled(400, 300, Qt::KeepAspectRatio, Qt::SmoothTransformation);
```

5. 图像的裁剪

对于图像的裁剪可以使用copy()函数,该函数有两种入口参数语法格式,代码如下:

```
QPixmap copy(const QRect &rectangle = QRect())
QPixmap copy(int x, int y, int width, int height)
```

其中,QRect参数或者(x,y,width,height)矩形参数是指定矩形内所包含的子图,如果实参为空,则复制整个图像。例如,从图像的坐标(10, 10)处开始裁剪一个宽度、高度均为50像素的部分图像所使用的语句如下:

```
QPixmap croppedPixmap = pixmap.copy(10, 10, 50, 50);
```

6. 相关成员函数

以下成员函数可以获得 QPixmap 对象所表示的图像的相关信息。

（1）int depth() const;　　　　　　// 颜色深度,即每像素所占的比特数
（2）int width() const;　　　　　　// 图像宽度,单位是像素
（3）int height() const;　　　　　 // 图像高度,单位是像素
（4）QSize size() const;　　　　　　// 图像的大小, 即 QSize(width(), height())
（5）QRect rect() const;　　　　　　// 图像的矩形区域, 即 QRect(QPoint(0,0),size())

【例8-20】绘制图片

本例利用QPixmap类绘制图片,绘制的原图如图8-23左上角所示;然后在图8-23的右上角绘制其原图的裁剪图,最后在图8-23的左下角绘制放大的裁剪图。

本例的操作步骤及实现代码的详细说明如下:

（1）创建一个基于QWidget类的项目工程, 名称为example8-20。

图8-23 绘制图片

（2）在widget.h头文件中导入需要包含的绘图对象和绘制路径的头文件,其代码如下:

```
#include<QPainter>              // 导入绘图对象的头文件
#include<QPainterPath>          // 导入绘制路径的头文件
```

（3）在widget.h头文件中添加重绘事件处理函数声明,其代码如下:

```
void paintEvent(QPaintEvent *);
```

（4）创建Qt资源文件res.qrc，并导入需要显示的图片lb.jpg。

（5）修改widget.cpp文件中的重绘事件处理函数，其代码及详细说明如下：

```cpp
void Widget::paintEvent(QPaintEvent *)
{
    // 创建绘图对象
    QPainter painter(this);
    // 定义QPixmap对象pix为空图像
    QPixmap pix;
    // 在资源中导入图片lb.JPG
    pix.load("://lb.JPG");
    //在（0,0）点处绘制图片pix，其宽度为277像素、高度为50像素
    painter.drawPixmap(0,0,277,82,pix);
    // 将绘图的起始点从（0,0）改为(300,0)
    painter.translate(300,0);
    // 裁剪图片，裁剪的范围从（90,10）到(100,50)
    pix=pix.copy(90,10,100,50);
    //在新绘图起始点的（0,0）处显示图片
    painter.drawPixmap(0,0,pix);
    // 把裁剪的图片放大，放大尺寸为200*150、保持纵横比、平滑变换方式
    pix=pix.scaled(200, 150, Qt::KeepAspectRatio, Qt::SmoothTransformation);
    // 将绘图的起始点从（0,0）改为(-300,100)
    // 也就是初始坐标系（0,100）点的位置
    painter.translate(-300,100);
    // 在新绘图起始点的（0,0）处显示图片
    painter.drawPixmap(0,0,pix);
}
```

8.5 绘图系统实际应用

8.5.1   随手画的实现原理

【例8-21】随手画

扫一扫，看视频

所谓随手画，就是使用鼠标绘制图形。按下鼠标则确定了绘制起点，按住并拖动鼠标时动态显示将要绘制的临时图形，并且鼠标的最新位置为绘制的终点，当释放鼠标时最终确定绘制的图形。

随手画程序的算法要点是在鼠标移动的过程中实现的，思路是记录前后两次鼠标移动事件发生时鼠标的位置，用直线连接这两个位置即可。由于系统捕捉到的前后两次鼠标移动事件发生的坐标位置十分接近，因此将这些点用短直线连起来就成了一条任意形状的曲线。这里要注意的是，随着鼠标的移动，前后两个鼠标位置（需要两个变量保存）要不断更新，每次画完一条短直线都要立刻将前一个鼠标位置变换为当前最新的位置，从而为下一次捕捉新位置并绘制新的线段做准备。为了能够存储绘图画面，这里使用的方法是先将绘图动作在一张位图上画好，再将这个位图一次性绘制在屏幕上。

程序的运行结果如图8-24所示。在该程序中可以选择画笔的粗细（1～8像素）、画笔的绘制颜色（为了清楚起见，用户选择的颜色会显示在"选择颜色"按钮的背景中），另外，还有清除画面功能，以便重新进行绘画。

图 8-24　随手画

8.5.2　随手画的制作过程

（1）新建Qt项目工程，项目名称为example8-21，基类使用QWidget，类名保持Widget不变。

（2）在widget.h文件中添加头文件、事件处理函数和私有变量。

①本应用所需要的头文件包括：

```
#include<QPainter>      // 导入QPainter，执行绘图操作的类
#include<QPixmap>       // 导入QPixmap，处理图片的类
#include<QPoint>        // 导入QPoint，图片上的点类
#include<QPushButton>   // 导入QPushButton，按钮操作的类
#include<QPen>          // 导入QPen，绘图操作的画笔类
#include<QMouseEvent>   // 导入QMouseEvent，鼠标按下、拖动、释放事件类
#include<QComboBox>     // 导入QComboBox，下拉列表框类
#include<QLabel>        // 导入QLabel，用于显示用户提示的标签类
#include<QColorDialog>  // 导入QColorDialog，用于选择颜色的对话框类
```

②添加事件处理函数的声明包括：

```
void paintEvent(QPaintEvent *);         // 声明绘图事件处理函数
void mousePressEvent(QMouseEvent *);    // 声明鼠标按下事件处理函数
void mouseMoveEvent(QMouseEvent *);     // 声明鼠标拖动事件处理函数
void mouseReleaseEvent(QMouseEvent *);  // 声明鼠标释放事件处理函数
void setButtonColor();                  // 声明设置按钮背景颜色处理函数
```

③添加私有变量声明，包括：

```
// 在绘图对象中不能存储以前的绘图结果，要实现保留上次绘图结果需定义QPixmap变量来存储
// 定义QPixmap变量pix存储绘图结果
// 定义clearPix变量来存储一个空白绘图，其目的是清除绘图区域
QPixmap pix,clearPix;
// 定义QPoint变量存储鼠标指针的两个坐标值，使用这两个坐标值完成绘图
// lastPoint是上一次的存储点，endPoint是鼠标移动的最新点
QPoint lastPoint;
QPoint endPoint;
// 定义"清除绘图"的pushButton按钮变量，"选择颜色"的pushButton1按钮变量QPushButton
*pushButton,*pushButton1;
// 定义选择画笔粗细的下拉列表对象comboBox变量
QComboBox *comboBox;
// 定义画笔的颜色color变量，默认初始颜色是红色
QColor color=Qt::red;
// 定义提示的标签label变量
```

```
QLabel *label;
// 定义画笔的粗细变量，默认使用5像素画笔进行绘制
int penWidth=5;
```

（3）在widget.cpp文件中编写代码的实现。

①构造函数的代码及详细说明如下：

```
// 设置窗口的标题：随手画
setWindowTitle("随手画");
// 设置窗口宽高是400像素*450像素
resize(400, 450);
// 设置绘图区域是400像素*400像素
pix = QPixmap(400, 400);
// 设置绘图区域填充白色
pix.fill(Qt::white);
// 为了清除绘图区域所存储的空白图
clearPix=pix;
// 实例化按钮
pushButton=new QPushButton(this);
// 设置按钮上的文字：清除绘图
pushButton->setText("清除绘图");
// 把按钮移动到(300,410)点
pushButton->move(300,410);
// 定义按钮的单击事件与槽函数
connect(pushButton,&QPushButton::clicked,[=](){
  // 把空白绘图赋值给绘图区域
  pix=clearPix;
  // 更新，触发重绘函数paintEvent()
  update();
});
pushButton1=new QPushButton(this);
pushButton1->setText("选择颜色");
pushButton1->move(220,410);
// 设置按钮初始的背景色
setButtonColor();
// 定义按钮的单击事件与槽函数
connect(pushButton1,&QPushButton::clicked,[=](){
  // 打开颜色对话框选择画笔的颜色
  color=QColorDialog::getColor(Qt::red,this,"请选择画笔颜色");
  // 设置按钮背景色函数
  setButtonColor();
});
// 设置显示的标签
label=new QLabel(this);
label->setText("线的粗细：");
label->move(50,410);
// 设置选择画笔粗细的下拉列表框
comboBox=new QComboBox(this);
comboBox->move(110,410);
QStringList strList;
strList<<"1像素"<<"2像素"<<"3像素"<<"4像素";
strList<<"5像素"<<"6像素"<<"7像素"<<"8像素";
comboBox->addItems(strList);
comboBox->setCurrentIndex(penWidth-1);
// 定义下拉列表框的改变事件与槽函数
connect(comboBox, &QComboBox::currentIndexChanged,[=](int index){
  penWidth=index+1;        // 存储画笔的宽度改变值
});
```

②在单击鼠标事件中，如果是按下鼠标左键，则获取绘制短直线的开始点。

```
void Widget::mousePressEvent(QMouseEvent *event)
{
  if(event->button()==Qt::LeftButton)    // 判断是否按下鼠标左键
    lastPoint = event->pos();            // 获取当前鼠标的坐标点（即开始点）
}
```

③在鼠标移动事件中获得结束点并更新绘制，调用update()函数会执行paintEvent()函数重新绘制。

```
void Widget::mouseMoveEvent(QMouseEvent *event)
{
  if(event->buttons()&Qt::LeftButton)    // 鼠标左键按下的同时移动鼠标
  {
    endPoint = event->pos();             // 获取结束点
    update();                            // 执行update()，触发重新绘制绘图区
  }
}
```

④在鼠标释放事件中获得结束点并更新绘制。

```
void Widget::mouseReleaseEvent(QMouseEvent *event)
{
  if(event->buttons()&Qt::LeftButton)    // 鼠标左键按下的同时移动鼠标
  {
    endPoint = event->pos();             // 获取结束点
    update();                            // 执行update()，触发重新绘制绘图区
  }
}
```

⑤设置按钮背景颜色函数。

```
void Widget::setButtonColor()
{
  // 创建一个QPalette对象
  QPalette palette;
  // 设置QPalette对象的颜色
  palette.setColor(QPalette::Button, color);
  // 将新的QPalette对象应用到QPushButton控件上
  pushButton1->setPalette(palette);
  // 按钮的背景色
  pushButton1->setAutoFillBackground(true);
  // 让按钮的边框色与背景色一致
  pushButton1->setFlat(true);
}
```

⑥绘图事件处理函数。

```
void Widget::paintEvent(QPaintEvent *)
{
  // 根据鼠标指针前后两个位置绘制直线
  QPainter pp(&pix);
  // 定义画笔对象
  QPen pen;
  // 设置画笔的粗细
  pen.setWidth(penWidth);
  // 设置画笔的颜色
  pen.setColor(color);
```

```
// 把设置的画笔应用到绘图对象
pp.setPen(pen);
// 在前一个坐标点和后一个坐标点之间画直线
pp.drawLine(lastPoint, endPoint);
// 把后一个坐标点赋值给前一个坐标点
lastPoint = endPoint;
// 定义绘图对象
QPainter painter(this);
// 用存储图片画绘图区域
painter.drawPixmap(0, 0, pix);
}
```

8.6 本章小结

在Qt绘图系统中，QPainter是用来绘图的操作类，可以把QPainter类理解成画笔，把
QPaintDevice类理解成使用画笔的地方，比如纸张、屏幕等；对于纸张、屏幕而言，肯定要
使用不同的画笔绘制，为了统一使用一种画笔，Qt设计了QPaintEngine类，这个类让不同的
纸张、屏幕都能使用同一种画笔。QPainter绘图的基本属性包括pen属性、brush属性、渐变
填充、font属性、叠加模式、旋转、缩放等。另外，在QWidget上进行绘图，只需要重新定义
paintEvent()事件方法并编写其响应代码。

8.7 习题8

简答题

1. 重绘函数内每条语句的作用及其最后完成的任务是什么？

```
void Widget::paintEvent(QPaintEvent *)
{
  QPainter painter;
  QFont font;
  QColor color;
  painter.begin(this);
  color.setRgb(255,0,0);
  painter.setPen(color);
  font.setFamily("黑体");
  font.setPointSize(44);
  font.setItalic(true);
  painter.setFont(font);
  painter.drawText(rect(),Qt::AlignCenter,"Hello Qt");
  painter.end();
}
```

2. 重绘函数内每条语句的作用及其最后完成的任务是什么？

```
void Widget::paintEvent(QPaintEvent *)
{
  QPainter painter(this);
  painter.begin(this);
```

```
QConicalGradient lg(200,200,120);
lg.setColorAt(0,Qt::red);
lg.setColorAt(0.5,Qt::blue);
lg.setColorAt(1,Qt::green);
painter.setBrush(lg);
painter.drawEllipse(0,0,400,400);
painter.end();
}
```

3. 重绘函数内每条语句的作用及其最后完成的任务是什么？

```
void Widget::paintEvent(QPaintEvent *)
{
  QPainter painter(this);
  painter.setPen(QPen(QBrush("#ff0000"), 0.5));
  painter.setRenderHint(QPainter::Antialiasing);
  int h = height();
  int w = width();
  painter.translate(QPoint(w/2, h/2));
  for (qreal rot=0; rot < 360.0; rot+=5.0) {
    painter.drawEllipse(-125, -40, 250, 80);
    painter.rotate(5.0);
  }
}
```

8.8 实验8 随手画

一、实验目的

（1）掌握Qt绘图系统的基本概念。

（2）掌握Qt中的画笔和画刷的使用方法。

（3）掌握Qt中的各种渐变填充方式。

二、实验要求

程序的制作结果如图8-24所示。该程序有以下要求。

（1）能改变画笔的粗细，粗细可以在1～10像素之间进行选择。

（2）能改变画笔的颜色，并且把"选择颜色"按钮的背景颜色改变为用户所指定的颜色。

（3）有清除画面功能以便重新进行绘画。

第 9 章

文件与数据库访问

本章学习目标：

文件与数据库是应用程序数据持久化的两种主要方式，本章主要介绍 Qt 文件系统与数据库的基本操作。通过本章的学习，读者应该掌握以下内容。

- SQLite 数据库的基本操作。
- SQL 语句的基本语法。
- 在 Qt 中使用 SQL 语句对 SQLite 数据库进行增、删、改、查。
- 在 Qt 中对文件和目录的操作。

9.1 SQLite数据库

9.1.1 SQLite 数据库简介

顾名思义，SQLite是以SQL（structure query language，结构化查询语言）为基础的数据库软件，是一种轻型的开源关系数据库管理系统（RDBMS）。SQLite 也是一个 C 语言库，实现了自给自足的、无服务器的、零配置的、事务性的 SQL 数据库引擎，且是一个增长最快的数据库引擎。SQLite与其他数据库对比有以下主要特点。

（1）SQLite具有轻量级和自包含的特点。相比其他大型数据库，SQLite的体积非常小巧，甚至可以嵌入移动设备、智能家居等硬件中。此外，SQLite不需要额外的服务器和配置，只需下载并粘贴到需要使用的应用程序中即可。这使得SQLite成为一种易于使用和维护的关系数据库。

（2）SQLite具有事务性的特点。事务是指在数据库操作中，要么全部执行成功，要么全部回滚到操作前的状态。SQLite支持ACID事务，即原子性、一致性、隔离性和持久性。这意味着在多用户环境下，使用SQLite时数据的一致性可以得到保证，避免了数据不一致的问题。

（3）SQLite应用场景广泛，特别适用于小型应用程序和嵌入式系统。例如，在移动设备中，SQLite被广泛应用于通信录、日历、备忘录等应用程序的数据存储。

需要注意的是，虽然SQLite具有零配置的优点，但这也带来了一定的安全隐患。例如在多用户环境下，SQLite的权限管理可能存在漏洞。因此，在实际使用中，需要加强对SQLite的安全防护，确保数据安全。

综上所述，SQLite是一种轻量级、零配置、事务性的关系数据库管理系统。它适用于小型应用程序和嵌入式系统，具有广泛的应用场景。在实际使用中，需要加强对SQLite的安全防护，并根据需求选择合适的数据库。

9.1.2 SQLite 数据库的安装

1. 确定SQLite数据库的安装版本位数

安装SQLite之前首先要确定设备上安装的Qt是32位系统还是64位系统，查看方法是依次选择Qt Creator菜单栏中的"帮助"→"目录"→About Qt Creator命令，如图9-1所示，在弹出的界面（图9-2）上可以看出本机安装的是64位的Qt。

图9-1　Qt Creator

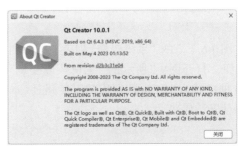

图9-2　About Qt Creator

2. 下载相关版本的SQLite数据库

SQLite数据库的下载地址是https://www.SQLite.org/download.html，在浏览器中打开该网页显示结果如图9-3所示。因为要下载64位版本，所以选择图9-3所示用方框围起来的dll类型文件和tools工具文件，这两个文件都是压缩文件，需要把这两个压缩文件进行解压并放到同一个目录下作为SQLite的安装路径，本机是存储在C盘的SQLite文件夹，该文件夹存储的文件内容如图9-4所示。

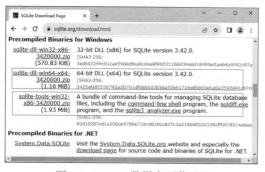

图9-3　SQLite数据库下载地址　　　　　图9-4　SQLite数据库安装文件

3. 定义环境变量

定义环境变量是为了在DOS命令提示符或者终端中的任意目录下都可以进行SQLite数据库相关操作。步骤是依次单击"开始"→"系统"→"高级系统"设置，打开图9-5所示的对话框，在该对话框中选择"高级"选项卡，在该选项卡中单击"环境变量"按钮，打开图9-6所示的对话框。

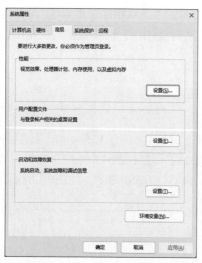

图9-5　"系统属性"对话框　　　　　图9-6　"环境变量"对话框

在图9-6下方的"系统变量"列表框中找到Path，然后单击"系统变量"列表框下方的"编辑"按钮，打开图9-7所示的"编辑环境变量"对话框，在该对话框中单击"新建"按钮，并在文本框中输入SQLite数据库的安装路径（本例是C:\ sqlite ），最后单击"确定"按钮，这样SQLite就安装成功了。

图9-7 "编辑环境变量"对话框

9.1.3 SQLite 数据库的基本操作

检查SQLite安装是否成功可以打开Windows的"命令提示符"窗口(也叫终端)进行验证，终端的打开方式有三种。

（1）依次单击"开始"→"Windows系统"→"命令提示符"打开终端，如图9-8（a）所示。

（2）使用Windows+R快捷键弹出"运行"对话框，如图9-8（b）所示，在该对话框中输入"cmd"命令打开终端。

（3）在资源文件管理窗口的地址栏输入"cmd"命令并按Enter键也可以打开终端，如图9-8（c）所示。

在打开的终端窗口（图9-9）中输入以下命令验证SQLite安装是否成功。

```
sqlite3 *.db
```

该命令是创建与打开数据库，当sqlite3后面所跟*.db文件不存在时，SQLite会创建并打开数据库文件；当sqlite3后面所跟*.db文件存在时，SQLite会打开该数据库文件。db是数据库文件的扩展名。

（a）单击"命令提示符"

（b）"运行"对话框

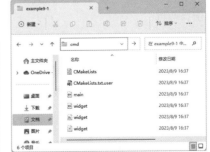
（c）资源文件管理窗口

图9-8 打开Windows"命令提示符"窗口的方法

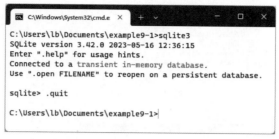

图9-9　验证SQLite安装是否成功

从图9-9中可以看出，输入命令之后显示了SQLite的安装版本号3.42.0，说明SQLite安装成功。

（4）要从终端中退出可以使用如下命令，如图9-9所示。

```
sqlite>.quit
```

（5）如果需要获取可用的点命令清单，可以在任何时候输入".help"。例如：

```
sqlite>.help
```

9.2 SQL语句

9.2.1 SQLite 数据库基础

SQL是一种结构化查询语言，是一种专门用来与数据库通信的语言，目前已成为应用最广泛的数据库语言。SQL被众多的数据库管理系统软件产品所采用，不同的数据库管理系统在其实践过程中对SQL规范作了某些改编和扩充，因此不同的数据库之间的SQL语言不能完全通用。

1. SQLite数据类型

一般数据库采用的是固定的静态数据类型，而SQLite采用的是动态数据类型，会根据存入值自动判断。SQLite具有以下五种数据类型。

（1）null：空值。

（2）integer：带符号的整型（最多64位），具体取决于存入数字的范围。

（3）real：8字节表示的浮点类型。

（4）text：字符类型，支持多种编码（如UTF-8、UTF-16），大小无限制。

（5）blob：任意类型数据，大小无限制。blob（binary large object）二进制对象，使用二进制保存数据。

2. 约束

SQLite数据库由许多数据表组成，数据表的每一列都有一些限制属性，例如有的列限制数据不能重复，有的列则限制数据范围等，约束就是用来进一步描述每一列数据的属性的。

3. 非空 NOT NULL

有一些字段可能一时不知该填些什么，同时也没设定默认值，当添加数据时这样的字段空着不填，系统认为是 NULL 值。但是还有一类字段必须填上数据，如果不填，系统就会报错。

这样的字段被称为 NOT NULL 非空字段，需要在定义表时事先声明。

4. 主键 PRIMARY KEY

一般是整数或者字符串，只要保证唯一就行。在 SQLite 中，主键如果是整数类型，该列的值可以自动增长。

5. 外键 FOREIGN KEY

若数据库中已经存在 Teachers 表，假如再建一个 Students 表，要求 Students 表中的每一位学生都对应 Teachers 表中的一位教师，则只需要在 Students 表中建立一个 Teacherid 字段用来保存对应教师的 id 号，这样学生和教师之间就建立了关系。但如果给学生存入一个不在 Teachers 表中的 Teacherid 值，就会产生错误，而且这种错误还很难发现。在这种情况下，就可以把 Students 表中的 Teacherid 字段声明为一个外键，让它的值对应到 Teachers 表中的 id 字段。这样一旦在 Students 表中存入一个不存在的教师 id，系统就会报错。

6. 默认值 DEFAULT

有一些特殊的字段列，对于每一条记录其值基本上都是一样的。只是在个别情况下才改为其他值，这样的字段列可以给其设定一个默认值。

7. 条件检查 CHECK

某些值必须符合一定的条件才允许存入，这时就需要用到 CHECK 约束。

9.2.2 数据表的操作

1. 创建无主键数据表

当使用 sqlite3 *.db 命令创建数据库之后，就需要创建相关的数据表。创建数据表的语句如下：

```
create table 表名称(列名称1 数据类型,列名称2 数据类型, ...);
```

例如，创建 student.db 学生数据表，该表包含4个字段，分别是 id（学号，整型）、name（姓名，文本型）、age（年龄，整型）和 addr（地址，文本型）。

在终端输入如下语句：

```
sqlite3 student.db          // 创建与打开数据库student.db
create table student(id integer,name text,age integer,addr text) ;
.table                      // 显示当前数据库所有的数据表
.schema                     // 显示数据表的表结构
```

程序运行结果如图9-10所示。

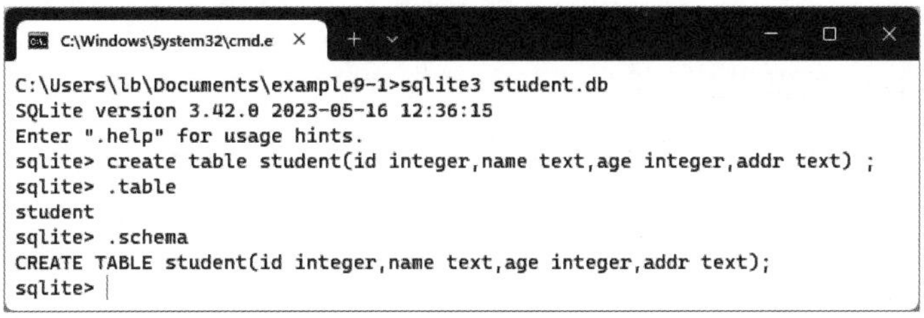

```
C:\Windows\System32\cmd.e  ×
C:\Users\lb\Documents\example9-1>sqlite3 student.db
SQLite version 3.42.0 2023-05-16 12:36:15
Enter ".help" for usage hints.
sqlite> create table student(id integer,name text,age integer,addr text) ;
sqlite> .table
student
sqlite> .schema
CREATE TABLE student(id integer,name text,age integer,addr text);
sqlite>
```

图9-10　创建数据表

2. 创建包含主键的数据表

在 SQLite 数据库中创建数据表时，每个表都可以通过 primary key 手动设置主键，并且每个表只能有一个主键，设置为主键的列数据不能重复。创建包含主键的数据表的语句如下：

```
create table 表名称(列名称1 数据类型 primary key,列名称2 数据类型, ...);
```

例如，创建 teacher.db 教师数据表，该表包含 3 个字段，分别是 id（工号，整型，并指定为主键）、name（姓名，文本型）、age（年龄，整型）。

在终端输入如下语句。

```
sqlite3 teacher.db          // 创建与打开数据库teacher.db
create table teacher(id integer primary key,name text,age integer);
.table                      // 显示当前数据库所有的数据表
.schema                     // 显示数据表的表结构
```

显示结果如图 9-11 所示。

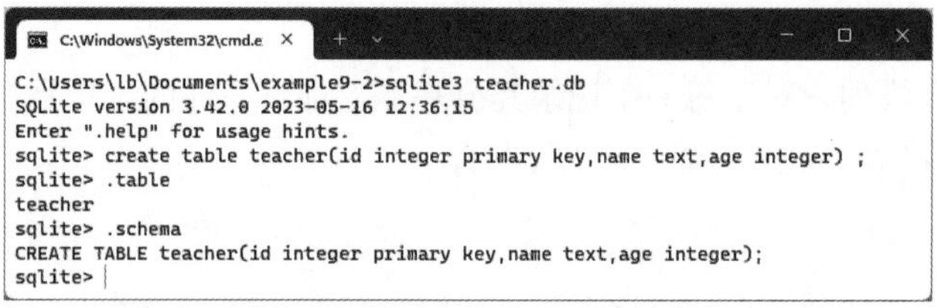

```
C:\Windows\System32\cmd.e  ×

C:\Users\lb\Documents\example9-2>sqlite3 teacher.db
SQLite version 3.42.0 2023-05-16 12:36:15
Enter ".help" for usage hints.
sqlite> create table teacher(id integer primary key,name text,age integer) ;
sqlite> .table
teacher
sqlite> .schema
CREATE TABLE teacher(id integer primary key,name text,age integer);
sqlite> |
```

图 9-11　创建含有主键的数据表

3. 查看数据表

查看当前数据库有哪些数据表，可以使用如下命令实现：

```
.table
```

查看数据表的结构可以使用如下命令实现：

```
.schema [数据表名]
```

4. 数据表添加列

在已存在的表中添加列以及修改表名，可以使用如下命令实现：

```
alter table 表名 add 列名 数据类型
```

例如，在教师数据表中增加 addr（地址）字段，在终端输入如下语句（图 9-12）：

```
alter table teacher add addr text;
```

5. 修改数据表名

修改数据表的表名所使用的语句如下：

```
alter table 原表名 rename to 新表名;
```

如果需要把 teach 数据表改名为 teacher 数据表，在终端输入如下语句：

```
alter table teach rename to teacher;
```

显示结果如图 9-13 所示。

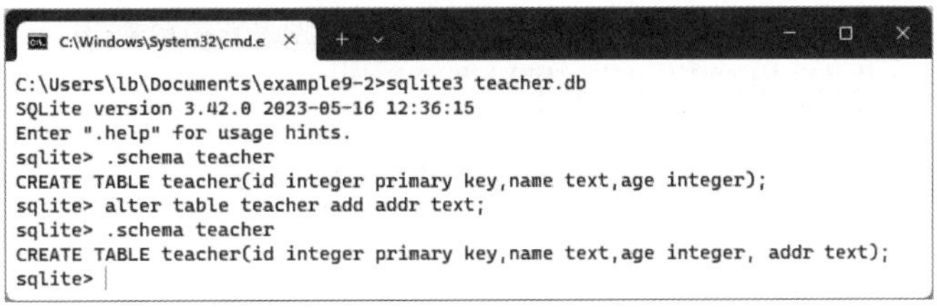

图 9-12　数据表添加列

6. 删除数据表

删除数据表时所删除的内容包括表的结构、属性以及表的索引,使用的语句如下:

```
drop table 表名称;
```

例如,删除teacher表在终端所输入的语句如下:

```
drop table teacher;
```

显示结果如图9-13所示。

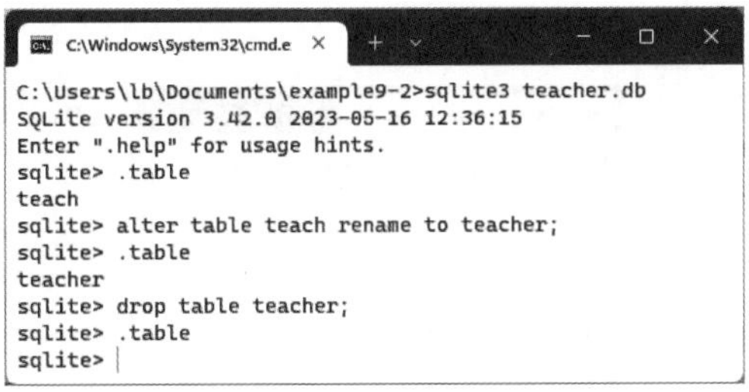

图 9-13　数据表重命名与删除

9.2.3　数据表中的数据操作

1. 插入数据

在新创建的数据表中添加数据使用INSERT语句,插入一行或者多行数据的基本语法如下:

```
INSERT INTO 表名 (列名1,列名2,...) VALUES(数值,数值1,数值2,...);
```

其中,表名是指数据库中被操纵的数据表,即需要添加数据的数据库表;列名是指数据表中指定添加数据的字段,需要说明的是,如果需要向表中所有的字段插入数据,可忽略列名,直接采用"INSERT INTO 表名 VALUES(数值...)"的语句形式;VALUES是指数据列对应增加的值,数据的顺序要和列名的顺序相对应,列值为字符串类型时要加单引号。

例如,在stu学生表中增加一条数据(所有列都有值),其中学号是757,姓名为"刘兵",年龄是25,地址是"wh",其INSERT语句如下:

```
insert into stu values(757,'刘兵',25,'wh');
```

运行结果如图9-14所示。

例如,在stu学生表中增加一条数据(部分列有值),其中学号是888,姓名为"张二",年龄值没有,地址是"bj",其INSERT语句如下:

```
insert into stu(id,name,addr) values(888,'张二','bj');
```

运行结果如图9-14所示。

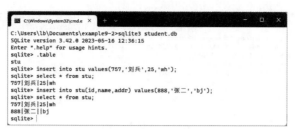

图9-14　插入数据

在图9-14中，"select * from stu;"表示显示stu数据表的所有数据，如果需要以列的模式在终端显示，可以在SQLite中使用如下语句。

```
.mode column
```

运行结果如图9-15所示。

如果显示数据时需要列出数据表头，可以在SQLite中使用如下语句。

```
.header on
```

运行结果如图9-15所示。

```
sqlite> select * from stu;
757|刘兵|25|wh
888|张二||bj
sqlite> .mode column
sqlite> select * from stu;
757  刘兵   25   wh
888  张二        bj
sqlite> .header on
sqlite> select * from stu;
id   name  age  addr
---  ----  ---  ----
757  刘兵   25   wh
888  张二        bj
sqlite>
```

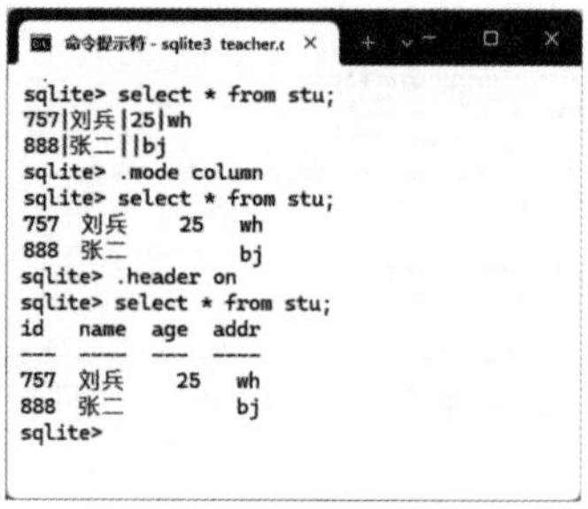

图9-15　数据显示

2. 更新数据

根据where匹配条件查找一行或多行，根据查找的结果修改表中相应行的列值（修改哪一列由列名指定），更新语句的语法如下：

```
UPDATE 表名 SET 列名=VALUE WHERE [条件];
```

其中，SET子句是要更新的列和列的新值，当有多个列和列值时，可用逗号进行分隔；WHERE子句是指定更新数据的条件，其使用方法将在查询语句中详细说明。

例如，将stu学生表中的姓名是"张二"的学号改为1688、年龄改为18、地址改为beijing，可以在SQLite中使用如下语句实现数据更新：

```
update stu set id=1688,age=18,addr='beijing' where name='张二';
```

运行结果如图9-16所示。

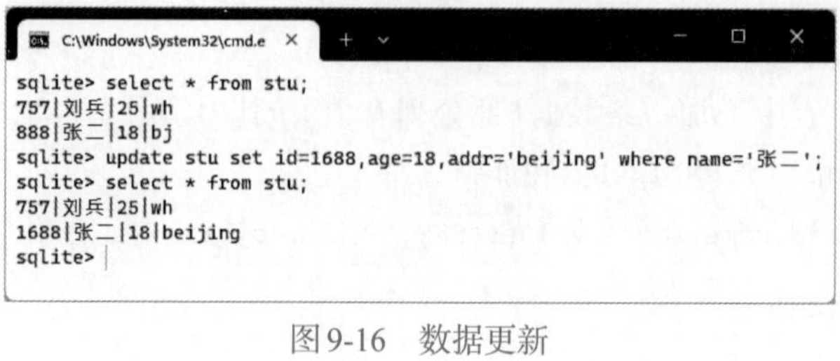

```
sqlite> select * from stu;
757|刘兵|25|wh
888|张二|18|bj
sqlite> update stu set id=1688,age=18,addr='beijing' where name='张二';
sqlite> select * from stu;
757|刘兵|25|wh
1688|张二|18|beijing
sqlite>
```

图9-16　数据更新

3. 删除数据

根据where中的匹配条件查找一行或者多行数据，并删除表中查找到的行，其删除语句如下：

```
DELETE  FROM 数据表 WHERE  [条件];
```

如果数据表中有多行数据符合匹配条件，将会删除所有匹配的行；如果没有指定WHERE子句，将删除数据表中的所有行。例如，删除stu学生表中id为1688的数据记录，可以在SQLite中使用如下语句实现。

```
delete from stu where id=1688;
```

运行结果如图9-17所示。

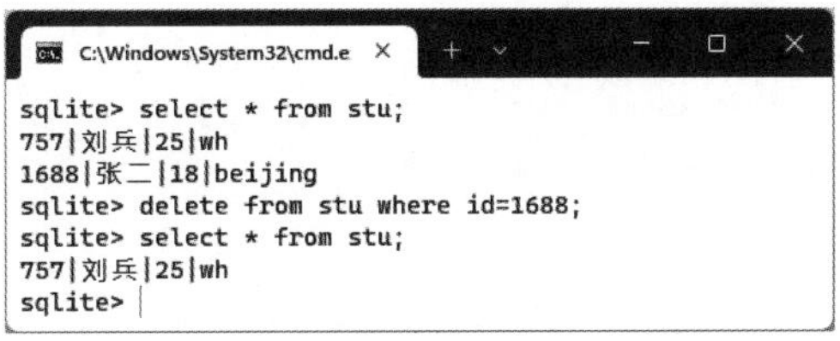

图9-17　数据删除

9.2.4　数据查询

查询语句用于对数据库中的数据按照特定的组合、条件表达式或者次序进行检索，其一般格式如下：

```
SELECT[ALL|DISTINCT]<目标列表达式>[, <目标列表达式>]...
FROM<表名或视图名>[, <表名或视图名>]...
[WHERE<条件表达式>]
[GROUP BY<列名1> [HAVING<条件表达式>]]
[ORDER BY<列名2> [ASC|DESC]];
```

整个SELECT语句的含义是，根据WHERE子句的条件表达式，从FROM子句指定的基本表或视图中找出满足条件的行（也叫元组），再按SELECT子句中的目标列表达式，选出元组中的属性值形成结果表。如果有GROUP子句，则将结果按<列名1>的值进行分组，该属性列值相等的元组为一个组，每个组产生的结果在表中是一条记录。如果GROUP子句带HAVING短语，则只有满足指定条件的组才允许输出。如果带有ORDER子句，则结果表还要按<列名2>的值进行升序或降序排序。

SELECT语句既可以完成简单的单表查询，也可以完成复杂的连接查询和嵌套查询。下面以stu学生表为例说明SELECT语句的各种用法。

1. 查询表中指定列

例如，查询全体学生的姓名和年龄，可以在SQLite中使用如下语句实现。

```
SELECT name,age  FROM stu;
```

运行结果如图9-18所示。

2. 查询全部列

要将表中的所有列都选出来，有两种方法。一种方法就是在SELECT关键字后面列出所有列名；第二种方法是如果列的显示顺序与其在表中的顺序相同，也可以简单地将<目标列表达式>指定为"*"。

例如，查询全体学生的详细记录，可以在SQLite中使用如下语句。

```
SELECT *  FROM stu
```

运行结果如图9-18所示。

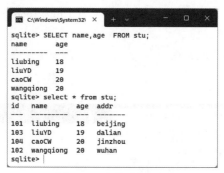

图9-18　查询数据列1

3. 查询经过计算的值

SELECT子句的<目标列表达式>不仅可以是表中的属性列，也可以是有关表达式，即可以将查询出来的属性列经过一定的计算后列出结果。

例如，在<目标列表达式>中第二项不是列名，而是一个计算表达式，即使用当前的年份减去年龄得到的结果是用户的出生年份，可以在SQLite中使用如下语句实现：

```
SELECT name, 2023-age  FROM stu;
```

运行结果如图9-19所示。

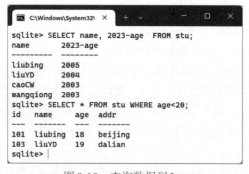

图9-19　查询数据列2

4. 查询满足条件的元组

查询满足指定条件的元组可以通过WHERE子句实现。WHERE子句常用的查询条件见表9-1。

例如，查询所有年龄在20岁以下的学生，可以在SQLite中使用如下语句实现：

```
SELECT * FROM stu WHERE age <20;
```

运行结果如图9-19所示。

表 9-1　常用的查询条件

查询条件	谓　　　词
比较	=, >, <, >=, <=, !=, <>, !>, !<, NOT+ 上述比较运算符
确定范围	BETWEEN AND，NOT BETWEEN AND
确定集合	IN，NOT IN
字符匹配	LIKE，NOT LIKE
空值	IS NULL，IS NOT NULL
多重条件	AND，OR

查询年龄在18至20岁之间的学生姓名和地址，在SQLite中使用如下语句实现：

```
SELECT name,addr FROM stu WHERE age BETWEEN 18 AND 20;
```

查询年龄不在18至20岁之间的学生姓名和地址，在SQLite中使用如下语句实现：

```
SELECT name,addr FROM stu WHERE age NOT BETWEEN 18 AND 20;
```

查询学号为101、103的学生姓名和地址，在SQLite中使用如下语句实现：

```
SELECT name,addr FROM stu WHERE  id IN (101,103);
```

查询学号不是101、103的学生姓名和地址，在SQLite中使用如下语句实现：

```
SELECT name,addr FROM stu WHERE  id NOT IN (101,103);
```

谓词LIKE可以用来进行字符串的匹配。其一般语法格式如下：

```
[NOT] LIKE '<匹配串>' [ESCAPE '<换码字符>']
```

其含义是查找指定的属性列值与<匹配串>相匹配的元组。<匹配串>可以是一个完整的字符串，也可以含有通配符"%"和"_"。

- %（百分号）：代表任意长度（长度可以为0）的字符串。
- _（下划线）：代表任意单个字符。

例如，查询所有姓"liu"的学生姓名和地址，在SQLite中使用如下语句实现：

```
SELECT name,addr FROM stu WHERE  name LIKE 'liu%';
```

例如，查询姓名中第二个字符为"i"的姓名和地址，在SQLite中使用如下语句实现：

```
SELECT name,addr FROM stu WHERE  name LIKE '_i%';
```

例如，查询所有不姓"liu"的学生姓名和地址，在SQLite中使用如下语句实现：

```
SELECT name,addr FROM stu WHERE  name NOT LIKE 'liu%';
```

如果用户要查询的匹配字符串本身就含有%或_，就要使用ESCAPE '<换码字符>'短语对通配符进行转义了。

例如，查询年龄在18岁以上且工号在103以下的学生姓名和地址，在SQLite中使用如下语句实现：

```
SELECT * FROM stu WHERE age>18 AND id<103;
```

5. 对查询结果排序

如果没有指定查询结果的显示顺序，DBMS将按其最方便的顺序（通常是元组在表中的先后顺序）输出查询结果。用户也可以用ORDER BY子句指定按照一个或多个属性列的升序（ASC）或降序（DESC）重新排列查询结果，其中升序ASC为默认值。

例如，查询所有年龄大于18岁的学生信息，查询结果按学号降序排列，在SQLite中使用如下语句实现：

```
SELECT * FROM stu WHERE age>18 ORDER BY id DESC;
```

运行结果如图9-20所示。

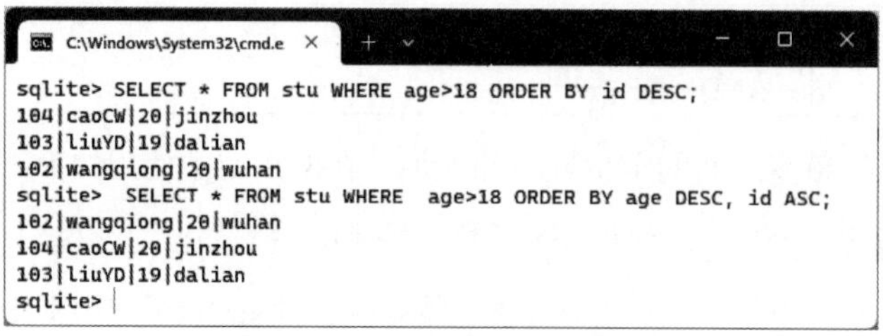

图9-20   查询结果排序

例如，查询所有年龄大于18岁的学生信息，查询结果按年龄降序排列，对年龄相同的学生按学号升序排列，在SQLite中使用如下语句实现（运行结果如图9-20所示）：

```
SELECT * FROM stu WHERE  age>18 ORDER BY age DESC, id ASC;
```

6. 对查询结果分组

GROUP BY子句可以将查询结果数据表中的每一行都按一列或多列取值相等的原则进行分组。对查询结果分组的目的是为了细化聚合函数的作用对象。如果未对查询结果分组，聚合函数将作用于整个查询结果，即整个查询结果只有一个函数值。分组之后，聚合函数将分别作用于每一个组，即每一组都有一个函数值。

例如，查询各年龄的学生人数，在SQLite中使用如下语句实现（运行结果如图9-21所示）：

```
SELECT age, COUNT(name) FROM stu GROUP BY age;
```

其中，列信息为年龄和该年龄的人数。如果分组后还要求按一定的条件对这些组进行筛选，最终只输出满足指定条件的组，则可以使用HAVING短语指定筛选条件。例如，查询年龄大于18岁的各年龄学生人数，在SQLite中使用如下语句实现：

```
SELECT age, COUNT(name) FROM stu GROUP BY age having age>18;
```

运行结果如图9-21所示。

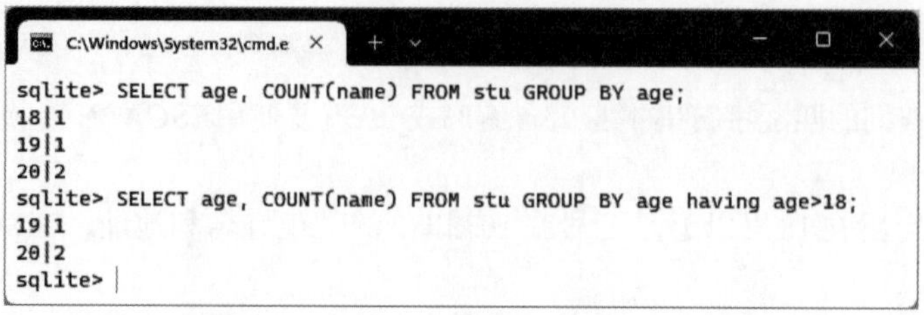

图9-21   查询结果分组

9.2.5 SQL 常用聚合函数

通过使用SQL语句，可以根据特定的条件从表中查询、添加、修改和删除一条或多条数据记录。SQL还提供了很多函数，将这些函数和核心语句相结合，可以完成很多复杂的操作。例如，读取一个表中的记录行并进行数据统计，或者统计存储在数据表中的平均考试成绩，或者统计用户访问了多少次Web站点和在站点上平均花费了多少时间。对表中任何类型的数据进行统计都需要使用聚合函数。

SQLite提供的五种常用的聚合函数见表9-2。通过这些聚合函数可以统计记录数，求平均值、最大值、最小值或者求和。使用聚合函数时会返回一个数值，该数值代表这几个统计值之一，这些函数通常与GROUP BY子句联合使用。

表9-2 SQLite 常用的聚合函数

函数名	说　　明
COUNT	统计表中的记录数，返回 int 类型整数
AVG	计算字段的平均值
SUM	计算字段值的和
MAX	求最大值
MIN	求最小值

1. COUNT函数

COUNT函数可以统计一个表中有多少条记录。例如，查询stu数据表中的学生人数可以使用如下语句实现：

```
SELECT COUNT(age) FROM stu;
```

如果相同年龄不止一次出现，该年龄将会被计算多次。例如，要想知道某个特定年龄的用户人数，可以使用WHERE子句，例如：

```
SELECT COUNT(age) FROM stu WHERE age=20;
```

如果上面语句的返回值是2，表示在stu数据表中有2个年龄为20岁的学生。如果想知道所有不同年龄的学生人数，可以使用关键字DISTINCT，其代码如下：

```
SELECT COUNT(DISTINCT age) FROM stu;
```

如果上面语句的返回值是3，表示在stu数据表中有3个不同的年龄。注意，函数COUNT没有指定任何字段，这个语句将计算表中所有记录的数目，包括有空值的记录。

函数COUNT可以在很多情况下使用。例如，假设有一个表Vote_Detail保存对Web站点的质量进行民意调查的结果。这个表有一个名为vote的字段，该字段的值要么是0（表示反对票），要么是1（表示赞成票）。要确定赞成票的数量可以使用下面的SELECT语句实现：

```
SELECT COUNT(vote) FROM Vote_Detail WHERE vote=1
```

2. AVG函数

使用函数AVG可以返回一个字段中所有值的平均值。需要说明的是，函数AVG只能处理数值型字段，在计算平均值时忽略空值。例如，计算stu学生表中学生的平均年龄，可以使用下面的SELECT语句实现：

```
SELECT AVG(age) FROM stu;
```

3. SUM函数

使用函数SUM可以返回一个字段中所有值的总和。需要说明的是，函数SUM只能处理数值型字段，在计算总和时忽略空值。例如，计算stu学生表中学生的年龄总和，可以使用下面的SELECT语句实现：

```
SELECT SUM(age) FROM stu;
```

4. MAX()和MIN()函数

使用函数MAX()可以返回一个字段中的最大值，使用函数MIN()可以返回一个字段中的最小值。例如，查询stu学生信息表中年龄最大的学生，可以使用下面的SELECT语句实现：

```
SELECT MAX(age) FROM stu;
```

通过函数MAX()可以得到一个数值型字段中的最大值。假如要查询stu学生信息表中年龄最小的学生，可以使用下面的SELECT语句实现：

```
SELECT MIN(age) FROM stu;
```

函数MIN()返回一个字段中的最小值。如果字段是空的，函数MIN()将返回空值。

9.3 操作SQLite数据库

9.3.1 数据库的连接与创建

【例9-1】使用Qt操作SQLite数据库

扫一扫，看视频

使用Qt对SQLite数据库操作之前，首先要创建项目工程example9-1。

1. 准备

在进行所有数据库操作之前，必须先在项目工程文件CMakeLists.txt中加入SQL模块，加入的语句如下：

```
find_package(Qt6 REQUIRED COMPONENTS Sql)
target_link_libraries(mytarget PRIVATE Qt6::Sql)
```

其中，mytarget是项目的工程名。例如，本例中项目工程名是example9-1，就换成如下语句。

```
find_package(Qt6 REQUIRED COMPONENTS Sql)
target_link_libraries(example9-1 PRIVATE Qt6::Sql)
```

2. 导入头文件

在项目的.h头文件中导入相关的头文件，主要包括以下语句：

```
#include <QSqlDatabase>
#include <QSqlQuery>
```

其中，QSqlDatabase头文件用于连接数据库、创建数据库、设置打开的数据库类型（本例打开SQLite3类型数据库）；QSqlQuery头文件用于执行SQL语句。

3. 定义相关全局变量

在头文件中定义QSqlDatabase对象db（用于连接、创建和打开数据库）和QSqlQuery指针对象query（用于执行SQL语句），定义语句如下：

```
    QSqlDatabase db;
    QSqlQuery *query;
```

完整的.h头文件如下：

```
#ifndef WIDGET_H
#define WIDGET_H
#include <QWidget>
#include <QSqlDatabase>
#include <QSqlQuery>
QT_BEGIN_NAMESPACE
namespace Ui {class Widget;}
QT_END_NAMESPACE
class Widget : public QWidget
{
    Q_OBJECT
public:
    Widget(QWidget *parent = nullptr);
    ~Widget();
private:
    Ui::Widget *ui;
    QSqlDatabase db;
    QSqlQuery *query;
};
#endif // WIDGET_H
```

4. 创建或者打开数据库

（1）创建或者打开数据库之前，要设置打开数据库的类型，使用下面的语句实现打开SQLite3类型数据库：

```
  db=QSqlDatabase::addDatabase("QSQLITE");
```

（2）定义打开的数据库类型之后，将创建数据库。如果数据库已经存在，则忽略，其实现语句如下：

```
db.setDatabaseName("teacher.db");
```

（3）创建数据库之后使用下面的语句打开：

```
db.open();
```

5. 执行SQL语句

（1）初始化指针对象query。

在执行SQL语句之前，必须要先初始化QSqlQuery的指针对象query，而且需要特别强调的是，该初始化语句一定要放在创建或者打开数据库之后。其实现语句如下：

```
query=new QSqlQuery();
```

（2）创建数据表。

在本例中将创建数据表stu，该数据表有三个字段，分别是id（学号，整型、主键、自增长AUTOINCREMENT、不能为空）、name（姓名，字符类型、唯一、不能为空）、age（整型）。其实现语句如下：

```
query->exec("CREATE TABLE stu(
            id INTEGER PRIMARY KEY AUTOINCREMENT NOT NULL,
```

文件与数据库访问

```
            name CHAR(50) UNIQUE NOT NULL,
            age   INTEGER
    )");
```

如果stu数据表已经存在，则忽略此SQL语句。

（3）添加数据。

向stu数据表中添加一条数据，例如学号是757、姓名是刘兵、年龄是25，语句如下：

```
query->exec("insert into stu(id,name,age) values(757,'刘兵',25)");
```

结果验证如图9-22所示。

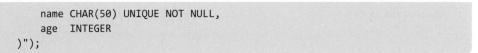

图9-22   结果验证

完整的.cpp源文件如下：

```
#include "widget.h"
#include "./ui_widget.h"
Widget::Widget(QWidget *parent)
    : QWidget(parent)
    , ui(new Ui::Widget)
{
    ui->setupUi(this);
    db=QSqlDatabase::addDatabase("QSQLITE");
    db.setDatabaseName("student.db");
    db.open();
    query=new QSqlQuery();
    query->exec("CREATE TABLE stu(id INTEGER PRIMARY KEY AUTOINCREMENT
                            NOT NULL,name CHAR(50) UNIQUE NOT NULL,age INTEGER)");
    query->exec("insert into stu(id,name,age) values(757,'刘兵',25)");
}
Widget::~Widget()
{
    delete ui;
}
```

9.3.2   数据的增删改查

【例9-2】用户信息管理

1. 功能介绍

扫一扫，看视频

在本例中实现用户信息的增删改查，本例初始的运行结果如图9-23所示。图9-23中有两个可以输入数据的文本框，分别是用户名和年龄，另外还有4个按钮，从按钮状态上可以看出目前仅有"查询用户"按钮可用。

图9-23　用户管理系统

（1）在图9-23中输入用户名和年龄后，"注册用户"按钮处于可用状态［图9-24（a）］。单击"注册用户"按钮之后，会提示是否确认要注册用户［图9-24（b）］。如果单击No按钮，将放弃注册用户；如果单击Yes按钮，将会把用户添加到数据表中并在图9-24（c）下方的用户信息列表中增加相关数据，然后给出相应的提示［图9-24（c）］。

（a）输入用户名和年龄　　　　　（b）提示信息　　　　　　（c）注册成功

图9-24　注册用户

（2）在图9-24（c）中单击OK按钮，窗口中的"注册用户"按钮将会变成灰色（不可用状态），如图9-23所示的"注册用户"按钮状态。

（3）在图9-24（c）中单击下方的用户信息列表中的某一用户（例如此处单击liuYD用户），该用户的相关信息会填入窗口上方的用户名和年龄文本框中，如图9-25（a）所示。此时"更新用户"和"删除用户"按钮都可用。如果单击"删除用户"按钮，将会删除指定的用户；如果修改用户名和年龄[例如修改年龄为19，如图9-25（b）所示]，然后单击"更新用户"按钮，会修改数据表中的数据并把修改后的数据渲染到窗口下方的数据列表中，如图9-25（c）所示。

（a）选择用户　　　　　　　（b）修改用户信息　　　　　　（c）更新用户信息

图9-25　更新用户

（4）单击图9-25（a）中的"查询用户"按钮，会弹出图9-26（a）所示的输入查询数据对话框。若不输入数据直接单击OK按钮，将会把所有数据显示在图9-26（b）下方的用户列表中；

文件与数据库访问

267

如果输入数据（此处输入的是"liu"），则会把姓名字段中包含"liu"字符串的所有用户渲染到图 9-26（b）下方的用户列表中。

（a）查询数据　　　　　　　　（b）查询结果

图 9-26　查询用户

2. 创建工程

（1）按例 1-1 创建工程，工程名是 example9-2。

（2）在项目工程文件 CMakeLists.txt 中加入 SQL 模块，加入的语句如下：

```
find_package(Qt6 REQUIRED COMPONENTS Sql)
target_link_libraries(example9-2 PRIVATE Qt6::Sql)
```

（3）在.h 头文件中导入用于字符串处理的头文件 QString；用于数据库操作的头文件，包括 QSqlDatabase、QSqlQuery、QSqlQueryModel；用于给出相关提示和输入信息的对话框头文件，包括 QMessageBox、QInputDialog。

3. 组件布局

从图 9-27 中可以看出，在窗口界面上需要两个 Label 组件用于显示用户名（label）和年龄（label_2）、两个输入用户名（lineEdit_username）和年龄（lineEdit_pwd）的文本框 QLineEdit 组件、四个 PushButton 按钮（分别是注册用户 regBtn、查询用户 selectBtn、更新用户 updateBtn 和删除用户 deleteBtn）、用于显示数据表信息的 TableView 组件（对象名是 tableView_student），把这些组件拖动到窗口界面之后，还需要设置这些组件的对象名，本例修改的对象名如图 9-27 右侧列表所示。

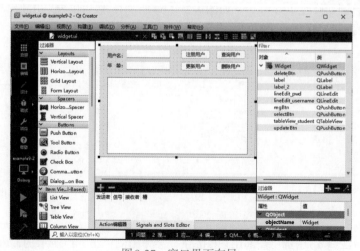

图 9-27　窗口界面布局

4. 界面初始化

初始化包括定义窗口的标题、数据库的连接、数据表的创建与打开、数据信息的读取、读取的数据信息渲染到表格组件、四个按钮的初始可用状态等。这些定义都在项目的构造函数中完成，其代码如下：

```
// 定义窗口显示的标题是"用户管理系统"
this->setWindowTitle("用户管理系统");
// 定义操作sqlite3数据库，并且操作的对象为db
db=QSqlDatabase::addDatabase("QSQLITE");
// 创建或者打开数据库，数据库的名字是lbsqlite.db
db.setDatabaseName("lbsqlite.db");
// 打开数据库
db.open();
// 初始化QSqlQuery对象query，用来连接前面打开的数据库
// QSqlQuery对象初始化必须放在打开数据库之后，否则将会报错
query=new QSqlQuery();
// 执行指定的SQL语句，如果数据库不存在，则创建数据表
// 数据表的名称是userinfo，字段是用户名username和年龄age
query->exec("create table userinfo(username,age)");
// 初始化QSqlQueryModel对象，目的是把该对象的查询结果渲染到窗口的用户列表组件中
qmodel=new QSqlQueryModel();
// 定义查询结果，本例查询结果是列出所有用户信息
qmodel->setQuery("select * from userinfo");
// 定义显示列表表头，第一列是用户名，第二列是年龄
qmodel->setHeaderData(0,Qt::Horizontal,"用户名");
qmodel->setHeaderData(1,Qt::Horizontal,"年龄");
// 设置表格视图组件的数据来源是qmodel
ui->tableView_student->setModel(qmodel);
// 设置注册用户、更新用户、删除用户三个按钮的初始状态为不可用
ui->regBtn->setDisabled(true);
ui->updateBtn->setDisabled(true);
ui->deleteBtn->setDisabled(true);
```

5. 封装SQL语句执行的方法

把所有的对用户信息表userinfo操作的SQL语句所执行的方法都封装在execSQL方法中，该方法的入口参数有两个：一个是要执行的SQL语句字符串，另一个是执行完SQL语句给用户的提示信息，另外该方法还把对信息表执行的结果渲染到窗口的表格组件中。其具体实现如下：

```
void Widget::execSQL(QString sql,QString msg)
{
    // 执行SQL语句，sql是要执行的SQL语句字符串
    query->exec(sql);
    // 定义数据视图显示的数据，目的是把执行后的结果渲染到窗口的表格组件中
    qmodel->setQuery("select * from userinfo");
    // 清空窗口上的用户名和年龄两个文本框中的数据
    ui->lineEdit_username->setText("");
    ui->lineEdit_pwd->setText("");
    // SQL语句执行后给用户
    QMessageBox::about(this,"消息",msg);
}
```

6. 按钮操作的公共方法

注册用户、更新用户、删除用户这三个按钮的操作语句类似，所以可以封装成一个方法，根据用户提供的入口参数执行不同的按钮操作方法。该公共方法有三个入口参数。

（1）selected：其有三个值，代表的含义分别是：0表示注册、1表示更新、2表示删除。

（2）confirmMsg：用户确认操作后给出的提示信息字符串。

（3）giveupMsg：用户放弃操作后给出的提示信息字符串。

下面的程序代码是三个按钮操作的公共方法：

```cpp
void Widget::execSelect(int selected,QString confirmMsg,QString giveupMsg)
{
        // 读取用户名文本框中的数据内容
        QString username=ui->lineEdit_username->text();
        // 读取年龄文本框中的数据内容
        QString age=ui->lineEdit_pwd->text();
        // 给用户提示的对话框
        QMessageBox messageBox(QMessageBox::NoIcon,"确认操作",
                                confirmMsg, QMessageBox::Yes|QMessageBox::No, NULL);
        // 读取用户对话框中按下的按钮值
        int iResult = messageBox.exec();
        // 如果用户按下Yes按钮
        if(iResult==QMessageBox::Yes){
          // 根据selected的值定义不同的SQL语句，其中0：注册，1：更新，2：删除
          switch (selected) {
          case 0:
          {
            // 定义插入信息的SQL语句字符串
            QString sql="insert into userinfo(username,age) values('"+username+"',
            '"+age+"')";
            // 定义用户注册成功的字符串
            QString msg="用户注册成功";
            break;
          }
          case 1:
          {
            // 定义更新信息的SQL语句字符串
            QString sql="update userinfo set age='"+age+"' where username=
            '"+username+"'";
            // 定义更新注册成功的字符串
            QString msg="数据更新成功";
            break;
          }
          case 2:
          {
          QString username=ui->tableView_student->currentIndex().siblingAtColumn(0).
          data().toString();
            // 定义SQL语句字符串，删除指定用户名的用户
            QString sql="delete from userinfo where username='"+username+"'";
            // 定义删除信息字符串
            QString msg="用户删除成功";
           }
          }
          // 调用执行SQL语句并给出相应提示的execSQL方法
          execSQL(sql,msg);

        }
        else{
          // 弹出放弃操作的对话框
          QMessageBox::about(this,"消息",giveupMsg);
        }
        // 注册、更新、删除三个按钮恢复到初始状态，把用户名和年龄文本框清空
        ui->regBtn->setDisabled(true);
        ui->updateBtn->setDisabled(true);
```

```
        ui->deleteBtn->setDisabled(true);
        ui->lineEdit_username->setText("");
        ui->lineEdit_pwd->setText("");
    }
```

7. 按钮与文本组件的槽函数

前面定义了按钮的共同触发方法，下面说明用户单击某个按钮如何调用定义的处理方法，其代码如下：

```
// 注册用户按钮的单击事件处理函数
void Widget::on_regBtn_clicked()
{
    // 调用execSelect方法，其中0代表注册用户，后面两个字符串是确认和放弃提示信息
    execSelect(0,"是否确认注册用户？","您放弃用户注册！");
}
// 更新用户按钮的单击事件处理函数
void Widget::on_updateBtn_clicked()
{
    // 调用execSelect方法，其中1代表更新用户，后面两个字符串是确认和放弃提示信息
    execSelect(1,"是否确认进行用户更新？","您已经放弃用户更新！");
}
// 删除用户按钮的单击事件处理函数
void Widget::on_deleteBtn_clicked()
{
    // 调用execSelect方法，其中2代表删除用户，后面两个字符串是确认和放弃提示信息
    execSelect(2,"是否确认删除指定用户？","您已经放弃删除指定用户");
}
// 用户名文本框编辑完毕的事件处理函数
void Widget::on_lineEdit_username_editingFinished()
{
    // 判断密码和用户名两个文本框是否都不为空，设置注册用户按钮可用
    if(ui->lineEdit_username->text()!=""&&ui->lineEdit_pwd->text()!=""){
        ui->regBtn->setDisabled(false);
    }
}
// 密码文本框编辑完毕的事件处理函数，处理方法与用户名文本框的处理方法相同
void Widget::on_lineEdit_pwd_editingFinished()
{
    if(ui->lineEdit_username->text()!=""&&ui->lineEdit_pwd->text()!=""){
        ui->regBtn->setDisabled(false);
    }
}
```

8. 查询按钮的处理方法

图9-26（a）是用户单击"查询用户"按钮所弹出的输入对话框，输入要查询的信息并单击OK按钮会显示查询结果，如图9-26（b）所示。下面是查询用户按钮的事件触发函数：

```
void Widget::on_selectBtn_clicked()
{
    // 定义读取用户是否按下OK按钮的布尔变量
    bool isOK;
    // 弹出"查询用户"对话框，用户输入的值存入text变量，是否按下OK按钮值存入isOK
    QString text = QInputDialog::getText(NULL, "查询用户",
            "请输入要查询用户名所包含的文字",
            QLineEdit::Normal,
            "",              // 输入框的默认值为空
```

```
            &isOK);
    // 判断是否按下OK按钮
    if(isOK) {
        // 读取用户的输入值
        std::string username = text.toStdString();
        if(username=="")
        {
            // 如果输入的用户名为空，则把所有用户信息渲染到窗口的用户列表组件上
            qmodel->setQuery("select * from userinfo");
        }else{
            // 如果输入的用户名不为空，则定义用户名中包含输入信息的SQL语句字符串
            QString sql="select * from userinfo where username like '%"+text+"%'";
            // 进行查询并渲染到窗口的用户列表组件上
            qmodel->setQuery(sql);
        }
    }
}
```

9. 从列表组件中选中某一用户进行相应操作

在图9-25所示的用户列表中单击某一行，则会把这一行的用户名和年龄填充到窗口左上方的用户名和年龄文本框中，并把"更新用户"和"删除用户"两个按钮激活。其代码的实现及相关说明如下：

```
// 入口参数是用户单击某行的行号
void Widget::on_tableView_student_clicked(const QModelIndex &index)
{
    // 获取当前用户单击表格组件的哪一行
    currentIndexModel=index;
    // 获取某一行的第0列，即用户名
    QString username=index.siblingAtColumn(0).data().toString();
    // 把读取的用户名填写到用户名文本框中
    ui->lineEdit_username->setText(username);
    // 获取某一行的第1列，即年龄
    QString age=index.siblingAtColumn(1).data().toString();
    // 把读取的年龄填写到年龄文本框中
    ui->lineEdit_pwd->setText(age);
    // 激活更新用户、删除用户按钮
    ui->updateBtn->setDisabled(false);
    ui->deleteBtn->setDisabled(false);
}
```

9.4 文件与目录

9.4.1 文件的操作

1. QFile概述

在Qt中使用QFile 类对文件进行读取、写入、删除、重命名、复制等操作，该类既可以操作文本文件，也可以操作二进制文件。使用 QFile 类操作文件之前，程序中需引入下面的头文件：

```
#include <QFile>
```

创建QFile类的对象使用的构造函数有以下两种：

```
QFile::QFile()
QFile::QFile(const QString &name)
```

其中，参数 name 用来指定要操作的目标文件，包含文件的存储路径和文件名，存储路径可以使用绝对路径（例如"C:/lb/test.txt"）或者相对路径（例如"./lb/test.txt"），路径中的分隔符用"/"表示。通常情况下会使用第二个构造函数直接指明要操作的文件，对于第一个构造函数创建的QFile对象，需要再次调用setFileName()方法指明要操作的文件。

2. 打开文件

使用QFile读写文件之前必须先使用open()方法打开文件，该方法的语法格式如下：

```
bool QFile::open(OpenMode mode)
```

其中，mode入口参数用来指定文件的打开方式，而这个打开方式有以下几种。

（1）QIODevice::ReadOnly：只能对文件进行读操作。

（2）QIODevice::WriteOnly：只能对文件进行写操作，如果目标文件不存在，会自行创建一个新文件。

（3）QIODevice::ReadWrite：等价于ReadOnly | WriteOnly，能对文件进行读写操作。

（4）QIODevice::Append：以追加模式打开文件，写入的数据追加到文件的末尾（文件原有的内容将会被保留）。

（5）QIODevice::Truncate：以重写模式打开文件，写入的数据会将原有数据全部清除。注意这种打开方式不能单独使用，而是要和 WriteOnly 搭配使用。

（6）QIODevice::Text：在读取文件时将行尾结束符（UNIX 系统中是"\n"，Windows 系统中是"\r\n"）转换成"\n"；写入文件时将行尾结束符转换成本地格式，例如 Windows 平台上是"\r\n"。

根据需要，可以为 mode 参数一次性指定多个值，值与值之间用"|"分隔。例如：

（1）QIODevice::ReadOnly | QIODevice::Text：表示只允许对文件进行读操作，读取文件时会将行尾结束符转换为"\n"。

（2）QIODevice::WriteOnly | QIODevice::Text：表示只允许对文件进行写操作，将数据写入文件时会将行尾结束符转换为本地格式。

（3）QIODevice::ReadWrite | QIODevice::Append | QIODevice::Text：表示对文件进行写操作，写入的数据会存放到文件的尾部，同时数据中的行尾结束符转换为本地格式。

需要强调说明的是，传递给 mode 参数的多个值之间不能相互冲突，例如 Append 和 Truncate 不能同时使用。如果文件成功打开，open函数返回 true，否则返回 false。

3. QFile的常用方法

QFile处理文件的常用方法有以下几个。

（1）qint64 QFile::size() const：获取当前文件的大小。对于打开的文件，该方法返回文件中可以读取的字节数。

（2）bool QIODevice::getChar(char *c)：从文件中读取一个字符并存储到形参 c 中，读取成功时返回 true，否则返回 false。

（3）bool QIODevice::putChar(char c)：向文件中写入形参c存储的字符，写入成功时返回 true，否则返回 false。

（4）QByteArray QIODevice::read(qint64 maxSize)：从文件中一次性最多读取 maxSize 个字节，然后返回读取到的字节。

（5）qint64 QIODevice::read(char *data, qint64 maxSize)：从文件中一次性最多读取 maxSize 个字节，读取到的字节存储到 data 指针指定的内存控件中。该方法返回成功读取到的字节数。

（6）QByteArray QIODevice::readAll()：读取文件中所有的数据。

（7）qint64 QIODevice::readLine(char *data, qint64 maxSize)：每次从文件中读取一行数据或者读取最多maxSize–1个字节存储到 data 中。该方法返回实际读取到的字节数。

（8）qint64 QIODevice::write(const char *data, qint64 maxSize)：向 data 数据一次性最多写入maxSize个字节，该方法返回实际写入的字节数。

（9）qint64 QIODevice::write(const char *data)：将data数据写入文件，该方法返回实际写入的字节数。

（10）qint64 QIODevice::write(const QByteArray &byteArray)：将byteArray数组中存储的字节写入文件，返回实际写入的字节数。

（11）bool QFile::copy(const QString &newName)：将当前文件的内容复制到名为 newName 的文件中，如果复制成功，则返回 true；否则返回 false。 copy 方法在执行复制操作之前会关闭源文件。

（12）bool QFile::rename(const QString &newName)：对当前文件进行重命名，重新命名的文件名称为入口参数 newName，重命名成功则返回 true，否则返回 false。

（13）bool QFile::remove()：删除当前文件，删除成功返回 true，删除失败则返回 false。

【例9-3】文件读写

扫一扫，看视频

本例实现在图9-28的左边输入框中输入文本内容后，单击左下方的"保存文件"按钮，把左边输入框的内容存储到用户指定的目录文件中，然后再单击右下方的"打开文件"按钮，选中前面存储的文件，把文件中的内容全部读取出来并写入图9-28右侧的文本框。

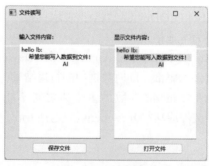

图9-28　文件读写

本例的操作步骤及代码的详细说明如下：

（1）创建项目工程，项目名称是example9-3。

（2）在UI界面中拖入两个QLabel组件并分别设置其上的文字：输入文件内容、显示文件内容；再拖入两个QTextEdit组件和两个QPushButton按钮，然后把两个按钮分别增加关联槽。

（3）项目头文件mainwindow.h的内容及详细说明如下：

```
#ifndef MAINWINDOW_H
```

```cpp
#define MAINWINDOW_H
#include <QMainWindow>
QT_BEGIN_NAMESPACE
namespace Ui { class MainWindow; }
QT_END_NAMESPACE
class MainWindow : public QMainWindow
{
  Q_OBJECT
public:
  MainWindow(QWidget *parent = nullptr);
  ~MainWindow();
private slots:
  void on_pushButton_clicked();          // "保存文件"按钮的单击信号
  void on_pushButton_2_clicked();        // "打开文件"按钮的单击信号
private:
  Ui::MainWindow *ui;
};
#endif // MAINWINDOW_H
```

（4）项目主文件mainwindow.cpp的内容及详细说明如下：

```cpp
#include "mainwindow.h"
#include "./ui_mainwindow.h"
#include<QFile>
#include<QFileDialog>
#include<QTextEdit>
MainWindow::MainWindow(QWidget *parent)
  : QMainWindow(parent)
  , ui(new Ui::MainWindow)
{
  ui->setupUi(this);
  this->setWindowTitle("文件读写");
}
MainWindow::~MainWindow()
{
  delete ui;
}
// "保存文件"按钮的单击事件槽函数
void MainWindow::on_pushButton_clicked()
{
  // 在文件对话框中选择要保存的文件
  QString filename=QFileDialog::getSaveFileName(this,"保存为","","*.txt");
  // 如果没有给出文件名，则结束槽函数
  if(filename.isNull()) return;
  // 以用户给定的文件名创建文件设备file
  QFile file(filename);
  if(file.open(QIODevice::WriteOnly)){
    // 读取输入文本框的内容
    QString str=ui->textEdit->toPlainText();
    // 把用户输入的内容转换为字节数组
    QByteArray strBytes = str.toUtf8();
    // 把用户输入的数据写入文件
    file.write(strBytes, strBytes.length());
    // 清空输入文本框的显示内容
    ui->textEdit->clear();
    /* 关闭文件 */
    file.close();
```

```
    }
  }
  // "关闭文件" 按钮的单击事件槽函数
  void MainWindow::on_pushButton_2_clicked()
  {
    // 在文件对话框中选择要打开的文件
    QString filename=QFileDialog::getOpenFileName(this,"打开","","*.txt");
    // 如果没有给出文件名，则结束槽函数
    if(filename.isNull()) return;
    // 以用户给定的文件名创建文件设备file
    QFile file(filename);
    // 以只读方式打开指定的文件
    if(file.open(QIODevice::ReadOnly)){
      // 通过readAll()方法将文件内容全部读取出来
      // 该方法返回一个QByteArray类型的值，因此可以接收这个返回值
      QByteArray bytearray = file.readAll();
      // 将读取的数据写入textEdit_2中，写入的方法是setText()
      // setText()方法所需要的参数是QString类型，需要进行格式转换
      // 在编译时会自动进行隐式转换，所以不需要显式进行格式转换
      ui->textEdit_2->setText(bytearray);
    }
  }
```

4. QFileInfo的常用方法

在Qt中使用QFileInfo类来获取文件的相关信息，包括文件的名字、在文件系统中的位置、文件的访问权限、文件大小、文件修改时间、是否是目录等。QFileInfo可以表示绝对路径或相对路径的文件。其中，绝对路径就是以 "/" 开始的路径（在Windows系统中是以某个盘符开始的路径）；相对路径就是相对于当前工作目录的一个文件或目录。在Qt开发中，可以使用成员方法isRelative() 来判断QFileInfo表示的是相对路径还是绝对路径，也可以使用makeAbsolute()将相对路径转换为绝对路径。

通常文件初始化QFileInfo类对象可以使用以下两种方法实现：

```
QFileInfo fileInfo("/home/lb/test.txt")
```

或者

```
QFileInfo fileInfo;
fileInfo.setFile("/home/lb/test.txt")
```

下面介绍QFileInfo类的主要成员方法。

（1）baseName()：返回文件名（不包括路径）中第一个 . （点）之前的字符串，一般为不包括扩展名的文件名。

（2）completeBaseName()：返回完整文件名（不包括路径）中最后一个 . （点）之前的字符串，为不包括扩展名的文件名。

（3）suffix()：返回文件名（不包括路径）中最后一个 . （点）之后的字符串，为文件的扩展名。

（4）completeSuffix()：返回文件名（不包括路径）中第一个 . （点）之后的字符串，一般为完整后缀。

（5）path()：返回文件的路径，不包括文件名。但是如果QFileInfo对象表示的是一个以 "/" 结尾的路径，那么文件名被认为是空的，会返回完整路径。

（6）filePath()：返回文件名，包括路径（可能是绝对路径，也可能是相对路径）。

（7）fileName()：只返回文件名，不包括路径。注意，如果QFileInfo对象表示的是一个以"/"结尾的路径，那么该函数返回空字符串。

（8）dir()：返回一个文件父目录路径作为QDir对象。

（9）absoluteDir()：返回一个文件绝对路径作为QDir对象。

（10）absolutePath()：返回文件的绝对路径，不包括文件名。

（11）absoluteFilePath()：返回一个文件名的绝对路径。在UNIX系统上会返回一个以"/"开始的目录，在Windows平台上返回一个以驱动器盘符开始的目录。

（12）created()：文件创建时的日期和本地时间。

（13）lastModified()：文件最新一次被修改的日期和时间。

（14）lastRead()：文件最后一次被读取的日期和时间。

（15）isDir()：判断所指对象是否是目录。如果对象指向的是目录，则返回true；否则返回false。

（16）isFile()：判断所指对象是否是文件。如果对象指向的是文件，则返回true；否则返回false。

（17）size()：返回文件的大小（以字节为单位），如果文件不存在或无法获取，则返回0。

（18）isReadable()：判断文件的可读性。

（19）isWriteable()：判断文件的可写性。

（20）isExecutable()：判断文件的可执行性。

【例9-4】获取文件信息

本例实现图9-29所示的窗口，当用户单击"打开文件"按钮并在弹出的文件对话框中选择某个文件之后，会列出选中文件的相关信息。

扫一扫，看视频

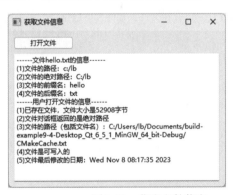

图9-29　获取文件信息

本例的操作步骤及代码的详细说明如下：

（1）创建项目工程，项目名称是example9-4。

（2）在UI界面中拖入一个QTextBrowser控件用于显示文件的相关信息，再拖入一个QPushButton按钮，并给这个按钮增加关联槽。

（3）项目主文件mainwindow.cpp的内容及详细说明如下：

```cpp
#include "mainwindow.h"
#include "./ui_mainwindow.h"
#include<QFileDialog>
#include<QFileInfo>
MainWindow::MainWindow(QWidget *parent)
```

```
    : QMainWindow(parent)
    , ui(new Ui::MainWindow)
{
    ui->setupUi(this);
    // 设置窗口标题是：获取文件信息
    this->setWindowTitle("获取文件信息");
}
MainWindow::~MainWindow()
{
    delete ui;
}
void MainWindow::on_pushButton_clicked()
{
    // 定义指定文件名的QFileInfo类对象info和没指定文件名的QFileInfo对象info1
    QFileInfo info("c:/lb/hello.txt"),info1;
    // 弹出文件对话框，并把选中的文件名存储到字符串变量fileName中
    QString fileName=QFileDialog::getOpenFileName(this,"请选择文件","","*.txt");
    // 打开的文件名应用到info1中
    info1.setFile(fileName);
    // 清空文本浏览器组件
    ui->textBrowser->clear();
    // 添加信息到文本浏览器组件
    ui->textBrowser->append("-------文件hello.txt的信息-------");
    ui->textBrowser->append("(1)文件的路径: "+info.path());
    ui->textBrowser->append("(2)文件的绝对路径: "+info.absolutePath());
    ui->textBrowser->append("(3)文件的前缀名: "+info.completeBaseName());
    ui->textBrowser->append("(4)文件的后缀名: "+info.completeSuffix());
    ui->textBrowser->append("-------用户打开文件的信息-------");
    // 判断文件是否存在
    if(info1.isFile())
        ui->textBrowser->append("(1)已存在文件，文件大小是"+
                                        QString::number(info1.size())+"字节");
    else
        ui->textBrowser->append("文件不存在!");
    // 判断指定文件是否是相对路径
    if(info1.isRelative())
        ui->textBrowser->append("文件对话框返回的是相对路径");
    else
        ui->textBrowser->append("(2)文件对话框返回的是绝对路径");
        ui->textBrowser->append("(3)文件的路径（包括文件名）: "+info1.filePath());
    // 判断指定文件是否是可写的
    if(info1.isWritable())
        ui->textBrowser->append("(4)文件是可写入的");
    else
        ui->textBrowser->append("文件是只读的");
        ui->textBrowser->append("(5)文件最后修改的日期: "
                                        +info1.lastModified().toString());
}
```

9.4.2 目录的操作

1. QDir类简介

在Qt中使用QDir类对目录结构及其内容进行访问，可以列出目录中的文件和子目录、创建新的目录和文件、删除目录和文件、检查文件或目录是否存在，以及修改文件名等，并且可

使用 "/" 作为通用目录分隔符。

QDir类使用相对路径或绝对路径指向文件。其中，绝对路径以目录分隔符开头，而相对路径以目录名或文件名开头，并指定相对当前的路径。QDir类的主要功能如下。

（1）构造函数：通过不同参数的组合来创建QDir对象，可以指定路径、过滤器、排序规则等信息。

（2）目录遍历：通过entryList()函数获取目录中的文件列表和子目录列表，也可以通过QDirIterator迭代器来实现遍历。

（3）创建和删除目录：使用mkdir函数创建新的目录，使用rmdir函数删除已有的目录。

（4）文件操作：使用QFile类进行文件读写操作，可以通过QFile::copy、QFile::rename、QFile::remove等函数实现文件操作。

（5）文件过滤和排序：通过设置过滤器和排序规则来筛选和排序目录中的文件和子目录。

（6）其他功能：判断文件或目录是否存在、获取目录的绝对路径、设置当前目录等。

2. QDir类的常用方法

（1）构造方法。

QDir类有多个构造方法，常用的有以下两个：

```
QDir();
QDir(const QString &path);
```

第一个构造方法指定一个空路径，第二个构造方法以指定的路径来构造一个QDir对象。例如，以下代码构造了一个QDir对象，并将其路径设置为 "/usr/local/"：

```
QDir dir("/usr/local/");
```

（2）判断目录是否存在。

QDir::exists()函数用于判断目录是否存在，其语法如下：

```
bool QDir::exists(const QString &path) const;
```

例如，实现判断 "/usr/local/" 目录是否存在，其代码如下：

```
if(QDir::exists("/usr/local/")){
    // 目录存在
} else {
    // 目录不存在
}
```

（3）创建目录。

QDir::mkdir()方法用于创建目录，其语法如下：

```
bool QDir::mkdir(const QString &dirName) const;
```

例如，以下代码用于在 "/usr/local/" 目录下创建一个名为example的目录：

```
QDir dir("/usr/local/");
dir.mkdir("example");
```

（4）删除目录。

QDir::rmdir()方法用于删除目录，需要说明的是要被删除的目录必须为空。该方法的语法如下：

```
bool QDir::rmdir(const QString &dirName) const;
```

例如，删除"/usr/local/example/"目录所使用的代码如下：

```
QDir dir("/usr/local/");
dir.rmdir("example");
```

（5）获取目录下的所有文件。

QDir::entryList()方法用于获取指定目录下的所有文件及子目录的名称。该方法的语法如下：

```
QStringList QDir::entryList(const QStringList &nameFilters = QStringList(),
                     Filters filters = NoFilter, SortFlags sort = NoSort) const;
```

例如，以下代码用于获取"/usr/local/"目录下的所有文件及子目录的名称。

```
// 根据指定路径定义QDir对象
QDir dir("/usr/local/");
// 获取指定路径下的所有文件和子目录到字符串列表中
QStringList files = dir.entryList();
// 遍历files对象，将目录中的所有文件输出到控制台
foreach(QString file, files){
  qDebug() << file;  // 在控制台输出字符串列表中的每一个元素
}
```

（6）判断路径是否是目录或文件。

QDir::isFile()方法用于判断一个路径是否为文件（非目录）。该方法的语法如下：

```
bool QDir::isFile() const;
```

QDir::isDir()方法用于判断一个路径是否为目录。该方法的语法如下：

```
bool QDir::isDir() const;
```

（7）文件和目录的操作。

QDir::rename()方法用于重命名文件或目录。该方法的语法如下：

```
bool QDir::rename(const QString &oldName, const QString &newName);
```

例如，将/usr/local/example/oldname目录重命名为newname的代码如下：

```
QDir dir("/usr/local/example");
dir.rename("oldname", "newname");
```

【例9-5】删除非空目录的函数

扫一扫，看视频

本例实现一个非空目录的删除函数DeleteFileOrFolder()，该函数的参数是需要删除路径的字符串，其代码及详细说明如下：

```
    bool MainWindow::DeleteFileOrFolder(const QString &strPath)
{
  // 判断本函数入口参数strPath所包含的目录是否为空字符串或者所指定的路径不存在，则直接返回
  if(strPath.isEmpty() || !QDir().exists(strPath))
    return false;
  // 定义指定路径的QFileInfo 对象fileInfo
  QFileInfo fileInfo(strPath);
  // 判断fileInfo是否是文件
  if(fileInfo.isFile())
    // 若是文件，直接使用QFile::remove()方法删除文件
    QFile::remove(strPath);
  else if(fileInfo.isDir())      // 不是文件，是否是目录
```

```
  {
    // 如果指定的路径是目录，则定义指定路径的QDir类对象qDir
    QDir qDir(strPath);
    // 设置过滤器，过滤条件是获取指定目录下所有的文件和子目录，但是去掉.和..的文件夹
    qDir.setFilter(QDir::AllEntries | QDir::NoDotAndDotDot);
    // 获取指定条件的文件和目录并返回QFileInfoList对象数据赋值给fileInfoLst列表
    QFileInfoList fileInfoLst = qDir.entryInfoList();
    // 遍历fileInfoLst列表中的每一个元素
    foreach(QFileInfo qFileInfo, fileInfoLst)
    {
      // 判断某个元素是否是文件
      if(qFileInfo.isFile())
        // 元素是文件直接删除
        qDir.remove(qFileInfo.absoluteFilePath());
      else
      {
        // 如果元素是子目录，则用递归方法重新调用其本身，进入删除子目录的函数
        DeleteFileOrFolder(qFileInfo.absoluteFilePath());
        // 把当前元素内的文件和子目录删除后，删除当前元素
        qDir.rmdir(qFileInfo.absoluteFilePath());
      }
    }
    // 删除指定路径的目录，通过前面的操作，指定路径的目录已经是空目录
    qDir.rmdir(fileInfo.absoluteFilePath());
  }
}
```

3. QFileSystemWatcher类简介

QFileSystemWatcher类可以用来监视文件和目录的变化，例如，文件内容的修改、文件新增和删除以及目录的改名等。它主要通过信号来通知用户文件的变化，而不需要用户自己轮询文件系统。

QFileSystemWatcher类通过监控指定路径的列表，监视文件系统中文件和目录的变化。调用addPath()函数可以监控一个特定的文件或目录，如果需要监控多个路径，可以使用addPaths()函数。通过使用removePath()和removePaths()函数来移除现有路径。

QFileSystemWatcher检查添加的每个路径，添加到QFileSystemWatcher中的文件使用files()函数访问，目录则使用directories()函数访问。

当一个文件被修改、重命名或从磁盘上删除时，会发出fileChanged()信号；而当一个目录或它的内容被修改或删除时，会发出directoryChanged()信号。需要注意：若文件被重命名、文件从硬盘删除、目录从磁盘上删除等，QFileSystemWatcher将停止对该文件或目录进行监控。

需要特别说明的是，监控文件和目录进行修改的行为会消耗系统资源，系统将限制打开的文件描述符的数量默认为256。也就是说，如果进程使用addPath()和addPaths()函数添加超过256个文件或目录到监视文件系统将会失败。

QFileSystemWatcher类的一些常用函数说明如下。

（1）bool addPath(const QString & path)：如果路径存在则添加至文件系统监控；如果路径不存在或者已经被监控则不添加。如果监控成功返回true，否则返回false。

（2）QStringList addPaths(const QStringList & paths)：添加每一个路径至文件系统监控，如果路径不存在或者已经被监控则不添加。返回值是不能被监控的路径列表。

（3）QStringList directories() const：返回一个被监控的目录路径列表。

（4）QStringList files() const：返回一个被监控的文件路径列表。

（5）bool removePath(const QString & path)：从文件系统监控中删除指定的路径。如果监控被成功移除，则返回true。

（6）QStringList removePaths(const QStringList & paths)：从文件系统监控中删除指定的路径。返回值是一个无法成功删除的路径列表。

另外，QFileSystemWatcher类发出的信号说明如下。

（1）void directoryChanged(const QString & path)：当目录被修改（例如，在指定的路径中添加或删除一个文件）或从磁盘删除时这个信号被发射。需要说明的是，这个信号是一个私有信号，可以用于信号连接但不能由用户发出。

（2）void fileChanged(const QString & path)：当在指定路径中的文件被修改、重命名或从磁盘上删除时，这个信号被发射。同样此信号也是一个私有信号，可以用于信号连接但不能由用户发出。

【例9-6】文件系统监控

扫一扫，看视频

在本例中，初始状态仅有"开始监听"按钮有效，其他3个按钮处于灰色不可用状态。当用户单击"开始监听"按钮后，"开始监听"按钮处于灰色不可用状态，而其右边的3个按钮处于可用状态，如图9-30所示。通过单击"添加监听目录"按钮或者"添加监听文件"按钮来添加需要监听的目录和文件，当用户修改了监听的目录和文件后，会在图9-30下方的文本浏览框中显示哪个文件或者目录发生了改变。

图9-30　文件系统监控

本例的操作步骤及代码的详细说明如下：

（1）创建项目工程，项目名称是example9-6。

（2）在UI界面中拖入4个QPushButton按钮、2个QLabel标签、2个QTextBrower文本浏览框，并给4个按钮增加关联槽。在构造函数中使用下面的语句仅让第一个"开始监听"按钮处于可用状态：

```
ui->pushButton->setEnabled(true);
ui->pushButton_2->setEnabled(false);
ui->pushButton_3->setEnabled(false);
ui->pushButton_4->setEnabled(false);
```

（3）项目头文件mainwindow.h的内容及详细说明如下：

```
#ifndef MAINWINDOW_H
#define MAINWINDOW_H
#include <QMainWindow>
#include<QFileSystemWatcher>                        // 导入QFileSystemWatcher
```

```
QT_BEGIN_NAMESPACE
namespace Ui {class MainWindow;}
QT_END_NAMESPACE
class MainWindow : public QMainWindow
{
  Q_OBJECT
public:
  MainWindow(QWidget *parent = nullptr);
  ~MainWindow();
private slots:
  void on_pushButton_clicked();              // "开始监听"按钮的槽函数
  void on_pushButton_2_clicked();            // "添加监听目录"按钮的槽函数
  void on_pushButton_3_clicked();            // "添加监听文件"按钮的槽函数
  void on_pushButton_4_clicked();            // "停止监听"按钮的槽函数
  void directoryUpdated(const QString &path);   // 定义目录更新时使用的槽函数
  void fileUpdated(const QString &path);        // 定义文件更新时使用的槽函数
private:
  Ui::MainWindow *ui;
  QFileSystemWatcher *watcher;
};
#endif // MAINWINDOW_H
```

（4）项目源文件mainwindow.cpp的内容及详细说明如下：

```
#include "mainwindow.h"
#include "./ui_mainwindow.h"
#include<QFileDialog>              // 导入QFileDialog文件对话框
MainWindow::MainWindow(QWidget *parent)
  : QMainWindow(parent)
  , ui(new Ui::MainWindow)
{
  ui->setupUi(this);
  // 设置窗口的标题是：文件系统监控
  this->setWindowTitle("文件系统监控");
  // 定义四个按钮的初始状态
  ui->pushButton->setEnabled(true);
  ui->pushButton_2->setEnabled(false);
  ui->pushButton_3->setEnabled(false);
  ui->pushButton_4->setEnabled(false);
  // 实例化QFileSystemWatcher对象
  watcher=new QFileSystemWatcher();
}
MainWindow::~MainWindow()
{
  delete ui;
}
// "开始监听"按钮的单击事件槽函数
void MainWindow::on_pushButton_clicked()
{
  // 设定4个按钮的可用状态
  ui->pushButton->setEnabled(false);
  ui->pushButton_2->setEnabled(true);
  ui->pushButton_3->setEnabled(true);
  ui->pushButton_4->setEnabled(true);
  // 连接QFileSystemWatcher的directoryChanged和fileChanged信号到相应的槽
```

文
件
与
数
据
库
访
问

```
            connect(watcher, SIGNAL(directoryChanged(QString)),
                                         this, SLOT(directoryUpdated(QString)));
            connect(watcher, SIGNAL(fileChanged(QString)),
                                         this, SLOT(fileUpdated(QString)));
}
// "添加监听目录"按钮的单击事件槽函数
void MainWindow::on_pushButton_2_clicked()
{
    // 使用文件对话框选择用户需要监听的目录名字符串
    QString dirPath=QFileDialog::getExistingDirectory(this,"选择要监听的目录");
    // 把需要监听的目录加入QFileSystemWatcher对象
    watcher->addPath(dirPath);
    // 在文本浏览框中添加需要监听的目录名
    ui->textBrowser->append(dirPath);
}

// "添加监听文件"按钮的单击事件槽函数
void MainWindow::on_pushButton_3_clicked()
{
    // 使用文件对话框选择用户需要监听的文件名字符串
    QString filePath=QFileDialog::getOpenFileName(this,"选择要监听的文件");
    // 把需要监听的文件加入QFileSystemWatcher对象
    watcher->addPath(filePath);
    // 在文本浏览框中添加需要监听的文件名
    ui->textBrowser->append(filePath);
}
// "停止监听"按钮的单击事件槽函数
void MainWindow::on_pushButton_4_clicked()
{
    // 移除监听中的所有文件
    watcher->removePaths(watcher->files());
    // 移除监听中的所有目录
    watcher->removePaths(watcher->directories());
    // 2个文本浏览框清空
    ui->textBrowser->clear();
    ui->textBrowser_2->clear();
    // 修改4个按钮为初始状态
    ui->pushButton->setEnabled(true);
    ui->pushButton_2->setEnabled(false);
    ui->pushButton_3->setEnabled(false);
    ui->pushButton_4->setEnabled(false);
}
// 目录发生改变的槽函数
void MainWindow::directoryUpdated(const QString &path)
{
    // 把发生改变的目录写入文本浏览框
    ui->textBrowser_2->append("目录："+path+"发生变化！");
}
// 文件发生改变的槽函数
void MainWindow::fileUpdated(const QString &path)
{
    // 把发生改变的文件写入文本浏览框
    ui->textBrowser_2->append("文件："+path+"发生变化！");
}
```

9.5 本章小结

能够对文件进行读写或对数据库进行操作是应用程序不可或缺的基本功能。作为一个通用的GUI应用程序开发库，Qt不仅提供了跨平台的文件操作能力，而且对各种主流数据库提供了强有力的支持。本章介绍了Qt文件系统与常用的数据库操作方法，主要包括目录操作、文件操作，以及数据库的连接、查询、结果处理等内容。

9.6 习题9

一、选择题

1. SQLite数据库中删除数据表的命令是（　　）。

   A. delete   B. earse   C. drop   D. clear

2. SQLite数据库中显示数据表结构的命令是（　　）。

   A. table   B. display   C. schema   D. struct

3. 从选项中选择（　　）填入下面删除指定条件记录的语法指令。

```
DELETE FROM （    ） WHERE [条件];
```

   A. 数据表   B. 数据库   C. 数据结构   D. 数据

4. 在SQL语句中用于统计表中记录数的是（　　）。

   A. COUNT   B. AVG   C. MAX   D. MIN

5. 在Qt中要设置打开数据库的类型，使用（　　）静态成员函数。

   A. addDatabase   B. openDatabase

   C. setDatabaseName   D. setHeaderData

6. 使用QSqlQuery类的（　　）成员函数执行数据库的单个SQL语句。

   A. open()   B. prepare()   C. execBarch()   D. exec()

7. 在QFile类中使用（　　）获取当前文件的大小。

   A. size()   B. getChar()   C. read()   D. readAll()

8. 在QDir类中使用（　　）函数获取目录中的文件列表和子目录列表。

   A. entryList()   B. mkdir()   C. read()   D. readAll()

9. 在QFileSystemWatcher类中使用（　　）函数监控一个特定的文件或目录。

   A. addPath()   B. addPaths()   C. read()   D. readAll()

10. 在QSQLite数据库中使用（　　）命令可以在虚拟DOS中打开数据库。

   A. sqlite3 *.db   B. sqlite *.db   C. open *.db   D. read *.db

二、简答题

1. 使用Qt语句创建一个名为student的数据表，包含三列，第一列是id，第二列是名字，第三列是年龄。

2. 在上题创建的表格中插入单行数据，id值为8、姓名为张三、年龄为23。

3. 在控制台上输出题1创建的student数据表的所有数据。

4. 修改题1创建的数据表中id值为8的用户信息，把其年龄改为25。

5. 阅读下面程序片段，说明每条语句的作用并阐述其完成的任务。

```
QString path = QFileDialog::getOpenFileName(
        this,
        "OpenFile",
        "../",
        "TXT file(*.txt)");
QFile file(path);
bool isOpen = file.open(QIODevice::ReadOnly|QIODevice::Text);
if(isOpen != false)
{
  QByteArray fileData;
  fileData = file.readAll();
  ui->textEdit->setText(QString(fileData));
}
else
{
  qDebug() << "无法打开文件";
}
file.close();
```

9.7 实验9 用户管理系统

一、实验目的

（1）掌握SQLite数据库的创建方法。

（2）掌握SQLite数据库的连接方法。

（3）掌握SQLite数据库中的增、删、改、查数据的方法。

二、实验要求

创建一个用户管理系统，利用SQLite数据库保存用户信息，并能够对数据库进行读取。实验要求主要功能如下：

（1）注册用户，如实验图9-1所示。

（2）更新用户，如实验图9-2所示。

（3）查询用户，如实验图9-3所示。

（4）删除用户，如实验图9-4所示。

实验图9-1　注册用户

实验图 9-2　更新用户

实验图 9-3　查询用户

实验图 9-4　删除用户

第 10 章

串口编程

本章学习目标：

　　本章主要讲解串行通信的基本概念，以及在 Qt 中如何实现串行通信的编程。通过本章的学习，读者应该掌握以下内容。

- 串行通信方式。
- Qt 中串行通信的接口设置。
- Qt 中串行通信的编程方法。
- Qt 中串行通信的数据发送与接收。

10.1 串行通信概述

10.1.1 串行通信的基本概念

在计算机与外设之间的信息传送中，按照一次传送数据的位数可分为两类：并行通信和串行通信。

串行通信是按位（bit）发送和接收数据，尽管比按字节（byte）的并行通信慢，但是串行接口是使用一对线发送数据的同时使用另一对线接收数据，其实现简单并且能够远距离通信。例如 IEEE 488 定义并行通信状态时，规定设备线总长不得超过 20 米，并且任意两个设备间的长度不得超过 2 米，而对于串行通信而言，长度可达 1200 米。典型的串行通信用于 ASCII 码字符的传输，使用 3 根线完成通信，分别是地线、发送线和接收线。由于串行通信是异步的，端口能够用一对线发送数据同时用另一对线接收数据，而其他线用于握手但不是必需的。串行通信最重要的参数是波特率、数据位、停止位和奇偶校验位，对于两个进行通信的端口，这些参数必须匹配。

1. 波特率

波特率是一个衡量传输速率的参数，是指信号被调制以后单位时间内的变化，即单位时间内有多少个波形变化。例如，每秒要传送 240 个字符，而每个字符格式包含 10 位数据，包括 1 个起始位、1 个停止位、8 个数据位，这时的波特率为 240Bd（波特，Baud 简写为 Bd），比特率为 10 位*240 个/秒=2400bps（bps 意思是位/秒）。通常电话线的波特率为 14400bps、28800bps 和 36600bps。波特率可以远远大于这些值，但是波特率和距离成反比。

2. 数据位

数据位是衡量通信中实际数据位的参数。当计算机发送一个信息包时，实际的数据往往不是 8 位的，标准的值是 6 位、7 位和 8 位，如何设置取决于想传送的信息。例如，标准的 ASCII 码是 7 位（0 ~ 127），扩展的 ASCII 码是 8 位（0 ~ 255）。如果数据使用标准的 ASCII 码，那么每个数据包使用 7 位数据。

3. 停止位

停止位用于表示单个包的结束，其取值仅有 1 位、1.5 位和 2 位。由于数据是在传输线上定时的，并且每个设备有其自己的时钟，很可能在通信中两台设备间会出现小小的不同步，因此停止位不仅仅是表示传输的结束，并且为计算机提供了校正时钟同步的机会。用于停止位的位数越多，则不同时钟同步的容忍程度越大，但是数据传输效率会被降低。

4. 奇偶校验位

在串行通信接口中使用奇偶校验的检错方式。对于偶校验和奇校验的情况，串口会设置校验位（数据位的后面一位），用一个比特值确保传输的数据有偶数个或者奇数个逻辑高位。例如数据是 011，那么对于使用偶校验的校验位为 0，保证逻辑高的位数是偶数个；如果是奇校验则校验位为 1，这样就有 3 个逻辑高位。通过这个奇偶校验位，可以判断所接收的数据是否包含错误。

10.1.2 串行通信方式

由于信息在一个方向上传输只占用一根传输线，而这根线上既传送数据，又传送联络信号，为区分这根线传送的信息流中哪一部分是联络信号，哪一部分是数据，就必须引出串行通信的一系列约定。于是，在串行通信中就有异步通信和同步通信两种基本的串行通信方式。

1. 异步通信

异步通信有字符格式和波特率两项约定，其中字符格式如图10-1所示，包括起始位、数据位、奇偶校验位、停止位。

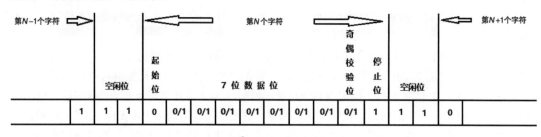

图10-1　异步通信字符格式

传送一个字符总是从传送一位起始位（0）开始，接着传送字符本身（5～8位）。传送字符从最低位开始，逐位传送，直到传送最高位，接着传送奇/偶校验位，最后传送1位或1个半位或2位停止位（1）。从起始位开始到停止位结束，构成一帧信息。一帧信息传送完毕，可传送不定长度的空闲位（1），作为帧与相邻帧之间的间隔，也可以没有空闲位间隔。

异步通信传送速度一般在50～9600波特范围，用于传送信息量不大、传送速度要求较低的场合。

2. 同步通信

同步通信中使用的数据格式根据所采用的控制规程（通信双方就如何交换信息所建立的一些规定和过程称为通信控制规程）又可分为面向字符型和面向比特型两种。

面向字符型的数据格式又有单同步、双同步、外同步之分。

（1）单同步：发送方先传送1个同步字符，再传送数据块，接收方检测到同步字符后接收数据。

（2）双同步：发送方先传送2个同步字符，再传送数据块，接收方检测到同步字符后接收数据。

（3）外同步：用一条专用线来传送同步字符，以实现收发双方同步操作。

以上三种同步方式均以2字节的冗余检验码CRC作为一帧信息的结束。

面向比特型是根据IBM的同步数据链路控制规程SDLC传送，其数据格式如图10-2所示。在发送方一般都是在发送时钟的下降沿将数据串行移位输出；在接收方一般都是在接收时钟的上升沿将数据串行移位输入。

图10-2　数据链路数据格式

10.1.3　生成虚拟串口

在计算机桌面上右击开始按钮，在弹出的快捷菜单中选择"设备管理"命令，会弹出如

图10-3所示的"设备管理器"窗口，从图10-3中可以看出，该计算机没有安装串行接口设备。如果需要进行串行通信程序设计，必须要安装串行接口硬件设备，或者安装模拟的串行接口，如图10-4所示。

图10-3 "设备管理器"窗口

图10-4 串口模拟软件

模拟的串行接口有很多，本书所使用的Virtual Serial Port Driver Pro（虚拟串行端口驱动软件）因允许创建大量的虚拟COM端口，并提供充分的模拟串行端口行为而被广泛使用。该虚拟串行端口软件不仅仅是一个简单的COM端口模拟器，还提供灵活的端口创建、管理和删除功能，允许测试串行软件，支持控制线和虚拟COM端口之间的高速数据传输。各种应用程序可以使用与虚拟零调制解调器电缆连接的虚拟串行端口来交换数据，并可以立即接收从一个端口发送到另一个端口的串行数据。

虚拟串行端口驱动程序的主要功能如下：

（1）虚拟COM端口驱动程序是一种功能强大的技术，专门为开发、测试或调试串行端口软件和硬件的人员设计。

（2）在系统中可以添加更多COM端口的简单方法。

（3）全串行仿真。

（4）虚拟串行端口驱动程序Pro功能。

下载Virtual Serial Port Driver Pro软件的官网地址是https://www.eltima.com/products/vspdxp/。安装并运行完成之后打开图10-5所示窗口，在该窗口中单击Pair（配对）按钮，会询问是否生成虚拟串口1和串口2，单击图10-5右上角的Create（创建）按钮来真正生成虚拟串口1和串口2，如图10-6所示。

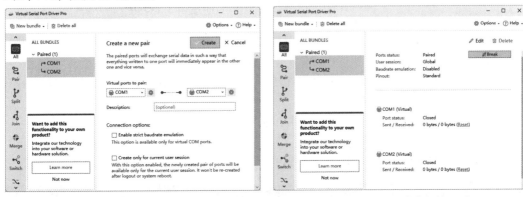

图10-5 Virtual Serial Port Driver Pro窗口　　　　　图10-6 生成串行接口对

使用Virtual Serial Port Driver Pro软件生成虚拟的串口1到串口2的连接之后，在"设备管理器"的端口上会出现虚拟串口1和虚拟串口2，并且这两个接口相互连通，如图10-7所示。这样在本章的后续程序设计中就可以使用虚拟串口1和虚拟串口2了。

图10-7　含有虚拟串行接口

另外，还可以使用串口调试软件来测试虚拟串口的连通性和验证本书后续章节对串口程序设计的正确性。本书使用XCOM串口调试助手对串口进行测试，XCOM是一款非常优秀的专业串口调试软件，用法简单而且免费，提供了中文、英文、中文繁体等语言选项，XCOM串口调试助手官方版还支持设置保存窗口编码方式。

10.2　串行通信编程

10.2.1　串行接口模块概述

在Qt中进行串行接口程序设计一般使用QSerialPort和QSerialPortInfo两个类，而要使用这两个类必须在工程文件CMakeLists.txt中加入serialport模块，也就是串口模块。添加serialport模块的语句如下：

```
find_package(Qt6 COMPONENTS SerialPort REQUIRED)
target_link_libraries(serial PRIVATE Qt6::SerialPort)
```

其中，serial是项目名称，在实际项目中需要根据所创建的项目名进行修改。

QSerialPort和QSerialPortInfo两个类的作用介绍如下。

（1）QSerialPort类：提供访问串行接口的功能。使用串行接口必需生成一个串行接口对象，也就是QSerialPort类的对象，通过该对象配置参数。

（2）QSerialPortInfo类：提供现有串口信息，使用这个类可以搜寻计算机可用串口的信息，从而选择所需要的串口。

在进行串口编程之前，需要在.h头文件中导入这两个类的相关头文件，其代码如下：

```
#include <QtSerialPort/QtSerialPort>
#include <QtSerialPort/QSerialPortInfo>
```

【例10-1】列出可用串行接口

本例使用下拉列表展示当前计算机设备上可用的串行接口，需要说明的是，在运行本例之前先要运行Virtual Serial Port Driver Pro软件建立一对串行接口。其实现步骤与代码说明如下：

（1）首先按照前面所述引入串行模块，并导入头文件。

（2）在.cpp源文件的构造函数中编写如下代码：

```
// 定义窗口标题是 "可用串行接口"
this->setWindowTitle("可用串行接口");
// 实例化QSerialPortInfo类的对象, 以获取串行的相关信息
QSerialPortInfo itemSerial;
// 获取可用的串口并遍历可用串口
foreach(itemSerial,QSerialPortInfo::availablePorts()){
        ui->comboBox->addItem(itemSerial.portName());
}
```

其运行结果如图10-8所示。

图10-8　可用串行接口

10.2.2　串行接口设置

进行串行接口设置需要定义QSerialPort类的实例对象，然后通过该实例对象对选定的串行接口进行设置，设置参数的方法主要如下。

- setPortName：设置串口名称。
- setBaudRate：设置波特率。
- setDataBits：设置数据位。
- setParity：设置奇偶校验位。
- setStopBits：设置停止位。
- setTimeout：设置超时时间，单位为毫秒。
- readAll：读取所有从串口接收的数据。
- write：向串口写入数据。
- readLine：读取一行从串口接收的数据。
- read：读取指定数量的字节数据。

【例10-2】串行接口的打开与关闭

本例制作多个下拉列表框，分别对应串口的几个重要的参数设置，通过下拉选择不同的参数对串行接口进行设置。当用户选择好参数之后，单击"打开串口"按钮（图10-9左图），然后会判断指定串口是否打开成功，如果串口打开成功就会把按钮上的文字改成"关闭串口"，并把按钮的背景色改成绿色以表示当前窗口正在使用（图10-9右图）；当用户单击"关闭串口"按钮时会关闭窗口并回到窗口的初始状态（图10-9左图）。同样，在运行本例之前先要为Virtual Serial Port Driver Pro软件建立一对串行接口。本例的实现步骤与代码说明如下：

（1）首先按照前面所述引入串行模块，并导入头文件。

扫一扫，看视频

扫一扫，看视频

图10-9　串行接口设置

（2）在.h头文件中定义串口设置的参数，其代码如下：

```
int compont_init();                          // 声明初始化函数
int mySerialBund;                            // 声明波特率变量
QSerialPort::StopBits mySerialStopBit;       // 定义停止位
QSerialPort::Parity mySerialCheck;           // 定义校验位
QSerialPort::DataBits mySerialDataBits;      // 定义数据位
QSerialPort mySerialPort;                    // 定义串口对象
```

（3）在UI窗口中拖入5个QLabel组件（用于提示下拉列表框）、5个QComboBox组件（用于选择不同的串口配置参数）、1个QPushButton按钮组件（用于打开或关闭串行接口），各组件的对象名如图10-10右侧对象列表所示。

图10-10　UI窗口设置

（4）串行初始化的定义函数compont_init()的实现代码如下：

```
int Widget::compont_init()
{
    // 初始化波特率下拉列表框
    ui->cbs_rates->addItem("9600");
    ui->cbs_rates->addItem("38400");
    ui->cbs_rates->addItem("57600");
    ui->cbs_rates->addItem("115200");
    // 设置波特率下拉列表框的当前值是38400
    ui->cbs_rates->setCurrentIndex(1);
```

```
    // 初始化停止位下拉列表框
    ui->csb_stopbit->addItem("1");
    ui->csb_stopbit->addItem("1.5");
    ui->csb_stopbit->addItem("2");
    // 设置停止位下拉列表框的当前值是1
    ui->csb_stopbit->setCurrentIndex(0);
    // 初始化数据位下拉列表框
    ui->cbs_dataBit->addItem("5");
    ui->cbs_dataBit->addItem("6");
    ui->cbs_dataBit->addItem("7");
    ui->cbs_dataBit->addItem("8");
    // 设置数据位下拉列表框的当前值是1
    ui->cbs_dataBit->setCurrentIndex(3);
    // 初始化奇偶校验下拉列表框
    ui->cbs_jo->addItem("无校验");
    ui->cbs_jo->addItem("奇校验");
    ui->cbs_jo->addItem("偶校验");
    // 设置奇偶校验下拉列表框的当前值是无校验
    ui->cbs_jo->setCurrentIndex(0);
    // 初始化按钮上的文字是打开串口
    ui->pbs_port->setText("打开串口");
    // 获取可用的串行接口
    QSerialPortInfo itemSerial;
    // 遍历可用串口
    foreach(itemSerial,QSerialPortInfo::availablePorts()){
      // 把可用串口的名字添加到可用串口下拉列表框
      ui->cbs_port->addItem(itemSerial.portName());
    }
    // 初始化按钮图标的大小
    ui->pbs_port->setIconSize(QSize(24,24));
    // 初始化按钮图标的背景色是灰色
    ui->pbs_port->setStyleSheet("background:grey;");
    return 0;
}
```

（5）右击"可用串口"下拉列表框（图10-11左图），在弹出的快捷菜单中选择"转到槽"命令，打开图10-11右图所示的"转到槽"对话框。在"转到槽"对话框中选择相应的信号，对于可用串口，此处选择currentTextChanged(QString)，也就是用户选择不同的串口名称，串口对象mySerialPort就设置相应的串口名，其槽函数的实现方式如下：

```
// 选择的可用串口名发生修改的槽函数，入口参数是修改后的串口名arg1
void Widget::on_cbs_port_currentTextChanged(const QString &arg1)
{
 // 设置串口对象mySerialPort的串口名为arg1
    mySerialPort.setPortName(arg1);
}
```

（6）同理制作"波特率"下拉列表框的currentIndexChanged(int)选择改变事件处理函数，其槽函数的实现方式如下：

```
// 选择的波特率发生修改的槽函数，入口参数是选择下拉列表框的序号index
void Widget::on_cbs_rates_currentIndexChanged(int index)
{
 // 根据index序号的不同，设置mySerialBund变量相应波特率的值
    switch(index){
    case 0:mySerialBund=9600;
```

```
        break;
      case 1:mySerialBund=38400;
        break;
      case 2:mySerialBund=57600;
        break;
      case 3:mySerialBund=115200;
        break;
      }
      // 把选中的波特率应用到mySerialPort对象上
      mySerialPort.setBaudRate(mySerialBund);
}
```

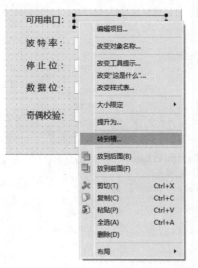

图 10-11　制作事件响应函数

（7）同理制作"停止位"下拉列表框的currentIndexChanged(int)选择改变事件处理函数，其槽函数的实现方式如下：

```
// 选择的停止位发生修改的槽函数，入口参数是选择下拉列表框的序号index
void Widget::on_csb_stopbit_currentIndexChanged(int index)
{
  // 根据index序号的不同，设置mySerialStopBit变量相应停止位的值
    switch(index){
    case 0:mySerialStopBit=QSerialPort::OneStop;          // 1位停止位
      break;
    case 1:mySerialStopBit=QSerialPort::OneAndHalfStop;   // 1.5位停止位
      break;
    case 2:mySerialStopBit=QSerialPort::TwoStop;          // 2位停止位
      break;
    }
    // 把选中的停止位应用到mySerialPort对象上
    mySerialPort.setStopBits(mySerialStopBit);
}
```

（8）同理制作"数据位"下拉列表框的currentIndexChanged(int)选择改变事件处理函数，其槽函数的实现方式如下：

```
// 选择的数据位发生修改的槽函数，入口参数是选择下拉列表框的序号index
```

```
void Widget::on_cbs_dataBit_currentIndexChanged(int index)
{
 // 根据index序号的不同，设置mySerialDataBits变量相应数据位的值
    switch(index){
    case 0:mySerialDataBits=QSerialPort::Data5; // 5位数据位
       break;
    case 1:mySerialDataBits=QSerialPort::Data6; // 6位数据位
       break;
    case 2:mySerialDataBits=QSerialPort::Data7; // 7位数据位
       break;
    case 3:mySerialDataBits=QSerialPort::Data8; // 8位数据位
       break;
}
    // 把选中的数据位应用到mySerialPort对象上
    mySerialPort.setDataBits(mySerialDataBits);
}
```

（9）同理制作"奇偶校验"下拉列表框的currentIndexChanged(int)选择改变事件处理函数，其槽函数的实现方式如下：

```
// 选择的奇偶校验发生修改的槽函数，入口参数是选择下拉列表框的序号index
void Widget::on_cbs_jo_currentIndexChanged(int index)
{
 // 根据index序号的不同，设置mySerialCheck变量相应数据位的值
    switch(index){
    case 0:mySerialCheck=QSerialPort::NoParity;   // 无校验位
       break;
    case 2:mySerialCheck=QSerialPort::EvenParity; // 偶校验位
       break;
    case 1:mySerialCheck=QSerialPort::OddParity;  // 奇校验位
       break;
    }
    // 把选中的奇偶校验位应用到mySerialPort对象上
    mySerialPort.setParity(mySerialCheck);
}
```

（10）同理制作"打开串口/关闭串口"按钮的click()单击事件处理槽函数，该槽函数的实现方式如下：

```
// "打开串口/关闭串口"按钮的click()单击事件处理槽函数
void Widget::on_pbs_port_clicked()
{
    // mySerialPort.isOpen()判断串口是否打开，已打开返回true，否则返回false
    if(mySerialPort.isOpen()){
        // 设置按钮上的文字是打开串口，表示该按钮可以打开串口
        ui->pbs_port->setText("打开串口");
        // 关闭串口
        mySerialPort.close();
        // 设置按钮的背景色为灰色
        ui->pbs_port->setStyleSheet("background:grey;");
    }else{
        // 设置不进行流控制，也就是串口仅用三根线：接收线、发送线和地线
        mySerialPort.setFlowControl(QSerialPort::NoFlowControl);
        // 以读写方式打开串行端口
        bool flag=mySerialPort.open(QIODeviceBase::ReadWrite);
        if(flag){
            // 串口打开成功，设置按钮上的文字是关闭串口，表示该按钮可以关闭串口
```

串口编程

1 2 3 4 5 6 7 8 9 10 11 12 13

```
        ui->pbs_port->setText("关闭串口");
        // 设置按钮的背景色是绿色，表示已打开
        ui->pbs_port->setStyleSheet("background:green;");
    }
    else{
        // 串口打开失败，则弹出警告错误对话框
        QMessageBox::warning(this,"错误","串口打开失败!");
    }
    }
}
```

10.2.3　通过串口发送数据

在Qt中通过串口发送数据仅需要使用write()函数，便可以把字符串数据逐个字节地发送出去，语法格式如下：

串口对象名->write(要发送的数据);

【例10-3】串口发送数据

扫一扫，看视频

本例使用例10-1和例10-2中关于串口信息的读取和串口通信各参数设置所需要的基础知识，并为简单起见直接将串口各参数值设置为固定值并打开串口，用户可以选择以什么方式发送数据（字符串ASCII码、十六进制）。另外，还会统计用户发送的数据字节数。自制的用户发送数据界面如图10-12（a）所示，由图可以看出用户是以字符串方式发送"Hello World !"；接收数据的客户端使用的是串行接口客户端工具软件XCOM［图10-12（b）］，其接收的数据在客户端的接收区域显示。

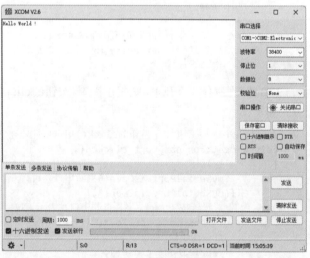

（a）发送数据界面　　　　　　　　　　　　　（b）接收数据界面

图10-12　串口数据发送

本例的实现步骤和代码说明如下：

（1）首先按照前面所述在项目工程文件中引入串行模块，并在.h头文件中导入串行接口和提示错误信息相关头文件。

（2）在UI窗口中拖入1个QTextEdit组件（用于编写发送信息的内容）、2个QRadioButton组

件(用于供用户选择是十六进制发送还是字符串方式发送)、1个QCheckBox组件(用于选择在以字符串发送数据时在发送信息中是否有换行符)、4个QLabel组件(用于显示本次发送多少数据和总共发送多少数据),各组件的对象名如图10-13右侧对象列表所示。

图10-13　UI窗口设置

(3)定义初始化函数,目的是设置相关的串行接口并打开串行接口。其源码如下:

```cpp
int Widget::compont_init()
{
    // 初始化波特率为38400
    mySerialPort.setBaudRate(QSerialPort::Baud38400);
    // 初始化停止位为1位
    mySerialPort.setStopBits(QSerialPort::OneStop);
    // 初始化数据位为8位
    mySerialPort.setDataBits(QSerialPort::Data8);
    // 初始化奇偶校验为无校验
    mySerialPort.setParity(QSerialPort::NoParity);
    // 设置使用COM2串行接口
    mySerialPort.setPortName("COM2");

    // 设置不进行流控制, 也就是串口仅用三根线: 接收、发送、地线
    mySerialPort.setFlowControl(QSerialPort::NoFlowControl);
    // 以读写方式打开串行接口
    bool flag=mySerialPort.open(QIODeviceBase::ReadWrite);
    // 如果串行接口打开错误, 则提示错误
    if(!flag){
        QMessageBox::warning(this,"错误","串口打开失败! ");
    }

    // 选中ASCII, 也就是设置默认以字符串ASCII码发送数据
    ui->radioButton_ascii->setChecked("true");
    return 0;
}
```

(4)当用户输入发送信息后,单击"发送"按钮程序会检查用户是否选中了"发送新行"复选框。如果用户选中该复选框,则在发送数据的最后加上换行回车符,其ASCII码字符是"\r\n";另外,程序还会检查是选择ASCII码还是十六进制方式发送数据。发送按钮的事件触发槽函数的源码及其详细说明如下:

```
void Widget::on_pbtn_send_clicked()
{
    // 定义计算发送数据字节数的变量sendNumber
    int sendNumber;
    // 判断指定串口是否打开
    if(mySerialPort.isOpen()){
        // 获取用户输入的数据,返回QString类型
        QString sendContent= ui->tedit_sendContent->toPlainText();
        // 判断用户是否输入数据
        if(sendContent.length()<=0){
            // 获取输入框的数据为空,则提示错误
            QMessageBox::warning(this,"错误","发送框内容不能为空! ");
        }else{
            // 输入框内容不为空,则判断是否选中发送新行;如果是,则发送换行和回车符
            if(ui->checkBox_newLine->isChecked()) sendContent+="\r\n";
            // 判断十六进制还是ASCII码
            if(ui->radioButton_hex->isChecked()){
                // 数据以十六进制方式发送,并返回发送数据的字节数
                sendNumber= mySerialPort.write(strToHex(sendContent));
            }
            else{
                // 数据以ASCII码方式发送,并返回发送数据的字节数
                sendNumber =mySerialPort.write(sendContent.toLatin1());
            }
            // 设置本次发送数据的字节数
            ui->label_sendByte->setText(QString::number(sendNumber));
            // 把本次发送的字节数加到总的发送字节数变量sendTotalData中
            sendTotalData+=sendNumber;
            // 设置总的发送数据字节数
            ui->label_sendTotalBytes->setText(QString::number(sendTotalData));
        }
    }
    else{
        // 如果串口打开错误,则给用户提示
        QMessageBox::warning(this,"错误","串口没有被打开");
    }
}
```

（5）若用户选择十六进制方式发送数据，则需要编写把当前数据转换成十六进制数据的函数，其实现结果如图10-14所示，其中左图是自定义程序的运行界面，右图是串行接口客户端工具软件XCOM所接收的数据，可以看出该软件接收的十六进制数据都转换成了大写形式。发送数据转换成十六进制数据时是以空格分开的十六进制字符串，要把这样的字符串转换成相应的十六进制数据。

其程序源码如下：

```
QByteArray Widget::strToHex(const QString &str1)
{
    // 定义QByteArray对象,用于存储转换后的十六进制数
    QByteArray hexArray;
    // 定义正则表达式,以验证要发送的数据是否存在非十六进制的字符
    QRegularExpression re("[^0-9a-fA-F]");
    // 查找的源串是str1,使用正则表达式的match()方法进行验证,结果存在match中
    QRegularExpressionMatch match = re.match(str1);
    // match.hasMatch()方法用来判断是否存在非十六进制字符,是则返回true
    if(match.hasMatch()){
        // 含有非十六进制数据,则提示用户错误
```

```
                    QMessageBox::warning(this,"错误","数据中有非十六进制数据");
            }
            else
            {
                // 把用户输入的数据以空格分开成多个字符串，把这些字符串形成一个数组
                QStringList hexList=str1.split(" ");
                // 定义判断字符串转换成十六进制数据是否成功的布尔变量ok
                bool ok;
                // 循环遍历字符串数组，把其中的每一个字符串元素都转换成相应的十六进制数
                for(int i=0;i<hexList.length();i++){
                    // 把数据转换成十六进制，并压入存储转换为十六进制数据的数组中
                    hexArray.push_back(hexList[i].toInt(&ok,16));
                }
            }
            // 返回转换后的十六进制代码
            return hexArray;
        }
```

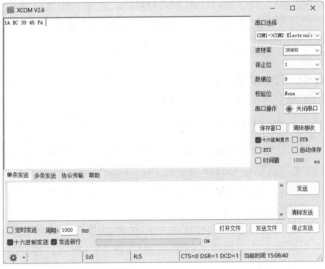

图 10-14　发送十六进制数据

10.2.4　通过串口接收数据

使用QSerialPort读取串口数据的方法如下：

（1）设置串口名、波特率、数据位数、奇偶校验位、停止位和流控制。

（2）编写槽函数Read_Data，将收到的数据读取到缓冲区中。定义槽函数Read_Data所使用的语句如下：

```
connect(&mySerialPort,SIGNAL(readyRead()),this,SLOT(read_data()));
```

其中，mySerialPort表示所定义的QSerialPort对象；readyRead()表示发送端发送过来的数据已准备好可以进行读取的信号；read_data()是自定义的相应可读取数据操作的槽函数，该函数的定义中必须包含readAll()以读取数据，其定义方法如下：

```
//接收数据
void Widget::read_data()
{
 // 读取串口mySerialPort对象中的所有数据
```

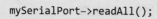

```
        mySerialPort->readAll();
        ...
        // 读取的数据进行相关处理
        ...
        // 数据处理完毕，清除串口缓冲区
}
```

（3）关闭串行接口。

当用户接收或者发送数据之后，可以使用关闭串行接口命令释放资源，关闭串行接口命令如下：

```
串口对象名->close();
```

【例10-4】使用串口接收数据

扫一扫，看视频

本例要用到例10-1和例10-2中关于串口信息的读取和串口通信各参数设置所需要的基础知识，并为了程序简单起见，直接设置串口各参数为固定值并打开串口。可以读取ASCII码格式数据，也可以读取十六进制的自定义数据帧，并把读取的数据帧中的数据显示在数字仪表上。数据帧的格式如下：

起始位（2字节）	数据长度（1字节）	数据部分（数据长度指定的字节数）

其中，起始位是0xAA、0xBB，并且所有数据都是十六进制数据。串行接口客户端工具软件XCOM发送的数据为［图10-15（a）］：

```
aa bb 04 12 34 56 78
```

其中，起始位是aa bb；数据长度04表示有数据帧的数据部分为4字节；第一字节数据（表示距离）十六进制是12，十进制是18；第二字节数据（表示海拔）十六进制是34，十进制是52；第三字节数据（表示流量）十六进制是56，十进制是86；第四字节数据（表示温度）十六进制是78，十进制是120。

在用户自定义的程序中可以选择以什么方式接收数据，也就是采用字符串ASCII码还是十六进制方式，接收的结果如图10-15（b）所示，并把接收的数据显示在自定义程序的数据接收区和数据解析区。

（a）发送数据

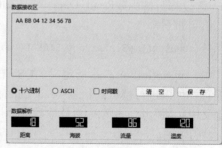

（b）接收数据

图10-15 接收十六进制数据

本例的实现步骤和代码说明如下：

（1）创建项目并按照前文所述在项目工程文件中引入串行模块，然后在.h头文件中导入串行接口和提示错误信息等相关头文件。

（2）在UI窗口中拖入1个QTextEdit组件（用于接收发送端所发送信息的内容）、2个QRadioButton组件（用于供用户选择是采用十六进制还是字符串方式显示信息）、1个QCheckBox组件（用于选择在显示数据时是否加上时间）、2个QPushButton组件（用于控制显示区域的内容清空或者保存）、4个QLabel组件（表示在数字LCD中所显示数据的含义）、4个QLCDNumber组件（以数字LCD方式显示用户传送的数据），各组件的对象名如图10-16右侧对象列表所示。

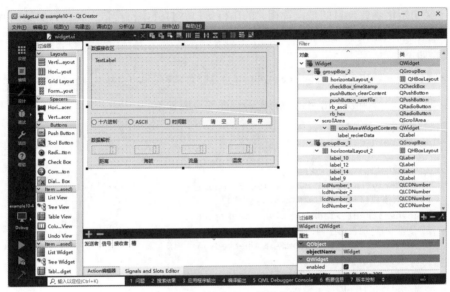

图10-16　接收十六进制数据

（3）在.h头文件中定义相关的数据变量，其定义代码和说明如下：

```
#ifndef WIDGET_H
#define WIDGET_H
#include <QtSerialPort/QtSerialPort>
#include <QtSerialPort/QSerialPortInfo>
#include<QMessageBox>
#include <QWidget>
#include<QDateTime>
#include<QFileDialog>
QT_BEGIN_NAMESPACE
namespace Ui {class Widget;}
QT_END_NAMESPACE
class Widget : public QWidget
{
    Q_OBJECT
public:
    Widget(QWidget *parent = nullptr);
    ~Widget();
    int compont_init();          // 初始化函数
    QSerialPort mySerialPort;     // 定义串口对象
    QString thisTime;            // 定义时间戳
private slots:
```

```
        // 定义接收信号处理的槽函数
        int read_data();
        // 定义清除显示区域内容的按钮单击事件处理槽函数
        void on_pushButton_clearContent_clicked();
        // 定义把显示区域内容存盘的按钮单击事件处理槽函数
        void on_pushButton_saveFile_clicked();
private:
        Ui::Widget *ui;
        // 定义十六进制转字符串的函数
        QString hexToStr(const QByteArray & );
};
#endif // WIDGET_H
```

（4）定义初始化函数，目的是设置相关的串行接口并打开串行接口，其代码参见例10-3。

（5）设置接收数据的信号与槽函数。当有数据发送过来时会触发接收数据的事件处理槽函数，其代码如下：

```
connect(&mySerialPort,SIGNAL(readyRead()),this,SLOT(read_data()));
```

（6）接收数据的槽函数read_data()的代码及详细说明如下：

```
// 定义接收数据的槽函数
int Widget::read_data()
{
        // 读取端口信号中的所有数据
        QByteArray receive= mySerialPort.readAll();
        // 读取窗口显示区域中的内容存入str变量
        QString str=ui->label_reciveData->text();
        // 判断用户是否选中时间戳复选框
        if(ui->checkBox_timeStamp->isChecked()){
          // 获取当前时间
          QDateTime current=QDateTime::currentDateTime();
          // 格式化时间的显示格式
          thisTime=current.toString("yyyy-MM-dd hh:mm:ss.zzz");
          // 把获取的标准格式时间加入显示内容的变量str中
          str+="["+thisTime +"]";
        }
        // 判断是以ASCII还是十六进制形式在显示区域显示内容
        if(ui->rb_ascii->isChecked()){
          // 直接把接收数据加入显示内容的变量str中
          str+=QString(receive.data());
        }
        else{
          // 把接收数据转换成十六进制的字符串加入显示内容的变量str中
          str+=hexToStr(receive);
        }
        // 把str内容渲染到显示区域中
        ui->label_reciveData->setText(str);
        return receive.length();
}
```

（7）接收的十六进制数据转换成字符串的函数，其代码实现及详细说明如下：

```
// hexToStr的入口参数是接收的十六进制数据
QString Widget::hexToStr(const QByteArray &container)
{
        // 定义字符串变量strArr，用于存储转换后的数据
```

```cpp
        QString strArr="";
        // 定义字符串数组变量strNew
        QStringList strNew;
        // 遍历接收的数据container，把每个元素数据byte代入循环体中
        foreach (int byte, container) {
            // 元素数据byte是换行符或者回车符直接加入到字符串strArr，目的是让信息能够换行显示
            if(byte=='\r') strArr+='\r';
            else
              if(byte=='\n') strArr+='\n';
              else{
                  // 把非换行且非回车的byte数据元素转换成十六进制数据的字符串
                  QString newByte=QString::number(
                                  (unsigned char)byte,16).toUpper();
                  if(newByte.length()<2)
                      // 如果转换后的字符串仅有一位就在字符串的前面加上 "0"，形成2位字符串
                      strArr+="0"+newByte;
                  }
                  //在转换后的字符串后面加一个空格，以便后面进行分隔
                  strArr+=newByte+" ";
              }
        }
        // 把转换后的字符串用空格分隔，形成接收数据的字符串数组
        strNew=strArr.split(" ");
        // 数据解析，帧头是0xaa和0xbb，第三个字节是数据字节的个数
        if(((unsigned char)container[0]==0xaa)&&((unsigned char)container[1]==0xbb))
        {
            // 获取数据长度字段
            int count =strNew[2].toInt(NULL, 10);
            // 定义数据显示的数组
            int num[count];
            // 遍历接收的十六进制数据
            for(int i=0;i<count;i++){
              num[i]=strNew[i+3].toInt(NULL, 16);
            }
            // 把接收的数据渲染到LCD数字显示组件上
            ui->lcdNumber_1->display(num[0]);
            ui->lcdNumber_2->display(num[1]);
            ui->lcdNumber_3->display(num[2]);
            ui->lcdNumber_4->display(num[3]);
        }
        else{
            QMessageBox::warning(this,"错误","发送端发送的数据不符合数据帧要求！");
        }
        return strArr;
}
// 清空接收区域内容的按钮事件触发槽函数
void Widget::on_pushButton_clearContent_clicked()
{
        ui->label_reciveData->setText("");
}
// 存储接收区域内容的按钮事件触发槽函数
void Widget::on_pushButton_saveFile_clicked()
{
        QFileDialog::saveFileContent(ui->label_reciveData->text().toLatin1());
}
```

10.3 本章小结

串口通信就是机器和系统之间的一个通信协议，可以将它理解为共享内存，可以根据需要首先向其中写入内容，然后在需要的时候从中读取数据。在进行串行通信之前要先理解串行通信中的几个最基本的概念，包括波特率、数据位、停止位和奇偶校验位；然后再来理解串口是如何获取的，也就是计算机设备的实际串口或是通过模拟软件生成的虚拟串口；最后通过Qt提供的对于串口操作的类来说明Qt环境下如何进行串行通信的数据发送与接收。

10.4 习题10

一、选择题

1. 标准的ASCII码是（　　）位。

 A. 6　　　　　　　　B. 7　　　　　　　　C. 8　　　　　　　　D. 8

2. 波特率是一个衡量传输速率的参数，指的是信号被调制以后在单位时间内的变化，即单位时间内有多少（　　）变化。

 A. 字节　　　　　　B. 比特　　　　　　C. 波形　　　　　　D. 位

3. 串行通信帧中的停止位用于表示帧的最后一位，其典型的值不能是（　　）。

 A. 1　　　　　　　　B. 1.5　　　　　　　C. 2　　　　　　　　D. 2.5

4. 发送的数据是1101001，偶校验结果是（　　）。

 A. 0　　　　　　　　B. 1　　　　　　　　C. 2　　　　　　　　D. 3

5. 异步通信有字符格式和波特率两项约定，其中字符格式包括起始位、（　　）、奇偶校验位、停止位。

 A. 数据位　　　　　B. 字节序列　　　　C. 单元序列　　　　D. 字符序列

6. 同步通信中使用的数据格式根据所采用的控制规程又可分为面向字符型和面向（　　）型两种。

 A. 字　　　　　　　B. 字节　　　　　　C. 单元　　　　　　D. 比特

7. 在Qt中通过串口发送数据时，仅需要使用（　　）函数便可以把字符串数据一个个按字节发送出去。

 A. write()　　　　　B. send()　　　　　C. writeall()　　　　D. sendAll()

二、简答题

1. 在Qt中进行串行接口程序设计一般使用QSerialPort和QSerialPortInfo两个类，而使用这两个类必须在工程文件CMakeLists.txt中添加 serialport模块，那么添加串口模块的语句是什么？

2. 在进行串口编程之前需要在.h头文件中导入的相关头文件是什么？

3. 写出把当前计算机中的串行接口加入名为combox的下拉列表框的语句。

4. 请说明使用QSerialPort读取串口数据的方法。

5. 阅读下面的程序片段，说明每条语句的作用并阐述其完成的任务。

```
mySerialPort.setBaudRate(QSerialPort::Baud38400);
mySerialPort.setStopBits(QSerialPort::OneStop);
mySerialPort.setDataBits(QSerialPort::Data8);
mySerialPort.setParity(QSerialPort::NoParity);
mySerialPort.setPortName("COM2");
mySerialPort.setFlowControl(QSerialPort::NoFlowControl);
bool flag=mySerialPort.open(QIODeviceBase::ReadWrite);
if(!flag){
    QMessageBox::warning(this,"错误","串口打开失败!");
}
```

10.5 实验10 串口通信

一、实验目的

（1）掌握串行通信的基本概念。

（2）掌握串行通信接口的设置方法。

（3）掌握串行通信接口发送与接收数据的方法。

二、实验要求

将XCOM软件当作数据的发送端，自制程序实现数据的接收，数据的发送与接收显示结果如实验图10-1所示。自定义程序要求有以下两个方面。

（1）能把接收的数据以十六进制或者ASCII码的方式显示在窗口中。

（2）能对接收的数据进行解析，解析出来的结果显示在实验图10-1的底部。解析数据包括距离、海拔、流量和温度。

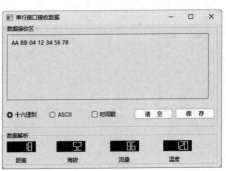

实验图10-1　注册用户

第 11 章

网络访问

本章学习目标：

　　本章主要讲解在 Qt 架构中访问计算机网络资源的方法，着重需要加强对几种网络协议的理解。通过本章的学习，读者应该掌握以下内容。

- 获取本机网络信息的方法。
- TCP 和 UDP 服务器的制作方法。
- Qt 网络应用的开发。

11.1 获取本机网络信息

11.1.1 网络访问概述

在网络应用中经常需要用到本机的主机名、IP 地址、MAC 地址等网络信息，通常在 Windows操作系统中可以调出命令行窗口，然后输入"ipconfig /all"命令查看本机网络的相关信息（图11-1），理解这些网络基本概念对后面的网络编程有很大的帮助。

图 11-1 本机的网卡配置信息

Qt 提供了 QHostInfo 和 QNetworkInterface 类用于本机网卡信息的访问，但在访问这些信息之前必须要在项目工程文件CMakeLists.txt中导入Network网络模块，使用的语句如下：

```
find_package(Qt6 REQUIRED COMPONENTS Network)
target_link_libraries(mytarget PRIVATE Qt6::Network)
```

其中，mytarget要换成相应的项目工程名，例如创建的项目工程名叫example11-1，则导入 Network网络模块的语句如下：

```
find_package(Qt6 REQUIRED COMPONENTS Network)
target_link_libraries(example11-1 PRIVATE Qt6::Network)
```

11.1.2 QHostInfo 类的使用

QHostInfo是Qt中用于获取主机信息的类，该类可以获取主机名、IP地址等相关信息，其包括的主要方法介绍如下。

1. 获取主机名

使用QHostInfo::localHostName()静态函数可以获取本地主机名，其示例代码如下：

```
QString hostName = QHostInfo::localHostName();
qDebug() << "本地主机名是:" << hostName;
```

2. 获取IP地址

使用QHostInfo::fromName()静态函数可以获取指定主机名的IP地址，其示例代码如下：

```
QString hostName = "www.baidu.com";
QHostInfo hostInfo = QHostInfo::fromName(hostName);
if (!hostInfo.addresses().isEmpty()) {
  qDebug() << "IP地址是:" << hostInfo.addresses().first().toString();
}
```

3. 异步获取主机信息

使用QHostInfo::lookupHost()静态函数可以异步获取指定主机名的信息，其示例代码如下：

```
QString hostName = "www.baidu.com";
QHostInfo::lookupHost(hostName, [=](const QHostInfo &hostInfo) {
  qDebug() << "主机名:" << hostInfo.hostName();
  qDebug() << "IP地址:" << hostInfo.addresses();
});
```

需要特别说明的是，QHostInfo::lookupHost()函数是异步的，回调函数会在获取主机信息后被调用。

11.1.3　QNetworkInterface 类的使用

QNetworkInterface 可以获得运行应用程序的主机的所有 IP 地址和网络接口列表。静态函数allInterfaces()返回主机上包含所有网络接口的列表，一个网络接口可能包括多个IP地址，每个IP地址与掩码或广播地址关联。如果不需知道子网掩码和广播的IP 地址，使用静态函数 allAddresses()可以获得主机上所有的IP 地址列表。QNetworkInterface 类的主要功能函数如下。

（1）QList<QNetworkAddressEntry> addressEntries()：返回网络接口（包括子网掩码和广播地址）的IP 地址列表。

（2）OString hardwareAddress()：返回接口的硬件地址，以太网里就是 MAC 地址。

（3）QString humanReadableName()：如果名称可确定，在Windows上返回可读的网络接口名称（如"本地连接"）；如果名称不能确定，则该函数的返回值与name()相同。在UNIX上，此函数目前的返回值总是和name()相同，因为UNIX系统不存储人类可读名称的配置。

（4）boolisValid()：如果QNetworkInterface对象包含一个有效的网络接口，则返回true。

（5）QString name()：返回网络接口的名称。在UNIX系统中是一个包含接口的类型和任选的序列号字符串，如"eth0""lo"或者"pcn0"；在Windows中是一个内部ID，用户不能更改。

（6）QList<QHostAddress> allAddresses()：返回主机上面发现的所有IP地址。相当于allInterfaces()返回的所有对象调用addressEntries()来获取QHostAddress对象列表，然后对每一个对象调用QHostAddress::ip()方法。例如：

```cpp
QList<QHostAddress> addrlist = QNetworkInterface::allAddresses();
for(QHostAddress addr : addrlist)
{
  qDebug()<<addr.protocol()<<addr.toString();
}
```

（7）QList<QNetworkInterface> allInterfaces()：返回主机上找到的所有网络接口的列表，在读取失败的情况下会返回一个空列表。例如，下面代码可以实现返回主机上找到的所有网络接口的列表。

```cpp
QList<QNetworkInterface> netList = QNetworkInterface::allInterfaces();
for(auto inter : netList)
{
  if(!inter.isValid()) continue;
  //输出此网络接口的名称、接口的类型、MAC地址和人类可读的名称(如以太网、本地连接等)
  qDebug()<<inter.name()<<inter.type();
  qDebug()<<inter.hardwareAddress()<<inter.humanReadableName();
  //输出网络接口对应的ip地址
  for(auto entrys : inter.addressEntries())
  {
    qDebug()<<entrys.ip();
  }
}
```

【例11-1】获取本地主机信息

本例中用户单击"获取本机信息"按钮后会通过Qt所提供的类访问所在主机的网络信息，并显示在文本浏览框中，结果如图11-2所示。

扫一扫，看视频

图 11-2　获取本地主机信息

本例程序实现的步骤及其代码的详细说明如下。

（1）创建新的项目工程，项目名是example11-1。

（2）在项目工程文件中导入Network网络模块。

（3）在Widget.h头文件中导入所需要的包、声明程序中所需要的变量和函数，其代码和详细说明如下：

```cpp
#ifndef WIDGET_H
#define WIDGET_H
```

```cpp
#include <QWidget>
#include <QPushButton>          // 导入按钮头文件
#include <QTextBrowser>         // 导入文本浏览头文件
#include <QTimer>               // 导入定时器头文件
#include <QNetworkInterface>    // 导入网络接口头文件
#include <QHostInfo>            // 导入网络信息头文件
QT_BEGIN_NAMESPACE
namespace Ui {class Widget;}
QT_END_NAMESPACE
class Widget : public QWidget
{
  Q_OBJECT
public:
  Widget(QWidget *parent = nullptr);
  ~Widget();
private:
  Ui::Widget *ui;
  // 定义获取和清空文本按钮
  QPushButton *pushButton[2];
  // 文本浏览框用于显示本机的信息
  QTextBrowser *textBrowser;
  // 声明定时器变量
  QTimer *timer;
  // 获取本机的网络信息，返回类型是QString
  QString getHostInfo();
private slots:
  // 定时器槽函数，单击按钮后定时触发 /
  void timerTimeOut();
  // 显示本机信息函数
  void showHostInfo();
  // 启动定时器函数
  void timerStart();
  // 清空textBrowser信息的函数
  void clearHostInfo();
};
#endif // WIDGET_H
```

（4）在Widget.cpp源文件中编写程序所需要的功能和相关声明函数，其代码和详细说明如下：

```cpp
#include "widget.h"
#include "./ui_widget.h"
Widget::Widget(QWidget *parent)
  : QWidget(parent)
  , ui(new Ui::Widget)
{
  ui->setupUi(this);
  // 设置窗口的位置与大小
  this->setGeometry(0, 0, 310, 350);
  // 实例化获取本机信息按钮、清空文本信息按钮
  pushButton[0] = new QPushButton(this);
  pushButton[1] = new QPushButton(this);
  // 设置两个按钮上显示的文本
  pushButton[0]->setText("获取本机信息");
  pushButton[1]->setText("清空文本信息");
  // 设置清空文本信息按钮的位置
  pushButton[1]->move(200,0);
```

```cpp
  // 实例化文本浏览框
  textBrowser = new QTextBrowser(this);
  // 设置文本浏览框的尺寸：300*300
  textBrowser->resize(300,300);
  // 设置文本浏览框的位置
  textBrowser->move(5,25);
  // 实例化定时器
  timer = new QTimer();
  // 单击"获取本机信息"按钮信号的槽连接
  connect(pushButton[0], SIGNAL(clicked()), this, SLOT(timerStart()));
  // 单击"清空文本信息"按钮信号的槽连接
  connect(pushButton[1], SIGNAL(clicked()), this, SLOT(clearHostInfo()));
  // 超时信号的槽连接
  connect(timer, SIGNAL(timeout()), this, SLOT(timerTimeOut()));
}
Widget::~Widget()
{
  delete ui;
}
// 获取主机信息的自定义函数
QString Widget::getHostInfo()
{
  /* 通过QHostInfo的localHostName函数获取主机名称 */
  QString str = "主机名称: " + QHostInfo::localHostName() + "\n";
  /* 获取所有的网络接口
  * QNetworkInterface类提供主机的IP地址和网络接口的列表 */
  QList<QNetworkInterface> list = QNetworkInterface::allInterfaces();
  /* 遍历list */
  foreach (QNetworkInterface interface, list) {
    str+= "网卡设备:" + interface.name() + "\n";
    str+= "MAC地址:" + interface.hardwareAddress() + "\n";
    /* QNetworkAddressEntry类存储IP地址子网掩码和广播地址 */
    QList<QNetworkAddressEntry> entryList = interface.addressEntries();
    /* 遍历entryList */
    foreach (QNetworkAddressEntry entry, entryList) {
      /* 过滤IPv6地址，只留下IPv4 */
      if (entry.ip().protocol() ==QAbstractSocket::IPv4Protocol) {
        str+= "IP 地址:" + entry.ip().toString() + "\n";
        str+= "子网掩码:" + entry.netmask().toString() + "\n";
        str+= "广播地址:" + entry.broadcast().toString() + "\n\n";
      }
    }
  }
  /* 返回网络信息 */
  return str;
}
// 超时事件的槽连接
void Widget::timerTimeOut()
{
  // 显示本机信息
  showHostInfo();
  // 停止定时器
  timer->stop();
}
// 显示本地主机信息的函数
void Widget::showHostInfo()
```

```
{
    // 获取本机信息后显示到textBrowser
    QString str=getHostInfo();
    textBrowser->insertPlainText(str);
}
// 启动定时
void Widget::timerStart()
{
    // 清空文本
    textBrowser->clear();
    // 启动定时，定时1000毫秒，也就是1秒
    timer->start(1000);
}
// 清除文本浏览框
void Widget::clearHostInfo()
{
    // 判断textBrowser文本浏览框是否为空，如果不为空，则清空文本
    if (!textBrowser->toPlainText().isEmpty())
        textBrowser->clear(); // 清空textBrowser文本浏览框
}
```

11.2 TCP

 ### 11.2.1 TCP 概述

1. 基本概念

TCP（transmission control protocol，传输控制协议）是运输层中面向连接的协议，提供全双工和可靠交付的服务。TCP的数据传送单位称为"报文段"，记为TPDU（transmission protocol data unit，传输协议数据单元）。TCP协议主要有以下特点。

（1）面向流的传送服务。应用程序之间传输的数据可视为无结构的字节流（或位流），流传送服务可以保证收发的字节顺序完全一致。

（2）面向连接的传送服务。数据传输之前TCP模块之间需要建立连接，连接建立成功之后，TCP报文在此连接基础上进行传输。

（3）可靠的传输服务。发送方TCP模块在形成TCP报文的同时会形成一个校验和，该校验和随同TCP报文一起传输，接收方TCP模块根据该校验和判断传输的正确性。如传输不正确，接收方简单地丢弃该TCP报文。发送方如果在规定的时间内未能获得接收方的应答报文，就会自动进行重传操作。

（4）缓冲传输。TCP模块提供强制性传输和缓冲传输两种方式。缓冲传输允许将应用程序的数据流积累到一定的长度，形成报文再进行传输。

（5）全双工传输。TCP模块之间可以进行全双工的数据流交换。

（6）流量控制。TCP模块提供滑动窗口机制，支持收发TCP模块之间的端到端流量控制。

TCP协议是以IP协议为基础的，同时又为多个应用层协议服务，如Telnet、FTP、WWW、电子邮件等。IP地址只对应Internet中的某台主机，TCP端口号则对应主机上的某个应用进程，因此TCP协议采用IP地址和端口号两者来标识TCP连接的端点。一条TCP连接实质上对应一对

TCP端点(也叫套接字),例如:(211.85.193.140, 80)~(211.85.203.254, 2345)该例表示IP地址为211.85.193.140的主机且端口号为80所对应的进程与IP地址为211.85.203.254的主机且端口号为2345所对应的进程之间的TCP连接。

端口号分为两类:一类是熟知端口(其数值一般为0~1023,一般用于服务器进程),当一种新的应用服务程序出现时,可指派一个熟知端口定义其服务,例如Web服务器的默认端口是80;另一类则是一般端口(其数值一般大于等于1024,一般用于客户端进程),用来随时分配给请求通信的客户进程。

2. TCP三次握手

TCP是面向连接的协议,因此传输连接有三个阶段:连接建立、数据传送、拆除连接。TCP协议在连接建立过程中要解决以下三个问题:

(1)要使双方能够确认对方的存在。

(2)要允许双方协商一些参数(如最大报文段长度、最大窗口大小等)。

(3)能够对运输实体资源(如缓存大小、连接表中的项目等)进行分配。

TCP的运输连接采用"三次握手"(图11-3),其中服务器是主机B,客户端是主机A。

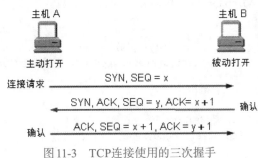

图11-3 TCP连接使用的三次握手

三次握手的工作过程如下:

(1)服务器进程先运行,也就是打开进程处于被动等待状态,该进程不断检测是否有客户发起连接建立请求。

(2)客户端主动发起连接请求服务器的报文,其首部的同步比特SYN=1,同时选择一个序号x,表明后面要传送数据的第一个字节序号是x,服务器收到连接建立请求报文后如果同意,则发出确认报文,在确认报文中将SYN=1、确认序号为x+1写入报文,同时为报文选择一个序号y。

(3)客户端收到此报文后,向服务器发出一个确认报文y+1。

采用三次握手是为了防止已失效的连接请求报文段突然又传送到主机B所产生的错误。

11.2.2 TCP 客户

TCP通信必须先建立连接,通信端分为客户端和服务器端。Qt提供了QTcpServer类和QTcpSocket类用于建立TCP通信应用程序。QTcpServer用于端口监听,建立服务器;QTcpSocket用于建立连接后使用套接字(Socket)进行通信。

QTcpSocket类首先通过connectToHost()尝试连接服务器,在连接之前需要指定服务器的IP地址和端口。connectToHost()是异步方式连接服务器,不会阻塞程序运行,连接后会发射connected()信号。当客户端与服务器端建立socket连接成功之后,就可以向缓冲区写入数据或从接收缓冲区读取数据,实现数据的通信。当缓冲区有新的数据进入时会发射readyRead()信号，一般在此信号的槽函数里读取缓冲区数据。QTcpSocket是从QIODevice间接继承的，因此可以使用流数据读写功能，QTcpSocket对象既可以接收数据也可以发送数据，且接收和发送是异步工作的，有各自的缓冲区。

1. QTcpSocket的连接服务器

QTcpSocket连接TCP服务器使用connectToHost()函数来实现，该函数的语法格式如下：

```
connectToHost("服务器地址", 端口地址);
```

2. QTcpSocket信号

QTcpSocket信号的状态有连接、断开连接、连接状态改变、读数据准备好，其相对应的槽函数如下：

```
// connected连接成功的信号与响应槽函数
connect(tcpClient, &QTcpSocket::connected, [=](){
  //连接成功后的操作
});
// disconnected关闭连接的信号与响应槽函数
connect(tcpClient, &QTcpSocket::disconnected, [=](){
  // 断开连接后的操作
});
// stateChanged状态发生改变的信号与响应槽函数
connect(tcpClient, &QTcpSocket::stateChanged, [=] (QAbstractSocket::SocketState
socketState) {
  // tcpClient状态发生改变的操作
});
// readyRead数据准备好的信号与响应槽函数
connect(tcpClient, &QTcpSocket::readyRead, [=] () {
  // 有数据可读的操作
});
```

3. 数据读写

QTcpSocket使用readAll()函数来读取TCP服务器传送的数据，使用write()函数发送数据，其示例语句如下：

```
// 读取服务器发送来的所有数据，这些数据是QByteArray类型
QByteArray arr=tcpClient.readAll();
// 发送数据，其参数是要发送的数据
tcpClient.write("需要发送的数据");
```

【例11-2】TCP客户端

扫一扫，看视频

本例使用NetAssist"网络调试助手"软件来模拟TCP服务器，该软件可以在网络上搜索并下载，其运行界面如图11-4所示。该软件的"协议类型"选择TCP Server、"本地IP地址"选择192.168.2.101、"本地端口号"选择8080，单击"启动"/"断开"按钮启动或断开TCP服务器。

本例的客户端如图11-5所示。必须要填入服务器端的主机IP地址192.168.2.101和服务器端的端口地址8080，然后单击"打开连接"/"关闭连接"按钮建立与服务器的连接或关闭连接。需要强调的是，TCP服务器一定要先打开连接，然后才能与TCP客户端建立连接。本例TCP客户端程序实现的步骤及其代码的详细说明如下：

（1）创建新的项目工程，项目名是example11-2。

（2）在项目工程文件中导入Network网络模块。

（3）在UI界面上添加组件，并给组件赋予相应的对象名，结果如图11-6所示。

图11-4　网络调试助手软件

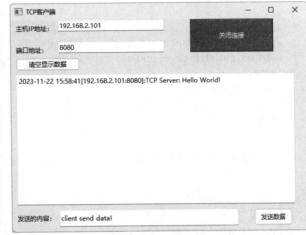

图11-5　TCP客户端

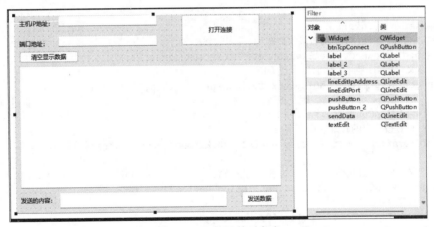

图11-6　组件及其对象名

（4）在Widget.h头文件中导入所需要的包、声明程序中所需要的变量和函数，其代码和详细说明如下：

```
#ifndef WIDGET_H
#define WIDGET_H
#include <QWidget>
#include <QTcpSocket>                  // 导入QTcpSocket类创建TCP客户端
#include <QMessageBox>                 // 导入对话框类
#include <QDateTime>                   // 导入时间类
QT_BEGIN_NAMESPACE
namespace Ui {class Widget;}
QT_END_NAMESPACE
class Widget : public QWidget
{
  Q_OBJECT
public:
  Widget(QWidget *parent = nullptr);
```

```
  ~Widget();
  QTcpSocket tcpClient;              // 声明QTcpSocket对象
  QString ipAddress;                 // 声明存储IP地址的变量
  QString port;                      // 声明存储端口地址的变量

private slots:
  void on_btnTcpConnect_clicked();   // "打开连接" / "关闭连接" 按钮单击事件响应函数
  void on_pushButton_2_clicked();    // "发送数据" 按钮单击事件响应函数
  void on_pushButton_clicked();      // "清空显示数据" 按钮单击事件响应函数
private:
   Ui::Widget *ui;
};
#endif // WIDGET_H
```

（5）在Widget.cpp源文件中编写程序所需要的功能和相关声明函数，其代码和详细说明如下：

```
#include "widget.h"
#include "./ui_widget.h"
Widget::Widget(QWidget *parent)
 : QWidget(parent)
 , ui(new Ui::Widget)
{
  ui->setupUi(this);
  setWindowTitle("TCP发送接收数据");
  ui->btnTcpConnect->setStyleSheet("background:grey;");
  // 定义TCP连接信号产生时的事件响应函数
  connect(&tcpClient, &QTcpSocket::connected, this, [=] () {
    // TCP服务器连接成功，则设置按钮上的文字
    ui->btnTcpConnect->setText("关闭连接");
    // 设置按钮上的背景色和文字颜色
    ui->btnTcpConnect->setStyleSheet("background:green;color:yellow;");
  });
  // 定义TCP断开连接信号产生时的事件响应函数
  connect(&tcpClient, &QTcpSocket::disconnected, [=] () {
    // 设置按钮上的文字
    ui->btnTcpConnect->setText("打开连接");
    // 设置按钮上的背景色
    ui->btnTcpConnect->setStyleSheet("background:grey;");
  });
  // 定义TCP接收信号产生时的事件响应函数
  connect(&tcpClient, &QTcpSocket::readyRead, [=] () {
    //获取对方的IP
    QString ip = tcpClient.peerAddress().toString();
    //获取对方的端口
    int port = tcpClient.peerPort();
    //获取当前时间
    QString time= QDateTime::currentDateTime().toString("yyyy-MM-dd hh:mm:ss");
    //读取服务器端发送的数据
    QByteArray arr=tcpClient.readAll();
    //在多行文本框中显示接收的数据
    ui->textEdit->append(time+QString("[%1:%2]:%3").
                                        arg(ip).arg(port).arg(arr));
  });
  // 初始化 "发送数据" 按钮失效
  ui->pushButton_2->setDisabled(true);
```

```
}
Widget::~Widget()
{
  delete ui;
}
void Widget::on_btnTcpConnect_clicked()
{
  // 判断网络是否为连接状态
  if(tcpClient.isOpen()){
    // 如果是连接状态，就关闭网络连接
    tcpClient.close();
    // 让"发送数据"按钮不可用
    ui->pushButton_2->setDisabled(true);
  }
  else{
    // 如果是关闭状态，就进行网络连接
    // 获取IP地址
    ipAddress=ui->lineEditIpAddress->text();
    // 获取用户输入的端口地址，端口地址的数据类型为qint16
    port=ui->lineEditPort->text();
    // 进行IP地址和端口地址检查，要求端口要有一位数，IP地址最少7个字符
    if(port.length()==0||ipAddress.length()<7){
      // 如果数据出错，则给出相应提示
      QMessageBox::warning(this,"错误","请输入有效的IP地址和端口");
      return;
    }
    //连接到主机，有4个参数，此处仅用前两个，后两个用默认值
    tcpClient.connectToHost(ipAddress,port.toInt());
    // 让"发送数据"按钮可用
    ui->pushButton_2->setDisabled(false);
  }
}
// "发送数据"按钮的单击事件响应函数
void Widget::on_pushButton_2_clicked()
{
  if(tcpClient.isOpen()){
    // 当用户连接到服务器后发送lineEditPort文本框的内容到TCP服务器
    tcpClient.write(ui->sendData->text().toLatin1());
  }
}
void Widget::on_pushButton_clicked()
{
  // 清空数据显示区
  ui->textEdit->setText("");
}
```

11.2.3 TCP 服务器

TCP服务器端程序需要使用Qt提供的QTcpServer类和QTcpSocket类。创建TCP服务器端程序需要在QTcpServer类的对象中指定端口或让 QTcpServer 自动选择一个端口，再侦听特定地址或所有计算机的地址，目的是接收其他TCP客户端发起的连接请求；使用TCP套接字QTcpSocket类在TCP服务器端发送和接收数据。TCP服务器端程序的工作步骤如下：

（1）创建并初始化 QTcpServer 对象。

（2）使用QTcpServer对象的listen()成员函数启动服务器进行监听，其语法如下：

```
listen(QHostAddress::Any, 端口号);
```

其中，QHostAddress::Any表示任意地址，也可以指定一个具体的地址。

（3）连接 QTcpServer 对象的 newConnection 信号，当有客户端发起连接时客户端会发送 newConnection 信号给服务器，触发服务器端槽函数接收连接，在该连接过程中会得到一个与客户端通信的套接字 QTcpSocket。

（4）在QTcpSocket 对象中发送数据使用成员方法write()。

（5）当客户端有数据发送给服务器，QTcpSocket对象就会发送readyRead信号，然后在其关联的槽函数中读取数据。

（6）当客户端对象调用成员函数 close()与服务器端断开连接后，会触发服务器端 QTcpSocket对象的 disconnected 信号，在 QTcpSocket 对象的 disconnected 信号槽函数中进行相应的处理。

【例11-3】TCP服务器

扫一扫，看视频

本例使用NetAssist"网络调试助手"软件来模拟TCP客户端，该软件的运行界面如图11-7所示。在该软件的"协议类型"选项中选择TCP Client、"服务器IP地址"输入192.168.2.101、"服务器端口"输入8080，单击"连接"／"断开"按钮连接TCP服务器。

本例服务器端的运行结果如图11-8所示。客户端运行之前要先让服务器处于监听状态，也就是要填入本地主机的IP地址192.168.2.101和本地主机的端口地址8080，然后单击"打开服务器"／"服务器连接已打开"按钮来启动服务器，使其处于监听状态。

图11-7　网络调试助手

图11-8　TCP服务器端

从图11-7和图11-8可以看出，当TCP服务器端启动服务器，客户端网络调试助手发起连接后，在服务器端的显示文本框中会给出"有新连接登录"的提示，并给出新连接客户端的IP地址和端口号。另外，还可以看出服务器端和客户端都向对方发送一个字符串。TCP服务器端程序实现的步骤及其代码的详细说明如下：

（1）创建新的项目工程，项目名是example11-3。

（2）在项目工程文件中导入Network网络模块。

（3）在UI界面上添加组件，并给组件赋予相应的对象名，其结果如图11-9所示。

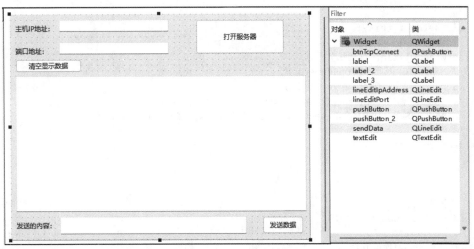

图11-9　组件及其对象名

（4）在Widget.h头文件中导入所需要的包、声明程序中所需要的变量和函数，其代码和详细说明如下：

```cpp
#ifndef WIDGET_H
#define WIDGET_H
#include <QWidget>
#include<QTcpServer>                    // 导入QTcpServer类用于服务器
#include<QTcpSocket>                    // 导入QTcpSocket类用于数据发送与接收
#include<QMessageBox>                   // 导入QMessageBox类用于给出对话框提示
#include<QDateTime>                     // 导入QDateTime类用于获取时间
QT_BEGIN_NAMESPACE
namespace Ui {class Widget;}
QT_END_NAMESPACE
class Widget : public QWidget
{
  Q_OBJECT
public:
  Widget(QWidget *parent = nullptr);
  ~Widget();
private slots:
  void new_client();                   // 新用户发起连接槽函数
  void read_client_data();             // 读取客户端数据槽函数
  void on_btnTcpConnect_clicked();     // "打开服务器" 按钮的槽函数
  void on_pushButton_clicked();        // "清空显示数据" 按钮的槽函数
  void on_pushButton_2_clicked();      // "发送数据" 按钮的槽函数
private:
  Ui::Widget *ui;
  QTcpServer *mServer;                 // 定义QTcpServer对象
  QTcpSocket *mSocket;                 // 定义mSocket对象
  QString ipAddress;                   // 定义IP地址变量
  QString port;                        // 定义端口地址变量
};
#endif // WIDGET_H
```

（5）在Widget.cpp源文件中编写程序所需要的功能和相关函数，其代码和详细说明如下：

```cpp
#include "widget.h"
#include "./ui_widget.h"
Widget::Widget(QWidget *parent)
```

```cpp
    : QWidget(parent)
    , ui(new Ui::Widget)
{
  ui->setupUi(this);
  // 设置窗口标题: TCP服务器
  setWindowTitle("TCP服务器");
  // 实例化TCP服务器QTcpServer对象
  mServer = new QTcpServer(this);
  // 关联客户端连接信号newConnection与该信号的处理槽函数
  connect(mServer,SIGNAL(newConnection()),this,SLOT(new_client()));
}
Widget::~Widget()
{
  delete ui;
}
// 新客户端连接
void Widget::new_client()
{
  // 与客户端通信的套接字
  mSocket = mServer->nextPendingConnection();
  // 关联接收客户端数据信号readyRead与该信号的处理槽函数
  connect(mSocket,SIGNAL(readyRead()),this,SLOT(read_client_data()));
  // 检测掉线信号与该信号的处理槽函数
  connect(mSocket,SIGNAL(disconnected()),this,SLOT(client_dis()));
  // 获取对方的IP
  QString ip = mSocket->peerAddress().toString();
  // 获取对方的端口
  int port = mSocket->peerPort();
  //获取当前时间
  QString time= QDateTime::currentDateTime().toString("yyyy-MM-dd hh:mm:ss");
  // 在显示文本框中显示用户连接信息
  ui->textEdit->append(time+QString("有新连接登录!!! IP地址是[%1],
                                      端口号是[%2]").arg(ip).arg(port));
}
// 读取数据槽函数
void Widget::read_client_data()
{
  // 定义接收或发送信息的QTcpSocket对象
  QTcpSocket *obj = (QTcpSocket*)sender();
  // 读取客户端发送来的数据
  QString msg = obj->readAll();
  // 获取对方的IP地址
  QString ip = mSocket->peerAddress().toString();
  // 获取对方的端口地址
  int port = mSocket->peerPort();
  // 获取当前时间
  QString time= QDateTime::currentDateTime().toString("yyyy-MM-dd hh:mm:ss");
  // 在显示文本框中按照指定的格式显示接收的数据
  ui->textEdit->append(time+QString("[%1:%2]:%3").
                                      arg(ip).arg(port).arg(msg));
}
// "打开服务器" / "服务器连接已打开" 按钮的单击事件槽函数
void Widget::on_btnTcpConnect_clicked()
{
  // 判断服务器是启动状态还是关闭状态
  if(ui->btnTcpConnect->text()=="服务器连接已打开"){
    // 如果是连接状态, 就关闭
```

```
      mServer->close();
      // 让"发送数据"按钮处于不可用状态
      ui->pushButton_2->setDisabled(true);
      // 设置按钮上的文字
      ui->btnTcpConnect->setText("打开服务器");
      // 设置按钮上的背景色
      ui->btnTcpConnect->setStyleSheet("background:white;color:block;");
    }
    else{
      // 如果是关闭状态，就进行连接
      // 获取用户输入的IP地址
      ipAddress=ui->lineEditIpAddress->text();
      // 获取用户输入的端口地址，端口号为qint16
      port=ui->lineEditPort->text();
       // 进行输入数据的简单验证，如果端口地址的长度加0或者IP地址小于7个字符，就给出错误提示
      if(port.length()==0||ipAddress.length()<7){
        // 输入数据不符合要求，给用户的简单提示
        QMessageBox::warning(this,"错误","请输入有效的IP地址和端口");
        return;
      }
      // 启动服务器监听，监听地址为任意地址、端口地址为8080
      mServer->listen(QHostAddress::Any,8080);
      // 让"发送数据"按钮处于可用状态
      ui->pushButton_2->setDisabled(false);
      // 设置"打开服务器" / "服务器连接已打开"按钮上的文字
      ui->btnTcpConnect->setText("服务器连接已打开");
      // 设置"打开服务器" / "服务器连接已打开"按钮上的背景色
      ui->btnTcpConnect->setStyleSheet("background:green;color:yellow;");
    }
}
// "清空显示数据"按钮的单击事件处理函数
void Widget::on_pushButton_clicked()
{
    // 清空显示文本框
    ui->textEdit->setText("");
}
// "发送数据"按钮的单击事件处理函数
void Widget::on_pushButton_2_clicked()
{
    if(mServer->isListening()){
      // 当用户连接到服务器后发送lineEditPort文本框的内容到TCP服务器
      mSocket->write(ui->sendData->text().toLatin1());
    }
}
```

11.3 UDP

11.3.1 UDP 概述

1. 基本概念

UDP（user datagram protocol，用户数据报协议）是一种无连接的传输层协议，主要用于

不要求分组顺序到达且一次传输少量数据的传输，提供面向事务的、简单不可靠的信息传送服务，UDP传输的可靠性由应用层负责。常用的UDP端口号有：53（DNS）、69（TFTP）、161（SNMP）。

UDP不能对数据包分组、组装，也不能对数据包进行排序，也就是说，当报文发送之后无法得知其是否安全完整到达。

2. UDP与TCP的区别

UDP和TCP的主要区别是，两者在如何实现信息的可靠传递方面不同。TCP中包含专门的传递保障机制，当数据接收方收到发送方传来的信息时，会自动向发送方发出确认信息；发送方只有在接收到该确认信息后才继续传送其他信息，否则将一直等待直到收到确认信息为止。而UDP并不提供数据传递的保障机制，也就是说，如果在从发送方到接收方的传递过程中出现数据包丢失情况，协议本身并不能做出任何检测或提示，因此UDP协议也称为不可靠的传输协议。

TCP是面向连接的传输控制协议，而UDP 提供无连接的数据报服务；TCP具有高可靠性，可确保传输数据的正确性，不会出现丢失或乱序的情况；UDP在传输数据前不建立连接，不对数据报进行检查与修改，无须等待对方的应答，所以会出现分组丢失、重复、乱序的情况，应用程序需要负责传输可靠性方面的所有工作；UDP 具有较好的实时性，工作效率较 TCP 协议高；UDP的报文段结构比TCP的报文段结构简单，因此网络开销也小。TCP 协议可以保证接收端毫无差错地接收到发送端发出的字节流，为应用程序提供可靠的通信服务。对可靠性要求高的通信系统往往使用TCP传输数据。

3. UDP的三种传播方式

UDP消息传送有单播、广播、组播三种方式，其含义介绍如下。

（1）单播（unicast）方式：一个UDP客户端发出的数据报只发送到另一个指定地址和端口的UDP客户端，是一对一的数据传输。

（2）广播（broadcast）方式：一个UDP客户端发出的数据报传送给同一段内的其他所有UDP客户端。

（3）组播（multicast）方式（也称为多播）：UDP客户端加入一个组播IP地址指定的多播组，成员向组播地址发送的数据报，组内所有成员都可接收，类似于QQ群的功能。

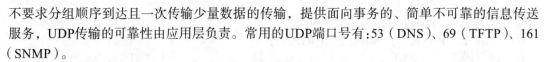 11.3.2　UDP 数据的接收与发送

1. 概述

Qt提供了QUdpSocket 类来进行UDP方式的数据传输。QUdpSocket类提供 UDP 套接字允许发送和接收 UDP 数据报。该类最常见的方法是，使用 bind()绑定一个地址和端口，然后调用writeDatagram()方法和 readDatagram() / receive Datagram()方法来传输数据。注意发送数据一般要少于 512 字节。如果发送多于 512 字节的数据，即使发送成功，也会在 IP 层被分片。在数据报到达本地主机时会发出readReady()信号，接收到该信号就可以读取传入的数据报。

如果使用标准的 QIODevice 函数 read()、readLine()、write()等，必须首先通过调用connectToHost()将套接字直接连接到对等体。每次将数据报写入网络时，套接字都会发出bytesWritten()信号。

2. QUdpSocket类常用API函数

（1）构造函数。

```
QUdpSocket::QUdpSocket(QObject *parent = Q_NULLPTR)
```

（2）如果至少有一个数据报在等待被读取，则返回true；否则返回false。

```
bool QUdpSocket::hasPendingDatagrams() const
```

（3）服务器绑定端口。

```
bool bind(const QHostAddress &address, quint16 port = 0,
                               BindMode mode = DefaultForPlatform);
```

（4）返回第一个待处理的UDP数据报的字节数。如果没有可用的数据报，该函数返回−1。

```
qint64 QUdpSocket::pendingDatagramSize() const
```

（5）接收数据。

```
qint64 QUdpSocket::readDatagram(char *data, qint64 maxSize,
          QHostAddress *address = Q_NULLPTR, quint16 *port = Q_NULLPTR)
```

该函数将接收一个不大于maxSize变量所定义字节的数据报并将其存储在data变量中。发送者的主机地址和端口存储在address和port两个变量中，读取成功时返回数据报的大小，否则返回−1。

如果maxSize变量太小，数据报的其余部分将会被丢失。为了避免数据在读取数据报之前丢失，应调用pendingDatagramSize()来确定未读数据报的大小。如果maxSize为0，数据报将被丢弃。

（6）发送数据。

```
qint64 QUdpSocket::writeDatagram(const char *data, qint64 size,
                           const QHostAddress &address, quint16 port)
```

将数据报以size变量定义的大小发送到指定端口的主机地址，发送成功时返回发送的字节数，否则返回−1。

【例11-4】UDP数据发送

本例使用NetAssist"网络调试助手"软件来模拟UDP数据端，该软件的运行界面如图11-10所示。该软件的"协议类型"选择UDP、"本地IP地址"输入192.168.2.101、"本地端口号"输入10005，单击"连接"/"断开"按钮连接其他UDP数据端；在"目标主机"文本框输入需要发送数据的目的主机IP地址，由于此

扫一扫，看视频

处发送数据和接收数据的是同一个主机，所以其IP地址是192.168.2.101，发送到目标主机的端口号是10006。

本例自定义的UDP端运行结果如图11-11所示。本地主机的IP地址是192.168.2.101，绑定端口是10006，然后单击"绑定端口"按钮后，在图11-11中的文本浏览框中会显示绑定状态和绑定的端口号10006。另外，需要指定要发送数据的目标端口是10005（也就是网络调试助手的本地端口号）。在图11-11最下面的输入框中输入信息"Hello"，然后单击"发送消息"按钮把信息发送出去，再在输入框中输入要发送的广播信息"Broadcast Information"后单击"广播消息"按钮，在图11-10和图11-11中显示了这两条发送信息。

图 11-10　网络调试助手　　　　　　　　　　图 11-11　UDP端

UDP端程序实现的步骤及其代码的详细说明如下：

（1）创建新的项目工程，项目名是example11-4。

（2）在项目工程文件中导入Network网络模块。

（3）在UI界面上添加组件，并给组件赋予相应的对象名，其结果如图11-12所示。

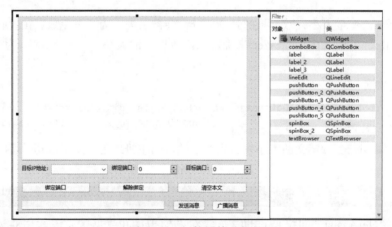

图 11-12　组件及其对象名

（4）在Widget.h头文件中导入所需要的包、声明程序中所需要的变量和函数，其代码和详细说明如下：

```
#ifndef WIDGET_H
#define WIDGET_H
#include <QWidget>
#include <QUdpSocket>            // 导入QUdpSocket类进行UDP通信
#include <QHostInfo>             // 导入QHostInfo类获取IP地址
#include <QNetworkInterface>     // 导入QNetworkInterface类获取套接字
QT_BEGIN_NAMESPACE
namespace Ui {class Widget;}
QT_END_NAMESPACE
class Widget : public QWidget
{
  Q_OBJECT
public:
```

```
      Widget(QWidget *parent = nullptr);
      ~Widget();
private:
    Ui::Widget *ui;
    /* Udp 通信套接字 */
    QUdpSocket *udpSocket;               // 声明进行UDP通信的对象
    QList<QHostAddress> IPlist;          // 声明IP地址的列表对象
    void getLocalHostIP();               // 声明获取本地主机IP地址的函数
private slots:
    void receiveMessages();              // 接收信号的槽函数
    // 连接状态发生改变的槽函数
    void socketStateChange(QAbstractSocket::SocketState);
    // 五个按钮相应的单击事件槽函数
    void on_pushButton_clicked();
    void on_pushButton_2_clicked();
    void on_pushButton_3_clicked();
    void on_pushButton_4_clicked();
    void on_pushButton_5_clicked();
};
#endif // WIDGET_H
```

（5）在Widget.cpp源文件中编写程序所需要的功能和相关函数，其代码和详细说明如下：

```
#include "widget.h"
#include "./ui_widget.h"
Widget::Widget(QWidget *parent)
    : QWidget(parent)
    , ui(new Ui::Widget)
{
    ui->setupUi(this);
    // 设置主窗体的位置与大小
    this->setGeometry(0, 0, 800, 480);
    // 设置窗口的标题：UDP端
    this->setWindowTitle("UDP端");
    // 实例化UDP套接字对象
    udpSocket = new QUdpSocket(this);
    // 设置端口号的范围，注意不要与主机已使用的端口号冲突
    ui->spinBox->setRange(10000, 99999);
    ui->spinBox_2->setRange(10000, 99999);

    // 设置停止监听状态不可用
    ui->pushButton_2->setEnabled(false);
    // 设置输入框默认的文本
    ui->lineEdit->setText("您好！");
    // 在下拉列表中添人本地IP地址
    getLocalHostIP();
    // 数据准备信号的槽函数，可以在该函数中读取其他端发送的数据
    connect(udpSocket, SIGNAL(readyRead()),
                            this, SLOT(receiveMessages()));
    // 状态发生改变信号的槽函数
    connect(udpSocket, SIGNAL(stateChanged(QAbstractSocket::SocketState)),
                this, SLOT(socketStateChange(QAbstractSocket::SocketState)));
}
// 获取本地IP地址
void Widget::getLocalHostIP()
{
    // 获取所有的网络接口，QNetworkInterface类提供主机的IP地址和网络接口的列表
    QList<QNetworkInterface> list = QNetworkInterface::allInterfaces();
    // 遍历list
```

```cpp
        foreach (QNetworkInterface interface, list) {
            // QNetworkAddressEntry类存储IP地址子网掩码和广播地址
            QList<QNetworkAddressEntry> entryList= interface.addressEntries();
            // 遍历entryList
            foreach (QNetworkAddressEntry entry, entryList) {
                // 过滤IPv6地址，判断当前协议是否是IPv4协议
                if (entry.ip().protocol() ==QAbstractSocket::IPv4Protocol) {
                    // 把IP地址加入下拉列表框中
                    ui->comboBox->addItem(entry.ip().toString());
                    // 添加到 IP 列表中
                    IPlist<<entry.ip();
                }
            }
        }
    }
    // UDP接收消息事件的槽函数
    void Widget::receiveMessages()
    {
        // 定义QHostAddress对象变量，用于获取发送者的IP地址和端口
        QHostAddress peerAddr;
        // 定义端口变量
        quint16 peerPort;
        // 如果有数据已经准备好
        while (udpSocket->hasPendingDatagrams()) {
            // udpSocket对象发送的数据报是QByteArray类型的字节数组
            QByteArray datagram;
            // 重新定义数组的大小
            datagram.resize(udpSocket->pendingDatagramSize());
            // 读取数据，并获取发送方的IP地址和端口地址
            udpSocket->readDatagram(datagram.data(),
                                    datagram.size(),&peerAddr,&peerPort);
            // 把读取的数据转为字符串
            QString str = datagram.data();
            // 显示信息到文本浏览框窗口
            ui->textBrowser->append("接收来自"+ peerAddr.toString()+ ":"+
                                    QString::number(peerPort)+ str);
        }
    }
    // socket套接字状态改变
    void Widget::socketStateChange(QAbstractSocket::SocketState state)
    {
        switch (state) {
        // UnconnectedState：未连接状态，表示套接字未连接到主机
        case QAbstractSocket::UnconnectedState:
            ui->textBrowser->append("scoket 状态: UnconnectedState");
            break;
        // ConnectedState：已连接状态，表示套接字已成功连接到主机
        case QAbstractSocket::ConnectedState: // 处于连接状态
            ui->textBrowser->append("scoket 状态: ConnectedState");
            break;
        // ConnectingState：连接状态，表示套接字正在尝试与主机建立连接
        case QAbstractSocket::ConnectingState:
            ui->textBrowser->append("scoket 状态: ConnectingState");
            break;
        // HostLookupState：主机查找状态，表示正在进行主机名解析
        case QAbstractSocket::HostLookupState:
            ui->textBrowser->append("scoket 状态: HostLookupState");
            break;
        // ListeningState：监听状态，表示套接字正在监听传入的连接请求
```

```cpp
    case QAbstractSocket::ListeningState:
      ui->textBrowser->append("scoket 状态: ListeningState");
      break;
    // BoundState: 绑定状态，表示套接字已经绑定到本地地址和端口
    case QAbstractSocket::BoundState:
      ui->textBrowser->append("scoket 状态: BoundState");
      break;
  }
}
Widget::~Widget()
{
    delete ui;
}
// "绑定端口" 按钮单击事件的槽函数
void Widget::on_pushButton_clicked()
{
  // 获取用户输入的、需要绑定的端口
  quint16 port = ui->spinBox_2->value();
  // 判断UDP套接字的状态不是 UnconnectedState（没连接）状态
  if (udpSocket->state() != QAbstractSocket::UnconnectedState)
    udpSocket->close();
  if (udpSocket->bind(port)) {
    // 在文本浏览框中显示要发送的信息
    ui->textBrowser->append("已经成功绑定端口: "+ QString::number(port));
    /* 设置界面中各元素的状态 */
    ui->pushButton->setEnabled(false);      // 设置 "绑定端口" 按钮不可用
    ui->pushButton_2->setEnabled(true);     // 设置 "解除绑定" 按钮可用
    ui->spinBox_2->setEnabled(false);       // 设置 "绑定端口" 列表不可用
  }
}
// "解除绑定" 按钮单击事件的槽函数
void Widget::on_pushButton_2_clicked()
{
  // 与UDP对象解除绑定，不再监听
  udpSocket->abort();
  // 设置界面中各元素的状态
  ui->pushButton->setEnabled(true);        // 设置 "绑定端口" 按钮可用
  ui->pushButton_2->setEnabled(false);     // 设置 "解除绑定" 按钮不可用
  ui->spinBox_2->setEnabled(true);         // 设置 "绑定端口" 列表可用
}

// "清空文本" 按钮单击事件的槽函数
void Widget::on_pushButton_3_clicked()
{
  /* 清除文本浏览器的内容 */
  ui->textBrowser->clear();
}
// "发送消息" 按钮单击事件的槽函数
void Widget::on_pushButton_4_clicked()
{
  // 在文本浏览框中显示要发送的信息
  ui->textBrowser->append("发送: " + ui->lineEdit->text());
  // 把要发送的信息转为 QByteArray 类型字节数组，数据一般少于512字节
  QByteArray data = ui->lineEdit->text().toUtf8();
  // 获取要发送的目标IP地址
  QHostAddress peerAddr = IPlist[ui->comboBox->currentIndex()];
  // 获取要发送的目标端口号
  quint16 peerPort = ui->spinBox->value();
  // 发送消息
```

```
      udpSocket->writeDatagram(data, peerAddr, peerPort);
  }
  // "广播消息" 按钮单击事件的槽函数
  void Widget::on_pushButton_5_clicked()
  {
      // 文本浏览框显示发送的信息
      ui->textBrowser->append("发送： " + ui->lineEdit->text());
      // 把要发送的信息转为 QByteArray 类型字节数组，数据一般少于512字节
      QByteArray data =ui->lineEdit->text().toUtf8();
      // 广播地址是255.255.255.255，同一网段内监听目标端口的程序都会接收到消息 */
      QHostAddress peerAddr = QHostAddress::Broadcast;
      // 获取要发送的目标端口号
      quint16 peerPort = ui->spinBox->text().toInt();
      // 发送广播消息
      udpSocket->writeDatagram(data, peerAddr, peerPort);
  }
```

11.4　Qt网络应用开发

 ### 11.4.1　Web 访问

1. QWebEngineView类

在Qt中使用QWebEngineView类进行Web访问，该类提供一个用于查看和编辑Web文档的小部件，可用于各种应用程序以实时方式显示来自Internet的Web内容。

QWebEngineView类使用load()函数将Web网站加载到Web视图中，使用GET方法加载URL，调用show()函数显示Web视图，或者使用setUrl()函数加载Web网站。

当QWebEngineView对象在Web视图开始加载时会发射开始加载的loadStarted()信号；在Web视图的整个加载过程中会发出loadProgress()信号，该信号的槽处理函数中会有形参，该形参值是当前加载Web视图的进度值；当Web视图被完全加载后会发出loadFinished()信号，该信号的槽处理函数中的形参值是布尔类型值（true或false），用来指示Web视图加载是成功还是失败。

QWebEngineView对象可以使用title()函数访问HTML文档的标题。此外，该对象可以指定一个图标，可以使用icon()或使用iconUrl()函数访问该图标。如果标题或图标更改，将发出相应的titleChanged()、iconChanged()和iconUrlChanged()信号。zoomFactor()函数允许按比例因子缩放网页内容。

QWebEngineView类的示例代码如下：

```
QWebEngineView *view = new QWebEngineView(parent);
view->load(QUrl("http://www.whpu.edu.cn/"));
view->show();
```

2. QWebEngineView类常用的属性与函数

（1）QWebEngineHistory *history()：返回访问过网页的历史记录的指针。

（2）bool hasSelection()：用于指出页面是否包含指定内容。

（3）void load(const QUrl &url)：视图中加载新的网页地址。

（4）QString title()：获取当前访问网页的标题。

（5）void back()：返回到访问的上一页页面，如果没有以前页面执行该函数没有反应。

（6）void forward()：前进到下一页页面，如果没有下一页页面执行该函数没有反应。

（7）void reload()：重新加载当前网页页面，也就是刷新网页。

（8）void stop()：停止网页的加载。

3. QWebEngineView类的常用信号

（1）图标发生改变的信号。

```
void iconChanged(const QIcon &icon)
void iconUrlChanged(const QUrl &url)
```

（2）网页加载完成信号。

```
void loadFinished(bool ok)
```

（3）网页加载进度信号，其形参值是 0~100 之间的整数。

```
void loadProgress(int progress)
```

（4）网页开始加载时发出的信号。

```
void loadStarted()
```

（5）标题改变时发出的信号。

```
void titleChanged(const QString &title)
```

（6）url改变时发出的信号。

```
void urlChanged(const QUrl &url)
```

【例11-5】简易浏览器

本例将使用QWebEngineView类制作一个简易的浏览器（图11-13是浏览器的初始状态）。该简易浏览器的主要功能如下：

扫一扫，看视频

（1）通过文本框输入URL地址（如https://www.sina.com.cn/）可以访问指定的Web页面，且在文本框中直接按Enter键就可以加载Web页面，或者单击GO按钮实现Web页面加载（图11-14）。在加载的过程中，刷新按钮的图标变成停止状态、GO按钮变成不可用状态，并且在窗口的右上角出现加载进度条显示当前页面加载的进度；当网页加载完毕（图11-15），刷新按钮和GO按钮又恢复到可用状态，页面加载进度条将会被隐藏。

图11-13　浏览器的初始状态

（2）页面访问的前进、后退按钮（图11-13左上角的两个按钮）在初始时是不可用状态，当有可访问的前进页面或者后退页面时，这两个按钮会变成可用状态，图11-15左上角的后退按钮是可用状态。

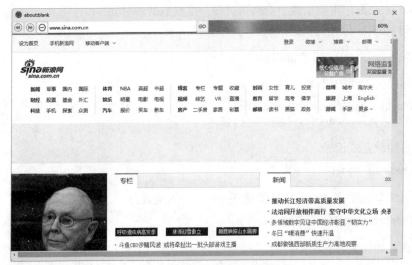

图11-14　浏览器页面加载过程中

图11-15　浏览器页面加载完成状态

本例程序实现的步骤及其代码的详细说明如下：

（1）创建新的项目工程，项目名是example11-5。

（2）在项目工程文件CMakeLists.txt中导入访问浏览器所需要的WebEngineWidgets模块，其导入语句如下：

```
find_package(Qt6 REQUIRED COMPONENTS WebEngineWidgets)
target_link_libraries(example11-5 PRIVATE Qt6::WebEngineWidgets)
```

其中，example11-5是项目名，如果所制作的项目名不同，则此处需要修改为对应的项目名。

（3）在UI界面上添加组件，并给组件赋予相应的对象名，其结果如图11-16所示。其中，对象名分别是后退按钮（backBtn）、前进按钮（forwordBtn）、刷新按钮（btnRefresh）、GO按钮（btnGo）、网页加载进度条（progressBar）、地址栏（urlLineEdit）。

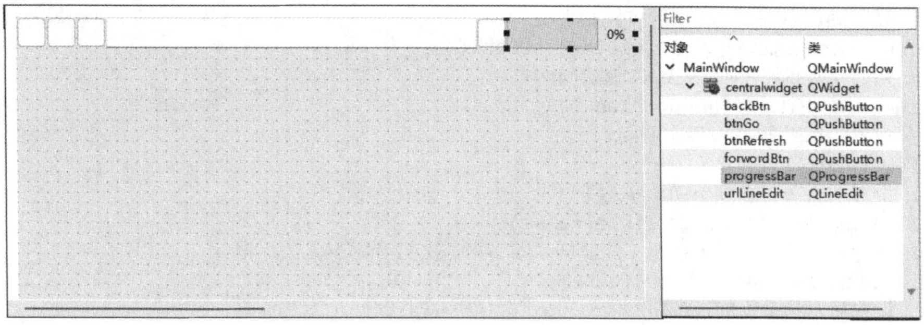

图11-16　UI界面上的组件及其名称

（4）创建资源文件，在创建的资源文件中导入按钮上所需要的图标。

（5）在widget.h头文件中导入所需要的包、声明程序中所需要的变量和函数，其代码和详细说明如下：

```cpp
#ifndef MAINWINDOW_H
#define MAINWINDOW_H
#include <QMainWindow>
#include <QWebEngineView>          // 导入QWebEngineView类显示网页内容
#include <QScreen>                 // 导入QScreen类获取屏幕大小
#include <QWebEngineHistory>       // 导入QWebEngineHistory类控制浏览历史页面
QT_BEGIN_NAMESPACE
namespace Ui {class MainWindow;}
QT_END_NAMESPACE
class MainWindow : public QMainWindow
{
Q_OBJECT
public:
  MainWindow(QWidget *parent = nullptr);
  ~MainWindow();
private slots:
  void on_btnGo_clicked();        // GO按钮单击事件的槽函数
  void on_backBtn_clicked();      // 后退按钮单击事件的槽函数
  void on_forwordBtn_clicked();   // 前进按钮单击事件的槽函数
  void on_btnRefresh_clicked();   // 刷新按钮单击事件的槽函数
private:
  Ui::MainWindow *ui;
  QWebEngineView *view;           // 声明QWebEngineView对象view
  QPixmap icon1;                  // 声明像素图对象icon1
};
#endif // MAINWINDOW_H
```

（6）在widget.cpp源文件中编写程序所需要的功能和相关声明函数，其代码和详细说明如下：

```cpp
#include "mainwindow.h"
#include "./ui_mainwindow.h"
MainWindow::MainWindow(QWidget *parent)
  : QMainWindow(parent)
  , ui(new Ui::MainWindow)
{
  ui->setupUi(this);
  // 获取屏幕的相关信息，包括其尺寸大小
  QScreen* screen = QGuiApplication::primaryScreen();  // 获取主屏幕
  // 设置当前窗口的大小为显示屏幕的大小
  resize(screen->size());
  // 实例化Web视图对象view
  view=new QWebEngineView(this);
```

```
    // 设置Web视图对象view的位置和大小
    view->setGeometry(0,30,width(),height());
    // 初始化Web视图对象view默认访问网页为空
    view->load(QUrl("about:blank"));
    // 设置Web视图对象view显示
    view->show();
    // 设置网页访问进度条初始状态不可见
    ui->progressBar->setVisible(false);
    // 设置初始状态，后退按钮不能使用，因为第一次打开网页无法后退
    ui->backBtn->setEnabled(false);
    // 设置初始状态，前进按钮不能使用，因为第一次打开网页无法前进
    ui->forwordBtn->setEnabled(false);
    // 下面几条语句的作用是给相关按钮设置图标
    icon1.load(":/images/back.png");      // 后退按钮
    ui->backBtn->setIcon(icon1);
    ui->backBtn->setIconSize(QSize(20,20));
    icon1.load(":/images/goto.png");      // GO按钮
    ui->btnGo->setIcon(icon1);
    ui->btnGo->setIconSize(QSize(20,20));
    icon1.load(":/images/next.png");      // 前进按钮
    ui->forwordBtn->setIcon(icon1);
    ui->forwordBtn->setIconSize(QSize(20,20));
    icon1.load(":/images/refresh.png");   // 刷新按钮
    ui->btnRefresh->setIcon(icon1);
    ui->btnRefresh->setIconSize(QSize(20,20));
    // 地址栏按下Enter键的事件对应槽函数，也就是要对应按下Enter键后自动访问输入的网页地址
    connect(ui->urlLineEdit,&QLineEdit::returnPressed,[=](){
      // 读取用户输入的网页地址
      QString url=ui->urlLineEdit->text();
      // 判断输入的Web地址是否输入协议头
      // 也就是地址的前7个字符不是"http://"并且前8个字符不是"https://"
      if(url.left(7)!="http://" &&url.left(8)!="https://"){
        url="http://"+url;                // 地址前加上协议头
      }
      view->load(url);                    // 载入指定的IP地址
    });
    // Web视图对象开始加载网页的事件对应槽函数
    connect(view,&QWebEngineView::loadStarted,[=](){
      // 把按钮的刷新图标变成停止图标
      icon1.load(":/images/stop.png");
      ui->btnRefresh->setIcon(icon1);
      ui->btnRefresh->setIconSize(QSize(20,20));
      // 设置GO按钮不可用
      ui->btnGo->setEnabled(false);
      // 显示网页加载的进度条
      ui->progressBar->setVisible(true);
    });
    // Web视图对象加载网页过程中的事件对应槽函数，其槽函数的入口参数是加载进度值
    connect(view,&QWebEngineView::loadProgress,[=](int progress){
      // 把网页的加载进度值写入进度条组件中，用来显示当前加载进度
      ui->progressBar->setValue(progress);
    });
    // 网页加载完成的事件对应槽函数
    connect(view,&QWebEngineView::loadFinished,[=](){
      // 重置刷新图标
      icon1.load(":/images/refresh.png");
      ui->btnRefresh->setIcon(icon1);
      ui->btnRefresh->setIconSize(QSize(20,20));
      // 设置GO按钮处于可用状态
```

```cpp
    ui->btnGo->setEnabled(true);
    // 设置网页显示进度条不可见
    ui->progressBar->setVisible(false);
    // 在地址框内加上协议头
    ui->urlLineEdit->setText(view->url().toString());
    // 设置返回上一页按钮的状态
    if(view->history()->canGoBack()){
      ui->backBtn->setEnabled(true);        // 设置为可用状态
    }else{
      ui->backBtn->setEnabled(false);       // 设置为不可用状态
    }
    // 设置返回下一页按钮的状态
    if(view->history()->canGoForward()){
      ui->forwordBtn->setEnabled(true);     // 设置为可用状态
    }else{
      ui->forwordBtn->setEnabled(false);    // 设置为不可用状态
    }
    // 把访问网页的标题读出并写到当前窗口的标题
    setWindowTitle(view->title());
  });
}
MainWindow::~MainWindow()
{
  delete ui;
}
// GO按钮的单击事件槽函数
void MainWindow::on_btnGo_clicked()
{
  // 获取地址栏所输入的访问地址到url变量
  QString url=ui->urlLineEdit->text();
  // 判断输入的Web地址是否输入协议头
  // 也就是地址的前7个字符不是 "http://" 并且前8个字符不是 "https://"
  if(url.left(7)!="http://" && url.left(8)!="https://"){
    url="http://"+url;       // 加入访问地址
  }
  view->load(url);
}
// 后退按钮的单击事件槽函数
void MainWindow::on_backBtn_clicked()
{
  // Web视图对象能否进行后退操作
  if(view->history()->canGoBack()){
    view->back();                  // 后退一页显示网页内容
  }
}
// 前进按钮的单击事件槽函数
void MainWindow::on_forwordBtn_clicked()
{
  // Web视图对象能否进行前进操作
  if(view->history()->canGoForward()){
    view->forward();               // 前进一页显示网页内容
  }
}
// 刷新按钮的单击事件槽函数
void MainWindow::on_btnRefresh_clicked()
{
  // 获取地址栏所输入的访问地址到url变量
  QString url=ui->urlLineEdit->text();
  // Web视图对象根据url地址重新加载Web网页
```

```
    view->load(url);
}
```

 11.4.2　网络文件下载

1. 网络访问概述

QNetworkAccessManager是Qt网络模块中的一个类，主要用于管理网络请求和响应，可以发送HTTP请求、处理HTTP响应、支持文件上传和下载以及支持多种网络协议。

QNetworkAccessManager使用异步方式发送请求和处理响应，这意味着它可以在不阻塞应用程序UI线程的情况下进行网络通信。当一个请求被发送时，QNetworkAccessManager对象将立即返回一个QNetworkReply对象，该对象可用于监视请求的进度、访问响应数据以及处理响应错误。

QNetworkReply类包含用QNetworkAccessManager发送的请求的数据和报头。像QNetworkRequest一样，它也包含一个URL和报头，一些关于应答状态的信息和应答本身的内容。

QNetworkReply是一个顺序访问的QIODevice对象，这意味着一旦从对象中读取数据，QNetworkReply就不再被设备保存。每当从网络接收到需要处理的数据时就会发出readyRead()信号；当接收到数据时downloadProgress()信号也会被发出，但如果对内容进行任何转换，则其中包含的字节数可能不代表实际接收的字节数；当数据接收完毕会发出finished()信号。

QNetworkAccessManager可以使用各种不同的网络类型请求，主要包括GET、POST、PUT、DELETE等，另外还支持设置请求头、查询参数、表单数据、代理服务器等。使用QNetworkAccessManager发送HTTP请求的基本流程如下：

（1）创建QNetworkAccessManager对象。

（2）创建QNetworkRequest对象，设置请求URL和请求头。

（3）使用QNetworkAccessManager的get()、post()、put()等函数发送请求。

（4）处理QNetworkReply对象以获取响应数据。

QNetworkAccessManager可以方便地集成到Qt应用程序中，使应用程序可以与远程服务器进行通信。

2. 常用函数和信号

（1）设置网络请求地址函数。

使用QNetworkRequest类的setUrl()函数可以设置需要访问的网络请求地址，该函数的语法格式如下：

```
void QNetworkRequest::setUrl(const QUrl &url)
```

（2）GET请求函数。

QNetworkAccessManager类的get()是一个函数，用于发送HTTP GET请求，并返回新的QNetworkReply对象，用于读取响应数据，并且在获取新数据时该对象会发出readyRead()信号。例如：

```
QNetworkAccessManager *manager = new QNetworkAccessManager();
// 发送GET请求
QUrl url("http://www.example.com");
QNetworkRequest request(url);
QNetworkReply *reply = manager->get(request);
```

```
connect(reply, &QNetworkReply::finished, this, [reply]() {
    // 处理响应数据
    QByteArray data = reply->readAll();
    qDebug() << "Received data:" << data;
});
delete manager;
```

（3）atEnd()函数。

atEnd()函数用于判断当前发送设备中的数据是否读到末尾（即设备上没有更多可供读取的数据），是则返回true；否则返回false。

（4）数据准备好信号。

网络接收到需要处理的数据时，就会发出readyRead()信号，该信号会在有新数据可用时再次发出。readyRead()信号的响应槽函数定义语句如下：

```
connect(reply,&QNetworkReply::readyRead,[=](){
    // 接收数据并处理
});
```

其中，参数reply是QNetworkReply的对象。

（5）下载过程信号。

下载过程信号downloadProgress()用于指示网络请求的下载进度。如果有与此请求相关的下载，这个信号将被发送一次。downloadProgress()信号的响应槽函数定义语句如下：

```
connect(reply,&QNetworkReply::downloadProgress,
[=](qint64 bytesReceived,qint64 bytestal){
    // 下载过程处理
});
```

其中，bytesReceived参数表示接收的字节数，而bytestal表示预期下载的总字节数。如果不知道要下载的字节数，bytesTotal将为−1；当bytesReceived等于bytestal时表示下载结束，并且bytesTotal不会是−1。

（6）下载完成信号。

信号下载完成后发出finish()信号，发出此信号后应答的数据或元数据将不再更新。此信号的槽函数可以对下载完成的数据进行相应的处理。finish()信号的响应槽函数定义语句如下：

```
connect(reply,&QNetworkReply::finished,[=](){
    // 读取数据完毕进行相关数据处理
});
```

【例11-6】网络文件下载

本例实现的结果如图11-17所示。在"URL地址"栏输入要下载文件的地址后，单击"下载文件"按钮，会出现进度条，进度条会根据文件下载的进度进行显示；当文件下载完毕，进度条会达到100%，并且弹出提示信息对话框提示用户文件已下载完毕，当用户单击提示信息对话框中的OK按钮后，信息对话框和文件下载进度条都会被隐藏。

扫一扫，看视频

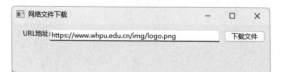

图11-17　网络文件下载

本例程序实现的步骤及其代码的详细说明如下：

（1）创建新的项目工程，项目名是example11-6。

（2）在项目工程文件CMakeLists.txt中导入访问网络所需要的Network模块，导入语句如下：

```
find_package(Qt6 REQUIRED COMPONENTS Network)
target_link_libraries(example11-6 PRIVATE Qt6::Network)
```

其中，example11-6是项目名，如果所制作的项目名不同，则此处需要修改为对应的项目名。

（3）在UI界面上添加组件，并给组件赋予相应的对象名，结果如图11-18所示。

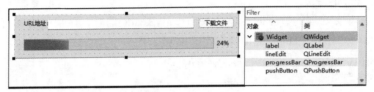

图11-18　UI界面上的组件及其名称

由于本例所使用的组件很少，也很简单，所以都使用组件的默认对象名。

（4）在widget.h头文件中导入所需要的包、声明程序中所需要的变量和函数，其代码和详细说明如下：

```
#ifndef WIDGET_H
#define WIDGET_H
#include <QWidget>
#include <QNetworkAccessManager>      // 导入网络访问类
#include <QNetworkRequest>            // 导入网络请求类
#include <QNetworkReply>             // 导入网络响应类
#include <QFile>                     // 导入文件操作类
#include <QMessageBox>               // 导入信息框类
QT_BEGIN_NAMESPACE
namespace Ui {class Widget;}
QT_END_NAMESPACE
class Widget : public QWidget
{
  Q_OBJECT
public:
  Widget(QWidget *parent = nullptr);
  ~Widget();
private slots:
  void on_pushButton_clicked();      // 下载按钮的单击事件槽函数
private:
  Ui::Widget *ui;
  QNetworkAccessManager *manager;    // 声明网络访问对象变量
  QNetworkReply *reply;              // 声明网络响应对象变量
  QFile *file;                       // 声明文件对象
};
#endif // WIDGET_H
```

（5）在widget.cpp源文件中编写程序所需要的功能和相关声明函数，其代码和详细说明如下：

```
#include "widget.h"
#include "./ui_widget.h"
Widget::Widget(QWidget *parent)
  : QWidget(parent)
  , ui(new Ui::Widget)
```

```cpp
{
  ui->setupUi(this);
  manager=new QNetworkAccessManager(this);    // 实例化网络访问对象
  file=new QFile(this);                        // 实例化文件操作对象
  ui->progressBar->setVisible(false);          // 设置进度条初始时隐藏
}
Widget::~Widget()
{
  delete ui;
}
void Widget::on_pushButton_clicked()
{
  QNetworkRequest request;
  QString url=ui->lineEdit->text();            // 获取用户输入的URL地址
  request.setUrl(QUrl(url));                    // 设置url地址
  reply=manager->get(request);                  // 初始化reply
  // 有新数据可以读取时会触发readyRead信号
  connect(reply,&QNetworkReply::readyRead,[=](){
    // 如果发送来的数据没有读取完，则进入循环
    while(!reply->atEnd()){
      QByteArray ba= reply->readAll();          // 从缓冲区读取新数据
      file->write(ba);                          // 把读取数据写入文件
    }
  });
  // 下载进度更新时触发该信号。其中形参recvtotal为接收数据数，total为总的数据数
  connect(reply,&QNetworkReply::downloadProgress,
  [=](qint64 recvtotal,qint64 total){
    ui->progressBar->setMaximum(total);         // 设置进度条的最大值
    ui->progressBar->setValue(recvtotal);       // 设置进度条的当前值
  });
  // 应答结束处理时，触发该信号
  connect(reply,&QNetworkReply::finished,[=](){
    file->close();        // 数据读取完毕，关闭文件写操作
    // 弹出信息对话框，提示用户文件已经下载完毕
    QMessageBox::information(this,"提示信息","文件下载完毕！");
    // 隐藏下载进度条
    ui->progressBar->setVisible(false);
  });
  // 分割地址栏中的文件名。先使用分割字符串形成数组，其最后一个元素就是要下载的文件名
  QStringList list=url.split("/");
  // 获取地址栏中的文件名
  QString filename=list.at(list.length()-1);
  // 把文件名应用到文件对象
  file->setFileName(filename);
  // 用只写的方式WriteOnly或重写的方式Truncate打开指定文件
  bool ret=file->open(QIODevice::WriteOnly|QIODevice::Truncate);
  // 文件打开失败，给出错误提示
  if(!ret){
    QMessageBox::warning(this,"warning","打开文件失败");
    return;
  }
  // 初始化下载进度条
  ui->progressBar->setValue(0);
  // 设置下载进度条的最小值
  ui->progressBar->setMinimum(0);
  // 设置下载进度条的可见性
  ui->progressBar->setVisible(true);
}
```

11.5 本章小结

虽然目前主流的操作系统都提供了统一的套接字（socket）抽象编程接口，用于编写不同层次的网络应用程序，但是这种方法非常烦琐，有时甚至需要引用底层操作系统的相关数据结构，开发难度非常大。Qt提供了众多的网络模块，模块中的一些类对操作系统的套接字抽象编程接口进行了封装，使用它们使得网络应用程序的开发变得非常容易。本章首先介绍了TCP和UDP的数据通信方法，然后说明了两种极其重要的网络应用的实现方法，分别是Web服务器网页的访问和Web文件的下载。

11.6 习题11

一、选择题

1. TCP采用（　　）次握手。

　　A. 1　　　　　　　　B. 2　　　　　　　　C. 3　　　　　　　　D. 4

2. UDP的三种传播方式，以下（　　）方式不在其中。

　　A. 单播　　　　　　B. 广播　　　　　　C. 组播　　　　　　D. 任播

3. 使用（　　）静态函数可以异步获取指定主机名的信息。

　　A. lookupHost()　　B. localHostName　　C. fromName　　　D. addresses

4. 静态函数（　　）返回主机上所有的网络接口的列表。

　　A. allInterfaces()　　B. addressEntries()　　C. hardwareAddress()　　D. name()

5. 如果使用标准的 QIODevice 函数 read()、readLine()、write()等，必须首先通过调用（　　）将套接字直接连接到对等体。

　　A. connectToHost()　　　　　　　　B. bind()

　　C. bindServer()　　　　　　　　　　D. bytesWritten()

6. QWebEngineView类使用（　　）函数将Web网站加载到Web视图中。

　　A. show()　　　　　　B. load()　　　　　　C. get()　　　　　　D. setUrl()

7. （　　）是Qt网络模块中的一个类，主要用于管理网络请求和响应，可以发送HTTP请求、处理HTTP响应、支持文件上传和下载以及支持多种网络协议。

　　A. QWebEngineView　　　　　　　　B. QNetworkAccessManager

　　C. QNetworkInterface　　　　　　　　D. QHostInfo

8. 网络接收到需要处理的数据时就会发出（　　）信号，该信号会在有新数据可用时再次发出。

　　A. atEnd()　　　　B. readyRead()　　　　C. downloadProgress()　　　D. setUrl()

二、简答题

1. 已创建的工程名是experiment11-1，现需要进行网络资源访问，需要在工程文件CMakeLists.txt中添加Network模块，那么添加Network模块的语句是什么？

2. 请写出获取当前计算机IP地址的Qt实现语句。

3. TCP使用三次握手的目的是什么？

4. 请说明TCP服务器端程序的工作步骤。

5. 阅读下面程序片段，说明每条语句的作用并阐述其完成的任务。

```
QNetworkAccessManager *manager = new QNetworkAccessManager();
QUrl url("http://www.example.com");
QNetworkRequest request(url);
QNetworkReply *reply = manager->get(request);
connect(reply, &QNetworkReply::finished, this, [reply]() {
  QByteArray data = reply->readAll();
  qDebug() << "Received data:" << data;
});
delete manager;
```

11.7 实验11　简易浏览器

一、实验目的

（1）掌握网络访问的基本概念。

（2）掌握Qt对于Web服务器的访问方法。

（3）掌握QWebEngineView类的使用方法。

二、实验要求

本实验要求制作一个简易的浏览器，浏览器的运行结果如实验图11-1所示。该简易浏览器的主要功能如下：

（1）通过文本框输入URL地址（如https://www.sina.com.cn/）可以访问指定的Web页面，且在文本框中直接按Enter键就可以加载Web页面，或者单击GO按钮实现Web页面加载。

（2）在加载的过程中，刷新按钮的图标变成停止状态、GO按钮变成不可用状态，并且在窗口的右上角出现加载进度条显示当前页面加载的进度。

（3）当网页加载完毕，刷新按钮和GO按钮又恢复到可用状态，页面加载进度条将会被隐藏。

（4）访问页面的前进、后退按钮在初始时是不可用状态，当有可访问的前进页面或者后退页面时，这两个按钮会转变成可用状态。

（5）访问不同的网站，浏览器窗口的标题跟随网站发生相应的变化。

实验图11-1　简易浏览器

第 12 章

多线程

本章学习目标：

本章主要讲解 Qt 中线程的基本概念和操作方法，主要包括线程的运行、线程间的通信、线程的控制等内容。通过本章的学习，读者应该掌握以下内容。

- Qt 中线程的操作方法。
- 通过继承不同的类来实现线程。
- 使用线程池实现多线程。
- 线程的同步与互斥。

12.1 多线程简介

12.1.1 线程的基本概念

1. 问题引出

在进行桌面应用程序开发时，假设应用程序在某些情况下需要处理比较复杂的逻辑运算，例如要完成1000000个数的累加，其代码如下：

```
int num=0,sum=0;
while(1){
  num++;
  sum+=num;
  if(num<=1000000)  break;
}
qDebug()<<sum;
```

如果直接进行运算处理，就会导致窗口卡顿且无法处理用户其他的相关操作，为了解决这种问题，引入了线程（thread）的概念。

2. 线程的定义

线程是操作系统能够进行运算调度的最小单位，它包含在进程中，是进程中的实际运作单位。一个进程中可以并发多个线程，一条线程是指进程中一个单一顺序的控制流，每条线程并行执行不同的任务。

线程中的实体是不拥有系统资源的，而是共享进程中的全部系统资源，例如虚拟地址空间、文件描述符和信号处理等，也就是说，同一进程中的多条线程将共享该进程中的全部系统资源。另外，同一进程中的多个线程有各自的调用栈、寄存器环境、线程本地存储。

3. 进程与线程的区别

进程是资源分配的基本单位。所有与进程有关的资源都被记录在进程控制块PCB中，以表示该进程拥有这些资源或者正在使用它们。

进程也是抢占处理机的调度单位，它拥有一个完整的虚拟地址空间。当进程发生调度时，不同的进程拥有不同的虚拟地址空间，而同一进程内的不同线程共享同一地址空间。

与进程相对应，线程与资源分配无关，且属于某一个进程，并与进程内的其他线程一起共享进程的资源。

线程只由相关堆栈寄存器和线程控制表组成。寄存器可用于存储某个线程内的局部变量，但不能存储其他线程的相关变量。

在引入线程的操作系统中，通常都是把进程作为分配资源的基本单位，而把线程作为独立运行和独立调度的基本单位。由于线程比进程更小，基本上不拥有系统资源，故对它的调度所付出的开销就会小得多，能更高效地提高系统内多个程序间并发执行的程度，从而显著提高系统资源的利用率和吞吐量。近年来推出的通用操作系统都引入了线程这一概念，以便进一步提高系统的并发性，并把它视为现代操作系统的一个重要指标。

进程支持多线程且进程必须有一个主线程，多个线程之间相互独立。主线程具有特殊性，主要表现如下：

（1）其他线程都是通过主线程直接或者间接启动的。

（2）主线程结束后其他所有子线程都要结束。

4. Qt中的线程类

Qt 中提供了一个QThread线程类，通过该类就可以创建子线程。前面阐述过，应用程序在某些情况下需要处理比较复杂的逻辑运算，此时Qt就需要通过多线程来处理窗口卡顿的问题。在使用这个多线程的处理过程中，需要有一个线程处理窗口事件，其他线程进行逻辑运算，多个线程各司其职，不仅可以提高用户体验，还可以提升程序的执行效率。在Qt中使用多线程需要额外注意的事项主要有：

（1）默认的线程在Qt中称为窗口线程，也称主线程，负责窗口事件处理或者窗口控件数据的更新。

（2）子线程负责后台的业务逻辑处理，子线程中不能对窗口对象做任何操作，这些事情需要交给窗口线程处理。

（3）主线程和子线程之间如果要进行数据的传递，需要使用Qt中的信号槽机制。

5. QThread类的工作机制

QThread类可以不受平台影响而实现线程。QThread提供了在程序中可以控制和管理线程的多种成员函数和信号/槽。QThread类通过成员函数start()启动线程，通过信号函数started()和finished()通知线程开始和结束，使用函数isFinished()和isRunning()查询线程的状态，使用函数exit()和quit()结束线程。

如果使用多线程需要等到所有线程终止，此时使用函数wait()即可；线程中使用成员函数sleep()、msleep()和usleep()可以暂停某个线程，暂停的时间以秒、毫秒及微秒为单位进行计算。

静态函数currentThreadId()和currentThread()返回当前正在执行的线程的标识，其中前者返回该线程平台特定的ID，后者返回一个线程指针。

要设置线程的名称需要在启动线程之前调用setObjectName()函数进行设置，如果不调用该函数设置名称，则线程的名称将是线程对象的运行时类型。

12.1.2 通过继承 QThread 类创建线程

通过继承QThread类创建线程的操作步骤如下：

（1）需要创建一个线程类，让其继承Qt中的QThread线程类，例如创建一个MyThead线程类，定义语句如下：

```
class MyThead : public QThread
{
  // 类的实现
};
```

（2）重写父类的run()方法，在该函数内部编写子线程要处理的具体业务流程，示例代码如下：

```
class MyThead : public QThread
{
  ...
  protected:
      void run() override;
  ...
};
```

（3）在主线程中创建子线程对象，但在创建之前必须把子线程类的头文件导入主线程中，示例代码如下：

```
#include "mythread.h"          // 导入子线程的头文件
  ...
MyThead * subThread=new MyThead ;  // 在主线程中创建子线程对象
```

（4）在主线程中使用子线程对象subThread的start()方法启动子线程，start()方法相当于让子线程运行run()方法，示例代码如下：

```
subThread->start();
```

（5）主线程向子线程发送数据使用信号与槽的方式实现。例如把1000000这个数字发送给gen子线程，先在主窗口中定义一个发送starting信号，让gen子线程对象接收该信号并使用recvNum槽函数响应，示例代码如下：

```
connect(this,&Widget::starting,gen,&Generate::recvNum);
```

（6）在主线程发射starting信号时附带传送要向子线程发送的数据1000000，示例代码如下：

```
emit starting(1000000);
```

（7）在子线程中定义接收主线程传送数据的函数recvNum()，示例代码如下：

```
void MyThead::recvNum(int num)
{
  mainNum=num;
}
```

（8）子线程向主线程发送数据同样使用发射带参数的信号来传递数据，例如发送sendArray信号，并且带一个数据列表的list数据给主进程，示例语句如下：

```
QVector<int> list;
// 此处给list添加数据，然后再用下面的发射信号语句
emit sendArray(list);       // 发送带list数据的sendArray信号
```

（9）在主线程中定义接收子线程subThread发出的带参数list的sendArray信号关联槽函数，示例语句如下：

```
connect(subThread,&MyThead::sendArray,[=](QVector<int> list){
  // 遍历或者对接收数据进行其他操作
});
```

（10）当用户关闭窗口触发析构函数时会发出destroyed信号，在此信号的槽函数中释放线程所需要的相关资源，示例语句如下：

```
connect(this,&Widget::destroyed,this,[=](){
  subThread->quit();
  subThread->wait();
  subThread->deleteLater();
});
```

父线程与子线程之间的通信通过信号槽方式进行，但需要特别说明的是：①在Qt的子线程中不允许操作程序中的窗口类型对象，如果操作就会使程序崩溃；②只有在主线程中才能操作程序中的窗口对象，默认的窗口线程是主线程，自定义创建的线程就是子线程。

【例12-1】生成10000个随机数并排序

本例创建10000个随机数显示在窗口中，然后把创建的随机数进行冒泡排序并显示在窗口

中。本例的目的就是通过继承QThread类创建子线程，然后把程序中特别费时间的处理过程放在子线程，通过主线程和子线程数据的传递来让读者理解线程的操作过程。本例程序运行的初始状态如图12-1所示，当用户单击"开始"按钮后，生成的随机数和冒泡排序的结果会显示在窗口中（图12-2）。另外，在控制台输出主线程和子线程的地址，以及生成随机数和进行冒泡排序所用的时间，如图12-3所示。

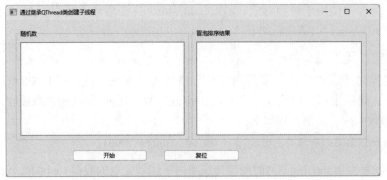

图12-1 初始状态

图12-2 生成随机数并且排序

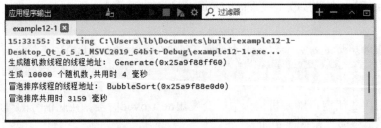

图12-3 控制台输出

本例程序实现的步骤及其代码的详细说明如下：

（1）创建新的项目工程，项目名是example12-1。

（2）在UI界面上添加组件，并给组件赋予相应的对象名，结果如图12-4所示。其主要对象名是：开始按钮btnStart、复位按钮btnReset、随机数显示框randList、冒泡排序结果显示框bubbleList。

（3）创建子线程类。在项目工程名上右击，在弹出的快捷菜单中选择"添加新文件"命令（图12-5），在弹出的"新建文件"对话框（图12-6）中选择C/C++模板，在中间列表框中选择C++ Class，然后单击右下角的"选择"按钮，弹出图12-7所示的对话框，在该对话框的Class name文本框中输入本例要创建的子类名Generate，在Base class文本框中输入子类的基类

QObject，最后单击右下角的"下一步"按钮，后面的步骤无须修改窗口。

图12-4　UI界面上的组件及其对象名称

图12-5　添加新文件

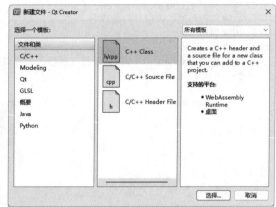

图12-6　选择创建类

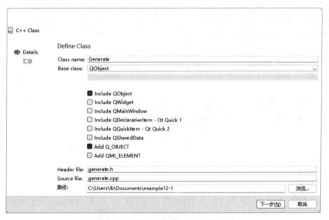

图12-7　设置类名和选择基类

（4）在项目工程文件CMakeLists.txt的适当位置添加新生成子线程类的头文件和.cpp源文件，文件中的代码如下：

```
set(PROJECT_SOURCES
        main.cpp
        widget.cpp
        widget.h
        widget.ui
        generate.cpp
        generate.h
)
```

（5）在子线程的generate.h头文件中导入所需要的包、声明程序中需要的变量和函数，其代码和详细说明如下：

```cpp
#ifndef GENERATE_H
#define GENERATE_H
#include <QThread>                        // 导入QThread类生成子线程
#include<QVector>                         // 导入QVector类定义数据列表
// 定义生成随机数子类。此处切记要修改继承类，把继承类QObject改为QThread
class Generate : public QThread
{
  Q_OBJECT
public:
  explicit Generate(QObject *parent = nullptr);
  // 声明接收主线程传递数据信号的函数
  void recvNum(int num);
protected:
  // 重写受保护的虚函数run()，子线程执行各种程序控制的函数
  void run() override;
signals:
    void sendArray(QVector<int> num);// 定义sendArray信号
private:
    int mainNum;                        // 定义生成多少个随机数的变量

};
// 冒泡排序子类
class BubbleSort : public QThread
{
  Q_OBJECT
public:
  explicit BubbleSort(QObject *parent = nullptr);
  // 接收主线程发送的要排序数据的函数
  void recvArray(QVector<int> list);
protected:
  // 重写受保护的虚函数run()
  void run() override;
signals:
  // 排序完成给主线程发射信号，并把排序结果传送给主线程
  void finishArray(QVector<int> num);
private:
  QVector<int> mainList;                // 定义排序数据的变量
};
#endif // GENERATE_H
```

（6）在generate.cpp源文件中编写程序所需要的功能，其代码和详细说明如下：

```cpp
#include "generate.h"
#include <QElapsedTimer>                  // 计算流程所用的时间
#include <QDebug>
#include <QRandomGenerator>
// 生成随机数类的构造函数，注意一定要修改父类继承为QThread
Generate::Generate(QObject *parent)
  : QThread{parent}
{

}
// 接收主线程传递数据信号的函数recvNum，形参是主线程发送来的数据num
void Generate::recvNum(int num)
{
    // 把数据num送到子线程定义的变量mainNum中
```

```
    mainNum=num;
}
// 子线程执行各种程序控制的函数run()
void Generate::run()
{
    // 在控制台输出子线程的线程地址
    qDebug()<<"生成随机数线程的线程地址: "<<QThread::currentThread();
    // 定义用于存储生成随机数的数据列表list
    QVector<int> list;
    // QElapsedTimer类主要用于测量代码的执行时间和延迟时间
    QElapsedTimer time;
    // 启动线程执行时间的计时
    time.start();
    // 开始由主线程指定的mainNum次循环
    for(int i=0;i<mainNum;i++){
        // 生成一个0~100000之间的随机数，并把其存储在数据列表list中
        list.push_back(QRandomGenerator::global()->bounded(0,100000));
    }
    // 停止线程执行时间的计时
    int milsec=time.elapsed();
    // 在控制台输出生成随机数的个数和生成这些随机数所使用的时间
    qDebug()<<"生成"<<mainNum<<"个随机数,共用时"<<milsec<<"毫秒";
    // 发射信号sendArray，目的是向主线程传送生成的随机数
    emit sendArray(list);
}
// 冒泡排序类的构造函数
BubbleSort::BubbleSort(QObject *parent) : QThread(parent)
{
}
// 接收主线程传递数据信号的函数recvArray，形参是主线程发送来的数据列表list
void BubbleSort::recvArray(QVector<int> list)
{
    // 接收主线程的数据给mainList
    mainList=list;
}
// 子线程执行各种程序控制的函数run()
void BubbleSort::run()
{
    qDebug()<<"冒泡排序线程的线程地址: "<<QThread::currentThread();
    // QElapsedTimer类主要用于测量代码的执行时间和延迟时间
    QElapsedTimer time;
    // 启动线程执行时间的计时
    time.start();
    // 下面用双重循环实现冒泡排序
    for(int i=0;i<mainList.size();i++){
        for(int j=0;j<mainList.size()-i-1;j++){
            if(mainList[j]>mainList[j+1]){
                int temp=mainList[j];
                mainList[j]=mainList[j+1];
                mainList[j+1]=temp;
            }
        }
    }
    // 停止线程执行时间的计时
    int milsec=time.elapsed();
    qDebug()<<"冒泡排序共用时"<<milsec<<"毫秒";
    // 发射信号finishArray，目的是向主线程传送已排序生成的随机数
    emit finishArray(mainList);
}
```

（7）在主线程的widget.h头文件中导入所需要的包、声明程序中所需要的变量和函数，其代码和详细说明如下：

```
#ifndef WIDGET_H
#define WIDGET_H
#include <QWidget>
QT_BEGIN_NAMESPACE
namespace Ui {class Widget;}
QT_END_NAMESPACE
class Widget : public QWidget
{
  Q_OBJECT
public:
  Widget(QWidget *parent = nullptr);
  ~Widget();
signals:
  void starting(int num);        // 声明信号starting，目的是给子线程发送数据
private slots:
  void on_btnReset_clicked();  // 复位按钮单击事件的槽函数
private:
  Ui::Widget *ui;
};
#endif // WIDGET_H
```

（8）在widget.cpp源文件中编写程序所需要的功能，其代码和详细说明如下：

```
#include "widget.h"
#include "./ui_widget.h"
#include "generate.h"             // 导入创建随机数类、冒泡排序类的头文件
Widget::Widget(QWidget *parent)
  : QWidget(parent)
  , ui(new Ui::Widget)
{
  ui->setupUi(this);
  setWindowTitle("通过继承QThread类创建子线程");
  // 创建随机数的子线程对象
  Generate * gen=new Generate;
  // 创建冒泡排序的子线程对象
  BubbleSort* bubble=new BubbleSort;
  // 当前窗口发送starting信号，gen子线程对象接收该信号并使用recvNum槽函数来响应
  connect(this,&Widget::starting,gen,&Generate::recvNum);
  // 开始按钮单击事件的槽函数
  connect(ui->btnStart,&QPushButton::clicked,[=](){
    emit starting(10000);        // 给子线程发射信号starting，生成10000个随机数
    gen->start();                // 启动子线程
  });
  // gen子线程发送sendArray信号，bubble子线程使用槽函数recvArray响应
  connect(gen,&Generate::sendArray,bubble,&BubbleSort::recvArray);
  // gen子线程发送sendArray信号，主线程使用槽函数处理该信号
  connect(gen,&Generate::sendArray,[=](QVector<int> list){
    // 启动冒泡排序子线程
    bubble->start();
    // 把生成的随机数显示在窗口的随机数文本框上
    for(int i=0;i<list.size();i++){
      ui->randList->addItem((QString::number(list.at(i))));
    }
  });
  // bubble子线程发送finishArray信号，主线程使用槽函数处理该信号
  connect(bubble,&BubbleSort::finishArray,[=](QVector<int> list){
    // 把排序好的随机数显示在冒泡排序结果文本框中
```

```
    for(int i=0;i<list.size();i++){
      ui->bubbleList->addItem((QString::number(list.at(i))));
    }
  });
  // 当用户关闭窗口触发析构函数时，会发出destroyed信号，在此信号中释放相关资源
  connect(this,&Widget::destroyed,this,[=](){
    // 释放生成随机数线程的相关资源
    gen->quit();
    gen->wait();
    gen->deleteLater();//相当于delete t1;
    // 释放冒泡排序线程的相关资源
    bubble->quit();
    bubble->wait();
    bubble->deleteLater();
  });
}
Widget::~Widget()
{
  delete ui;
}
// 复位按钮单击事件的槽函数，清空两个列表文本框
void Widget::on_btnReset_clicked()
{
  ui->randList->clear();
  ui->bubbleList->clear();
}
```

12.1.3 通过继承 QObject 类创建线程

通过继承QObject类创建线程的具体操作步骤如下：

（1）创建一个新的工作类，让这个工作类从QObject派生，示例代码如下：

```
class MyWork : public QObject
{
  // 类的实现
};
```

（2）在这个工作类中添加一个或多个公共的成员函数，函数体就是要在子线程中执行的业务逻辑，示例代码如下：

```
class MyWork : public QObject
{
  ...
  public:
    // 函数名自己指定，函数中的参数可以根据需要定义
    void working();
  ...
};
```

（3）在主线程中导入QThread类并创建一个QThread对象，即子线程对象。示例代码如下：

```
#include <QThread>
...
QThread* subThread=new QThread;
```

（4）在主线程中导入前面创建的MyWork类并创建该类的对象，需要特别强调的是，在创建这个类对象时不能指定该对象的父对象，示例代码如下：

```
#include "MyWork.h"
...
MyWork* work=new MyWork;          // 正确
MyWork* work=new MyWork (this);   // 此句指定了父对象，是错误的
```

（5）调用QObject类提供的moveToThread()方法将MyWork 对象移动到创建的子线程对象subThread中执行，这就是MyWork 对象在创建时不能指定父对象的原因。因为若指定了父对象，在将其移动到线程这个过程中会发生错误。示例代码如下：

```
work->moveToThread(sbuThread);
```

（6）调用子线程的start()函数启动子线程，但是移动到子线程中的work对象并没有工作。示例代码如下：

```
subThread->start();                    // 启动子线程
```

（7）主线程向子线程传递数据是通过发送带参数的starting信号的方式进行的，子线程对象接收该信号并使用working槽函数来响应，其信号与槽连接语句如下：

```
connect(this,&Widget::starting,work,&MyWork ::working);
...
emit starting(88);     // 向子线程传递的数据是整数88,并使其在子线程开始执行
```

（8）在子线程中定义接收主线程传送数据的函数working()，其定义的示例代码如下：

```
void subThread::working(int num)
{
    // 形参num就是从主线程传送过来的数据
}
```

（9）子线程向主线程发送数据同样通过发射带参数的信号，例如发射sendArray信号，并带一个数据列表list给主进程，示例语句如下：

```
QVector<int> list;
// 此处给list添加数据，然后再用下面的发射信号语句
emit sendArray(list);     // 发送带list数据的sendArray信号
```

（10）在主线程中定义接收子线程subThread发射的带参数list的sendArray信号的关联槽函数，示例语句如下：

```
connect(subThread,&MyThead::sendArray,[=](QVector<int> list){
    // 遍历或者对接收数据进行其他操作
});
```

（11）当用户关闭窗口触发析构函数时会发射destroyed信号，在此信号的槽函数中释放线程所需要的相关资源，示例语句如下：

```
connect(this,&Widget::destroyed,this,[=](){
    subThread->quit();
    subThread->wait();
    subThread->deleteLater();
});
```

【例12-2】通过继承QObject类创建子线程

本例实现的功能与例12-1完全相同，只不过创建子线程的方法不同，数据从主线程传递给子线程的方法也不同。

本例程序实现的步骤及其代码的详细说明如下：

（1）创建新的项目工程，项目名是example12-2。

（2）在UI界面上添加组件，这些组件的个数和命名与例12-1完全相同。

（3）创建子线程类。创建方法与例12-1相同。

（4）在项目工程文件CMakeLists.txt中，添加新生成子线程类的头文件和.cpp源文件。

（5）在子线程的generate.h头文件中导入所需要的包、声明程序中所需要的变量和函数，其代码和详细说明如下：

```
#ifndef GENERATE_H
#define GENERATE_H
#include <QObject>
#include <QElapsedTimer>        // 导入计算线程所用的时间类
#include <QDebug>               // 导入QDebug类实现在控制台输出
#include <QRandomGenerator>     // 导入生成随机数的类
#include <QThread>              // 导入线程类
class Generate : public QObject
{
  Q_OBJECT
public:
  explicit Generate(QObject *parent = nullptr);
  // 声明任务函数working，其参数是主线程传递的生成随机数的个数num
  void  working(int num);
signals:
    void sendArray(QVector<int> num);// 定义sendArray信号
};
// 冒泡排序子类
class BubbleSort : public QObject
{
  Q_OBJECT
public:
  explicit BubbleSort(QObject *parent = nullptr);
  void working(QVector<int> list);
signals:
  // 排序完成给主线程发射信号，并把排序结果传送给主线程
  void finishArray(QVector<int> num);
};
#endif // GENERATE_H
```

（6）在generate.cpp源文件中编写程序所需要的功能，其代码和详细说明如下：

```
#include "generate.h"
Generate::Generate(QObject *parent)
  : QObject{parent}
{
}
// 生成随机数的工作函数
void Generate::working(int num)
{
  // 与例example12-1中的Generate::run()实现的内容相同
}
// 冒泡排序类的构造函数
BubbleSort::BubbleSort(QObject *parent) : QObject(parent)
{
}
// 冒泡排序的工作函数
void BubbleSort::working(QVector<int> list)
{
  // 与例example12-1中的BubbleSort::run()实现的内容相同
}
```

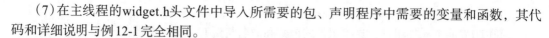

（7）在主线程的widget.h头文件中导入所需要的包、声明程序中需要的变量和函数，其代码和详细说明与例12-1完全相同。

（8）在widget.cpp源文件中编写程序所需要的功能，其代码和详细说明如下：

```cpp
#include "widget.h"
#include "./ui_widget.h"
#include "generate.h"
Widget::Widget(QWidget *parent)
  : QWidget(parent)
  , ui(new Ui::Widget)
{
  ui->setupUi(this);
  setWindowTitle("通过继承QThread类创建子线程");
  // 创建子线程对象
  QThread* t1=new QThread;
  QThread* t2=new QThread;
  // 创建任务对象
  Generate * gen=new Generate;
  // 创建冒泡排序的任务对象
  BubbleSort* bubble=new BubbleSort;
  // 将任务对象移动到某个子线程
  gen->moveToThread(t1);          // 把生成随机数任务移动到t1子线程
  bubble->moveToThread(t2);       // 把冒泡排序任务移动到t2子线程
  // 当前窗口发送starting信号，gen子线程对象接收该信号并使用working槽函数来响应
  connect(this,&Widget::starting,gen,&Generate::working);
  // 开始按钮单击事件的槽函数
  connect(ui->btnStart,&QPushButton::clicked,[=](){
    emit starting(10000);         // 给子线程发射信号starting，生成10000个随机数
    t1->start();                  // 启动子线程
  });
  // gen子线程发送sendArray信号,bubble子线程使用槽函数working响应
  connect(gen,&Generate::sendArray,bubble,&BubbleSort::working);
  // gen子线程发送sendArray信号，主线程使用槽函数处理该信号
  connect(gen,&Generate::sendArray,[=](QVector<int> list){
    // 启动冒泡排序子线程
    t2->start();
    // 把生成的随机数显示在窗口的随机数文本框中
    for(int i=0;i<list.size();i++){
      ui->randList->addItem((QString::number(list.at(i))));
    }
  });
  // bubble子线程发送finishArray信号，主线程使用槽函数处理该信号
  connect(bubble,&BubbleSort::finishArray,[=](QVector<int> list){
    // 把排序好的随机数显示在冒泡排序结果文本框中
    for(int i=0;i<list.size();i++){
      ui->bubbleList->addItem((QString::number(list.at(i))));
    }
  });
  // 当用户关闭窗口触发析构函数时，会发出destroyed信号，在此信号中释放相关资源
  connect(this,&Widget::destroyed,this,[=](){
    qDebug()<<"释放相关资源";
    t1->quit();
    t1->wait();
    t1->deleteLater();            // 相当于delete t1;
    t2->quit();
    t2->wait();
    t2->deleteLater();            // 相当于delete t2;
    gen->deleteLater();
    bubble->deleteLater();
```

```
});
}
Widget::~Widget()
{
  delete ui;
}
void Widget::on_btnReset_clicked()
{
  ui->randList->clear();        // 清空随机数文本框
  ui->bubbleList->clear();      // 清空冒泡排序文本框
}
```

通过继承QThread类创建线程和通过继承QObject类创建线程最大的区别在于：通过继承QObject类创建线程是把需要的工作全部封装在一个类中，将每个任务定义为一个槽函数并建立触发这些槽的信号，然后把信号和槽连接起来，最后调用moveToThread方法将这个类交给一个QThread对象，再调用QThread的start()函数使其全权处理事件循环。于是任何时候需要让线程执行某个任务，只需要发出对应的信号就可以了。其优点是可以在一个worker工作类中定义多个需要做的工作，然后发出触发的信号线程就可以执行。相比于通过继承QThread类创建线程只能执行run()函数中的任务，而moveToThread方法中一个线程可以做很多不同的工作（只要发出任务的对应信号即可）。

通过继承QThread类创建线程是重写QThread中的run()函数，在run()函数中定义需要的工作。这样的结果是自定义的子线程调用start()函数后便开始执行run()函数。如果在自定义的线程类中定义相关槽函数，那么这些槽函数不会由子类的QThread自身事件循环所执行，而是由该子线程的拥有者所在线程（一般都是主线程）来执行。

12.1.4 通过线程池实现多线程

1. 线程池的原理

在项目中需要使用线程时就去创建一个线程，这样实现起来非常简便，但同时也会带来一个问题：如果并发的线程数量很多，并且每个线程都是执行一个时间很短的任务就结束，这样频繁创建线程就会大大降低系统的效率，因为频繁创建线程和销毁线程需要时间。

那么有没有一种办法使得线程可以复用，就是执行完一个任务并不销毁该线程，而是用于继续执行其他任务，这就引出了线程池的概念。线程池是一种多线程处理形式，处理过程中将任务添加到队列，然后在创建线程后自动启动这些任务。线程池中的线程都是后台线程，每个线程都使用默认的堆栈大小，以默认的优先级运行，并处于多线程单元中。如果某个线程在托管代码中空闲，则线程池将插入另一个辅助线程来使所有处理器保持繁忙。如果所有线程池中的线程都始终保持繁忙，但队列中包含挂起的工作，则线程池将在一段时间后创建另一个辅助线程，但线程的数目永远不会超过最大值。超过最大值的线程只能排队，等到其他线程完成后才会被启动。

在各种编程语言中都有线程池的概念，并且很多语言中直接提供了线程池，程序直接使用即可。Qt线程池由三部分组成，这三部分配合工作就可以得到一个完整的线程池。

（1）任务队列，存储需要处理的任务并由工作的线程来处理如下任务。

①通过线程池提供的 API 函数，将一个待处理的任务添加到任务队列，或者从任务队列中删除。

②已处理的任务会从任务队列中删除。

③线程池的使用者，也就是调用线程池函数向任务队列中添加任务线程的生产者线程。

（2）工作的线程。

①线程池中维护一定数量的工作线程，其作用就是不停地读任务队列，从里边取出任务并处理。

②工作的线程相当于任务队列的消费者角色。

③如果任务队列为空，工作的线程将会被阻塞。

④如果阻塞之后又有新的任务，由生产者将阻塞解除并且工作线程开始工作。

（3）管理者线程（不处理任务队列中的任务）。

①管理者线程的任务是周期性地对任务队列中的任务数量以及处于忙状态的工作线程个数进行检测。

②当任务过多时，可以适当地创建一些新的工作线程。

③当任务过少时，可以适当地销毁一些工作线程。

2. QRunnable类

在Qt中使用线程池需要先创建任务，添加到线程池中的每个任务都需要是QRunnable类型，因此在程序中需要创建子类继承QRunnable这个类，然后重写run()方法并在该方法中编写要在线程池中执行的任务，并将这个子类对象传递给线程池，这样任务就可以被线程池中的某个工作的线程处理。QRunnable类的常用函数不多，其中最主要的函数是设置任务对象传给线程池后是否需要自动析构。

（1）setAutoDelete(bool autoDelete)。

setAutoDelete()函数用于设置任务对象在线程池中的线程处理完毕是否自动销毁这个任务对象。当参数autoDelete为true时，任务对象执行完毕会被自动销毁；否则不进行自动销毁。

（2）autoDelete()。

获取当前任务对象的析构方式，如果返回值是true，则是自动析构（任务对象自动销毁）；如果返回值是false，则是手动析构（任务对象不是自动销毁）。

3. QThreadPool类

Qt中的QThreadPool类管理一组线程，另外还维护一个任务队列。QThreadPool 管理和回收各个 QThread 对象，以帮助减少使用线程的程序中创建线程的成本。每个Qt应用程序都有一个全局 QThreadPool 对象，可以通过调用 globalInstance() 来访问，也可以单独创建一个QThreadPool 对象使用。

（1）获取和设置线程中的最大线程个数。

```
int maxThreadCount() const;
void setMaxThreadCount(int maxThreadCount);
```

（2）给线程池添加任务。

给线程池添加任务，这个任务是一个 QRunnable 类型的对象。如果线程池中没有空闲的线程，那么任务就会被放到任务队列中等待线程处理。

```
void QThreadPool::start(QRunnable * runnable, int priority = 0);
```

（3）返回线程池中被激活的线程个数（正在工作的线程个数）。

```
int QThreadPool::activeThreadCount() const;
```

（4）尝试性地将某一个任务从线程池的任务队列中删除，如果任务已经开始执行，就无法删除。

```
bool QThreadPool::tryTake(QRunnable *runnable);
```

（5）将线程池中的任务队列里没有开始处理的所有任务删除，如果已经开始处理，就无法通过该函数进行删除。

```
void QThreadPool::clear();
```

（6）在每个Qt应用程序中都有一个全局的线程池对象，通过下面的函数直接访问这个对象。

```
static QThreadPool * QThreadPool::globalInstance();
```

一般情况下，不需要在 Qt 程序中创建线程池对象，直接使用 Qt 为每个应用程序提供线程池全局对象即可。得到线程池对象之后调用 start() 方法就可以将一个任务添加到线程池中，这个任务就可以被线程池内部的线程处理，使用线程池比自定义创建线程的多线程方式更加简单和易于维护。

4. 线程池的操作步骤

（1）创建一个要添加到线程池中的任务类，该任务类需要继承 QRunnable类，若这个任务类涉及信息传递，则还需要继承 QObject 类。创建任务类的示例代码如下：

```
// 多重继承 QObject、QRunnable
class MyWork : public QObject ,public QRunnable{
  Q_OBJECT
public:
  explicit MyWork(QObject *parent = nullptr)
  {
    // 任务执行完毕，该对象自动销毁
    setAutoDelete(true);
  }
  ~MyWork();
  void run(){       // 重写run()函数
    ...
  }
}
```

（2）将任务类添加到线程池。在添加任务类之前可以初始化线程池的大小，再添加任务。其示例代码如下：

```
// 线程池初始化，设置最大线程池数是4
QThreadPool::globalInstance()->setMaxThreadCount(4);
// 添加任务
MyWork* task = new MyWork;
QThreadPool::globalInstance()->start(task);
```

【例12-3】通过线程池实现子线程操作

本例实现的功能与例12-1完全相同，只不过本例使用线程池的方法实现线程的操作。本例程序实现的步骤及其代码的详细说明如下：

扫一扫，看视频

（1）创建新的项目工程，项目名是example12-3。

（2）在UI界面上添加组件，这些组件的个数和命名与例 12-1完全相同。

（3）创建子线程类。创建方法与例12-1相同。

（4）在项目工程文件CMakeLists.txt中，添加新生成子线程类的头文件和.cpp源文件。

（5）在子线程的generate.h头文件中导入需要的包、声明程序中需要的变量和函数，其代码和详细说明如下：

```cpp
#ifndef GENERATE_H
#define GENERATE_H
#include <QRunnable>                       // 导入QRunnable类
#include<QVector>
#include<QObject>
// 增加生成随机数的继承类：QRunnable
class Generate : public QObject,public QRunnable
{
  Q_OBJECT
public:
  explicit Generate(QObject *parent = nullptr);
  void recvNum(int num);                   // 声明接收主线程发送生成多少个随机数的函数
  void run() override;                     // 声明需要重写的run()函数
signals:
  // 声明生成随机数后向主线程发射信号sendArray，其形参是向主线程发送随机数的列表数据
  void sendArray(QVector<int> list);
private:
    int mainNum;                           // 声明存储主线程发送的生成多少个随机数的变量
};
// 冒泡排序
class BubbleSort :public QObject,public QRunnable
{
  Q_OBJECT
public:
  explicit BubbleSort(QObject *parent = nullptr);
  void recvArray(QVector<int> list);  // 接收主线程发送的要排序的函数
  void run() override;                // 声明需要重写的run()函数
signals:
  // 声明排序完成后向主线程发送的信号finishArray，其形参是向主线程发送的排序结果数据
  void finishArray(QVector<int> num);
private:
  QVector<int> mainList;
};
#endif // GENERATE_H
```

（6）在generate.cpp源文件中编写程序所需要的功能，其代码和详细说明如下：

```cpp
#include "generate.h"
#include <QElapsedTimer>            // 导入计算线程所用的时间类
#include <QDebug>                   // 导入实现在控制台输出的QDebug类
#include <QRandomGenerator>         // 导入生成随机数的类
#include <QThread>                  // 导入线程类
// 增加父类继承QRunnable
Generate::Generate(QObject *parent)
  : QObject(parent),QRunnable()
{
  setAutoDelete(true);             // 设置线程执行完毕自动析构
}
void Generate::recvNum(int num)
{
  mainNum=num;
}
void Generate::run()
{
  // 与例12-1相同
}
BubbleSort::BubbleSort(QObject *parent) : QObject(parent),QRunnable()
{
  setAutoDelete(true);             // 设置线程执行完毕自动析构
}
void BubbleSort::recvArray(QVector<int> list)
```

```
{
    mainList=list;
}
void BubbleSort::run()
{
    // 与例12-1相同
}
```

（7）在主线程的widget.h头文件中导入需要的包、声明程序中需要的变量和函数，其代码和详细说明与例12-1完全相同。

（8）在widget.cpp源文件中编写程序所需要的功能，其代码和详细说明如下：

```cpp
#include "widget.h"
#include "./ui_widget.h"
#include "generate.h"          // 导入生成随机数和冒泡排序的类
#include<QThreadPool>          // 导入线程池对象
Widget::Widget(QWidget *parent)
    : QWidget(parent)
    , ui(new Ui::Widget)
{
    ui->setupUi(this);
    setWindowTitle("线程池实现子线程");
    // 创建任务类对象
    Generate * gen=new Generate;
    BubbleSort* bubble=new BubbleSort;
    // 当前窗口发送starting信号，gen子线程对象接收该信号并使用recvNum槽函数来响应
    connect(this,&Widget::starting,gen,&Generate::recvNum);
    // 启动子线程
    connect(ui->btnStart,&QPushButton::clicked,[=](){
        //给子线程发射信号，生成10000个随机数
        emit starting(10000);
        // 把生成随机数对象gen放入线程池，相当于启动线程
        QThreadPool::globalInstance()->start(gen);
    });
    // 接收子线程发送的数据，list参数是已经生成的随机数序列
    connect(gen,&Generate::sendArray,bubble,&BubbleSort::recvArray);
    connect(gen,&Generate::sendArray,[=](QVector<int> list){
        // 把冒泡排序对象bubble放入线程池，相当于启动线程
        QThreadPool::globalInstance()->start(bubble);
        // 把生成的随机数显示在窗口的随机数文本框中
        for(int i=0;i<list.size();i++){
            ui->randList->addItem((QString::number(list.at(i))));
        }
    });
    // bubble子线程发送finishArray信号，主线程使用槽函数处理该信号
    connect(bubble,&BubbleSort::finishArray,[=](QVector<int> list){
        // 把排序好的随机数显示在冒泡排序结果文本框中
        for(int i=0;i<list.size();i++){
            ui->bubbleList->addItem((QString::number(list.at(i))));
        }
    });
}
Widget::~Widget()
{
    delete ui;
}
void Widget::on_btnReset_clicked()
{
    ui->randList->clear();
    ui->bubbleList->clear();
}
```

12.2 同步与互斥

12.2.1 线程同步

1. 基本概念

使用多线程的方式虽然可以提高程序的执行效率，但是如果多个线程同时对同一个内存地址写入数据，在数据被多次写入后将无法确定该内存地址的内容是哪个线程写入的数据，因此有时为了保证数据的完整性，在任何时刻只有一个线程可以在这个内存地址写入数据，可以使用线程同步的方法解决此类问题。

所谓线程同步，就是当一个线程访问一个地址时，这个地址就相当于被这个线程占用，其他线程都不能对这个地址进行操作，直到这个线程执行完成操作并释放这个地址后，其他线程才可以访问。

2. QSemaphore类

QSemaphore是Qt框架中提供的一个用于多个线程同步和数据存取的信号量类。信号量是互斥锁的一种泛化应用，与互斥锁不同的是，信号量可以被多次获取。信号量通常用于保护一定数量的相同资源，而且这些资源可以被多个线程共享。QSemaphore 主要通过其 count() 方法控制在某个时刻同时运行的等待线程数量和可执行的线程数量，可以用来实现资源池管理、限流等功能。

QSemaphore(int n = 0)中的n是指允许访问被保护资源的最大并发线程数。QSemaphore类中的信号量实际上是一个计数器，用于记录能够同时访问某个共享资源的线程数。在QSemaphore 中使用 acquire() 函数获取该信号量，如果信号量的值大于0，则将其值减1并返回true；如果信号量的值为0，则该线程会被阻塞且处于等待状态，直到其他线程调用release()方法增加信号量的值；在 QSemaphore 中使用 release() 函数释放该信号量，如果有一个或多个线程正在等待获取信号量，那么release()方法会唤醒一个等待的线程，然后将信号量的值加1。

【例12-4】通过QSemaphore类实现线程同步

扫一扫，看视频

本例将创建两个子线程并在主线程启动，其中一个子线程（简称B线程）实现的功能是每间隔1秒在控制台输出一个数字，另一个子线程（简称A线程）实现的功能是每间隔2秒在控制台输出一个字母，如果不进行线程同步，则每次的运行结果都不相同，如图12-8（a）所示；通过QSemaphore类实现让输出字母线程和输出数字线程交替输出，且每次程序的运行结果都一样［图12-8（b）］，也就是实现线程的同步控制。

（a）线程不同步 　　　　　　　　　　　　　　　（b）线程同步

图12-8　通过QSemaphore类实现线程同步

本例设置两个信号量A和B，且信号量A的初值是1，信号量B的初值是0，目的是让A线程先执行，B线程后执行。线程A首先判断信号量A是不是大于0，如果是，就向下执行线程的其他语句；如果等于0，就阻塞线程A。另外，当线程A执行结束后就把信号量B加1，目的是下一步让线程B可以被执行。线程B与线程A执行的思想是一样的，就是先判断信号量B是大于0还是等于0，以确定是阻塞代码还是继续执行代码，执行完毕还要把信号A加1，目的是让线程A和线程B的执行过程一样，都是先判断自己的信号量，再释放对方的信号量。

本例程序实现的步骤及其代码的详细说明如下：

（1）创建新的项目工程，项目名是example12-4。

（2）创建子线程类MyThread和ThreadAlphabet，创建方法与例12-1相同。

（3）创建SemManager类，把对于QSemaphore类的相关操作封闭起来，创建方法与创建子线程类相同，只是没有基类继承部分的代码。

（4）在项目工程文件CMakeLists.txt中添加新生成类的头文件和.cpp源文件。

```
set(PROJECT_SOURCES
  main.cpp
  widget.cpp
  widget.h
  widget.ui
  mythread.cpp
  mythread.h
  threadalphabet.cpp
  threadalphabet.h
  semmanager.cpp
  semmanager.h
)
```

（5）在QSemaphore类的相关操作头文件semmanager.h中导入需要的包、声明程序中需要的变量和函数，其代码和详细说明如下：

```
#ifndef SEMMANAGER_H
#define SEMMANAGER_H
#include<QSemaphore>                    // 导入QSemaphore类进行同步操作
class SemManager
{
public:
  QSemaphore semA;                      // 声明信号量A
  QSemaphore semB;                      // 声明信号量B
  static SemManager *getInstance();     // 声明静态方法，获取信号量
private:
    static SemManager* instance;        // 声明SemManager类的静态变量
    explicit SemManager();              // SemManager类的构造函数
};
#endif // SEMMANAGER_H
```

（6）在semmanager.cpp源文件中编写程序需要的功能，其代码和详细说明如下：

```
#include "semmanager.h"
SemManager *SemManager::instance=0;     // 初始化值为0
// 获取SemManager对象
SemManager *SemManager::getInstance()
{
  // 如果没有SemManager对象，就实例化一个
  if(instance==0)
    instance=new SemManager;
```

```
    return instance;                        // 返回SemManager对象
}
// SemManager类的构造函数
SemManager::SemManager()
  :semA(1),semB(0)                          // 信号量A的初始值为1，信号量B的初始值为0
{

}
```

（7）在子线程的mythread.h头文件中导入需要的包、声明程序中需要的变量和函数，其代码和详细说明如下：

```
#ifndef MYTHREAD_H
#define MYTHREAD_H
#include <QThread>
class MyThread : public QThread
{
  Q_OBJECT
public:
  explicit MyThread(QObject *parent = nullptr);
protected:
  virtual void run();                      // 声明需要重写的run()函数
};
#endif // MYTHREAD_H
```

（8）在mythread.cpp源文件中编写程序需要的功能，其代码和详细说明如下：

```
#include "mythread.h"
#include"semmanager.h"                      // 导入SemManager类的头文件
#include<QDebug>
MyThread::MyThread(QObject *parent)
  : QThread{parent}
{

}
// 重写run()函数
void MyThread::run()
{
  // 声明并实例化SemManager类的对象sem
  SemManager *sem=SemManager::getInstance();
  for(int i=1;i<=5;i++){                    // 循环5次
    // 如果信号量B的值大于0，则信号量B的值减1，线程继续执行
    // 如果信号量B的值等于0，则当前代码被阻塞，直到使用release()方法进行释放
    sem->semB.acquire();
    qDebug()<<i;                            // 在控制台输出数字
    sleep(1);                               // 休眠1秒
    // 当前线程B执行完毕，释放信号量A以让线程A开始执行
    sem->semA.release();                    // 信号量A加1
  }
}
```

（9）在子线程的threadalphabet.h头文件中导入需要的包、声明程序中需要的变量和函数，其代码与mythread.h基本类似，仅其类名改为ThreadAlphabet。

（10）在threadalphabet.cpp源文件中编写程序需要的功能，其代码和详细说明如下：

```
#include "threadalphabet.h"
#include <QDebug>
```

```
#include"semmanager.h"              // 导入SemManager类的头文件
ThreadAlphabet::ThreadAlphabet(QObject *parent): QThread(parent)
{

}
// 重写run()函数
void ThreadAlphabet::run()
{
  // 声明并实例化SemManager类的对象sem
  SemManager *sem=SemManager::getInstance();
  for(int i=0;i<5;i++){
    // 如果信号量A的值大于0，则信号量A的值减1，线程继续执行
    // 如果信号量A的值等于0，则当前代码被阻塞，直到使用release()方法进行释放
    sem->semA.acquire();
    qDebug()<<(char)('a'+i);    // 输出字母
    sleep(2);                   // 休眠2秒
    // 当前线程A执行完毕，释放信号量B以让线程B开始执行
    sem->semB.release();        // 信号量B加1
  }
}
```

（11）在主线程头文件widget.h中导入需要的包、声明程序中需要的变量和函数，其代码和详细说明如下：

```
#ifndef WIDGET_H
#define WIDGET_H
#include <QWidget>
#include "mythread.h"           // 导入子线程类MyThread
#include "threadalphabet.h"     // 导入子线程类ThreadAlphabet
QT_BEGIN_NAMESPACE
namespace Ui {class Widget;}
QT_END_NAMESPACE
class Widget : public QWidget
{
  Q_OBJECT
public:
  Widget(QWidget *parent = nullptr);
  ~Widget();
private:
  Ui::Widget *ui;
  ThreadAlphabet* ta;           // 声明ThreadAlphabet对象ta
  MyThread *mt;                 // 声明MyThread 对象mt

};
#endif // WIDGET_H
```

（12）在widget.cpp源文件中编写程序需要的功能，其代码和详细说明如下：

```
#include "widget.h"
#include "./ui_widget.h"
Widget::Widget(QWidget *parent)
  : QWidget(parent)
  , ui(new Ui::Widget)
{
  ui->setupUi(this);
  ta=new ThreadAlphabet;
  ta->start();
  mt=new MyThread;
  mt->start();
```

```
connect(this,&Widget::destroyed,this,[=](){
    ta->quit();        // 停止并释放子线程ta
    ta->wait();
    ta->deleteLater();
    mt->quit();        // 停止并释放子线程mt
    mt->wait();
    mt->deleteLater();
});
}
Widget::~Widget()
{
    delete ui;
}
```

12.2.2 线程互斥

1. 基本概念

多线程执行流共享的资源称为临界资源，而每个线程内部访问临界资源的代码称为临界区。互斥是指任何时刻保证有且仅有一个执行流进入临界区访问临界资源，其目的是保护临界资源。线程执行过程中，对一个资源进行访问的时候要么不做、要么就做完，这是多线程执行的原子性。线程互斥具有原子性和排他性，但互斥无法限制访问者对资源的访问顺序，即访问是无序的。

要想解决多线程的数据不一致问题，就需要做到以下几点。

（1）代码必须要有互斥行为，当一个线程进入临界区执行代码时，不允许其他线程进入该临界区。

（2）如果有多个线程同时请求执行临界区代码，并且临界区没有线程在执行代码，那么只允许一个线程进入该临界区。

（3）如果线程不在临界区中执行代码，那么该线程不能阻止其他线程进入临界区。

要做到上面三点，只需要一把锁就可以，持有锁的线程才能进入临界区中执行代码，并且其他线程无法进入该临界区，其实锁就是互斥量，也称互斥锁。

加锁可以让共享资源临界资源化，从而保护共享资源的安全，让多个线程串行访问共享资源。

2. QMutex类

Qt中的QMutex类提供的是线程之间的访问顺序，QMutex类的目的是保护对象、数据结构或者代码段，所以同一时间只有一个线程可以访问它。例如在一个函数中输出两条信息，其代码如下：

```
void DebugInfo()
{
    qDebug() << "ABC";
    qDebug() << "DEF";
}
```

如果有两个线程调用这个方法，其结果的执行顺序如下：

```
ABC ABC DEF DEF
```

如果使用了一个互斥量，就可以保证在一个线程调用该函数之后，另外一个线程才能调用函数中的输出语句，其示例代码如下：

```
QMutex* mutex;
...
void DebugInfo()
{
  Mutex->lock();
  qDebug() << "ABC";
  qDebug() << "DEF";
  mutex->unlock();
}
```

如果同时在两个线程中调用这个方法，结果的顺序将是：

```
ABC DEF ABC DEF
```

QMutex类的常用成员函数如下：

（1）构造函数。

```
QMutex::QMutex(RecurisonMode mode=NonRescursive);
```

其中，mode变量是RecurisonMode的枚举类型，当其值为QMutex::Recursive时表示是递归模式，在这种模式下一个线程可以锁定多个相同的互斥量，直到相应数量的unlock被调用才能解锁；当值为QMutex::NonRecursive时表示是非递归模式，在这种模式下一个线程仅可以锁互斥量一次，不可递归。

（2）上锁函数。

```
void QMutex::lock();
```

上锁是指锁定互斥量，如果一个线程锁定此互斥量，它将被阻塞执行直到其他线程解锁该互斥量。如果是非递归模式的锁，重复上锁会造成死锁。

（3）测试是否加锁函数。

```
bool QMutex::tryLock(int timeout = 0)
```

试着给一个互斥量加锁，如果这个互斥量没被锁，则返回true；如果被锁，则等待timeout时间到或等待其他线程释放锁，当timeout为负数时，一直等待。

（4）解锁函数。

```
void QMutex::unlock();
```

解锁一个互斥量，需要与lock()函数配对使用。

【例12-5】抢购电影票

在本例中定义4个线程来模仿多个用户抢票的场景，在控制台的输出结果如图12-9所示。

扫一扫，看视频

图12-9　抢购电影票

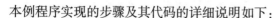

本例程序实现的步骤及其代码的详细说明如下：

（1）创建新的项目工程，项目名是example12-5。

（2）创建子线程类ThreadA，创建方法与例12-1相同。

（3）在项目工程文件CMakeLists.txt中添加新生成类的头文件和.cpp源文件。

```
set(PROJECT_SOURCES
  main.cpp
  widget.cpp
  widget.h
  widget.ui
  threada.cpp
  threada.h
)
```

（4）在头文件threada.h中导入需要的包、声明程序中需要的变量和函数，其代码和详细说明如下：

```
#ifndef THREADA_H
#define THREADA_H
#include <QThread>            // 导入线程类的头文件
#include <QDebug>            // 导入调试程序类的头文件
#include <QMutex>            // 导入互斥锁类的头文件
class ThreadA : public QThread
{
  Q_OBJECT
public:
  explicit ThreadA(QObject *parent = nullptr);
protected:
  virtual void run();        // 声明需要重写的run()函数
};
// 定义电影票类Ticket
class Ticket
{
private:
  int ticketcount;           // 声明电影票数变量
  QMutex mutex;              // 声明锁对象
public:
  Ticket(int count=1);       // 电影票类Ticket的构造函数
  void takeTicket();         // 获取电影票函数
};
#endif // THREADA_H
```

（5）在threada.cpp源文件中编写程序需要的功能，其代码和详细说明如下：

```
#include "threada.h"
#include<QThread>
Ticket ticket(3);
ThreadA::ThreadA(QObject *parent)
  : QThread{parent}
{

}
// 重写run()函数
void ThreadA::run()
{
 ticket.takeTicket();        // 执行获取电影票的函数
}
```

```
// Ticket构造函数
Ticket::Ticket(int count)
    :ticketcount(count)
{

}
// 抢票函数
void Ticket::takeTicket()
{
  // 上锁，锁定修改票数变化的代码段
  mutex.lock();
  //判断当前票数是否大于0
  if(ticketcount>0){       // 大于0，表示抢票成功
    QThread::sleep(1);     // 线程休眠1秒
    ticketcount--;         // 电影票数减1
    qDebug()<<"抢票成功，还剩"<<ticketcount<<"张票。";
  }else{                   // 小于等于0，表示抢票失败
    qDebug()<<"票已售罄！";
  }
  // 解锁，让其他进程可以进行抢票操作
  mutex.unlock();
}
```

（6）在主线程头文件widget.h中导入需要的包、声明程序中需要的变量和函数，其代码和详细说明如下：

```
#ifndef WIDGET_H
#define WIDGET_H
#include <QWidget>
#include "threada.h"
QT_BEGIN_NAMESPACE
namespace Ui {class Widget;}
QT_END_NAMESPACE
class Widget : public QWidget
{
  Q_OBJECT
public:
  Widget(QWidget *parent = nullptr);
  ~Widget();
private:
  Ui::Widget *ui;
  ThreadA* tt1;        // 定义4个线程
  ThreadA* tt2;
  ThreadA* tt3;
  ThreadA* tt4;
};
#endif // WIDGET_H
```

（7）在widget.cpp源文件中编写程序需要的功能，其代码和详细说明如下：

```
#include "widget.h"
#include "./ui_widget.h"
Widget::Widget(QWidget *parent)
  : QWidget(parent)
  , ui(new Ui::Widget)
{
  ui->setupUi(this);
```

```
// 当用户关闭窗口触发析构函数时，会发出destroyed信号，在此信号中释放相关资源

    tt1=new ThreadA;        // 实例化线程tt1
    tt2=new ThreadA;
    tt3=new ThreadA;
    tt4=new ThreadA;
    tt1->start();           // 启动线程tt1，相当于执行线程类中的run()函数
    tt2->start();
    tt3->start();
    tt4->start();
    // 窗口关闭信号所执行的槽函数
    connect(this,&Widget::destroyed,this,[=](){
      qDebug()<<"释放相关资源";
      tt1->quit();          // 关闭线程tt1
      tt1->wait();
      tt1->deleteLater();
      // 两样方法关闭线程tt2、tt3和tt4，此处代码省略
    });
}

Widget::~Widget()
{
  delete ui;
}
```

12.3 本章小结

多线程是指一个程序中同时运行多个线程，每个线程都有自己的执行流程，即一段独立的程序代码。多线程可以同时执行多个任务，提高程序的效率。本章首先介绍了线程的基本概念，包括问题引出、线程定义、进程与线程的区别、Qt中的线程类及其工作机制；然后说明了通过继承QThread类和继承QObject类来创建线程的方法，以及如何使用线程池的方式来实现多线程；最后阐述了线程同步和线程互斥的实现方式。

12.4 习题12

一、选择题

1.(　　)是操作系统能够进行运算调度的最小单位。

    A. 线程　　　　　　　B. 进程　　　　　　　　C. 程序　　　　　　　　D. 作业

2. QThread通过信号函数(　　)通知线程的开始。

    A. start()　　　　　　B. started()　　　　　　C. exit()　　　　　　　D. quit()

3. 主线程向子线程发送数据使用(　　)的方式实现。

    A. 信号与槽　　　　　B. 文件　　　　　　　　C. 发送命令　　　　　　D. 函数

4. 线程池是一种(　　)处理形式，处理过程中将任务添加到队列，然后在创建线程后自动启动这些任务。静态函数返回主机上所有的网络接口的列表。

    A. 线程　　　　　　　B. 多线程　　　　　　　C. 进程　　　　　　　　D. 多进程

5. Qt线程池由三部分组成，（   ）不属于线程池的组成部分。

    A. 任务队列   B. 工作的线程

    C. 管理者线程   D. bytesWritten()

6. QRunnable 类给线程池添加任务使用的方法是（   ）。

    A. maxThread   B. start   C. tryTake   D. activeThread

7. （   ）就是当一个线程访问一个地址时，这个地址就相当于被这个线程占用，其他线程都不能对这个地址进行操作，直到这个线程执行完操作并释放这个地址后，其他线程才可以访问。

    A. 线程同步   B. 线程互斥   C. 线程池   D. 线程继承

8. QSemaphore 类中的信号量实际上是一个计数器，用于记录能够同时访问某个共享资源的线程数。在 QSemaphore 中使用（   ）函数获取该信号量。

    A. acquire()   B. readyRead()   C. downloadProgress()   D. setUrl()

9. Qt中的QMutex类提供的是线程之间的访问（   ），QMutex类的目的是保护对象、数据结构或者代码段，所以同一时间只有一个线程可以访问它们。

    A. 跳跃化   B. 程序化   C. 平等化   D. 顺序化

10. 多线程执行流共享的资源叫作（   ）。

    A. 临时资源   B. 数据资源   C. 内存资源   D. 临界资源

二、简答题

1. 通过继承QThread类创建线程和通过继承QObject类创建线程最大的区别是什么？

2. 父线程与子线程之间的通信通过信号槽方式进行，请说明有什么需要特别注意的事项？

3. 什么是线程池？

4. 要想解决多线程的数据不一致问题，需要解决什么问题？

5. 线程池的操作步骤是什么？

12.5 实验12 线程池的使用方法

一、实验目的

（1）掌握线程的基本概念。

（2）掌握通过继承相关类来创建子线程的方法。

（3）掌握线程池的使用方法。

二、实验要求

本实验的执行结果如实验图12-1所示；单击图中的"开始"按钮后可以生成随机数和进行冒泡排序，其结果如实验图12-2所示。程序的主要要求如下：

（1）生成10000个随机数。

（2）对生成的随机数能进行冒泡排序。

（4）能统计生成10000个随机数和对这些随机数进行冒泡排序所用的时间，如实验图12-3所示。

本实验的目的就是，把程序中特别费时间的处理过程放在子线程中进行处理，通过主线程和子线程数据的传递使读者理解线程的操作过程。

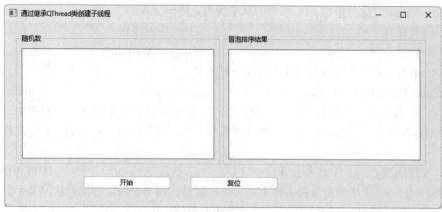

实验图 12-1　初始状态

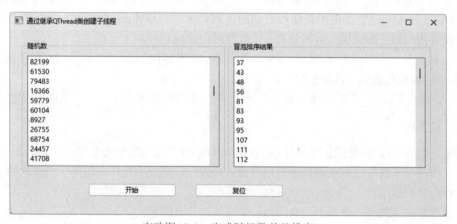

实验图 12-2　生成随机数并且排序

应用程序输出　　　　　　　　　　　　　过滤器

example12-1

15:33:55: Starting C:\Users\lb\Documents\build-example12-1-
Desktop_Qt_6_5_1_MSVC2019_64bit-Debug\example12-1.exe...
生成随机数线程的线程地址：Generate(0x25a9f88ff60)
生成 10000 个随机数,共用时 4 毫秒
冒泡排序线程的线程地址：BubbleSort(0x25a9f88e0d0)
冒泡排序共用时 3159 毫秒

实验图 12-3　控制台输出

第 13 章

多媒体

本章学习目标：

本章主要讲解 Qt 应用程序实现多媒体功能的方法，主要包括音频和视频的
操作、图像的获取等内容。通过本章的学习，读者应该掌握以下内容。

- Qt 中音频和视频的播放方法。
- Qt 中音频和视频的录制方法。
- Qt 中照片的获取方法。

13.1 音频与视频

🎬 13.1.1 概述

多媒体（multimedia）是指多种媒体的综合应用，一般包括文本、声音和图像等多种媒体形式。在计算机系统中，多媒体是指组合两种或两种以上媒体的一种人机交互式信息交流和传播媒体。使用的媒体包括文字、图片、照片、声音、动画和影片，以及程序所提供的互动功能。Qt中的多媒体模块提供了音频、视频、录音、摄像头拍照和录像等功能。

1. Qt 多媒体简介

Qt 从 4.4 版开始提供了一套多媒体框架，提供了多媒体回放的功能。在 Qt 4.6 中实现多媒体播放图形界面主要依赖 phonon 框架，而phonon 最初是一个源于KDE（kool desktop environment，K桌面环境)的项目，为使用音频和视频的应用程序开发所提供的一个框架。应用程序不用管多媒体播放是通过什么实现的，只需调用相应的接口就行，但这中间需要一个中转，被称为 backend。从Qt 5开始，Qt 就弃用了phonon而直接使用Qt Multimedia模块提供的类实现跨平台的多媒体播放，使用Qt Multimedia模块就不需要中转，但是底层还是需要用多媒体插件实现。Qt 6.x的Qt Multimedia模块替换了Qt 5.x的Qt Multimedia模块，其新功能如下：

（1）QMediaCaptureSession类是媒体捕获的中心对象。

（2）QMediaRecorder类现在是一个仅限于录制音频和视频的类，处理在捕获会话中产生的数据编码。

（3）使用QMediaFormat和QMediaRecorder设置录制时所需的编码已经发生了很大的变化。

（4）可以监控捕获会话录制的音频。

（5）当播放媒体文件时，已经添加了选择音频、视频和字幕轨道的支持。

（6）QAudioDecoder在所有平台上都得到支持。

想要在Qt中使用Qt QMediaPlaycr多媒体模块，需要在项目工程文件CMakeLists.txt中添加如下语句：

```
find_package(Qt6 REQUIRED COMPONENTS Multimedia)
target_link_libraries(mytarget PRIVATE Qt6::Multimedia)
```

其中，mytarget 是项目工程的名称，例如项目名称是example13-1，则项目工程文件中添加的语句如下：

```
find_package(Qt6 REQUIRED COMPONENTS Multimedia)
target_link_libraries(example13-1 PRIVATE Qt6::Multimedia)
```

另外，要把Qt QMediaPlayer多媒体模块显示到窗口上还需要使用QVideoWidget部件，而使用该部件又需要在项目工程文件CMakeLists.txt中添加如下语句：

```
find_package(Qt6 REQUIRED COMPONENTS MultimediaWidgets)
target_link_libraries(mytarget PRIVATE Qt6::MultimediaWidgets)
```

2. 相关Qt类的操作

QMediaPlayer类是Qt框架中的一个多媒体播放器类，提供了丰富的方法和信号/槽，方便开发者在Qt应用程序中播放音频和视频文件。QMediaPlayer的使用方法如下：

（1）在Qt应用程序中包含QMediaPlayer头文件，其代码如下：

```
#include <QMediaPlayer>
```

（2）创建一个QMediaPlayer对象，并设置要播放的媒体文件路径：

```
// 声明并实例化QMediaPlayer对象类
QMediaPlayer *player = new QMediaPlayer;
// 指定要播放的音频或者视频文件
player->setSource(QUrl(":/path/filename"));
```

（3）设置一些播放器的属性，例如循环播放，其代码如下：

```
player->setLoopCount(-1);         // 循环播放，-1表示无限循环播放
```

（4）音量需要调用QAudioOutput类属性进行设置，代码如下：

```
#include <QAudioOutput>             // 导入QAudioOutput音频输出类
...
// 声明并实例化QAudioOutput对象类
QAudioOutput audioOutput = new QAudioOutput(this);
// 指定媒体player播放的音频对象是audioOutput
player->setAudioOutput(audioOutput)
// 设置音量的大小value，value的取值范围是0~1
audioOutput->setVolume(value);
```

（5）视频显示需要调用QVideoWidget类属性进行设置，代码如下：

```
#include <QVideoWidget>             // 导入QVideoWidget视频显示部件类
...
// 创建一个播放器显示窗口（Widget），用于显示MediaPlayer
QVideoWidget *vw = new QVideoWidget;
// 将player绑定到显示的窗口上
player->setVideoOutput(vw);
// 声明并实例化QVBoxLayout垂直布局对象
QVBoxLayout *nanVLayout = new QVBoxLayout(this);
// 把播放器显示窗口加入垂直布局中
nanVLayout->addWidget(vw);
```

（6）获取当前播放的音频或视频的总时长（单位是毫秒），但当视频还没有加载完成时返回值为0。其代码如下：

```
player->duration()
```

（7）设置当前媒体播放器的播放位置使用setPosition()函数，该函数的参数是整型数据，表示播放的位置值，其代码如下：

```
int position=0;
player->setPosition(position); // position为0，设置从头开始播放
```

（8）媒体播放器的播放、暂停和停止所使用的代码如下：

```
player->play();                    // 媒体播放器播放
player->pause();                   // 媒体播放器暂停
player->stop();                    // 媒体播放器停止
```

（9）连接QMediaPlayer的playbackStateChanged（播放状态改变）信号槽，以便在媒体播放、结束等事件发生时做出相应的响应。playbackStateChanged有以下三种状态。

● QMediaPlayer::StoppedState：媒体播放器播放完毕。

- QMediaPlayer::PlayingState：媒体播放器正在播放。
- QMediaPlayer::PausedState：媒体播放器暂停播放。

例如，当媒体播放状态信号发生改变时的处理槽函数所使用的代码如下：

```
connect(player, &QMediaPlayer::playbackStateChanged,
[=](QMediaPlayer::PlaybackState newState) {
  if (newState == QMediaPlayer::StoppedState) {
    qDebug() <<"音频或者视频播放结束!";
  }
});
```

（10）连接QMediaPlayer的positionChanged（播放位置发生改变）信号/槽，其入口参数position为当前播放时长，不播放则为0。其代码如下：

```
connect(player, &QMediaPlayer::positionChanged,
[=](qint64 timePosition){
  // 入口参数timePosition是当前播放音频或视频的时间（单位为毫秒）
});
```

13.1.2 音频 / 视频播放器

【例13-1】制作音频/视频播放器

扫一扫，看视频

本例实现简易的音频/视频播放器，其播放的音频/视频画面如图13-1所示。该程序的功能主要有提供"播放""暂停"和"停止播放"三个按钮，有视频播放进度条，并且通过拖动进度条上的滑块可以实现音频/视频播放位置的快速切换，显示当前播放位置的时间和视频总时长，音量大小可以通过拖动滑块进行设置，通过下拉列表框可以选择音频/视频的播放倍速。另外，当用户单击播放按钮时，可以弹出文件对话框让用户选择需要播放的音频/视频文件。

图 13-1　音频/视频播放器

本例程序实现的步骤及其代码的详细说明如下：

（1）创建新的项目工程，项目名是example13-1。

（2）在项目工程文件CMakeLists.txt中添加如下语句以实现使用多媒体模块。

```
find_package(Qt6 REQUIRED COMPONENTS Multimedia)
find_package(Qt6 REQUIRED COMPONENTS MultimediaWidgets)
target_link_libraries(example13-1PRIVATE Qt6::MultimediaWidgets)
target_link_libraries(example13-1 PRIVATE Qt6::Multimedia)
```

（3）在widget.ui用户接口文件中放入组件及布局，并为放入的组件设置对象名，放入的组件及其对象名如图13-2所示。

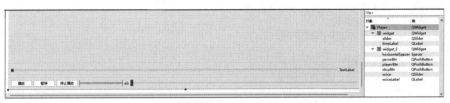

图13-2　组件及其对象名

（4）建立资源文件，把喇叭的图片文件导入该文件，并在项目工程文件CMakeLists.txt中声明文件。

（5）在头文件widget.h中导入需要的包、声明程序中需要的变量和函数，其代码和详细说明如下：

```cpp
#ifndef PLAYER_H
#define PLAYER_H
#include <QWidget>
#include <QMediaPlayer>      // 导入媒体播放器QMediaPlayer类
#include <QVideoWidget>      // 导入视频播放的显示部件QVideoWidget类
#include <QAudioOutput>      // 导入音频播放的QAudioOutput类
#include <QFileDialog>       // 导入文件对话框的QFileDialog类
#include <QLabel>            // 导入标签显示的QLabel类
namespace Ui {
class Player;
}
class Player : public QWidget
{
  Q_OBJECT
public:
  explicit Player(QWidget *parent = nullptr);
  ~Player();
private slots:
  void on_playerBtn_clicked();              // "播放" 按钮单击事件
  void on_parseBtn_clicked();               // "暂停" 按钮单击事件
  void on_stopBtn_clicked();                // "停止播放" 按钮单击事件
  void on_voice_valueChanged(int value);    // 声音进度条发生变化事件
  void on_slider_sliderMoved(int position); // 播放位置进度条发生变化事件
private:
  Ui::Player *ui;
  QMediaPlayer *m_player = nullptr;
  QAudioOutput *m_audioOutput = nullptr;
  QVideoWidget *m_videoWidget = nullptr;
  float voice=0.1;                          // 播放声音大小的初始值
  bool flag;                                // 暂停播放/继续播放切换的标志
  // 定义播放速率列表，初值1.0是正常速度播放，小于1.0是慢速播放，大于1.0是快速播放
  QList<QString> playRateArray={"0.5","0.75","1.0","2.0","4.0","8.0"};
  // 声明由毫秒转变成时分秒的函数，函数返回值是字符串
  QString formatTime(int p_iMilliSeconds);
  // 声明时间中的一个字符转成两个字符的函数，用于显示播放时间的转换
  // 例如：时间0:6:36转换成标准的00:06:36时间格式，使其显示更符合人们日常的习惯
  QString two(QString myStr);
};
#endif // PLAYER_H
```

（6）在widget.cpp源文件中编写程序所需要的功能，其代码和详细说明如下：

```cpp
#include "player.h"
#include "ui_player.h"
#include<QVideoWidget>
Player::Player(QWidget *parent) :
  QWidget(parent),
  ui(new Ui::Player)
{
  ui->setupUi(this);
  // 设置窗口的最大化按钮为false，也就是不允许使用
  this->setWindowTitle("视频播放器");
  // 实例化QMediaPlayer对象
  m_player = new QMediaPlayer(this);
  // 实例化QAudioOutput对象
  m_audioOutput = new QAudioOutput();
  // 设置媒体播放对象的音频输出
  m_player->setAudioOutput(m_audioOutput);
  // 设置声音进度条的最小值和最大值
  ui->voice->setMinimum(0);
  ui->voice->setMaximum(10);
  // 设置声音进度条的当前值，即设置初始值
  ui->voice->setValue(1);
  // 设置显示声音图标
  ui->voiceLabel->setPixmap(QPixmap(":/voice.png"));
  // 让图片填充满QLabel，图片的大小与QLabel相适应
  ui->voiceLabel->setScaledContents(true);
  // 设置QLabel的大小是20*20像素
  ui->voiceLabel->setFixedSize(20,20);
  // 设置"播放"按钮可用
  ui->playerBtn->setEnabled(true);
  // 设置"暂停"按钮不可用
  ui->parseBtn->setEnabled(false);
  // 设置"停止播放"按钮不可用
  ui->stopBtn->setEnabled(false);
  // 设置当前播放时间和总时长不显示
  ui->timeLabel->setVisible(false);
  // 创建一个播放器窗口（Widget），用于显示MediaPlayer
  QVideoWidget *vw = new QVideoWidget;
  // 将player绑定到显示的窗口上
  m_player->setVideoOutput(vw);
  // 声明并实例化垂直布局对象
  QVBoxLayout *nanVLayout = new QVBoxLayout(this);
  // 把视频部件加入垂直布局
  nanVLayout->addWidget(vw);
  // 把窗口中的widget部件(包括视频播放进度条、当前播放时长、视频总时长)加入垂直布局
  nanVLayout->addWidget(ui->widget);
  // 把窗口中的widget_2部件(包括三个按钮、倍速、声音调节进度条)加入垂直布局
  nanVLayout->addWidget(ui->widget_2);
  // 添加播放速度下拉列表框中的元素
  ui->playRateComboBox->addItems(playRateArray);
  // 设置当前播放速度为1.0,为正常播放速度
  ui->playRateComboBox->setCurrentIndex(2);
  // positionChanged信号槽
  //m_player->duration()为视频的总时长，但当视频还没有加载完成时返回0
  connect(m_player, &QMediaPlayer::positionChanged,
                                          [=](qint64 timePosition){
    // 设置视频播放进度条的最小值为0
```

```
            ui->slider->setMinimum(0);
            // 设置视频播放进度条的最大值为视频的总时长
            ui->slider->setMaximum(m_player->duration());
            // 设置视频进度条的当前位置, timePosition是视频播放的时间点
            ui->slider->setValue(timePosition);
            // 设置"当前视频显示时间/视频总时长"
            ui->timeLabel->setText(formatTime(timePosition)+"/"+
                                       formatTime(m_player->duration()));
            // 设置timeLabel标签可见
            ui->timeLabel->setVisible(true);
        });
    // 当前视频播放状态槽函数
    connect(m_player, &QMediaPlayer::playbackStateChanged,
                          [=](QMediaPlayer::PlaybackState newState) {
        if (newState == QMediaPlayer::StoppedState) { // 如果是停止状态
            ui->playerBtn->setEnabled(true);            // "播放"按钮可用
            ui->parseBtn->setEnabled(false);            // "暂停"按钮不可用
            ui->stopBtn->setEnabled(false);             // "停止播放"按钮不可用
            ui->timeLabel->setVisible(false);           // 让显示时长的标签不显示
            m_player->setPosition(0);                   // 让视频播放器的播放位置归0
        }
    });
}
Player::~Player()
{
    delete ui;
}
void Player::on_playerBtn_clicked()
{
    // 选择文件, 其中QFileDialog::getOpenFileName()是弹出选择文件对话框
    QString str = QFileDialog::getOpenFileName();
    // 设置播放的文件路径
    m_player->setSource(QUrl(str));
    // 下面这句也可以指定本地资源文件
    // m_player->setSource(QUrl("qrc:/backgroundMusic.mp3"));
    // 设置当前播放的音量
    m_audioOutput->setVolume(voice);
    // 标志flag设置为true, 表示当前播放器已处于播放状态
    flag=true;
    // 开始播放视频
    m_player->play();
    ui->playerBtn->setEnabled(false);
    ui->parseBtn->setEnabled(true);
    ui->stopBtn->setEnabled(true);
}
void Player::on_parseBtn_clicked()
{
    // flag为true, 表示视频播放器处于播放状态
    if(flag) {
        m_player->pause();                      // 暂停播放
        ui->parseBtn->setText("继续播放");      // 设置按钮上的文字为"继续播放"
    }
    else{
        m_player->play();                       // 继续播放
        ui->parseBtn->setText("暂停");          // 设置按钮上的文字为"暂停"
    }
    flag=!flag;                                 // 播放/暂停标志切换
}
```

```
void Player::on_stopBtn_clicked()
{
  m_player->stop();                    // 停止播放
  ui->playerBtn->setEnabled(true);
  ui->parseBtn->setEnabled(false);
  ui->stopBtn->setEnabled(false);
}
void Player::on_voice_valueChanged(int value)
{
  m_audioOutput->setVolume(value/10.0);    // 音频范围是0~1
}
// 把毫秒转变成"时：分：秒"格式
QString Player::formatTime(int p_iMilliSeconds)
{
  int ss = 1000;
  int mi = ss * 60;
  int hh = mi * 60;
  int dd = hh * 24;
  long day = p_iMilliSeconds/dd;
  long hour = (p_iMilliSeconds-day*dd)/hh;
  long minute = (p_iMilliSeconds-day*dd-hour*hh)/mi;
  long second = (p_iMilliSeconds-day*dd-hour*hh-minute*mi)/ss;
  long milliSecond = p_iMilliSeconds-day*dd-hour*hh-minute*mi-second*ss;
  QString hou = QString::number(hour,10);
  QString min = QString::number(minute,10);
  QString sec = QString::number(second,10);
  QString msec = QString::number(milliSecond,10);
  return(two(hou)+":"+ two(min) + ":" + two(sec));
}
// two()实现把单个数字字符转变成前面加0的两个数字字符，例如数字"8"转变成"08"
QString Player::two(QString myStr)
{
  if(myStr.size()<2) myStr="0"+ myStr;
  return myStr;
}
// 视频进度条滑块发生移动事件
void Player::on_slider_sliderMoved(int position)
{
  m_player->setPosition(position);
}
// 播放倍速选择发生变化的事件处理
void Player::on_playRateComboBox_currentIndexChanged(int index)
{
  // 设置播放速率
  m_player->setPlaybackRate(playRateArray[index].toFloat());
}
```

13.2 捕获照片

13.2.1 相关类

Qt中捕获照片主要用到的类有QCamera、QMediaCaptureSession、QImageCapture。

1. QCamera类

QCamera类可以在QMediaCaptureSession类中用于视频录制和图像拍摄，另外，可以使用QCameraDevice类对象列出可用的相机并可选择要使用的相机，示例代码如下：

```
// 把所有视频输入设备信息读取到列表中
const QList<QCameraDevice> cameras = QMediaDevices::videoInputs();
// 遍历所有视频输入设备
for (const QCameraDevice &cameraDevice : cameras) {
    // 当找到指定的输入设置mycamera时
    if (cameraDevice.description() == "mycamera")
        // 声明并实例化QCamera对象camera
        camera = new QCamera(cameraDevice);
}
```

启动摄像头所使用的语句如下：

```
camera->start();
```

停止摄像头所使用的语句如下：

```
camera->stop();
```

2. QMediaCaptureSession类

QMediaCaptureSession是管理本地设备上媒体捕获的中心类。可以使用setCamera()和setAudioInput()将相机和麦克风连接到QMediaCaptureSession；通过使用setVideoOutput()设置QVideoWidget可以看到捕获媒体的预览，并可通过使用setAudioOutput()将音频输出到指定的输出设备；通过在捕获会话上设置QImageCapture对象可以从相机捕获静态图像，并可使用QMediaRecorder录制音频或视频。

3. QImageCapture类

QImageCapture类是一个高级图像记录类，一般不会单独使用该类，而是用于访问其他媒体对象的媒体记录功能，例如：

```
// 声明并实例化QMediaCaptureSession类对象
QMediaCaptureSession *captureSession=new QMediaCaptureSession();
// 声明并实例化QCamera对象
QCamera *camera = new QCamera;
// 设置捕获对象所使用的相机
captureSession.setCamera(camera);
// 声明并实例化QVideoWidget显示部件对象
QVideoWidget *viewfinder = new QVideoWidget();
// 显示QVideoWidget对象
viewfinder->show();
// 设置视频输出的显示部件对象
captureSession.setVideoOutput(viewfinder);
// 声明并实例化QImageCapture对象
QImageCapture *imageCapture = new QImageCapture(camera);
// 设置捕获静态图片到imageCapture对象
captureSession.setImageCapture(imageCapture);
// 启动视频设备
camera->start();
// 捕获静态图片
captureSession->camera();
```

【例13-2】捕获静态图片

扫一扫，看视频

本例实现捕获静态图片的功能。程序初始运行后，单击界面上的"打开摄像头"单选按钮，窗口中会出现摄像头视频预览部件，单击"拍照"按钮后会把当前摄像头显示的内容捕获成照片存储到硬盘中，程序的运行结果如图13-3所示。

图13-3　捕获静态图片

本例程序实现的步骤及其代码的详细说明如下：

（1）创建新的项目工程，项目名是example13-2。

（2）在项目工程文件CMakeLists.txt中添加如下语句以实现使用多媒体模块：

```
find_package(Qt6 REQUIRED COMPONENTS Multimedia)
find_package(Qt6 REQUIRED COMPONENTS MultimediaWidgets)
target_link_libraries(example13-2 PRIVATE Qt6::MultimediaWidgets)
target_link_libraries(example13-2 PRIVATE Qt6::Multimedia)
```

（3）在widget.ui用户接口文件中放入组件并进行相应布局，并为放入的组件设置对象名，放入的组件及其对象名如图13-4所示。

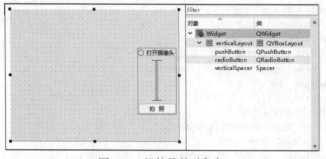

图13-4　组件及其对象名

（4）在头文件widget.h中导入需要的包、声明程序中需要的变量和函数，其代码和详细说明如下：

```
#ifndef WIDGET_H
#define WIDGET_H
#include <QWidget>
```

Qt 从入门到实战（视频·彩色版）

```
#include <QList>                        // 导入数据列表类
#include <QMessageBox>                  // 导入信息框类
#include <QTime>                        // 导入时间类
#include <QHBoxLayout>                  // 导入水平布局类
// 摄像头所需头文件
#include <QCamera>                      // 导入相机类
#include <QCameraDevice>                // 导入相机设备类
#include <QMediaDevices>                // 导入媒体设备类
#include <QMediaCaptureSession>         // 导入音频或视频捕获类
#include <QImageCapture>                // 导入静态图片捕获类
#include <QVideoWidget>                 // 导入视频显示部件类
QT_BEGIN_NAMESPACE
namespace Ui {class Widget;}
QT_END_NAMESPACE
class Widget : public QWidget
{
  Q_OBJECT
public:
  Widget(QWidget *parent = nullptr);
  ~Widget();
private slots:
  // "打开摄像头" 单选按钮的单击事件的槽函数
  void on_radioButton_clicked(bool checked);
  // "拍照" 按钮的单击事件的槽函数
  void on_pushButton_clicked();
private:
  Ui::Widget *ui;
  QList<QCameraDevice> list_cameras;      // 声明相机列表变量
  QScopydPointer<QCamera> my_camera;      // 声明媒体对象
  QMediaCaptureSession my_captureSession; // 声明媒体对象
  QImageCapture *imageCapture;            // 声明照片捕获对象
  QVideoWidget *vw ;                      // 声明视频显示对象
  // 声明相机状态的变量, true表示摄像头处于打开状态, false表示摄像头处于关闭状态
  bool camera_state;
};
#endif // WIDGET_H
```

（5）在widget.cpp源文件中编写程序所需要的功能，其代码和详细说明如下：

```
#include "widget.h"
#include "./ui_widget.h"
Widget::Widget(QWidget *parent)
  : QWidget(parent)
  , ui(new Ui::Widget)
{
  ui->setupUi(this);
  // 设置窗口的标题是: 捕获静态照片
  setWindowTitle("捕获静态照片");
  // 获取当前设备包含的所有多媒体设备列表
  list_cameras = QMediaDevices::videoInputs();
  // 实例化视频显示对象
  vw= new QVideoWidget(this);
  // 将第一个多媒体设备赋给my_camera
  my_camera.reset(new QCamera(list_cameras[0],this));
  // 设置捕获使用my_camera摄像头
  my_captureSession.setCamera(my_camera.data());
  // 设置摄像头的预览窗口为vw
  my_captureSession.setVideoOutput(vw);
```

```
      // 声明并实例化水平布局的对象
      QHBoxLayout *nanLayout = new QHBoxLayout(this);
      // 把摄像头预览页面加入窗口的水平布局
      nanLayout->addWidget(vw);
      // 将预定义好的单选按钮和拍照按钮形成的布局加入窗口的水平布局
      nanLayout->addWidget(ui->layoutWidget);
}
Widget::~Widget()
{
      delete ui;
}
// 选中文字显示为"打开摄像头"单选按钮, 形参checked表示是否被选中
void Widget::on_radioButton_clicked(bool checked)
{
      if(checked){
            // 启动摄像头
            my_camera->start();
            // 更新摄像头状态
            camera_state = true;
            // 摄像头预览页面显示
            vw->show();
      }
      else{
            // 停止摄像头
            my_camera->stop();
            // 摄像头预览页面显示
            vw->close();
      }
}
// "拍照"按钮单击事件处理函数
void Widget::on_pushButton_clicked()
{
      // 使用系统时间命名图片, 时间是唯一的, 图片名也是唯一的
      QDateTime dateTime(QDateTime::currentDateTime());
      // 获取指定格式的当前时间
      QString time = dateTime.toString("yyyy_MM_dd_hh_mm_ss");
      // 创建保存图片的路径名
      QString filename = "";
      filename = "photo_";
      filename += QString("%1.jpg").arg(time);
      // 判断摄像头的状态
      if(!camera_state)
      {
            // 摄像头没打开就给出警告并返回
            QMessageBox::warning(this, "警告", tr("抓拍失败, 摄像头未打开!"));
            return;
      }
      // 实例化捕获图片对象
      imageCapture = new QImageCapture;
      // 设置图片捕获存储的对象
      my_captureSession.setImageCapture(imageCapture);
      // 抓拍静止图像
      my_captureSession.camera();
      // 把图片捕获的结果存入指定存储路径的文件
      imageCapture->captureToFile(filename);
      // 提示拍照成功
      QMessageBox::information(this, "提示", tr("拍照成功!"));
}
```

13.3 音频/视频录制

13.3.1 音频/视频录制的相关类

在Qt中使用视频捕获功能除了要使用13.2.1小节讲述的几个主要的类（QCamera、Camera-Device、QMediaCaptureSessionQ）之外，还需要使用QAudioInput类、QMediaRecorder类。

1. QAudioInput类

QAudioInput类可以与QMediaCaptureSession类一起使用来录制输入通道的音频，可以选择要使用的物理输入设备、使通道静音并能调整通道的音量。

（1）device属性。

device属性存储连接的音频输入设备，该属性用于从QMediaDevices::audioInputs()列表中的多个音频输入设备中选择一个，把选择的音频输入设备应用于QAudioDevice对象，获取或者设置音频输入设备的函数如下：

```
QAudioDevice device()                      // 获取当前使用的音频设备
void setDevice(const QAudioDevice &device) // 设置使用的音频设备
```

（2）volume属性。

volume属性存储当前音频输入设备的音量，通过以下函数获取或者设置音频的音量。

```
float volume()              // 获取当前音频输入设备的音量
void setVolume(float volume) // 设置音频输入设备的音量
```

2. QMediaRecorder类

包括视频参数和音频参数的设置，可以根据实际需求进行灵活的配置。在使用QMediaRecorder类之前需要指定录制视频所存储的位置，该类使用的核心语句如下：

```
// 声明媒体捕获对象
QMediaCaptureSession session;
// 声明音频输入对象
QAudioInput audioInput;
// 设置录制音频的输入对象
session.setAudioInput(&audioInput);
// 声明录制媒体的对象
QMediaRecorder recorder;
// 设置录制媒体的对象
session.setRecorder(&recorder);
// 设置录制媒体的录制质量
recorder.setQuality(QMediaRecorder::HighQuality);
// 设置录制媒体所存储的路径文件
recorder.setOutputLocation(QUrl::fromLocalFile("test.mp4"));
// 开始录制
recorder.record();
```

如果需要暂停或者停止录制，可以使用如下语句实现：

```
// 暂停录制
recorder.pause();
// 停止录制
recorder.stop();
```

13.3.2 音频/视频录制示例

【例13-3】音频/视频的录制

扫一扫，看视频

　　本例实现录制视频和音频的功能。当程序开始运行后，单击界面上的"打开摄像头"单选按钮，窗口中会出现摄像头预览视频，单击"录像"按钮后，会把当前摄像头显示的内容存储到硬盘中，若需要结束录制可以单击"停止录像"按钮，"录像"与"停止录像"按钮是同一个按钮。本例程序实现的步骤及其代码的详细说明如下：

（1）创建新的项目工程，项目名是example13-3。

（2）在项目工程文件CMakeLists.txt中添加如下语句以实现使用多媒体模块：

```
find_package(Qt6 REQUIRED COMPONENTS Multimedia)
find_package(Qt6 REQUIRED COMPONENTS MultimediaWidgets)
target_link_libraries(example13-3 PRIVATE Qt6::MultimediaWidgets)
target_link_libraries(example13-3 PRIVATE Qt6::Multimedia)
```

（3）在widget.ui用户接口文件中放入组件及布局，并为放入的组件设置对象名，放入的组件及其对象名与例13-2相同。

（4）在头文件widget.h中导入需要的包、声明程序中需要的变量和函数，在例13-2中的头文件widget.h的基础上添加以下代码。

```
#include <QMediaRecorder>        // 导入媒体录制类
#include <QAudioInput>           // 导入音频输入类
// 此处代码与例13-2完全相同，省略
private:
  QAudioInput *audioInput;
  QMediaRecorder *mediaRecorder;
  bool recordFlag=true;          // 录制按钮状态
};
#endif // WIDGET_H
```

（5）在widget.cpp源文件中编写程序需要的功能，其代码和详细说明如下：

```
#include "widget.h"
#include "./ui_widget.h"

Widget::Widget(QWidget *parent)
    : QWidget(parent)
    , ui(new Ui::Widget)
{
  ui->setupUi(this);
  // 设置窗口的标题是：音频/视频的录制
  setWindowTitle("音频/视频的录制");
  // 获取当前设备包含的所有多媒体设备列表
  list_cameras = QMediaDevices::videoInputs();
  // 实例化媒体录制对象
  mediaRecorder=new QMediaRecorder();
  // 实例化音频输入对象
  audioInput=new QAudioInput();
  // 实例化视频显示对象
  vw= new QVideoWidget(this);
  // 将第一个多媒体设备赋给my_camera
  my_camera.reset(new QCamera(list_cameras[0],this));
  // 设置捕获使用my_camera摄像头
  my_captureSession.setCamera(my_camera.data());
```

```cpp
    // 设置摄像头的预览窗口为vw
    my_captureSession.setVideoOutput(vw);
    // 设置摄像头的视频输入对象
    my_captureSession.setAudioInput(audioInput);
    // 设置摄像头的媒体录制对象
    my_captureSession.setRecorder(mediaRecorder);
    // 设置媒体录制的质量
    mediaRecorder->setQuality(QMediaRecorder::HighQuality);
    // 声明并实例化水平布局的对象
    QHBoxLayout *nanLayout = new QHBoxLayout(this);
    // 把摄像头预览页面加入窗口的水平布局
    nanLayout->addWidget(vw);
    // 将预定义好的单选按钮和"拍照"按钮形成的布局加入窗口的水平布局
    nanLayout->addWidget(ui->layoutWidget);
}
Widget::~Widget()
{
 delete ui;
}
void Widget::on_radioButton_clicked(bool checked)
{
    // 与例13-2代码完全相同，此处省略
}
// "录像/停止录像"按钮单击事件处理函数
void Widget::on_pushButton_clicked()
{
    // 使用系统时间命名图片，由于时间是唯一的，所以图片名也是唯一的
    QDateTime dateTime(QDateTime::currentDateTime());
    QString time = dateTime.toString("yyyy_MM_dd_hh_mm_ss");
    // 创建保存视频的文件名
    QString filename = "";
    filename = "photo_";
    filename += QString("%1.mp4").arg(time);
    if(!camera_state)    // 摄像头没打开就进行录像会弹出警告并退出
    {
      QMessageBox::warning(this, "警告", tr("录制失败，摄像头未打开！"));
      return;
    }
    // 判断摄像头的录制状态标志，true:录制状态，false:停止录制状态
    if(recordFlag){
        // 生成保存录制视频的路径名和文件名
        QString localfile = QDir::currentPath().append(QDir::separator())
                                         .append(filename).replace("\\", "/");
        // 把保存录制视频的路径名和文件名应用于媒体录制对象
        mediaRecorder->setOutputLocation(QUrl::fromLocalFile(localfile));
        // 开始录制
        mediaRecorder->record();
        // 把按钮上的文字修改成：停止录像
        ui->pushButton->setText("停止录像");
    }else{
        //录像状态，停止录像
        mediaRecorder->stop();
        // 把按钮上的文字修改成：录像
        ui->pushButton->setText("录    像");
        // 提示用户已结束录像
        QMessageBox::information(this, "提示", tr("视频录像成功！"));
    }
    // 修改录像状态标志
    recordFlag=!recordFlag;
}
```

13.4　本章小结

Qt中对多媒体的支持功能是由多媒体模块QtMultimedia提供的。通过 Qt 多媒体模块提供的众多功能不同的类，应用程序可以轻松利用操作系统提供的多媒体功能使用媒体播放和摄像设备。本章首先介绍了Qt多媒体的基本概念及相关Qt类的操作方法，并通过这些Qt类实现音频/视频播放器的制作，然后阐述了如何使用QCamera类、CameraDevice类和QMediaCaptureSession类实现捕获静态图片，以及如何使用QMediaRecorder和QAudioInput类实现视频和音频的录制。

13.5　习题13

一、选择题

1.（　　　）类是媒体捕获的中心对象。

    A. QMediaRecorder　　　　　　　　　　　　B. QMediaCaptureSession

    C. QMediaFormat　　　　　　　　　　　　　D. QMediaRecorder

2. 使用QMediaPlayer对象的（　　　）函数可以设置播放音频或者视频的数据。

    A. setSource()　　　B. setLoopCount()　　　C. setAudioOutput()　　　D. setVolume()

3. 使用QMediaPlayer对象的（　　　）函数可以实现媒体播放器播放。

    A. play()　　　　　　B. pause()　　　　　　C. stop()　　　　　　　D. go()

4. 使用QMediaPlayer对象的（　　　）函数可以获取当前播放的音频或视频的总时长。

    A. duration()　　　　B. total()　　　　　　C. getTimeLength()　　D. sum()

5. 使用QMediaPlayer对象的（　　　）函数可以设置当前媒体播放器的播放位置。

    A. setSource()　　　B. setLoopCount()　　　C. setPosition()　　　D. setVolume()

6. 在Qt中使用照片捕获功能不会用到下面的（　　　）类。

    A. QCamera　　　　　　　　　　　　　　　B. QMediaCaptureSession

    C. QCameraDevice　　　　　　　　　　　　D. QMediaFormat

7. 使用（　　　）类对象列出可用的相机并可选择要使用的相机。

    A. QCamera　　　　　　　　　　　　　　　B. QMediaCaptureSession

    C. QCameraDevice　　　　　　　　　　　　D. QMediaFormat

8. QMediaCaptureSession是管理本地设备上媒体捕获的中心类，可以使用（　　　）函数将相机连接到QMediaCaptureSession。

    A. setAudioInput()　　　　　　　　　　　　B. setCamera()

    C. setAudioOutput()　　　　　　　　　　　　D. setSource()

9.（　　　）类可以与QMediaCaptureSession一起使用来录制输入通道的音频。

    A. QAudioInput　　　　　　　　　　　　　B. QMediaFormat

    C. QCamera　　　　　　　　　　　　　　　D. QMediaRecorder

10. QAudioInput类使用（　　　）函数设置音频输入设备的音量。

    A. setVolume()　　　　　　　　　　　　　　B. setDevice()

    C. setSource()　　　　　　　　　　　　　　D. setAudioOutput()

二、简答题

1. 在Qt中使用Qt QMediaPlayer多媒体模块，需要在项目工程文件CMakeLists.txt中添加什么语句？

2. 要把Qt QMediaPlayer多媒体模块显示到窗口上需要使用QVideoWidget部件，而使用该部件还需要在项目工程文件CMakeLists.txt中添加什么语句？

13.6 实验13　制作音频/视频播放器

一、实验目的

（1）掌握多媒体的基本概念。

（2）掌握Qt类对于多媒体组件的操作方法。

（3）掌握音频/视频的制作方法。

二、实验要求

本实验实现音频/视频播放器，播放的音频/视频画面如实验图13-1所示。该程序的功能主要如下：

（1）通过文件对话框选择需要播放的音频/视频文件。

（2）可以对音频/视频文件进行播放、暂停和停止播放。

（3）播放器中要有音频/视频播放进度条，并能通过拖动进度条上的滑块实现音频/视频播放位置的快速切换。

（4）播放器要有当前播放时间和视频总时长的显示。

（5）播放器要有调整音量大小的滑块，通过拖动滑块可以调整音量的大小。

（6）播放器能通过下拉列表框选择音频/视频的播放倍速。

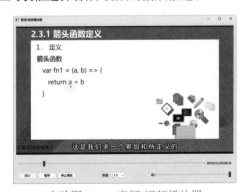

实验图13-1　音频/视频播放器